Bewertung von Leveraged Buyouts mit einem stochastischen Diskontierungsfaktor

Schriften zur quantitativen Wirtschaftswissenschaft

Herausgegeben von Gunter Löffler,
Frank Richter und Paul Wentges

Band 5

PL ACADEMIC RESEARCH

Martin Russ

Bewertung von Leveraged Buyouts mit einem stochastischen Diskontierungsfaktor

Ein Simulationsansatz auf Basis empirischer Wahrscheinlichkeiten

PL ACADEMIC RESEARCH

Bibliografische Information der Deutschen Nationalbibliothek
Die Deutsche Nationalbibliothek verzeichnet diese Publikation in der Deutschen Nationalbibliografie; detaillierte bibliografische Daten sind im Internet über http://dnb.d-nb.de abrufbar.

Zugl.: Ulm, Univ., Diss., 2012

D 289
ISSN 1869-277X
ISBN 978-3-631-62745-7

Peter Lang – Frankfurt am Main · Bern · Bruxelles · New York · Oxford · Warszawa · Wien

www.peterlang.de

Geleitwort

Bei der Unternehmensbewertung konzentriert sich die Aufmerksamkeit oft auf die Prognose zukünftiger Zahlungsüberschüsse. Sie sind gut greifbar, eng mit der unternehmerischen Tätigkeit verbunden und lassen sich ex post mit den tatsächlichen Werten abgleichen. Um aus den zukünftigen Zahlungsüberschüssen einen heutigen Unternehmenswert zu ermitteln, braucht es jedoch noch Annahmen zu den Diskontierungsfaktoren. Sie sind weit schwerer zu fassen. In der Praxis wird aus diesem Grund meist ohne größere Diskussion auf Standardverfahren zurückgegriffen, obwohl deren Grenzen und Schwierigkeiten bekannt sind.

Herr Russ untersucht in der vorliegenden Dissertation einen innovativen Ansatz zur Bestimmung von Diskontierungsfaktoren. Konkret schlägt er vor, das aus der Finanztheorie stammende Konzept des stochastischen Diskontierungsfaktors auf die Bewertung von Leveraged Buyouts zu übertragen. Exemplarisch zeigt er auf, dass dieser Weg gangbar ist und verschiedene Probleme lösen kann, die sich bei der Verwendung von Standardverfahren stellen können. Leveraged Buyouts sind deswegen ein wichtiger Anwendungsfall, weil sie in der Regel hohe Insolvenzrisiken und eine zahlungsstromabhängige Finanzierungspolitik aufweisen. Standardverfahren zur Bestimmung von Diskontierungssätzen werden diesen Besonderheiten oft nicht gerecht.

Die Arbeit wird auch für Leser, die mit den zugrundeliegenden finanztheoretischen Konzepten noch nicht vertraut sind, gewinnbringend sein, denn Herr Russ stellt auch schwierige Sachverhalte sehr deutlich und übersichtlich dar. Außerdem steht bei ihm die konkrete Anwendbarkeit der vorgeschlagenen Methode im Vordergrund.

Gunter Löffler

Ulm, im März 2013

Vorwort

Die vorliegende Arbeit entstand während meiner Tätigkeit als externer Doktorand am Institut für Strategische Unternehmensführung und Finanzierung der Universität Ulm. Sie wurde als Dissertation vom Promotionsausschuss der Fakultät für Mathematik und Wirtschaftswissenschaften im September 2012 angenommen. Zum erfolgreichen Abschluss der Promotion hat eine Reihe von Personen maßgeblich beigetragen. Ich möchte die Gelegenheit nutzen, diesen im Folgenden meinen aufrichtigen Dank auszusprechen.

Mein besonderer Dank gilt Prof. Dr. Frank Richter, welcher mich zur Promotion im vorliegenden Themenbereich motivierte. Er hat mir stets die nötigen Freiheiten bei der Bearbeitung des Themas ermöglicht und war jederzeit gerne für konstruktive Diskussionen zu den Eigenheiten des stochastischen Diskontierungsfaktors bereit. Seine Betreuung meiner Dissertation war auch nach seinem Verlassen der Universität ausgezeichnet, welches sicherlich keine Selbstverständlichkeit darstellt. Herzlich bedanken möchte ich mich in diesem Zusammenhang auch bei Prof. Dr. Gunter Löffler für seine besonders hilfreiche Unterstützung und kurzfristige Übernahme des Erstgutachtens sowie bei Prof. Dr. Leo Brecht für die Erstellung des Zweitgutachtens. Recht herzlich danke ich Dr. Hans-Christian Krumholz und Dr. Simon Elsner vom Institut für Strategische Unternehmensführung und Finanzierung, welche mir stets mit Rat und Tat zur Seite standen und mir nie das Gefühl gaben ein „Externer" zu sein.

Meine Dissertation entstand parallel zu meiner beruflichen Tätigkeit bei Duff & Phelps in München. Vielen Dank für die gewährten Freiräume, welche eine berufsbegleitende Promotion erfordert und für das Verständnis meiner lieben Kollegen, wenn ich von Zeit zu Zeit in den Tiefen meiner akademischen Arbeit verschwand. Herzlich danke ich auch Dr. Dominik Socher für den stets hilfreichen Erfahrungsaustausch auf dem Weg durch unsere gemeinsame Promotionszeit.

Ganz besonders möchte ich mich an dieser Stelle bei meinen Eltern bedanken, welche mich während meines gesamten Studiums und meiner Promotion immer uneingeschränkt unterstützten und mir den nötigen Rückhalt gaben.

Martin Russ

München, im März 2013

Inhaltsübersicht

Kurzbeschreibung

Leveraged Buyouts (LBOs) verfügen über eine charakteristische Fremdkapitalentwicklung, welche sich durch eine zahlungsstromorientierte Entschuldung auszeichnet. Da diese sich nicht durch Finanzierungspolitiken abbilden lässt, welche gängigen zahlungsstrombasierten Bewertungsmethoden zu Grunde liegen, zeigt sich eine Bewertung von LBOs auf Basis risikoadjustierter Diskontierungssätze als problematisch. Ebenfalls sind Änderungen der Risikostruktur von LBOs über die Haltedauer nicht untypisch und die Annahme konstanter Eigenkapitalkosten, welche auf Basis historischer Daten ermittelt werden, ist bei einer Bewertung ebenfalls kritisch. Zugleich zeigt sich jedoch auch ein risikoneutraler Bewertungsansatz ohne die Existenz einer allgemeingültigen Transformationsfunktion des Wahrscheinlichkeitsmaßes für zeitdiskrete Zahlungsstromprozesse bei LBOs auf Grund nicht-linearer Einflüsse der Fremdkapitalentwicklung, Steuerberechnung und Insolvenzrisiken mit Inkonsistenzen verbunden.

Um diese Problemstellungen zu lösen und um Aufschluss über die mit LBOs verbundenen Risiken zu erhalten, wird in der vorliegenden Arbeit ein Bewertungsansatz auf Basis eines stochastischen Diskontierungsfaktors vorgestellt. Hierzu werden zunächst die Grundlagen dieses Bewertungskonzepts sowie gängige Ansätze zur Spezifizierung des stochastischen Diskontierungsfaktors eingeführt. Um eine Verbindung des stochastischen Diskontierungsfaktors mit den bewertungsrelevanten Zahlungsströmen herzustellen, wird dessen Struktur aus einem geeigneten Marktrenditeprozess abgeleitet und eine Kalibrierung auf die aktuelle Zinsstrukturkurve vorgenommen. Zur Bestimmung der bewertungsrelevanten Zahlungsströme wird ein Planungsmodell für LBOs entwickelt, welches unter anderem eine realitätsnahe Berechnung der Unternehmenssteuern unter der Zinsschrankenregelung sowie eine explizite Berücksichtigung von Insolvenzrisiken ermöglicht.

Zur Durchführung der Bewertung eines LBOs wird ein neuartiger Simulationsansatz entwickelt, welcher die Anwendung des Konzepts des stochastischen Diskontierungsfaktors auf spezielle Bewertungsfragestellungen ermöglicht. Die Bewertung am Beispiel eines typisierten LBOs gibt hierbei Aufschluss darüber, welches Risiko mit den Steuervorteilen aus Fremdfinanzierung bei LBOs verbunden ist und welchen Effekten der Unternehmenswert, die risikoadäquaten Kapitalkostensätze sowie der optimale Fremdkapitaleinsatz eines LBOs unter verschiedenen Bewertungsprämissen unterliegen.

Inhaltsverzeichnis

Abbildungsverzeichnis

Tabellenverzeichnis

Abkürzungsverzeichnis

adj.	adjustiert
APT	Arbitrage Pricing Theory
APV	Adjusted Present Value
Ausg.	Ausgabe
Bd.	Band
bzw.	beziehungsweise
ca.	circa
CAPM	Capital Asset Pricing Model
CCAPM	Consumption-based (Intertemporal) Asset Pricing Model
CCF	Capital Cash Flow
CDAX	Composite Deutscher Aktien Index
CF	Cash Flow
d.h.	das heißt
DCF	Discounted Cash Flow
dt.	deutsch
EBIT	Earnings before Interest and Taxes
EBITDA	Earnings before Interest, Taxes, Depreciation, and Amortization
EBT	Earnings before Taxes
engl.	englisch
EK	Eigenkapital
f	folgende
FCF	Free Cash Flow
FFO	Funds from Operations
FK	Fremdkapital
FN	Fußnote
GMM	Generalized Method of Moments
IID	Independently and Identically Distributed

INID	Independent, not Identically Distributed
(k)I	(keine) Insolvenz
(k)ZS	(keine) Zinsschranke
LBO	Leveraged Buyout
m.w.N.	mit weiteren Nachweisen
max.	Maximum
min.	Minimum
Mio.	Millionen
NPV	Net Present Value
NWC	Net Working Capital
P	Price
PIYC	Pay-If-You-Can
PV	Present Value
S.	Seite
S&P	Standard & Poor‘s
SDF	Stochastischer Diskontierungsfaktor
sog.	sogenannte
TCF	Total Cash Flow
TS	Tax Shields
vgl.	vergleiche
WACC	Weighted Average Cost of Capital
z.B.	zum Beispiel

Symbolverzeichnis

Allgemein

α	Variable
a	Variable
b	Variable
$\beta_{i,m}$	Betafaktor des CAPM für Anlage i
$CDAX_t$	Indexstand des CDAX zum Ende des Jahres t
CF_t	Zahlungsstrom in einer Periode t
$Cov[\,,\,]$	Kovarianz
Δ	Dauer eines Zeitintervalls
e	Eulersche Zahl
ε	Zufallszahl
$E_t[\,]$	Erwartungswert unter den in t verfügbaren Informationen
$E_t^*[\,]$	Mit risikoneutralen Wahrscheinlichkeiten gebildeter Erwartungswert unter den in t verfügbaren Informationen
$f(\,)$	Funktion
h	Länge eines Beobachtungszeitraums
i	Index zur Kennzeichnung unterschiedlicher Anlagen oder Zahlungsströme
j	Index zur Kennzeichnung unterschiedlicher Zahlungsströme, Faktoren oder Perioden mit $j = 1, \ldots, J$
ℓ	Parameter des Konfidenzniveaus von Normalverteilungen
$ln(\,)$	Natürliche Logarithmusfunktion
μ	Erwartungswert eines Prozesses
$max(\,)$	Maximum eines Arguments
$min(\,)$	Minimum eines Arguments
N	Anzahl der Beobachtungen bzw. Simulationsdurchläufe
$NPV_{i,0}$	Nettokapitalwert einer Anlage i zum Bewertungszeitpunkt $t = 0$
P	Empirisches Wahrscheinlichkeitsmaß

$P_{i,t}$	Preis einer Anlage bzw. eines Zahlungsstroms i zum Zeitpunkt t
p_t	Logarithmierter Preis
$PV_{i,t}$	Barwert einer Anlage bzw. eines Zahlungsstroms i zum Zeitpunkt t
Q	Risikoneutrales Wahrscheinlichkeitsmaß
$\varrho[\,,]$	Korrelationskoeffizient
R^2	Bestimmtheitsmaß
s	Index zur Kennzeichnung unterschiedlicher Zustände mit $s = 1, \dots, S$
σ	Standardabweichung eines Prozesses
t	Zeitindex
T	Letzte Periode des Zeitindexes
Υ	Substitutionsvariable
$Var[\,]$	Varianz

APV-Modell

FCF_t^U	Freier Zahlungsstrom des (hypothetisch) unverschuldeten Unternehmens in Periode t
FK	Fremdkapitalbestand
K_{EK}^U	Eigenkapitalkosten des unverschuldeten Unternehmens (diskret)
s_U	Unternehmenssteuersatz
V^{TS}	Wert der Steuervorteile aus Fremdfinanzierung
V^U	Unternehmenswert des unverschuldeten Unternehmens
V^V	Unternehmenswert des verschuldeten Unternehmens

Renditen

R_f	Risikofreier Zinssatz (diskret)
r_f	Risikofreier Zinssatz (stetig)
$r_{f,t\to t+j}$	Stetige Spot-Rate des risikofreien Zinssatzes von t bis $t+j$
R_i	Rendite einer Anlage i (diskret)

R_m	Kapitalmarktrendite (diskret)
r_m	Kapitalmarktrendite (stetig)
μ_m	Erwartungswert der Marktrendite
$\hat{\mu}_m$	Empirisch ermittelter Schätzer für den Erwartungswert der Marktrendite
σ_m	Standardabweichung der Marktrendite
$\hat{\sigma}_m$	Empirisch ermittelter Schätzer für die Standardabweichung der Marktrendite
R_{hml}	Rendite des Portfolios „high minus low" (diskret)
R_{smb}	Rendite des Portfolios „small minus big" (diskret)
R_w	Rendite des Vermögensportfolios (diskret)

Konzept des stochastischen Diskontierungsfaktors

K	Risikoadäquate Kapitalkosten (diskret)
M_{t+1}	Stochastischer Diskontierungsfaktor von t bis $t+1$
$M_{t\rightarrow t+j}$	Stochastischer Diskontierungsfaktor von t bis $t+j$
$\bar{M}_{t+1,N}$	Arithmetischer Durchschnitt des SDF aus N Beobachtungen
π	Empirische bzw. natürliche Eintrittswahrscheinlichkeit
π^*	Risikoneutrale Eintrittswahrscheinlichkeit
q_s	Zustandspreis des Zustandes s
RZ	Risikozuschlag auf risikofreien Zinssatz (bei Risikozuschlagsmethode)
$X_{i,t}$	Bewertungsrelevanter Zahlungsstrom i in Periode t
$\bar{X}_{i,t,N}$	Arithmetischer Durchschnitt eines bewertungsrelevanten Zahlungsstroms i in Periode t aus N Beobachtungen
X_{EK}	Bewertungsrelevanter Zahlungsstrom für die Eigenkapitalgeber
X_{FK}	Bewertungsrelevanter Zahlungsstrom für die Fremdkapitalgeber
X_{TS}	Bewertungsrelevanter Zahlungsstrom der Steuervorteile aus Fremdfinanzierung

X_U	Bewertungsrelevanter Zahlungsstrom des Gesamtunternehmens
χ^2	Chi-Quadrat-Verteilung
Z	Risikoabschlag auf den Erwartungswert eines Zahlungsstroms (bei Sicherheitsäquivalenzmethode)

Planungsmodell für Leveraged Buyouts

$()^+$	Ausprägung einer Variablen im positiven Szenario
$()^-$	Ausprägung einer Variablen im negativen Szenario
$c_{EBITDA,t}$	EBITDA-Marge
$\bar{c}_{EBITDA}$	EBITDA-Zielmarge
$c_{Abschreibungen}$	Abschreibungsquote
$c_{Investitionen}$	Investitionsquote
c_{LQ}	Liquidationsquote
c_{NWC}	Nettoumlaufvermögensquote
$EBIT_t$	Gewinn vor Fremdkapitalzinsen und Steuern einer Periode t
EBT_t	Vorsteuergewinn einer Periode t
$EBT_{ZS,t}$	Vorsteuergewinn einer Periode t als Steuerbemessungsgrundlage unter Berücksichtigung der Zinsschranke
$G_{Umsatz,t}$	Umsatzwachstumsrate (diskret)
η	Parameter der Konvergenzgeschwindigkeit
NWC	Nettoumlaufvermögen
s_U	Unternehmenssteuersatz (kombiniert)
s_K	Körperschaftssteuersatz
s_{SZ}	Solidaritätszuschlag
s_G	Gewerbesteuersatz

Nutzenbasiertes Bewertungskonzept

α	In Kapitalmarktanlagen investiertes Vermögen
B	Budget des Investors
C	Konsum des Investors

δ	Subjektiver Diskontierungsfaktor
γ	Koeffizient der relativen Risikoaversion
ρ	Kehrwert der intertemporalen Substitutionselastizität
θ	Substitutionsvariable
$U(\,)$	Nutzenfunktion
$U'(\,)$	Grenznutzen
W	Wert des Vermögensportfolios

1. Einleitung

Private Equity hat in den vergangenen Jahrzehnten einen außergewöhnlichen Wachstumsprozess vollzogen und sich von seiner einstigen Stellung als Nischenprodukt zu einer weltweit bedeutenden Anlageklasse aufgeschwungen.[1] Ausgehend von seinen Ursprüngen in den USA hat Private Equity mittlerweile auch in Europa zunehmend an Einfluss gewonnen.[2] Entsprechend diesem Aufstieg und der damit verbundenen Bedeutung für die Volkswirtschaften und Finanzmärkte hat ebenfalls die Aufmerksamkeit für Private Equity in den vergangenen Jahren stark zugenommen.[3]

Vor diesem Hintergrund ist es nicht verwunderlich, dass Private Equity auch in der Forschung und wissenschaftlichen Literatur zunehmend Interesse gefunden hat. Entsprechend der Entwicklungsgeschichte von Private Equity fokussierten sich Untersuchungen zunächst auf den US-amerikanischen Markt, wobei in jüngerer Zeit auch zahlreiche Forschungsarbeiten für den europäischen Markt vorgenommen wurden.[4] Im Vordergrund standen hierbei insbesondere empirische Studien bezüglich der Performance von Private Equity, um eine Existenzberechtigung dieser Anlageklasse gegenüber anderen Kapitalanlageformen zu untersuchen. Da Informationen über Private Equity nur bedingt öffentlich zu beziehen sind, stellt sich hierbei die mangelnde Verfügbarkeit an detaillierten Daten über vergangene Investitionen als ein bedeutender und limitierender Faktor für den Umfang empirischer Arbeiten dar.[5] Auf der Ebene von Private Equity Fonds konnte diese Problematik durch die Bildung von Datenbanken mittlerweile weitgehend gelöst werden, wodurch Untersuchungen der Performance von

---

1 Vgl. MÜLLER (2008), S. 1 und DÄNZER (2009), S. 1.

2 Vgl. DILLER (2007), S. 1. Einen Überblick über die Entwicklungsgeschichte von Private Equity in den USA bieten CENDROWSKI ET AL. (2008), S. 39-46 sowie PÜTTER (2008), S. 673-690 für Deutschland. Zum schnellen Wachstum von Private Equity in Europa hat unter anderem eine zunehmende Internationalisierung der Kapitalbeschaffung seitens der Private Equity Gesellschaften beigetragen. Vgl. hierzu LAKE & LAKE (2000), S. 28f.

3 Vgl. WEBER & HOHAUS (2010), S. 40f und KNAUER & SOMMER (2010), S. 390. In Deutschland rückte Private Equity durch eine kontrovers geführte Diskussion bezüglich der Renditeforderungen von Private Equity Investoren ins Licht der Öffentlichkeit. Von den Kritikern wurde hierbei der Begriff „Heuschrecken" als Synonym für Private Equity Investoren geprägt. Vgl. hierzu PÜTTER (2008), S. 674.

4 Vgl. CENDROWSKI ET AL. (2008), S. 3 und DÄNZER (2009), S. 1f.

5 Vgl. DILLER (2007), S. I und KNAUER & SOMMER (2010), S. 390.

Private Equity als Anlageklasse ermöglicht werden.[6] Bezüglich der einzelnen in den Private Equity Fonds enthaltenen Beteiligungsunternehmen ist die Datenlage hingegen nach wie vor stark eingeschränkt.[7]

Ungeachtet dieser Problematik haben sich Leveraged Buyouts (LBOs) - welche einen prominenten Teilbereich von Private Equity Investitionen darstellen und häufig sogar als Synonym für diese Anlageklasse verwendet werden - und deren Wertschaffung für die Private Equity Investoren zu einem wichtigen Interessengebiet der Forschung herausgebildet.[8] Eine Vielzahl von Arbeiten widmet sich hierbei der Untersuchung verschiedener Aspekte dieses speziellen Investitionstyps. Auf Grund der eingeschränkten Datenlage zeigt sich eine Analyse auf Basis unterschiedlicher, proprietärer Datenquellen allerdings stark fragmentiert.[9]

Erstaunlich ist jedoch, dass sich das Interesse von Praktikern und Akademikern an Leveraged Buyouts weitgehend auf eine empirische Betrachtung der Wertschaffungseffekte beschränkt. Obwohl der durch eine Bewertung ermittelte Unternehmenswert sowohl für die Transaktion eines Leveraged Buyouts als auch zur Beurteilung der Wertschaffung durch eine Unternehmenswertsteigerung über die Haltedauer von zentralem Interesse für die Private Equity Gesellschaften und Investoren ist, erfolgte eine theoretische Aufarbeitung der mit der Bewertung von Leveraged Buyouts verbundenen Problemstellungen bislang nur unzureichend.[10]

1.1. Ausgangssituation

In der Praxis wird eine Bewertung von Leveraged Buyouts durch Private Equity Gesellschaften durchgeführt, um unter einer Reihe von Annahmen eine bestimmte Zielgröße - in der Regel den maximalen Übernahmepreis eines potentiellen Beteiligungsunternehmens - zu bestimmen. Hierzu wird häufig auf Basis eines Geschäftsplans oder mehrerer alternativer Szenaripläne bezüglich der zukünftig erwarteten Entwicklung eines potentiellen

6 Vgl. PINDUR (2006), S. 1. Eine Übersicht empirischer Arbeiten auf Ebene der Private Equity Fonds findet sich in PINDUR (2006), S. 19f sowie DÄNZER (2009), S. 9.

7 Vgl. DÄNZER (2009), S. 3.

8 Vgl. BERG & GOTTSCHALG (2003), S. 3.

9 Siehe für eine Übersicht empirischer Arbeiten bezüglich LBOs PINDUR (2006), S. 10-17 sowie DÄNZER (2009), S. 11. WEINBERGER (2006), S. 15f bietet aufbauend auf WEGNER (2004), S. 255 einen Überblick über Dissertationen im deutschsprachigen Raum im Themengebiet der LBOs.

10 Vgl. ROSARIUS (2007), S. 25f.

Beteiligungsunternehmens eine Bewertung auf Basis der Methode des internen Zinsfußes durchgeführt.[11] Der interne Zinsfuß entspricht der erwarteten Rendite auf das investierte Eigenkapital der Private Equity Investoren und ist mit deren Renditeerwartungen verbunden, welche bei der Kapitaleinbringung in einen Private Equity Fonds in Aussicht gestellt wurden. Eine Bewertung mittels der Methode des internen Zinsfußes zeichnet sich hierbei durch einen iterativen Prozess ab, bei welchem auf Basis gegebener Auflagen hinsichtlich des maximalen Einsatzes von Fremdkapital die Finanzierungsstruktur iterativ angepasst wird, so dass sich unter Einhaltung der vorgegebenen Mindestverzinsung des Eigenkapitals der maximal mögliche Kaufpreis eines Beteiligungsunternehmens für die Durchführung eines Leveraged Buyouts bestimmen lässt.[12] Alternativ kann durch diese Vorgehensweise auch unter einem bereits vorgegebenen Kaufpreis die Kapitalstruktur so optimiert werden, dass sich eine Maximierung der erwarteten Eigenkapitalrendite ergibt.[13]

Zur Wertfindung von Beteiligungsunternehmen im Rahmen von Transaktionen wird von Private Equity Gesellschaften sowohl zum Investitionsals auch zum Veräußerungszeitpunkt ebenfalls häufig auf eine Bewertung mittels Multiplikatoren zurückgegriffen.[14] Ziel dieser Bewertungsmethode ist es, aus den aktuellen Marktpreisen eines Referenzobjekts am Kapitalmarkt auf den Wert des Bewertungsobjekts zu schließen. Hierbei wird beim Referenzobjekt der am Kapitalmarkt beobachtete Unternehmenswert als Vielfaches einer Unternehmenskennzahl – z.B. EBITDA (engl.: „Earnings before Interest, Taxes, Depreciation, and Amortization") – berechnet. Dieser Multiplikator wird dann mit der entsprechenden Unternehmenskennzahl des Bewertungsobjekts multipliziert um auf dessen Unternehmenswert zu schließen. Voraussetzung für die Anwendbarkeit dieser Methode ist eine Vergleichbarkeit zwischen Referenz- und Bewertungsobjekt. Eine vollständige Vergleichbarkeit kann hierbei jedoch nur vorliegen, wenn Referenz- und Bewertungsobjekt derselben Finanzierungspolitik unterliegen.[15] Bei

---

11 Vgl. INSELBAG & KAUFOLD (1989), S. 94.

12 Vgl. WEBER & HOHAUS (2010), S. 81-83. Die Bewertung erfolgt iterativ, da sich jede Veränderung der Finanzierungsstruktur auf die Steuervorteile aus Fremdfinanzierung, die Zahlungsströme und den internen Zinsfuß des Eigenkapitals auswirkt und man sich der optimalen Kapitalstruktur somit unter steter Neuberechnung des Bewertungsmodells schrittweise annähert.

13 Vgl. JOHNEN & SCHACHT (2009), S. 289, 296.

14 Vgl. WEINBERGER (2006), S. 46f, GLEIẞNER, KAMARAS & WOLFRUM (2008), S. 145 und GROH (2004), S. 47f.

15 Vgl. RICHTER (2005), S. 65.

der Bewertung eines Leveraged Buyouts mittels Multiplikatoren von kapitalmarktnotierten Unternehmen wird somit eine Bewertung unter der Prämisse einer identischen Finanzierungspolitik vorgenommen, wodurch die Effekte der für Leveraged Buyouts charakteristischen Finanzierungsstruktur nicht berücksichtigt werden.[16]

Bei beiden in der Praxis gängigen Bewertungsverfahren erfolgt keine Beurteilung des mit einem Leveraged Buyout verbundenen Risikos für die Kapitalgeber. Während bei der Multiplikatormethode eine Bewertung direkt in Form absoluter Werte des Unternehmens unter Annahme einer vergleichbaren Finanzierungspolitik zu den am Kapitalmarkt beobachteten Referenzunternehmen vorgenommen wird, unterstellt ein zahlungsstrombasierter Bewertungsansatz zur Bestimmung des internen Zinsfußes des Eigenkapitals eine Risikoneutralität der Private Equity Investoren und eine Bestimmung der risikoadäquaten Kapitalkosten des Eigenkapitals erfolgt hierbei nicht.[17]

In der Theorie der Unternehmensbewertung wird hingegen versucht, die zukünftigen Zahlungsströme eines Bewertungsobjekts unter Berücksichtigung von Zeit- und Risikoaspekten in einen gegenwärtigen Barwert zu überführen. Hierzu ist es unter anderem erforderlich, die zukünftigen Finanzierungs- und Steuereffekte des zu bewertenden Unternehmens adäquat abzubilden.[18] Für zahlungsstrombasierte Bewertungsmodelle auf Basis risikoadjustierter Kapitalkosten haben sich daher in der Literatur eine Reihe unterschiedlicher Finanzierungspolitiken herausgebildet, welche bezüglich der zukünftigen Kapitalstruktur eines Bewertungsobjekts unterstellt werden können:

---

16 Wird eine Multiplikatorbewertung im Zuge der Transaktionen bei Übernahme und Veräußerung eines LBO durchgeführt, so wird einerseits der Marktwert des Beteiligungsunternehmens vor Umsetzung der LBO-spezifischen Finanzierungsstruktur bestimmt. Andererseits wird bei Veräußerung der Unternehmenswert des Beteiligungsunternehmens nach der Durchführung des LBO aus der Perspektive einer marktüblichen Finanzierungspolitik bewertet.

17 Die bei der Methode des internen Zinsfußes unterstellte Risikoneutralität von Investoren ist kritisch zu sehen, da diese im Allgemeinen sichere Zahlungsströme gegenüber unsicheren bevorzugen. Bei der Methode des internen Zinsfußes werden hingegen nur die Erwartungswerte der zukünftigen Zahlungsströme berücksichtigt. Wie groß die Streuung der tatsächlich eintretenden Zahlungsströme um diesen Erwartungswert – und demnach auch die hierbei realisierte Rendite – ist, bleibt hingegen unberücksichtigt.

18 Vgl. Rapp (2006), S. 772.

Tabelle 1: Verbreitete Finanzierungspolitiken in der Unternehmensbewertung

Finanzierungspolitik	**Beschreibung**	**Ausgewählte Literatur**[19]
Irrelevanztheorem der Finanzierung	Unter Abwesenheit von Unternehmenssteuern ist der Marktwert eines Unternehmens unabhängig von dessen Kapitalstruktur.	MODIGLIANI & MILLER (1958), STIGLITZ (1969)
Konstanter Fremdkapitalbestand	Bei Existenz von Unternehmenssteuern führt ein konstanter Fremdkapitalbestand zu sicheren Steuervorteilen bei einer Abzugsfähigkeit der Fremdkapitalzinszahlungen von der steuerlichen Bemessungsgrundlage. Der Unternehmenswert steigt hierdurch unter Ausschluss von Insolvenzrisiken mit zunehmendem Fremdkapitaleinsatz an.	MODIGLIANI & MILLER (1963), LAITENBERGER & LODOWICKS (2005)
Autonome Finanzierung („F-Politik")	Die zukünftigen Fremdkapitalbestände werden exogen vorgegeben und können konstant oder variabel sein. Die zukünftigen Verschuldungsgrade sind hierdurch unsicher, die Steuervorteile hingegen sicher.	MYERS (1974), INSELBAG & KAUFOLD (1997), RICHTER (1998), WALLMEIER (1999)
Ökonomisch wertabhängige Finanzierung („L-Politik")	Der zukünftige Verschuldungsgrad als Verhältnis der Marktwerte von Eigen- und Fremdkapital wird als konstant unterstellt. Die zukünftigen Fremdkapitalbestände und Steuervorteile sind abhängig von der Unternehmenswertentwicklung und folglich unsicher.	MILES & EZZELL (1980), HARRIS (1985), INSELBAG & KAUFOLD (1997), RICHTER (1998), WALLMEIER (1999)
Nominal wertabhängige Finanzierung	Erweiterung der wertabhängigen Finanzierung durch Vorgabe eines deterministischen Prozesses der zukünftigen Verschuldungsgrade. Die zukünftigen Fremdkapitalbestände und Steuervorteile sind unsicher, die Verschuldungsgrade hingegen sicher.	RAPP (2006)
Bilanzorientierte wertabhängige Finanzierung	Die Veränderung des Fremdkapitals ist abhängig von der Änderung des bilanziell investierten Eigenkapitals. Die zukünftigen Fremdkapitalbestände und Steuervorteile sind abhängig von der Unternehmenswertentwicklung und folglich unsicher.	BRENNAN (1973), RICHTER (2002a), ESSLER, KRUSCHWITZ & LÖFFLER (2005)

Quelle: Eigene Darstellung.

19 Ergänzend findet sich in KRUSCHWITZ & LÖFFLER (2007), S. 31-100 eine ausführliche Diskussion des Einflusses unterschiedlicher Finanzierungspolitiken auf die hierbei anzusetzenden, risikoadjustierten Kapitalkosten.

Trifft eine der in Tabelle 1 gezeigten Finanzierungspolitiken sowie die hiermit verbundenen Annahmen für ein Bewertungsobjekt zu, so kann bei zahlungsstrombasierten Bewertungsmodellen eine Diskontierung der Erwartungswerte der zukünftigen Zahlungsströme mittels risikoadjustierter Kapitalkosten erfolgen. Gemeinsam haben hierbei alle diese Finanzierungspolitiken, dass für die Bestimmung zustandsunabhängiger Diskontierungssätze nur ein stark vereinfachtes Steuersystem unterstellt werden kann. Dieses ist einerseits darauf angewiesen, dass unter jeder denkbaren zukünftigen Entwicklung des Bewertungsobjekts eine ausreichende steuerliche Bemessungsgrundlage vorliegt, so dass die anfallenden Fremdkapitalzinszahlungen hiervon vollständig abzugsfähig sind. Ebenfalls muss im Falle eines Vorsteuerverlusts ein sofortiger Steuerausgleich – in Form negativer Steuerzahlungen – angenommen werden. Zudem wird bei einer Anwendung der in Tabelle 1 vorgestellten Finanzierungspolitiken ein Insolvenzrisiko häufig nicht ausreichend berücksichtigt. Zwar wird hierbei eine Ausfallgefährdung des Fremdkapitals mittels eines Fremdkapitalzinssatzes abgebildet, welcher über dem risikofreien Zinssatz liegt. Zusammen mit der vereinfachten Steuerberechnung führt hierbei jedoch ein steigender Fremdkapitalzinssatz in Folge eines zunehmenden Ausfallrisikos stets zu höheren Steuervorteilen aus Fremdfinanzierung, wenn nicht zugleich eine Adjustierung der Erwartungswerte der Zahlungsströme vorgenommen wird, um die negativen Effekte einer Insolvenz ebenfalls zu berücksichtigen.[20]

1.2. Einführung in die Problemstellung

Die bislang eingeführten Finanzierungspolitiken zeigen sich für eine Abbildung der zahlungsstrombasierten Fremdkapitalentwicklung von Leveraged Buyouts zugleich als grundsätzlich ungeeignet. Ausgehend von einem anfänglich hohen Fremdkapitaleinsatz, welcher aus der Übernahmefinanzierung eines Beteiligungsunternehmens resultiert, erfolgt bei Leveraged Buyouts eine schrittweise Rückführung des Fremdkapitals durch die operativen Zahlungsströme des Beteiligungsunternehmens. Da unter dieser Finanzierungspolitik die zukünftigen Tilgungszahlungen von den unsicheren Zahlungsströmen des Beteiligungsunternehmens abhängig sind, unterliegen sowohl die zukünftigen Fremdkapitalbestände, die Höhe der hiermit verbundenen Steuervorteile, als auch die Verschuldungsgrade eines Leveraged

20 Vgl. LODOWICKS (2008), S. 13 sowie weiterführend DAMODARAN (2006), S. 11-15.

Buyouts einer Unsicherheit. Da diese Größen hierdurch zugleich zeit- als auch zustandsabhängig sind, ist eine Anwendung risikoadjustierter Kapitalkosten zur Bewertung eines Leveraged Buyouts unter einer solchen Finanzierungspolitik problematisch. In der Literatur existieren bislang wenige Arbeiten, welche sich mit der Abbildung einer solchen zahlungsstromorientierten Finanzierungspolitik befassen:

Tabelle 2: Ansätze für die Abbildung einer zahlungsstromorientierten Finanzierungspolitik zur Bewertung von Leveraged Buyouts

Literatur	Beschreibung	Einschränkungen
ARZAC (1996)	Verwendung eines rekursiven APV-Ansatzes auf Basis von Erwartungswerten, bei welchem der Fremdkapitalbestand einer bestimmten Periode von den zur Entschuldung verfügbaren Zahlungsströmen sowie dem Fremdkapitalbestand der Vorperiode abhängt.	• Risiko der Steuervorteile und Bestimmung deren Diskontierungssätze ungeklärt • Annahme eines sofortigen Steuerausgleichs und ausreichender Bemessungsgrundlagen • Ausschluss expliziter Insolvenzrisiken • Vollständige Entschuldung ausgeschlossen
LÖFFLER (2000)	Eine Erweiterung des rekursiven APV-Ansatzes für eine Anwendung des risikoneutralen Bewertungskonzepts. Die Bewertung von Zahlungsströmen und Steuervorteilen erfolgt unter einem risikoneutralen Wahrscheinlichkeitsmaß Q durch eine einheitliche Diskontierung mit dem risikofreien Zinssatz.	• Bildung der Erwartungswerte der Zahlungsströme unter risikoneutralem Wahrscheinlichkeitsmaß Q ist ungeklärt • Annahme eines sofortigen Steuerausgleichs und ausreichender Bemessungsgrundlagen • Ausschluss expliziter Insolvenzrisiken • Vollständige Entschuldung ausgeschlossen

ROSARIUS (2007)	Ein APV-Ansatz auf Basis eines einfachen Binomialmodells, welches die Entschuldung mittels unsicherer Zahlungsströme zustandsabhängig berücksichtigt. Dieses erfolgt durch eine Aufteilung der zukünftigen Fremdkapitalbestände und der hiermit verbundenen Steuervorteile in einen sicheren und unsicheren Anteil. Es erfolgt eine Rückführung des Binomialmodells auf eine Bewertungsformel auf Basis von Erwartungswerten.	• Rückführung des Binomialmodells auf Erwartungswerte erfordert einen symmetrisch verlaufenden Binomialbaum der Zahlungsströme und Fremdkapitalbestände • Annahme eines sofortigen Steuerausgleichs und ausreichender Bemessungsgrundlagen • Ausschluss expliziter Insolvenzrisiken • Vollständige Entschuldung ausgeschlossen bzw. mit Steuernachteilen verbunden

Quelle: Eigene Darstellung.[21]

Die in Tabelle 2 aufgeführten Ansätze zeigen, dass die bisherige Abbildung einer zahlungsstromorientierten Finanzierungspolitik von Leveraged Buyouts ebenfalls mit stark vereinfachenden und einschränkenden Annahmen bezüglich der Entwicklung des Fremdkapitalbestands und der Realisierung von Steuervorteilen verbunden ist. Zugleich führt in allen drei Modellansätzen eine Erhöhung des anfänglichen Fremdkapitaleinsatzes oder der Fremdkapitalzinssätze stets zu einem steigenden Wert der Steuervorteile sowie des Gesamtunternehmenswertes, da keine negativen Werteffekte eines Insolvenzrisikos erfasst sind. Diese vereinfachenden Annahmen sind jedoch vor dem Hintergrund einer Bewertung von Leveraged Buyouts kritisch zu hinterfragen, da sowohl ein Insolvenzrisiko als auch die Möglichkeit einer Beschränkung der Nutzbarkeit von Steuervorteilen aus Fremdfinanzierung auf Leveraged Buyouts einen deutlich größeren Einfluss haben kann, als dies bei Unternehmen mit gängigen Finanzierungspolitiken und moderater Verschuldung der Fall ist. Entsprechend sollten diese Effekte im Rahmen einer Bewertung von Leveraged Buyouts eine Berücksichtigung finden.

Insbesondere seit der Einführung der Zinsschrankenregelung in Deutschland im Rahmen der Unternehmenssteuerreform im Jahr 2008 wurde die Abzugsfähigkeit von Fremdkapitalzinszahlungen von der Bemessungsgrundlage der Unternehmenssteuer deutlich begrenzt. Dies betrifft vorrangig Unternehmen mit einem relativ hohen Fremdkapitaleinsatz, wodurch für Leveraged Buyouts unter Annahme eines vereinfachten Steu-

21 Eine detaillierte Beschreibung der in Tabelle 2 vorgestellten Modelle erfolgt in Abschnitt 2.3.2.

ersystems eine deutliche Überschätzung der Steuervorteile aus Fremdfinanzierung resultieren kann. Da die Bemessungsgrenze der steuerlich abzugsfähigen Fremdkapitalzinszahlungen unter dem Einfluss der Zinsschranke unter anderem von der Höhe der zukünftigen operativen Zahlungsüberschüsse eines Unternehmens abhängt, bestimmen sich die Steuervorteile aus Fremdfinanzierung nicht mehr allein aus der zu Grunde gelegten Finanzierungspolitik.[22]

Hierdurch entsteht die Notwendigkeit unter einer Berücksichtigung der Zinsschrankenregelung die Bestimmung der Steuervorteile zeit- und zustandsabhängig vorzunehmen. Da folglich eine direkte Bewertung auf Basis der Erwartungswerte der zukünftigen Zahlungsströme mittels risikoadjustierter Diskontierungssätze – welche aus den Kapitalkosten des unverschuldeten Unternehmens und den Fremdkapitalzinsen abgeleitet werden – nicht länger möglich ist, verbindet sich mit der Bewertung von Steuervorteilen unter realitätsnahen Steuerberechnungsgrundlagen ein deutlich gestiegener Informationsbedarf bezüglich der zukünftigen Entwicklungsmöglichkeiten des Bewertungsobjekts. Diese mehrwertige Berücksichtigung der zukünftigen Entwicklung kann mittels eines Simulationsansatzes anstelle einer direkten Abschätzung von unbedingten Erwartungswerten erfolgen. Hierbei stellt sich jedoch die Herausforderung der Bestimmung von risikoadäquaten zeit- und zustandsabhängigen Diskontierungssätzen der Steuervorteile aus Fremdfinanzierung, welche unter Vorliegen der Zinsschrankenregelung nicht mehr durch einen funktionalen Zusammenhang aus den unverschuldeten Eigenkapitalkosten des Unternehmens und dessen Finanzierungspolitik abgeleitet werden können.[23]

Im Hinblick auf die Berücksichtigung von Insolvenzrisiken können in Bewertungsmodellen zwei unterschiedliche Vorgehensweisen verfolgt werden. Einerseits kann die Höhe des Fremdkapitaleinsatzes so festgelegt werden, dass eine Insolvenz des Bewertungsobjekts grundsätzlich ausgeschlossen wird.[24] Andererseits können Insolvenzen ebenfalls berücksichtigt werden, indem deren Eintrittskriterien sowie Konsequenzen explizit in einem Bewertungsmodell abgebildet werden.[25] Da ein Ausschluss von Insolvenzen nur unter geringen Verschuldungsgraden realisierbar erscheint, ist für Leveraged Buyouts eine explizite Berücksichtigung eines Insolvenzrisikos sowie der aus einer Insolvenz resultierenden Konsequenzen erforder-

22 Vgl. Bachmann & Schultze (2008), S. 27f.

23 Vgl. Mai (2008), S. 44-48 und Förster, Stöckl & Brenken (2009), S. 991-1002.

24 Vgl. Richter (2005), S. 166-171.

25 Vgl. Lodowicks (2008), S. 5-13 für eine Übersicht von Modellen zur Berücksichtigung von Insolvenzrisiken in der Unternehmensbewertung.

lich. Aus der zahlungsstromorientierten Finanzierungspolitik und der damit verbundenen, unsicheren Fremdkapitalentwicklung folgt bei Leveraged Buyouts, dass ein Insolvenzrisiko ebenfalls zeit- und zustandsabhängig zu berücksichtigen ist. Ursächlich hierfür ist, dass im Falle eines Insolvenzeintrittes sowohl ein Ausfall der zukünftigen Zahlungsströme und Steuervorteile drohen als auch Insolvenzkosten entstehen. Dies erfordert ebenfalls eine mehrwertige Berücksichtigung der zukünftigen Entwicklung des Bewertungsobjekts in Form einer Simulation.

Ergänzend zu der Notwendigkeit einer zeit- und zustandsabhängigen Berücksichtigung des Fremdkapitalverlaufs, der Steuervorteile aus Fremdfinanzierung als auch der Insolvenzrisiken kann sich bei der zahlungsstrombasierten Bewertung von Leveraged Buyouts noch eine weitere Problematik stellen. Da im Anschluss an die Übernahme eines Beteiligungsunternehmens durch die Private Equity Gesellschaften häufig eine Reihe operativer und strategischer Umstrukturierungsmaßnahmen durchgeführt wird, kann sich ebenfalls die Risikostruktur eines Leveraged Buyouts – d.h. dessen Abhängigkeit von der Entwicklung des Kapitalmarktes – über den Zeitverlauf verändern. Hierdurch liegen nicht länger konstante unverschuldete Eigenkapitalkosten vor und es existiert bis dato noch keine Herangehensweise, welche eine geeignete Bestimmung der Eigenkapitalkosten von Leveraged Buyouts leistet.

Da die Berücksichtigung dieser Aspekte bei der Bewertung von Leveraged Buyouts eine zeit- und zustandsabhängige Abbildung innerhalb eines Bewertungsmodells erfordert, ist eine Approximation der zukünftigen Entwicklung eines Bewertungsobjekts im Rahmen eines Simulationsansatzes durch eine Einbeziehung mehrerer Entwicklungsmöglichkeiten für eine Bewertung besser geeignet als eine direkte Abschätzung von unbedingten Erwartungswerten der zukünftigen Zahlungsströme. Hierdurch können ebenfalls Effekte berücksichtigt werden, welche sich bei einer Abweichung der zukünftigen Unternehmensentwicklung von deren Erwartungswerten ergeben. Da sich die Bestimmung der Kapitalkosten des unverschuldeten Unternehmens sowie des Diskontierungssatzes der Steuervorteile aus Fremdfinanzierung als auch deren zeit- und zustandsabhängige Veränderung problematisch zeigt, ist hierbei ein Bewertungsansatz zu präferieren, welcher nicht auf risikoadjustierte Diskontierungssätze angewiesen ist.

Eine Möglichkeit hierfür stellt das Konzept der risikoneutralen Bewertung dar, welches bereits von LÖFFLER in Verbindung mit der Bewertung von Leveraged Buyouts gebracht wurde.[26] Die Grundidee dieses Bewer-

---

26 Vgl. LÖFFLER (2000), S. 5.

tungskonzepts ist, dass neben dem empirischen Wahrscheinlichkeitsmaß P ein hierzu äquivalentes, risikoneutrales Wahrscheinlichkeitsmaß Q existiert.[27] Unter diesem risikoneutralen Wahrscheinlichkeitsmaß liegt eine Trennung der Zeit- und Risikopräferenz der Investoren vor und die Erwartungswerte zukünftiger Zahlungsströme stellen Sicherheitsäquivalente dar, welche sich einheitlich mittels des risikofreien Zinssatzes in ihre gegenwärtigen Barwerte überführen lassen. Die Bildung dieser Erwartungswerte unter Q erfolgt durch die Verwendung von risikoneutralen anstelle der empirischen Eintrittswahrscheinlichkeiten, wodurch ein Risikoabschlag auf die empirischen Erwartungswerte stattfindet.[28]

Ein Anwendungsproblem des risikoneutralen Bewertungskonzepts besteht jedoch in der Quantifizierung des risikoneutralen Wahrscheinlichkeitsmaßes Q, da sich dessen Eintrittswahrscheinlichkeiten nicht direkt beobachten lassen.[29] Um eine Anwendung der risikoneutralen Bewertung in der Unternehmensbewertung dennoch zu ermöglichen, bedient man sich häufig einer Vorgehensweise, welche der Optionspreistheorie entleihen ist. Anstelle einer Bestimmung von risikoneutralen Erwartungswerten unter einer Adjustierung der Eintrittswahrscheinlichkeiten der zukünftigen Zustände werden hierbei die subjektiven Zahlungsstromrealisierungen der einzelnen Zustände so adjustiert, dass diese unter dem Rückgriff auf empirische Wahrscheinlichkeiten ebenfalls zu Sicherheitsäquivalenten führen, welche den unter dem risikoneutralen Wahrscheinlichkeitsmaß Q gebildeten Erwartungswerten entsprechen. Da hierzu die Preis- oder Zahlungsstromprozesse eines Bewertungsobjekts adjustiert werden, spricht man hierbei von einer Driftverschiebung.[30]

Eine Driftverschiebung kann vorgenommen werden, soweit ein funktionaler Zusammenhang zwischen dem Prozess eines Zahlungsstroms und dem arbitragefreien Kapitalmarkt besteht. Mittels einer Ersetzung der empirischen Drift eines solchen Prozesses durch eine risikoneutrale Drift werden durch den adjustierten Prozess direkt Sicherheitsäquivalente zur risikoneutralen Diskontierung erzeugt. Eine solche Anpassung kann beispielhaft vorgenommen werden, indem die unsichere Marktrendite als Einfluss-

---

27 Vgl. LAITENBERGER & LÖFFLER (2006), S. 291 und NEFTCI (2000), S. 329. Siehe für den Beweis der Äquivalenz beider Wahrscheinlichkeitsmaße BACK & PLISKA (1991).

28 Vgl. KELLENERS (2004), S. 69-74 und RICHTER (2002b), S. 137f.

29 Vgl. RICHTER (2003), S. 61. KRUSCHWITZ & LÖFFLER (2005), S. 25, 33 sehen daher ohne eine genaue Kenntnis der risikoneutralen Eintrittswahrscheinlichkeiten eine Anwendung dieses Konzepts im Bereich der Unternehmensbewertung kritisch.

30 Vgl. RICHTER (2002a), S. 157-159. Vgl. zur Vorgehensweise der Driftverschiebung auch NEFTCI (2000), S. 316-323.

faktor eines Preis- oder Zahlungsstromprozesses durch den risikofreien Zinssatz ersetzt wird.[31] Jedoch zeigt sich auch die Verwendung einer Driftverschiebung im Rahmen einer risikoneutralen Bewertung mit Problemen verbunden, da diese nur auf stetige Prozesse eindeutig anwendbar ist.[32] Für zahlungsstrombasierte Bewertungsmodelle unter einer zeitdiskreten Darstellung existiert hingegen kein allgemeingültiges Transformationsgesetz, mit welchem die Prozesse unter P zur Bestimmung der Zahlungen adjustiert werden können, damit diese äquivalente Bewertungsergebnisse unter Q liefern. Insbesondere ein Vorliegen von nicht-linearen Einflussfaktoren kann hierbei dazu führen, dass es bei der Transformation von zeitdiskreten Zahlungsströmen zu Inkonsistenzen kommt.[33]

Gerade bei Leveraged Buyouts liegt jedoch eine ganze Reihe von Nicht-Linearitäten hinsichtlich der zukünftigen Entwicklung vor. So kommt es bei der Abbildung einer zahlungsstromabhängigen Entschuldung zu der Problematik, dass die zur Tilgung des Fremdkapitalbestands verfügbaren Zahlungsströme unter dem empirischen Wahrscheinlichkeitsmaß höher sind als deren risikoneutrale Sicherheitsäquivalente. Ausgehend von einem gegenwärtig bekannten Fremdkapitalbestand erfolgt somit unter dem empirischen Wahrscheinlichkeitsmaß eine schnellere Entschuldung als unter dem risikoneutralen Wahrscheinlichkeitsmaß. Dies kann bedeuten, dass in der Realität zu einem zukünftigen Zeitpunkt bereits eine vollständige Entschuldung eines Leveraged Buyouts stattgefunden hat, während unter einer risikoneutralen Darstellung nach wie vor ein positiver Fremdkapitalbestand vorliegt, welcher weiterhin mit Steuervorteilen verbunden ist. Ebenfalls können nicht-lineare Steuerberechnungsgrundlagen Inkonsistenzen bei der Anwendung einer risikoneutralen Bewertung herbeiführen, da diese unter dem empirischen Wahrscheinlichkeitsmaß formuliert sind.[34]

Wenngleich ein risikoneutraler Bewertungsansatz durch die Umgehung der Probleme bei der Bestimmung von zeit- und zustandsabhängigen Diskontierungssätzen zunächst für eine Bewertung von Leveraged Buyouts vorteilhaft erscheint, so zeigt sich bei genauerer Betrachtung, dass dessen Anwendung ohne die Existenz einer allgemeingültigen Transformationsfunktion bei Vorliegen von nicht-linearen Einflussfaktoren problematisch

---

31 Vgl. RICHTER (2002a), S. 159f.

32 Vgl. COCHRANE (2001), S. 54 und IRMLER (2005), S. 92-94.

33 Vgl. SCHOSSER (2009), S. 13.

34 Siehe Anhang 1 für ein einfaches Bewertungsbeispiel, welches die Problematik einer Transformation von Zahlungsströmen in Sicherheitsäquivalente mittels Driftverschiebung verdeutlicht.

ist und folglich nur bedingt – bzw. unter sehr vereinfachenden Annahmen – zur Bewertung von Leveraged Buyouts geeignet ist.

1.3. Zielsetzung und Aufbau der Arbeit

Für eine Bewertung von Leveraged Buyouts sind somit auf Grund der zahlungsstromorientierten Finanzierungspolitik sowie unter Berücksichtigung eines realitätsnahen Steuersystems und expliziter Insolvenzrisiken sowohl ein Bewertungsansatz auf Basis risikoadjustierter Kapitalkosten durch die Notwendigkeit einer zeit- und zustandsabhängigen Anpassung der Diskontierungssätze, als auch ein risikoneutraler Bewertungsansatz ohne eine allgemeingültige Transformationsfunktion der Zahlungsströme in Sicherheitsäquivalente kritisch zu sehen. Um sowohl nicht-lineare Einflussfaktoren als auch eine zahlungsstromorientierte Finanzierungspolitik bei einer Bewertung dennoch berücksichtigen zu können, ist folglich eine Methode zur zeit- und zustandsabhängigen Berücksichtigung der zukünftigen Entwicklung eines Bewertungsobjekts erforderlich, bei welcher einerseits nicht die Notwendigkeit einer Transformation des Wahrscheinlichkeitsmaßes besteht und zugleich keine Anpassung von Diskontierungssätzen erforderlich ist.

Ein Ansatz, welcher diese Eigenschaften erfüllt, ist das Bewertungskonzept des stochastischen Diskontierungsfaktors. Dieses besitzt zum einen den Vorteil, dass Zahlungsströme unter ihrem empirischen Wahrscheinlichkeitsmaß bewertet werden können, wodurch bei Vorliegen von nichtlinearen Einflussfaktoren keine Inkonsistenzen entstehen. Zugleich ist der stochastische Diskontierungsfaktor einheitlich zur Bewertung unterschiedlicher Zahlungsströme geeignet, wodurch keine Anpassung dieses Diskontierungsfaktors auf verschiedene Risikoklassen erforderlich ist. SCHOSSER zeigte hierbei auf, wie ein stochastischer Diskontierungsfaktor dazu genutzt werden kann, um im Rahmen eines Simulationsmodells Aufschluss über bewertungsrelevante Effekte in Verbindung mit persönlichen Steuern, Insolvenzrisiken und unterschiedlichen Abschreibungsmethoden zu erhalten. Hierbei stützt er sich auf exogen vorgegebene Prozesse des stochastischen Diskontierungsfaktors als auch der bewertungsrelevanten Zahlungsströme.[35]

Für die Anwendung des Konzepts eines stochastischen Diskontierungsfaktors auf eine Bewertung von Leveraged Buyouts ist hingegen die Ver-

35 Vgl. SCHOSSER (2009) sowie ergänzend WILHELM & SCHOSSER (2007).

wendung eines detaillierteren Planungsmodells notwendig, welches neben dem charakteristischen Finanzierungsverlauf zugleich weitere Eigenschaften dieser Anlageklasse abbilden kann. Um eine Konsistenz zu einer Bewertung mittels risikoadjustierten Kapitalkosten zu wahren, soll in der vorliegenden Arbeit eine Spezifizierung des stochastischen Diskontierungsfaktors über einen arbitragefreien Kapitalmarkt erfolgen, so dass keine Annahmen erforderlich sind, welche nicht auch bereits dem Capital Asset Pricing Model oder einem konsumnutzenbasierten Bewertungsansatz zu Grunde liegen. Gelingt dies, so kann eine zeit- und zustandsabhängige Berücksichtigung der Spezifika eines Leveraged Buyouts bei einer Bewertung erfolgen. Zugleich entsteht hierdurch die Möglichkeit, mittels einer Bewertung mit stochastischem Diskontierungsfaktor die implizierten, risikoadäquaten Diskontierungssätze zu bestimmen und Aufschluss darüber zu erhalten, warum deren direkte Bestimmung und Anwendung bei der Bewertung von Leveraged Buyouts problematisch ist.

Für die Entwicklung eines solchen Bewertungsansatzes für Leveraged Buyouts werden im Anschluss an diese Einleitung zunächst in Kapitel 2 die Grundlagen des Untersuchungsgegenstandes erläutert. Hierbei wird eine kurze Einführung in die Anlageklasse des Private Equity gegeben und das hiermit verbundene Finanzierungs- und Investitionsmodell erläutert. Ebenfalls erfolgt eine Einführung von Leveraged Buyouts, welche einen Teilbereich von Private Equity darstellen und deren Bewertung im Fokus der vorliegenden Arbeit steht. Neben den Charakteristika dieses Investitionstyps wird auf die in der Literatur vorgestellten Ansätze zur Bewertung von Leveraged Buyouts näher eingegangen und deren Einschränkungen verdeutlicht.

In Kapitel 3 erfolgt eine Einführung in das Bewertungskonzept des stochastischen Diskontierungsfaktors und dessen Grundlagen werden dargestellt. Ebenfalls erfolgt eine Vorstellung der in der Literatur vorliegenden, gängigen Konzepte zur Beschreibung des stochastischen Diskontierungsfaktors und empirischer Ansätze zu dessen Spezifizierung und die Konsistenz des Konzepts des stochastischen Diskontierungsfaktors zu weiteren in der Unternehmensbewertung verbreiteten Bewertungsmethoden wird aufgezeigt. Aufbauend auf diesen Grundlagen erfolgt in Kapitel 4 die Entwicklung einer geeigneten Struktur des stochastischen Diskontierungsfaktors zur Anwendung innerhalb eines Simulationsansatzes. Kapitel 5 widmet sich der Entwicklung eines Planungsmodells zur Ableitung der bewertungsrelevanten Zahlungsströme von Leveraged Buyouts. Berücksichtigt werden hierbei bewertungsrelevante Spezifika, welche sich aus der charakteristischen Finanzierungsstruktur und den typischen Eigenschaften von Leveraged Buyouts ergeben.

Nach Formulierung des Planungsmodells und einer geeigneten Struktur des stochastischen Diskontierungsfaktors als zentrale Komponenten des Bewertungsmodells kann in Kapitel 6 ein Bewertungsbeispiel eines typisierten Leveraged Buyouts erfolgen. Nach einer Darstellung des Simulationsablaufs sowie der hiermit verbundenen Arithmetik des stochastischen Diskontierungsfaktors werden die Daten für das Bewertungsbeispiel aus mehreren empirischen Studien über Leveraged Buyouts erhoben. Die anschließende Bewertung zeigt hierbei Implikationen bezüglich des optimalen Fremdkapitaleinsatzes aus der Perspektive der Eigen- und Fremdkapitalgeber auf, widmet sich dem Wertbeitrag und Risiko der Steuervorteile aus Fremdfinanzierung sowie dem Einfluss von Effizienzsteigerungen bei Leveraged Buyouts. Neben einer Betrachtung der Wertschaffungseffekte erfolgt ebenfalls eine Beurteilung der mit den Zahlungsströmen von Leveraged Buyouts verbundenen Risiken durch die Bestimmung der risikoadäquaten Kapitalkosten.

Die Arbeit schließt mit einer Zusammenfassung der zentralen Erkenntnisse in Kapitel 7.

2. Grundlagen des Untersuchungsgegenstandes

Bevor im Rahmen der vorliegenden Arbeit ein Modell zur Bewertung von Leveraged Buyouts entwickelt werden kann, sind zunächst einige Grundlagen bezüglich des Untersuchungsgegenstandes zu erläutern. Für das weitere Vorgehen ist zunächst ein Verständnis des Investitionsmodells von Private Equity notwendig. Im Speziellen wird hierbei auf Leveraged Buyouts als Teilsegment von Privat Equity näher eingegangen, welche sich im Fokus dieser Arbeit befinden. Zusätzlich erfolgen eine kritische Betrachtung der bislang in der Literatur vorgestellten Ansätze zur Bewertung von Leveraged Buyouts mit bestehenden zahlungsstrombasierten Bewertungsverfahren und eine Darstellung der sich hierbei ergebenden Probleme.

2.1. Private Equity

Private Equity als Anlageklasse unterscheidet sich von klassischen, am Kapitalmarkt gehandelten Anlageformen bezüglich einiger wesentlicher Aspekte. Diese umfassen im Wesentlichen die Kapitalherkunft und -verwendung sowie die Anlagezielsetzung. Im Folgenden wird eine grundlegende Begriffserklärung von Private Equity gegeben sowie auf dessen typisches Investitions- und Finanzierungsmodell näher eingegangen.

2.1.1. Begriff und Definition

Private Equity bezeichnet eine mittel- bis langfristige Finanzierung von nicht börsennotierten Unternehmen mit Beteiligungskapital durch eine Private Equity Gesellschaft. Das Ziel ist hierbei, den Wert des finanzierten Unternehmens zu steigern und eine Rendite auf das investierte Beteiligungskapital nach einer bereits zu Beginn der Finanzierung geplanten Weiterveräußerung des Unternehmens zu realisieren. Bei Bedarf enthält das finanzierte Unternehmen zudem eine Unterstützung des Managements seitens der Private Equity Gesellschaft.[36] Das durch die Private Equity Gesellschaft investierte Beteiligungskapital stammt hierbei von institutionellen

---

36 Vgl. DILLER (2007), S. 8, RUDOLPH (2008), S. 661 und ROSARIUS (2007), S. 36. Der Begriff „Private Equity" stammt aus dem Englischen und lässt sich mit „privates Eigen- oder Beteiligungskapital" übersetzen.

oder individuellen Investoren und wird nicht über organisierte Wertpapierbörsen beschafft.[37]

Private Equity besteht aus mehreren Segmenten, wobei häufig eine Unterscheidung entsprechend der Lebenszyklen der Unternehmen stattfindet, in welche Private Equity Gesellschaften investieren. Typischerweise wird hierbei eine Aufteilung in „Venture Capital" und „Buyouts" vorgenommen.[38] Mit Venture Capital wird die Finanzierung in Form von Minderheitsbeteiligungen an relativ jungen Unternehmen bezeichnet, welche abgesehen von Private Equity nur einen begrenzten Zugang zu Kapital besitzen.[39] Buyouts umfassen hingegen Investitionen in typischerweise reife und etablierte Unternehmen, welche sich in einer kurzfristige Schieflage, z.B. durch einen negativen Einfluss der Kapitalmärkte oder ein ineffizientes Management, befinden.[40]

2.1.2. Finanzierungs- und Investitionsmodell

Private Equity umfasst somit zwei unterschiedliche Perspektiven. Zum einen die Beschaffung von Beteiligungskapital, welches nicht aus einem öffentlichen Börsenhandel stammt, und zum anderen dessen Investition in nicht-börsennotierte Unternehmen. In dieser Beziehung übernehmen Private Equity Gesellschaften die Rolle des Intermediärs, indem sie Private Equity Fonds auflegen, in welche sowohl institutionelle als auch individuelle Investoren Kapital einbringen können. Die Private Equity Gesellschaften verwalten das Fondskapital und investieren dieses in verschiedene Beteiligungsunternehmen - wie z.B. Leveraged Buyouts - um für die Investoren der Private Equity Fonds eine möglichst hohe Rendite auf deren eingesetztes Beteiligungskapital zu erzielen.[41]

---

37 Vgl. WEBER & HOHAUS (2010), S. 5.

38 Vgl. MÜLLER (2008), S. 11f, WEBER & HOHAUS (2010), S. 22, WEINBERGER (2006), S. 40 und CENDROWSKI ET AL. (2008), S. 3.

39 Vgl. CENDROWSKI ET AL. (2008), S. 19-23 für eine weitere Aufteilung des Segments Venture Capital.

40 Vgl. CENDROWSKI ET AL. (2008), S. 21. Im US-amerikanischen Sprachraum werden teilweise Buyouts unter dem Begriff des Private Equity bezeichnet, wodurch keine eindeutige Trennschärfe in der Literatur besteht. Vgl. hierzu FRASER-SAMPSON (2007), S. 4f.

41 Vgl. RUDOLPH (2008), S. 660f und GROH (2004), S. 13. Siehe zum Aufbau von Private Equity Gesellschaften und Fonds CENDROWSKI ET AL. (2008), S. 9-19. Siehe zu den unterschiedlichen Arten von Private Equity Investoren ROSARIUS (2007), S. 36f und MÜLLER (2008), S. 20-22.

Für diese Funktion des Intermediärs erheben die Private Equity Gesellschaften Managementgebühren, welche sich sowohl aus fixen als auch aus variablen Bestandteilen zusammensetzen, wodurch eine Interessensübereinstimmung zwischen dem Management und den Investoren eines Private Equity Fonds hergestellt wird. Um die Investoren darüber hinaus von der Attraktivität der Anlagemöglichkeit eines ihrer Fonds zu überzeugen, stellen Private Equity Gesellschaften teilweise auch selbst einen Anteil des Fondskapitals.[42]

Bei den Investitionsvehikeln, welche durch Private Equity Gesellschaften aufgelegt und verwaltet werden, handelt es sich vorwiegend um geschlossen Fonds, in welche die Private Equity Investoren innerhalb eines festgelegten Zeitraums nach Auflegung Eigenkapital einbringen können. Nachdem das Einwerben von Kapital durch eine Private Equity Gesellschaft beendet und der Fonds geschlossen ist, unterliegt die Verwaltung der Kapitalmittel alleinig der Private Equity Gesellschaft und die Private Equity Investoren haben keinen weiteren Einfluss auf die Investitionsstrategie. Ebenfalls ist ein Abziehen des eingebrachten Kapitals oder eine Weiterveräußerung der Fondsanteile – in Abgrenzung zu an Wertpapierbörsen notierten Aktien- oder Investmentfonds – nicht möglich.[43]

Durch eine Investition in Private Equity Fonds und die hiermit erfolgende Bündelung des Kapitals erzielen die Investoren eine deutlich höhere Kaufkraft am Markt und somit Zugang zu Investitionsmöglichkeiten in nicht-börsennotierte Unternehmen, welche ihnen ansonsten verschlossen blieben.[44] Das Ziel der Private Equity Investoren ist hierbei eine mittel- bis langfristige Renditerealisierung. Die Private Equity Fonds besitzen aus diesem Grund bereits zum Zeitpunkt ihrer Auflage eine festgelegte Lebensdauer, nach welcher eine Ausschüttung des Kapitals sowie der erwirtschaften Erträge an die Private Equity Investoren erfolgen. Die typische Lebensdauer eines Private Equity Fonds beträgt hierbei ca. 8 bis 12 Jahre.[45] In der Regel werden von den Private Equity Gesellschaften Anschlussfonds aufgelegt, um kontinuierliche Investitionen in Beteiligungsunternehmen zu gewähr-

---

42 Vgl. KAPLAN & STRÖMBERG (2009), S. 123f und CENDROWSKI ET AL. (2008), S. 18f. Siehe zur Incentivierung der Fondsmanager von Private Equity Gesellschaften MÜLLER (2008), S. 34-37.

43 Vgl. LAKE & LAKE (2000), S. 10. Siehe zum Prozess der Kapitalerhebung für Private Equity Fonds auch CENDROWSKI ET AL. (2008), S. 29-32.

44 Vgl. CENDROWSKI ET AL. (2008), S. 5 und MÜLLER (2008), S. 13f.

45 Eine Ausnahme hiervon stellen sog. „Ever Green"-Fonds dar, welche keine begrenzte Lebensdauer besitzen. Vgl. FRASER-SAMPSON (2007), S. 12, ROSARIUS (2007), S. 38 und CENDROWSKI ET AL. (2008), S. 5f.

leisen. Die Fähigkeit, hierfür erneut Kapital einzuwerben, kann sich stark abhängig vom Erfolg und den Renditen früherer Fonds einer Private Equity Gesellschaft zeigen.[46]

Entsprechend der begrenzten Lebensdauer eines Private Equity Fonds bestimmt sich auch der Investitionshorizont bzw. die Haltedauer der Beteiligungen, in welche eine Private Equity Gesellschaft das Kapital eines Fonds zur Renditeerzielung investiert. Nähert sich ein Fonds dem Ende seiner Lebensdauer, so ist eine Veräußerung der durch den Fonds gehaltenen Beteiligungen notwendig, um eine Ausschüttung des Kapitals und der erzielten Rendite an die Investoren zu ermöglichen.[47]

Kennzeichnend für die Investitionen von Private Equity Gesellschaften in Beteiligungen zeigt sich, dass nicht nur Eigenkapital in nicht-börsennotierte Unternehmen eingebracht wird, sondern seitens der Private Equity Gesellschaften zugleich eine umfangreiche Beobachtungs- und Kontrollfunktion gegenüber den Beteiligungsunternehmen betrieben wird. Bei Bedarf wird hierbei ebenfalls Einfluss auf das Management eines Beteiligungsunternehmens ausgeübt sowie eine Beratungsfunktion seitens der Private Equity Gesellschaften übernommen.[48] Die Möglichkeiten einer Einflussnahme auf die operative Geschäftsführung einer Beteiligung ist hierbei umso größer, je höher der Eigenkapitalanteil des durch eine Private Equity Gesellschaft vertretenen Fonds ist. Eine Einflussnahme einer Private Equity Gesellschaft ist daher insbesondere bei mehrheitlich übernommenen Beteiligungen – wie Leveraged Buyouts – ausgeprägt.

2.2. Leveraged Buyout

Leveraged Buyouts stellen eine spezielle Investitionsform in Unternehmen dar, welche von Private Equity Gesellschaften durchgeführt werden. Wodurch sich Leveraged Buyouts definieren, wird zunächst anhand einer Begriffserklärung erläutert. Anschließend erfolgt eine Einführung in die Spezifika typischer Leveraged Buyouts und der hiermit verbundenen Finanzierungsstruktur und Wertschaffungseffekte.

46 Vgl. LAKE & LAKE (2000), S. 10.

47 Vgl. DÄNZER (2009), S. 26 und DILLER (2007), S. 8.

48 Vgl. WEBER & HOHAUS (2010), S. 7-10 und DILLER (2007), S. 14.

2.2.1. Begriff und Definition

Der Begriff des Leveraged Buyouts für einen speziellen Investitionstyp von Private Equity ist sowohl in der Praxis als auch in der Literatur weit verbreitet. Dennoch existiert keine einzelne, präzise Definition für diesen Begriff.[49] Es finden sich jedoch einige Merkmale, welche häufig in Verbindung mit Leveraged Buyouts gebracht werden und als Grundlage für die folgende Begriffserläuterung dienen.

Als Buyout bezeichnet man im Allgemeinen den Erwerb eines Mehrheitsanteils an einem Unternehmen oder Unternehmensteil durch eine Gruppe von Investoren.[50] Der Erwerb erfolgt hierbei durch eine Kombination aus Eigenkapital und Fremdkapital und findet unter Einbindung einer auf solche Transaktionen spezialisierten Private Equity Gesellschaft statt. Das finanzielle Engagement der Investoren ist bei Buyouts - wie bei allen Private Equity Beteiligungen - zeitlich befristet und endet mit der Weiterveräußerung der Beteiligungsunternehmen an Dritte. Im Gegensatz zu Akquisitionen von Unternehmen durch Konzerne stehen für die Investoren von Buyouts keine strategischen Ziele sowie eine Schaffung von Synergieeffekten im Vordergrund, sondern der Erwerb dient einer rein finanziellen Zielsetzung durch eine eigenständige Wertsteigerung der Beteiligungsunternehmen.[51]

Mit dem Begriff Leveraged Buyout wird ergänzend eine Unterkategorie von Buyouts bezeichnet. Eine Abgrenzung erfolgt hierbei durch das Attribut „Leveraged", welches die charakteristische Finanzierungsstruktur eines Leveraged Buyout bezeichnet, bei welchem mit einem begrenzten Eigenkapitalanteil durch die Nutzung eines relativ hohen Fremdkapitaleinsatzes ein Unternehmenserwerb getätigt werden kann.[52] Ebenfalls besteht eine begriffliche Anlehnung an den aus der Finanzierungstheorie bekannten „Le-

---

49 Vgl. Pindur (2006), S. 30 und Rosarius (2007), S. 33. Vgl. zur nachfolgenden Definition von Buyouts Weinberger (2006), S. 40-42, Loos (2006), S. 12, Dänzer (2009), S. 24-26 und Weber & Hohaus (2010), S. 5.

50 Der Begriff Buyout leitet sich aus dem Englischen „to buy out" ab und bezieht sich auf den Auskauf der bisherigen Eigentümer einer Unternehmung durch die Private Equity Investoren. Vgl. Rosarius (2007), S. 33.

51 Eine Ausnahme von dieser Zielsetzung stellen sogenannte „Buy and Build"-Strategien dar. Hierbei erwerben die Private Equity Gesellschaften auf fragmentierten Märkten eine Reihe ähnlicher Unternehmen und veräußern diese gebündelt unter Realisierung einer Prämie. Vgl. hierzu Weinberger (2006), S. 40.

52 Das Attribut „Leveraged" dient im Englischen zur Bezeichnung einer Hebelwirkung oder eines Hochstemmens und basiert auf dem Verb „to lever". Vgl. Rosarius (2007), S. 33.

verage-Effekt", worin ebenfalls ein Motiv für den erhöhten Einsatz von Fremdkapital seitens der Private Equity Investoren zu finden ist.[53]

Als Unterscheidungsmerkmal zwischen regulären Buyouts und Leveraged Buyouts stellt sich somit die Höhe des Fremdkapitaleinsatzes dar. Bei welchem Fremdkapitaleinsatz diese Trennung vollzogen wird, ist in der Literatur allerdings nicht eindeutig geklärt und es existiert eine Vielzahl unterschiedlicher Kriterien bezüglich der Abgrenzung von Leveraged Buyouts.[54] Häufig anzutreffen ist hierbei die Anforderung, dass ein Verschuldungsgrad von mindestens 50% – d.h. ein Fremdkapitaleinsatz welcher das eingebrachte Eigenkapital übersteigt – bei der Übernahme eines Unternehmens durch eine Private Equity Gesellschaft gegeben sein muss.[55]

Entsprechend den Zielen und dem Investitionsmodell der Private Equity Investoren umfasst ein Leveraged Buyout mehrere Phasen.[56] Nach der Identifizierung eines geeigneten Unternehmens zum Erwerb sowie der Beschaffung der Kapitalmittel umfassen diese im Wesentlichen die Strukturierung der Transaktion, die Wertsteigerung während der Haltedauer der Beteiligung durch die Private Equity Gesellschaft sowie eine Beendigung des Leveraged Buyouts durch Weiterveräußerung des Beteiligungsunternehmens.[57]

2.2.2. Finanzierungsstruktur

Der Erwerb eines Beteiligungsunternehmens durch die Private Equity Gesellschaft findet bei Leveraged Buyouts unter Einbeziehung eines maßgeblichen Fremdkapitaleinsatzes statt.[58] Voraussetzung hierfür ist eine ausreichende Besicherung des durch die Fremdkapitalgeber zur Verfügung ge-

53 Der Leverage-Effekt bezeichnet in der Finanzierungstheorie eine Steigerung der Eigenkapitalrendite unter Erhöhung des Fremdkapitaleinsatzes, solange die Rendite des Gesamtunternehmens über dem Fremdkapitalzinssatz liegt. Vgl. ROSARIUS (2007), S. 34 m.w.N. Vgl. zum Begriff des LBO auch PINDUR (2006), S. 30-32. KAPLAN & STRÖMBERG (2009), S. 121-128 bieten einen Überblick über die Entwicklungsgeschichte von LBOs.

54 Vgl. PINDUR (2006), S. 30f m.w.N., ROSARIUS (2007), S. 34f und KNAUER & SOMMER (2010), S. 391.

55 Vgl. DÄNZER (2009), S. 25 und PINDUR (2006), S. 31.

56 Vgl. zu den typischen Phasen eines LBO mit unterschiedlichem Detailierungsgrad der Abstufungen PINDUR (2006), S. 32f, WEBER & HOHAUS (2010), S. 2 und LOOS (2006), S. 14f.

57 Vgl. DÄNZER (2009), S. 26-28 und WEBER & HOHAUS (2010), S. 62f.

58 Vgl. KAPLAN & STRÖMBERG (2009), S. 124.

stellten Kapitals. Da die Private Equity Investoren nur in Höhe des von ihnen eingebrachten Eigenkapitals haften, erfolgt bei Leveraged Buyouts eine Besicherung des Fremdkapitals durch das zu erwerbende Beteiligungsunternehmen. Auf Grund des anfänglich hohen Verschuldungsgrades ist hierbei eine Besicherung des Fremdkapitals durch materielle Vermögenswerte, wie z.B. Grundstücke und Anlagen, regelmäßig nicht ausreichend. In diesem Fall erfolgt im Rahmen der Kreditverträge mit den Fremdkapitalgebern eine Besicherung des Fremdkapitals durch die zukünftigen Zahlungsströme des Beteiligungsunternehmens.[59]

Entsprechend dieser Auflagen sind die zukünftigen operativen Zahlungsströme des Beteiligungsunternehmens an die Bedienung der ausstehenden Verbindlichkeiten gegenüber den Fremdkapitalgebern gebunden und es entsteht die für Leveraged Buyouts charakteristische Finanzierungsstruktur. Zum einen ist hierbei die zukünftige Entwicklung des Fremdkapitalbestands abhängig von der operativen Entwicklung des Unternehmens. Je höher die Zahlungsströme zur Fremdkapitaltilgung sind, desto schneller erfolgt eine Entschuldung des Beteiligungsunternehmens. Zugleich bedeutet diese zahlungsstrombasierte Entschuldung für die Eigenkapitalgeber, dass diese während der Haltedauer der Beteiligung kaum mit Ausschüttungen rechnen können, bevor eine vollständige Entschuldung stattgefunden hat. Da bei anfänglich hohem Verschuldungsgrad eines Leveraged Buyouts eine vollständige Ablösung des Fremdkapitals häufig erst im Zuge der Weiterveräußerung des Beteiligungsunternehmens stattfindet, partizipieren die Eigenkapitalgeber erst hierbei von dessen Wertsteigerung.[60]

Bei der Strukturierung der Transaktion zum Erwerb des Zielunternehmens für einen Leveraged Buyout können neben dem Eigenkapital des durch die Private Equity Gesellschaft vertretenen Fonds noch weitere Eigenkapitalquellen bestehen. Häufig wird seitens der Private Equity Gesellschaft von den Managementmitgliedern des zu übernehmenden Unternehmens gefordert, ebenfalls einen Anteil des Eigenkapitals zu stellen, um deren Engagement im Hinblick auf eine angestrebte Wertsteigerung der Beteiligung zu sichern. Je nachdem, von welchen Parteien und in welchem Umfang das Eigenkapital zum Erwerb des Beteiligungsunternehmens gestellt wird, lassen sich Leveraged Buyouts in weitere Unterkategorien – z.B. „Management Buyout" oder „Institutional Buyout" – aufteilen. Für die weiteren

---

59 Vgl. ROSARIUS (2007), S. 43, 48. Erfolgt eine Besicherung eines Fremdkapitalinstruments durch materielle Vermögenswerte, so handelt es sich um ein sog. „Asset Based Lending". Erfolgt hingegen eine Besicherung mittels zukünftiger Zahlungsströme, so spricht man von einem sog. „Cash Flow Based Lending".

60 Vgl. ROSARIUS (2007), S. 28, 48f.

Fragestellungen dieser Arbeit ist eine solche Unterteilung jedoch nicht erforderlich und der interessierte Leser wird an dieser Stelle auf die entsprechende Literatur verwiesen.[61]

Für die erfolgreiche Durchführung eines Leveraged Buyouts und die hiermit verbundene Finanzierungsstruktur ist es notwendig, dass das Zielunternehmen über relativ stabile, zukünftig zu erwartende Zahlungsströme verfügt, um die Fremdkapitalgeberansprüche bedienen zu können. Typischerweise ist diese Eigenschaft bei am Markt etablierten Unternehmen zu finden, welche sich bereits in einer späteren Lebenszyklusphase befinden.[62] Hierbei ist es durchaus möglich, dass es sich bei einem solchen Zielunternehmen – im Gegensatz zu der ursprünglichen Definition von Private Equity – zum Zeitpunkt des Erwerbs um ein börsennotiertes Unternehmen handelt.[63] In diesem Falle erfolgt jedoch nach einer mehrheitlichen Übernahme des Zielunternehmens durch die Private Equity Gesellschaft unmittelbar ein „Public to Private"-Prozess, bei welchem das Beteiligungsunternehmen nach dem Erwerb vom öffentlichen Börsenhandel genommen und dem Anlagefokus von Private Equity entsprechend in ein nicht-börsennotiertes Unternehmen umgewandelt wird.[64]

Abgesehen von der charakteristischen Finanzierungsstruktur lassen sich bei Leveraged Buyouts häufig weitere Eigenschaften beobachten, welche über die Haltedauer zu einer Wertsteigerung der Beteiligung und somit einer Erhöhung der Rendite der Private Equity Investoren beitragen.

2.2.3. Wertsteigerung

Bezüglich der Ursachen für eine Wertsteigerung im Rahmen von Leveraged Buyouts erfolgte in der Literatur bislang überwiegend eine empirische Analyse unterschiedlicher Einflussfaktoren.[65] Eine umfassende Abbildung der

61 Siehe für unterschiedliche Unterkategorien von LBOs FRASER-SAMPSON (2007), S. 45-48, PINDUR (2006), S. 31f, WEBER & HOHAUS (2010), S. 6, WEINBERGER (2006), S. 41 und DÄNZER (2009), S. 25.

62 Vgl. zu den Charakteristika eines idealen Unternehmens zur Durchführung eines LBOs auch CENDROWSKI ET AL. (2008), S. 21, WEINBERGER (2006), S. 66-70 und WEBER & HOHAUS (2010), S. 15f.

63 Siehe für unterschiedliche Möglichkeiten des Erwerbs eines Unternehmens durch eine Private Equity Gesellschaft PINDUR (2006), S. 34-38 und WEBER & HOHAUS (2010), S. 53.

64 Siehe zum Ablauf eines „Public to Private"-Prozesses WEBER & HOHAUS (2010), S. 74-79.

65 Vgl. PINDUR (2006), S. 3.

verschiedenen Wertschaffungseinflüsse bei Leveraged Buyouts sowie deren Wechselwirkungen zeigt sich jedoch als eine vielschichtige Aufgabenstellung. BERG & GOTTSCHALG ist es hierbei gelungen, eine übersichtliche Kategorisierung und Beschreibung der wesentlichen Wertschaffungseffekte vorzunehmen. Die Autoren unterteilen hierzu die Wertsteigerung von Leveraged Buyouts in die Kategorien Wertabschöpfung sowie primäre und sekundäre Wertschaffungshebel.[66]

Unter der ersten Kategorie erfassen BERG & GOTTSCHALG alle Einflussfaktoren, welche eine Finanzarbitrage seitens einer Private Equity Gesellschaft ermöglichen und ungeachtet aller anderen Wertschaffungshebel eine Wertabschöpfung im Sinne einer positiven Differenz zwischen Veräußerungs- und Einstiegspreis des Leveraged Buyouts ermöglichen. Hierunter fällt beispielsweise das Ausnutzen von Marktineffizienzen oder eines schwankenden Bewertungsniveaus am Kapitalmarkt. Ebenfalls werden in dieser Kategorie Einflussfaktoren erfasst, welche aus einer Informationsasymmetrie zu Gunsten der Private Equity Investoren wirken können. Diese liegen unter anderem vor, wenn eine Private Equity Gesellschaft auf Grund ihrer Spezialisierung bessere Informationen über ein Zielunternehmen im Vergleich zu anderen Marktteilnehmern besitzt. Ebenfalls ist eine Finanzarbitrage möglich, wenn sich eine Private Equity Gesellschaft auf Grund ihrer Expertise einen Vorteil gegenüber dem Käufer oder Verkäufer im Rahmen einer Transaktion verschaffen kann.[67]

Im Gegensatz zur Finanzarbitrage, welche nur eine Auswirkung auf die Wertsteigerung eines Leveraged Buyouts zum Erwerbs- und Veräußerungszeitpunkt hat, tragen die primären Wertschaffungshebel über die gesamte Haltedauer eines Beteiligungsunternehmens zu einer Wertsteigerung bei. Neben einer Optimierung der Kapitalstruktur und der aus dem Fremdkapitaleinsatz resultierenden Reduzierung der Unternehmenssteuerlast fällt in diese Kategorie hauptsächlich eine operative Effizienzsteigerung des Beteiligungsunternehmens, welche in Folge einer Reihe operativer und organisatorischer Maßnahmen erzielt wird. So können Programme zur Kosteneinsparung und Erhöhung der Produktionseffizienz zu einer Steigerung der operativen Margen des Beteiligungsunternehmens beitragen. Ebenfalls tragen Maßnahmen zur Reduzierung des im Unternehmen gebundenen Kapitals und ein effizienteres Management zu einer Wertschaffung innerhalb

66 Vgl. BERG & GOTTSCHALG (2003), S. 8f sowie WEINBERGER (2006), S. 48f. Vgl. für alternative Kategorisierungen auch WEBER & HOHAUS (2010), S. 10-14 und RUDOLPH (2008), S. 665f.

67 Vgl. BERG & GOTTSCHALG (2003), S. 11-17 und WEINBERGER (2006), S. 56-58.

des Leveraged Buyouts bei. Ergänzt werden diese Maßnahmen durch eine Schärfung der strategischen Ausrichtung des Beteiligungsunternehmens, welches eine Komplexitätsreduktion des Geschäftsbetriebs sowie eine Fokussierung auf dessen Kernkompetenzen zum Ziel hat.[68]

Unter den sekundären Wertschaffungshebeln werden Einflussfaktoren von Leveraged Buyouts erfasst, welche selbst keinen direkten Einfluss auf eine Wertsteigerung des Beteiligungsunternehmens haben, jedoch positiv auf die primären Wertschaffungshebel einwirken und somit indirekt zu einer Wertsteigerung beitragen. Bekanntester Wertsteigerungshebel dieser Kategorie ist die Reduzierung von Agency-Kosten bei Leveraged Buyouts. Agency-Kosten entstehen entsprechend der Principal-Agent-Theorie, wenn die Ziele des Managements (engl.: „Agents") eines Unternehmens von denen der Eigentümer (engl.: „Principals") abweichen und eine Unternehmensführung aus Sicht der Eigentümer nicht mehr optimal ist und somit zu einem Wertverlust führt.[69] Bei Leveraged Buyouts erfolgt eine Reduzierung dieser Agency-Kosten in zweierlei Hinsicht. Zum einen ist der Handlungsspielraum des Managements über die Verwendung der verfügbaren Zahlungsströme des Beteiligungsunternehmens von vornherein eingeschränkt, da diese weitgehend für die Tilgung des Fremdkapitalbestands reserviert sind. Zum anderen kann im Falle einer Beteiligung des Managements am Eigenkapital des Leveraged Buyouts dazu führen, dass das Management als Miteigentümer ebenfalls ein Interesse an der Maximierung des Unternehmenswertes hat und sich somit die Ziele von Management und Investoren decken. Darüber hinaus überwachen und kontrollieren die Private Equity Gesellschaften ihre Beteiligungen sehr strikt, so dass sie in der Lage sind im Falle einer Abweichung des Managements von ihren Zielen zeitnah gegenzusteuern. Als weitere sekundäre Wertschaffungshebel lassen sich bei Leveraged Buyouts eine gestiegene unternehmerische Motivation identifizieren, welche sich ebenfalls auf verbesserte Anreizmechanismen innerhalb des Beteiligungsunternehmens zurückführen lässt sowie eine Beratung und Unterstützung der Unternehmensführung des Leveraged Buyouts, so dass dieses von der Managementexpertise und dem Branchenwissen der Private Equity Gesellschaft profitieren kann.[70]

---

68 Vgl. BERG & GOTTSCHALG (2003), S. 17-25 und WEINBERGER (2006), S. 53-55.

69 Vgl. ausführlich zur Principal-Agent-Theorie PINDUR (2006), S. 73-80.

70 Vgl. BERG & GOTTSCHALG (2003), S. 25-34 und WEINBERGER (2006), S. 51-53.

2.2.4. Veräußerung

Nachdem über die Haltedauer eines Leveraged Buyouts unterschiedliche Wertschaffungshebel zur Wertsteigerung des Beteiligungsunternehmens Anwendung fanden, erfolgt eine Realisierung dieser Wertsteigerung entsprechend den Zielen der Private Equity Investoren und in Abhängigkeit von der Lebensdauer des übergeordneten Fonds durch eine Veräußerung des Beteiligungsunternehmens. Bezüglich der Art der Veräußerung eines Leveraged Buyouts bieten sich einer Private Equity Gesellschaft mehrere Möglichkeiten.[71]

Durch eine Neuemission bzw. den Börsengang des Beteiligungsunternehmens kann eine Private Equity Gesellschaft die an einer organisierten Wertpapierbörse vorhandene Liquidität nutzen, um die Beteiligung zu veräußern. Eine Voraussetzung für einen erfolgreichen Verkauf der Beteiligung sind bei dieser Veräußerungsart allerdings sowohl positive Kapitalmarktbedingungen als auch ein Beteiligungsunternehmen, welches ein erfolgreiches Zukunftspotential aufweist und hiermit bei den Kapitalmarktteilnehmern auf Interesse stößt. Zu bedenken ist bei dieser Art der Veräußerung, dass es sich bei einem Börsengang um einen umfangreichen und kostspieligen Prozess handelt, dessen Kosten durch das an der Wertpapierbörse zu platzierende Unternehmen zu tragen sind und somit zu Lasten der Private Equity Investoren als Alteigentümer gehen.[72]

Als „Trade Sale" bezeichnet man die direkte Veräußerung eines Leveraged Buyouts durch eine Private Equity Gesellschaft an einen Konzern oder ein Unternehmen. Für den Käufer kann eine solche Akquisition aus strategischen Gründen sinnvoll sein, um beispielsweise Zugang zu neuen Technologien oder Vertriebskanälen zu erhalten. Da der Käufer zudem Synergien zu seinem bestehenden Geschäft im Kaufprozess berücksichtigt, kann diese Veräußerungsart ebenfalls für die Private Equity Gesellschaft zur Realisierung der Wertsteigerung eines Leveraged Buyouts attraktiv sein. Zugleich ist es bei einem Trade Sale möglich, Beteiligungen zu veräußern, welche alleinstehend kein ausgeprägtes Zukunftspotential aufweisen, jedoch als Teilbereich eines Konzerns erfolgversprechend sind.[73]

---

71 Siehe zum Ablauf eines Veräußerungsprozesses CENDROWSKI ET AL. (2008), S. 101-114. Siehe zu den Vor- und Nachteilen der unterschiedlichen Veräußerungsarten auch WEBER & HOHAUS (2010), S. 236-238.

72 Vgl. WEBER & HOHAUS (2010), S. 227-231, PINDUR (2006), S. 39-41 und DILLER (2007), S. 15f.

73 Vgl. WEBER & HOHAUS (2010), S. 222-227, PINDUR (2006), S. 42f und DILLER (2007), S. 16f.

Alternativ zur Veräußerung eines Beteiligungsunternehmens an einen strategischen Investor ist ebenfalls ein Weiterverkauf an eine weitere Private Equity Gesellschaft im Zuge eines „Secondary Buyouts" möglich. Ein Secondary Buyout ist jedoch nur interessant, soweit die Unternehmensentwicklung der Beteiligung einen weiteren Leveraged Buyout Prozess zulässt. Wurden im Rahmen des ersten Leveraged Buyouts bereits ein Großteil der Wertschaffungshebel umgesetzt und verbleiben nur noch wenige operative Optimierungsmöglichkeiten bestehen, so ist ein Secondary Buyout nur dann sinnvoll, wenn am Kapitalmarkt sehr günstige Fremdkapitalkonditionen vorherrschen und sich hieraus ein Wertsteigerungspotential ergibt. Besteht in diesem Fall für die Private Equity Gesellschaft, welche den ursprünglichen Leveraged Buyout durchgeführt hat, noch ein ausreichend langer Zeitraum, innerhalb welchem eine Veräußerung spätestens stattfinden muss, so kann diese das Wertsteigerungspotential aus verbesserten Fremdkapitalkonditionen gegebenenfalls auch direkt mittels einer Rekapitalisierung für sich vereinnahmen. Denkbar ist bei kleineren Beteiligungen auch die Veräußerung der Beteiligung mittels eines „Management Buyout" bzw. „Share Buyback", bei welchem die Private Equity Gesellschaft ihre Eigenkapitalbeteiligung an das bestehende Management des Beteiligungsunternehmens veräußert und letztere das Unternehmen zukünftig als Eigentümer weiterführen.[74]

Aus der vorgestellten, charakteristischen Finanzierungsstruktur von Leveraged Buyouts sowie den typischen Eigenschaften entsteht die Notwendigkeit, diese auch im Rahmen eines Bewertungsmodells berücksichtigen zu können.

2.3. Zahlungsstrombasierte Bewertung von Leveraged Buyouts

Unternehmenswerte spielen für Leveraged Buyouts eine zentrale Rolle. So ist es nicht nur im Rahmen der Übernahme eines Beteiligungsunternehmens wichtig, diesem einen Wert beimessen zu können, sondern ebenfalls während der Haltedauer und bis zur Veräußerung des Leveraged Buyouts von Interesse, die Wertschaffung der Beteiligung durch eine Veränderung des Unternehmenswertes messbar zu machen.

74 Vgl. WEBER & HOHAUS (2010), S. 231f, 234-236, PINDUR (2006), S. 42 und DILLER (2007), S. 17.

Der Wert eines Unternehmens bestimmt sich grundsätzlich durch dessen zukünftiges Erfolgspotential sowie dessen Fähigkeit zur Generierung von Zahlungsströmen für die Eigentümer.[75] Zur Überleitung dieser zukünftigen Erwartungen in einen gegenwärtigen Unternehmenswert existieren unterschiedliche Bewertungsverfahren. Neben dem in der Praxis verbreiteten Multiplikatorverfahren, welches zur Wertermittlung eines Bewertungsobjekts auf vergleichbare Unternehmen am Kapitalmarkt zurückgreift, sind in der Literatur vorwiegend zahlungsstrombasierte Bewertungsverfahren verbreitet.[76] Da es sich bei Multiplikatoren zudem um aggregierte Wachstumserwartungen der zukünftigen Zahlungsströme von Unternehmen handelt, stellen zahlungsstrombasierte Bewertungsansätze den Kern der Unternehmensbewertung dar.[77]

Bei DCF-Verfahren (engl.: „Discounted Cash Flow") werden hierbei alle zukünftig erwarteten Zahlungsströme eines Unternehmens bei dessen Bewertung berücksichtigt und mittels eines geeigneten Diskontierungssatzes in deren gegenwärtigen Zeit- bzw. Barwert überführt. Der Unternehmenswert ergibt sich hierbei unter Berücksichtigung der anfänglichen Investition als Summe der Barwerte aller Zahlungsströme.[78] Es existieren unterschiedliche Ausprägungen des DCF-Verfahrens entsprechend den zu berücksichtigenden Zahlungsströmen und es erfolgt hierbei eine Unterscheidung zwischen Entity- und Equity-Verfahren. Bei Entity-Verfahren werden die Zahlungsströme an alle Kapitalgeber, d.h. Eigen- und Fremdkapitalgeber, bei der Bewertung berücksichtigt und das Bewertungsergebnis gibt entsprechend den Gesamtunternehmenswert wieder. Zur Ableitung des Wertes des Eigenkapitals als Teil des Gesamtunternehmenswertes wird hierbei in einem zweiten Schritt der Marktwert des Fremdkapitals vom Gesamtunternehmenswert abgezogen. Der Eigenkapitalwert ergibt sich bei dieser Vorgehensweise somit als Residualgröße. Beim Equity-Verfahren werden hingegen lediglich die den Eigenkapitalgebern zustehenden Zahlungsströme bei der Diskontierung berücksichtigt und es wird somit direkt der Wert des Eigenkapitals bestimmt.[79]

---

75 Vgl. Weinberger (2006), S. 43.

76 Vgl. Bäzner & Timmreck (2004), S. 3. Vgl. grundlegend zum Multiplikatorverfahren z.B. Drukarczyk & Schüler (2007), S. 473-486 und Koller, Goedhart & Wessels (2005), S. 361-380.

77 Vgl. Richter (2005), S. 73 zur Überleitung der Kapitalwertformel einer zahlungsstrombasierten Bewertung in Multiplikatoren.

78 Vgl. zum allgemeinen Vorgehen der DCF-Verfahren Bäzner & Timmreck (2004), S. 3-6.

79 Vgl. Nowak (2003), S. 27.

Bei den Entity-Verfahren zur Ermittlung des Gesamtunternehmenswertes bestehen verschiedene Vorgehensweisen zur Berücksichtigung der Steuervorteile, welche aus der Abzugsfähigkeit von Fremdkapitalzinsen von der Bemessungsgrundlage der Unternehmenssteuer resultieren. Unterschieden werden kann bei den Entity-Verfahren zur zahlungsstrombasierten Ermittlung des Gesamtunternehmenswertes hierbei der WACC-Ansatz (engl.: „Weighted Average Cost of Capital"), TCF-Ansatz (engl.: „Total Cash Flow") und APV-Ansatz (engl.: „Adjusted Present Value").[80]

Beim TCF-Ansatz werden die tatsächlichen Zahlungsströme des Gesamtunternehmens herangezogen und mittels aus Eigen- und Fremdkapitalkosten gewichteter, durchschnittlicher Gesamtkapitalkosten diskontiert. Beim WACC-Ansatz werden hingegen die Zahlungsströme des Gesamtunternehmens herangezogen, welche unter einer hypothetisch vollständigen Eigenfinanzierung gebildet werden. Die Steuervorteile aus Fremdfinanzierung finden bei diesem Ansatz Berücksichtigung durch niedrigere Kapitalkosten des Gesamtunternehmens, in welche die Steuervorteile in Form geringerer Fremdkapitalkosten einfließen.[81] Gemeinsam haben beide diese Ansätze, dass die gewichteten, durchschnittlichen Kapitalkosten des Gesamtunternehmens von der Kapitalstruktur des zu bewertenden Unternehmens abhängen. Diese hat sowohl einen Einfluss auf die Gewichtung der Eigen- und Fremdkapitalkosten als auch auf die Höhe der verschuldeten Eigenkapitalkosten, welche mit zunehmendem Verschuldungsgrad ansteigen.[82] Diese Ansätze zur zahlungsstrombasierten Unternehmensbewertung finden daher in der Literatur vorwiegend dann Anwendung, wenn von einer wertorientierten Finanzierungspolitik des Unternehmens ausgegangen werden kann, unter welcher sich der Fremdkapitalbestand am Marktwert des Unternehmens orientiert. Da unter dieser Prämisse ein konstanter Verschuldungsgrad besteht, zeigen sich ebenfalls die gewichteten Gesamtkapitalkosten des Unternehmens für alle zukünftigen Perioden konstant. Besteht bezüglich der zukünftigen Ausprägung der Kapitalstruktur eines Unternehmens hingegen kein deterministischer und konstanter Verschuldungsgrad,

---

80 Vgl. für eine Beschreibung der unterschiedlichen Ansätze z.B. NOWAK (2003), S. 29-42 und KRUSCHWITZ & LÖFFLER (2007), S. 61-71.

81 Vgl. KRUSCHWITZ & LÖFFLER (2003), S. 242f.

82 Vgl. RICHTER (2005), S. 36-38 für die Bestimmung der gewichteten Gesamtkapitalkosten sowie RICHTER (2005), S. 42-44 für die Abhängigkeit der verschuldeten Eigenkapitalkosten vom Verschuldungsgrad des Unternehmens.

so ergeben sich bei der Anwendung der Bewertungsansätze mit gewichteten Kapitalkosten Anwendungsprobleme.[83]

Da insbesondere bei Leveraged Buyouts in Folge der beschriebenen, charakteristischen Finanzierungsstruktur keine wertorientierte Finanzierungspolitik unterstellt werden kann, ist ein Ansatz mit gewichteten Kapitalkosten für die Bewertung von Leveraged Buyouts kritisch zu sehen.[84]

2.3.1. Ausgangspunkt

Als ein geeigneterer Ausgangspunkt für die Bewertung von Leveraged Buyouts wird daher in der Literatur häufig der APV-Ansatz angesehen, welcher auf MYERS zurückzuführen ist.[85] Kennzeichnend für den klassischen APV-Ansatz ist eine komponentenweise Bestimmung des Unternehmenswertes. Es erfolgt hierbei eine Zerlegung in zwei Wertkomponenten:[86]

$$V_0^V = V_0^U + V_0^{TS} = \sum_{t=1}^{T} \frac{E_0[FCF_t^U]}{(1+K_{EK}^U)^t} + \sum_{t=1}^{T} \frac{s_U R_f FK_t}{(1+R_f)^t} \tag{2.1}$$

Der Gesamtwert eines Unternehmens unter Fremdfinanzierung V_0^V entspricht nach dem APV-Ansatz der Summe des Unternehmenswertes unter einer hypothetisch vollständigen Eigenfinanzierung V_0^U und dem Wertzuwachs aus anteiliger Fremdfinanzierung V_0^{TS}, welcher aus den Steuervortei-

---

83 Vgl. RICHTER (2005), S. 38. Eine veränderliche Kapitalstruktur erfordert eine explizite Bestimmung der gewichteten Gesamtkapitalkosten für jede Periode. Da die Gewichtung von Eigen- und Fremdkapitalkosten auf deren Marktwerten basiert, der Marktwert des Eigenkapitals jedoch wiederum erst durch die Bewertung bestimmt wird, muss ein Roll-Back-Verfahren angewendet werden, bei welchem die Bewertung in der letzten Periode des Planungszeitraums beginnt und rekursiv die Kapitalkosten bis zur ersten Periode bestimmt werden. Die Verwendung eines Endwertes erfordert jedoch auch hierbei die Annahme eines konstanten Verschuldungsgrades zur Lösung des Problems der gegenseitigen Abhängigkeit von Unternehmenswert und gewichteter Kapitalkosten.

84 Vgl. RUBACK (2002), S. 85, WEINBERGER (2006), S. 45f und DÄNZER (2009), S. 60.

85 Vgl. INSELBAG & KAUFOLD (1989), S. 88, ARZAC (2005), S. 106, LÖFFLER (2000), S. 5 und ROSARIUS (2007), S. 55. Siehe grundlegend zur Methode des APV-Ansatzes MYERS (1974), S. 1-25.

86 Vgl. KRUSCHWITZ & LÖFFLER (2007), S. 61. Bei der in (2.1) dargestellten Formel wird vereinfachend von konstanten unverschuldeten Eigenkapitalkosten und risikofreien Zinssätzen über den Zeitverlauf ausgegangen. Vgl. für eine Darstellung mit periodenspezifischen Kapitalkosten z.B. DÄNZER (2009), S. 65.

len der Fremdkapitalzinsen resultiert.[87] Der unverschuldete Unternehmenswert V_0^U ergibt sich aus den erwarteten Zahlungsströmen des Unternehmens bei vollständiger Eigenfinanzierung FCF_t^U, welche mit den Eigenkapitalkosten des unverschuldeten Unternehmens K_{EK}^U in deren Barwerte überführt werden. Die Steuervorteile aus Fremdfinanzierung ergeben sich aus den durch eine anteilige Fremdfinanzierung gegenüber einer reinen Eigenfinanzierung eingesparten Unternehmenssteuern. Die zusätzlich für die Kapitalgeber des Unternehmens verfügbaren Zahlungsströme aus diesem Steuereffekt werden in jeder Periode durch eine Multiplikation des Unternehmenssteuersatzes s_U mit den angefallenen Fremdkapitalzinszahlungen der Periode berechnet und mit einem angemessenen Diskontierungssatz ebenfalls in deren Barwerte überführt.

Bei der in (2.1) gezeigten Formel handelt es sich um den Standardfall des APV-Ansatzes, welcher bei Annahme einer autonomen Finanzierungspolitik vorliegt. Bei autonomer Finanzierung wird hierbei unterstellt, dass der Fremdkapitalbestand FK_t unabhängig von der Unternehmensentwicklung ist und somit in der Zukunft sowohl die Fremdkapitalbestände als auch die Steuervorteile sicher sind. Sowohl für den Zinssatz zur Berechnung der Fremdkapitalzinsen als auch den Diskontierungssatz der Steuervorteile ist unter dieser Annahme der risikofreie Zinssatz R_f zu verwenden.[88]

Dieser Standardfall des APV-Ansatzes ist mit zwei zentralen Annahmen verknüpft. Zum einen sind Insolvenzrisiken, welche zu einer Liquidation des Unternehmens und dem Verlust zukünftiger Steuervorteile führen, generell auszuschließen. Zum anderen muss für die Gültigkeit der vereinfachten APV-Formel in (2.1) davon ausgegangen werden, dass zu jedem Zeitpunkt eine ausreichend hohe Bemessungsgrundlage für die Berechnung der Unternehmenssteuer existiert, so dass die angefallenen Fremdkapitalzinsen hiervon vollständig und ohne Einschränkungen abzugsfähig sind.[89]

Beide dieser Annahmen scheinen für die Bewertung eines Leveraged Buyout, bei welchem auf Grund der anfänglich hohen Verschuldung ein Insolvenzrisiko de facto besteht sowie eine vollständige Abzugsfähigkeit der Fremdkapitalzinsen von der Steuerbemessungsgrundlage eingeschränkt

---

87 Der Steuervorteil bei Fremdfinanzierung entsteht aus der Abzugsfähigkeit der Fremdkapitalzinsen von der Bemessungsgrundlage der Unternehmenssteuern, wodurch sich die Steuerbelastung des Unternehmens bei Fremdfinanzierung im Vergleich zu einer vollständigen Eigenfinanzierung verringert. Im Englischen wird dieser Effekt als „Tax Shield" bezeichnet, weshalb für die Wertkomponente der Steuervorteile das Kürzel TS zur Indizierung verwendet wurde.

88 Vgl. KRUSCHWITZ & LÖFFLER (2007), S. 61.

89 Vgl. DÄNZER (2009), S. 66f.

sein kann, hingegen ungeeignet. Da bei der Existenz eines Insolvenzrisikos nicht mehr von sicheren zukünftigen Steuervorteilen ausgegangen werden kann, stellt die zweite Wertkomponente im APV-Ansatz strenggenommen nicht mehr nur den Wertbeitrag aus Steuervorteilen bei Fremdfinanzierung dar, sondern sollte neben den Vorteilen der Fremdfinanzierung auch die hierdurch entstehenden Insolvenzkosten als eine negative Komponente enthalten.[90]

In der Literatur herrscht bislang kein Konsens darüber, wie der APV-Ansatz und die damit verbundenen Bewertungsprämissen anzupassen sind, um eine Bewertung von Leveraged Buyouts zu ermöglichen. Es hat sich vielmehr eine Reihe unterschiedliche Modellvarianten entwickelt, auf welche im Folgenden eingegangen wird.

2.3.2. Lösungsansätze in der Literatur

Zuerst wurde die Verwendung des APV-Ansatzes von INSELBAG & KAUFOLD in Verbindung mit der Bewertung von Leveraged Buyouts gebracht. INSELBAG & KAUFOLD argumentieren, dass der APV-Ansatz gegenüber dem WACC-Ansatz bei Leveraged Buyouts zu präferieren sei, da hierbei sowohl die Abbildung einer veränderlichen Kapitalstruktur als auch eine transparente Darstellung des Wertbeitrags aus der Fremdfinanzierung erfolgen kann. Zur Berücksichtigung der Finanzierungspolitik von Leveraged Buyouts ziehen INSELBAG & KAUFOLD den Tilgungsplan für die Finanzierungsinstrumente eines Leveraged Buyouts heran, um für die zukünftigen Perioden der Unternehmensentwicklung die Fremdkapitalbestände bestimmen zu können. Zugleich unterstellen sie jedoch, dass das Fremdkapital ausfallgefährdet sei und berechnen die Fremdkapitalzinsen auf Basis eines Fremdkapitalzinssatzes, welcher über dem risikofreien Zinssatz liegt. Zur Diskontierung der Steuervorteile aus Fremdfinanzierung verwenden die Autoren ebenfalls den Fremdkapitalzinssatz anstelle des risikofreien Zinssatzes, wodurch sie implizieren, dass die Steuervorteile dasselbe Ausfallrisiko besitzen wie das Fremdkapital des Leveraged Buyouts.[91]

---

90 Vgl. DAMODARAN (2008), S. 10, 15. Vgl. hierzu auch die „Trade-off-Theorie" von Steuervorteilen und Insolvenzrisiken in BREALEY & MYERS (2003), S. 497f.

91 Vgl. INSELBAG & KAUFOLD (1989), S. 88, 92f. Als Hauptgrund für die Bevorzugung des APV-Ansatzes bei LBOs gegenüber anderen zahlungsstrombasierten Bewertungsansätzen nennen die Autoren die Unabhängigkeit der Diskontierungssätze von der veränderlichen Kapitalstruktur.

ARZAC argumentiert, dass diese Vorgehensweise von INSELBAG & KAUFOLD nur dann zutrifft, wenn bezüglich der Tilgung des Fremdkapitals über die Haltedauer eines Leveraged Buyouts Sicherheit herrscht und sich demzufolge sichere Fremdkapitalbestände für die zukünftigen Perioden bestimmen lassen. Da bei Leveraged Buyouts die Rückführung des Fremdkapitals hingegen durch die zukünftigen operativen Zahlungsströme des Beteiligungsunternehmens erfolgen, herrscht nach ARZAC bezüglich der zukünftigen Höhe des Fremdkapitals jedoch Unsicherheit. Diese durch eine unsichere operative Entwicklung des Unternehmens auf die zukünftigen Fremdkapitalbestände übertragene Unsicherheit würde allerdings nicht allein durch eine Diskontierung der Steuervorteile mittels des Fremdkapitalzinssatzes angemessen abgebildet.[92] ARZAC entwickelt daher zur Berücksichtigung einer zahlungsstrombasierten Entschuldung von Leveraged Buyouts auf Basis des APV-Ansatzes ein rekursives Bewertungsmodell, in welchem sich der Fremdkapitalbestand einer bestimmten Periode jeweils vom verfügbaren Tilgungsbetrag - welcher vom operativen Zahlungsstrom abhängt - sowie dem Fremdkapitalbestand der Vorperiode bestimmt.[93] Hierdurch wird die Höhe der Zahlungsströme aus den Steuervorteilen von der operativen Unsicherheit des Unternehmens beeinflusst. Unter einer positiven Unternehmensentwicklung erfolgt somit eine schnellere Tilgung des Fremdkapitals als unter einer negativen Unternehmensentwicklung.[94] Auch wenn hierdurch die Höhe der zukünftigen Steuervorteile negativ zur Entwicklung des Leveraged Buyouts und dessen operativen Zahlungsströmen korreliert und dies dafür sprechen würde, dass die Steuervorteile somit einem risikoangepassten Diskontierungssatz unterliegen, welcher unterhalb des risikofreien Zinssatzes liegt, diskontiert ARZAC die Steuervorteile nach wie vor mit dem Fremdkapitalzinssatz.[95]

---

92 Vgl. ARZAC (1996), S. 42 sowie ROSARIUS (2007), S. 26f.

93 Die Bezeichnung „rekursiv" in Verbindung mit dieser Modellvariante des APV-Ansatzes bezieht sich darauf, dass zur Bestimmung des Fremdkapitalbestands einer beliebigen Periode jeweils der Fremdkapitalbestand der vorhergehenden Periode bekannt sein muss. Daher ist es nicht möglich, den Steuervorteil einer späteren Periode zu bestimmen, ohne explizit bereits alle vorangegangenen Perioden berechnet zu haben.

94 Vgl. ARZAC (1996), S. 43 und ROSARIUS (2007), S. 112f.

95 Vgl. ROSARIUS (2007), S. 105 nach GRINBLATT & TITMAN (2002), S. 471. Besteht ein positiver Zusammenhang zwischen der operativen Entwicklung des LBO und der allgemeinen Wirtschaftsentwicklung, so würde dies für die Steuervorteile aus Fremdfinanzierung bei zahlungsstrombasierter Entschuldung bedeuten, dass diese im Sinne des CAPM ein negatives Beta aufweisen und hierdurch eine Art Hedging-Instrument innerhalb des LBO gegenüber der operativen Entwicklung darstellen.

LÖFFLER umgeht diese Problematik der Bestimmung eines risikoadäquaten Diskontierungssatzes der Steuervorteile bei zahlungsstromorientierter Finanzierungspolitik, indem er einen APV-Ansatz vorstellt, welcher auf risikoneutralen Wahrscheinlichkeiten basiert und dementsprechend alle Zahlungsströme einheitlich mit dem risikofreien Zinssatz diskontiert werden. Analog zur Vorgehensweise von ARZAC verwendet LÖFFLER eine zahlungsstrombasierte Entschuldung im Modell, so dass der Fremdkapitalbestand einer bestimmten Periode jeweils von den zur Tilgung verfügbaren Zahlungsströmen der Periode sowie dem Fremdkapitalbestand der Vorperiode abhängt.[96] Das Modell von LÖFFLER ist jedoch an einige sehr einschränkende Annahmen geknüpft und setzt die Kenntnis der Erwartungswerte der zukünftigen Zahlungsströme unter dem risikoneutralen Wahrscheinlichkeitsmaß Q voraus. Zudem ist es für seinen risikoneutralen APV-Ansatz erforderlich, dass über die Haltedauer des Leveraged Buyouts keine vollständige Entschuldung eintritt, da ansonsten die Berechnung der Steuervorteile einen negativen Wertbeitrag ergibt. LÖFFLER berücksichtigt dies zwar durch die Einführung eines Maximumkriteriums, wonach der Fremdkapitalbestand keine negativen Realisierungen annehmen kann. Jedoch besteht bei der Verwendung risikoneutraler Fremdkapitalbestände in einem zeitdiskreten Bewertungsmodell generell die Problematik, dass keine allgemeingültige Transformationsfunktion zwischen realen Zahlungsströmen und Bestandsgrößen sowie deren entsprechenden risikoneutralen Äquivalenten existiert.[97]

Insbesondere bei einer komplexeren Modellierung der zu bewertenden Zahlungsströme kann es bei der Verwendung risikoneutraler Wahrscheinlichkeiten daher zu Inkonsistenzen kommen. Des Weiteren ist die Analyse von Bestandsgrößen oder Insolvenzrisiken im Rahmen eines auf risikoneutralen Wahrscheinlichkeiten basierenden Bewertungsmodells kritisch

---

96 Vgl. LÖFFLER (2000), S. 5-7.

97 Vgl. SCHOSSER (2009), S. 13.

zu sehen, da diese nicht mit ihren realen Größen übereinstimmen.[98] Konkret bedeutet dies bei einer zahlungsstrombasierten Entschuldung, dass in der Realität bereits eine vollständige Rückführung des Fremdkapitals erfolgt sein kann, während bei einer risikoneutralen Darstellung nach wie vor ein positiver Fremdkapitalbestand vorliegt, wodurch eine Inkonsistenz im Modell entsteht.[99] Der Ansatz von LÖFFLER führt zu dem Ergebnis, dass der Wertbeitrag aus Fremdfinanzierung im Fall einer zahlungsstrombasierten Entschuldung bei Leveraged Buyouts dem Wert einer arithmetischen Reihe asiatischer Put-Optionen entspricht, deren Wertbestimmung in der Praxis jedoch mit erheblichen Schwierigkeiten verbunden ist.[100] Zusammen mit der Problematik der Überführung eines Planungsmodells in eine risikoneutrale Darstellung ist das Modell von LÖFFLER daher vielmehr theoretischer Natur, welchem eine praktische Anwendung leider verwehrt bleibt.

GROH greift die Fragestellung nach dem risikoadäquaten Diskontierungssatz für die Steuervorteile bei Anwendung des APV-Ansatzes zur Bewertung von Leveraged Buyouts ebenfalls auf. Er argumentiert, dass sich bei einer zahlungsstrombasierten Entschuldung das operative Risiko auf die Höhe der Steuervorteile aus Fremdfinanzierung auswirkt, da dessen Schwankungsbreite vom operativen Erfolg des Leveraged Buyouts abhängt. Zudem führt GROH auf, dass bei einer anfänglich hohen Verschuldung von Leveraged Buyouts zugleich nicht generell von einer vollständigen Erhält-

98 Siehe bezüglich dem Auftreten dieser Problematik bei Unternehmensbewertungsmodellen z.B. IRMLER (2005), S. 114f, ROSARIUS (2007), S. 105f sowie RICHTER (2002a), S. 159-163. Ursächlich hierfür sind unter anderem Nicht-Linearitäten bei der Ableitungsmethodik der Zahlungsströme. Ein Beispiel hierfür ist die Berechnung von Unternehmenssteuern. Liegt unter dem empirischen Wahrscheinlichkeitsmaß ein Vorsteuergewinn vor, so resultieren hieraus positive Steuerzahlungen. Unter risikoneutraler Wahrscheinlichkeiten ist es denkbar, dass im gleichen Zeitpunkt hingegen ein Vorsteuerverlust vorliegt. Kommt anstelle negativer Steuerzahlungen nun die realitätsnähere Berücksichtigung von Verlustvorträgen zum Tragen, ergeben sich in den weiteren Perioden Verzerrungen zwischen den Entwicklungspfaden unter empirischen und risikoneutralen Wahrscheinlichkeiten. Siehe auch Anhang 1 für ein Beispiel zur Verdeutlichung der Problematik einer Transformation des empirischen in das risikoneutrale Wahrscheinlichkeitsmaß.

99 Ausgehend von einem sicheren Fremdkapitalbestand zum gegenwärtigen Zeitpunkt erfolgt bei einer risikoneutralen Darstellung eine in jeder Periode geringere Tilgung, da die risikobehafteten Zahlungsströme des Unternehmens mit einem Risikoabschlag in Sicherheitsäquivalente überführt wurden, welche nominell geringer sind als die in der Realität tatsächlich zur Tilgung verfügbaren Zahlungsströmen.

100 Vgl. ROSARIUS (2007), S. 122f m.w.N. sowie KRUSCHWITZ & LÖFFLER (2001), S. 113.

lichkeit der Steuervorteile aus Fremdfinanzierung ausgegangen werden kann, da die Möglichkeit eines Auftretens negativer Steuerbemessungsgrundlagen besteht. Da nach Auffassung von GROH eine fundierte Aufteilung der Steuervorteile in einen sicheren und unsicheren Anteil kaum realisierbar erscheint, unterstellt er zur Diskontierung der Steuervorteile einen Diskontierungssatz, welcher den unverschuldeten Eigenkapitalkosten des Leveraged Buyouts entspricht, um eine Übertragung des operativen Risikos auf die Höhe der Steuervorteile abzubilden.[101] Ebenfalls spricht sich DÄNZER für die Diskontierung von Steuervorteilen mit den unverschuldeten Eigenkapitalkosten im Rahmen des APV-Ansatzes bei der Bewertung von Leveraged Buyouts aus.[102]

Dieses Vorgehen ist jedoch kritisch zu sehen, da durch eine derartige Übertragung des operativen Risikos auf die Steuervorteile zwar berücksichtigt wird, dass Steuerbemessungsgrundlagen im Falle einer positiven Unternehmensentwicklung höher sind, jedoch gleichzeitig vollkommen unberücksichtigt bleibt, dass durch die zahlungsstrombasierte Finanzierungspolitik eine grundsätzlich negative Korrelation zwischen der Höhe der Fremdkapitalzinszahlungen als Grundlage der Steuervorteile und der operativen Entwicklung des Leveraged Buyouts besteht. Zugleich reduziert die Vorgehensweise von GROH den APV-Ansatz auf den bereits von RUBACK eingeführten Bewertungsansatz der „Capital Cash Flows" (CCF), bei welchem die Zahlungsströme des unverschuldeten Unternehmens sowie die Steuervorteile aus Fremdfinanzierung zu einem einheitlichen Zahlungsstrom zusammengefasst und mit den unverschuldeten Eigenkapitalkosten des Unternehmens diskontiert werden.[103] Die hierbei unterstellte Identität des Risikos der Steuervorteile und der operativen Zahlungsströme liegt eben genau dann vor, wenn der Fremdkapitalbestand eine positiven Korrelation zur operativen Entwicklung des Unternehmens aufweist, welches wiederum bei einer wertorientierten Finanzierungspolitik der Fall ist. Daher ist die Anwendung des CCF-Ansatzes auch äquivalent mit dem WACC-Ansatz unter einem konstanten Verschuldungsgrad, welcher jedoch gerade als ungeeignet für die Bewertung eines Leveraged Buyouts beurteilt wurde.[104]

---

101 Vgl. GROH (2004), S. 179, 184f.

102 Vgl. DÄNZER (2009), S. 69.

103 Vgl. RUBACK (2002), S. 85-87. Auf Grund der Zusammenfassung der Zahlungsströme der beiden Komponenten des APV-Ansatzes sowie der Verwendung eines einheitlichen Diskontierungssatzes wird der von RUBACK vorgestellte Ansatz auch als „Compressed APV" bezeichnet.

104 Vgl. zur Äquivalenz des CCF- und WACC-Ansatzes bei konstanten Verschuldungsgraden KRUSCHWITZ & LÖFFLER (2003), S. 243f.

Zwar ist es grundsätzlich richtig, dass die Nutzbarkeit von Steuervorteilen aus Fremdfinanzierung unter Berücksichtigung von z.B. negativen Bemessungsgrundlagen oder der Zinsschrankenregelung unter einer positiven Unternehmensentwicklung höher sein kann und die Steuervorteile hinsichtlich dieses Effektes das operative Risiko des Unternehmens teilen, jedoch besteht durch die Finanzierungspolitik von Leveraged Buyouts mit einer zahlungsstrombasierten Entschuldung ein zweiter Effekt bezüglich der Höhe der Steuervorteile, welcher negativ mit der Unternehmensentwicklung korreliert. Dass diese beiden Effekte sich so ausgleichen, dass gerade ein risikoadäquater Diskontierungssatz der Steuervorteile entsteht, welcher dem des unverschuldeten Eigenkapitals entspricht, erscheint hingegen zweifelhaft.[105]

ROSARIUS greift ebenfalls die bei Leveraged Buyouts mit einer zahlungsstromorientierten Finanzierungspolitik verbundene Problematik der Diskontierung der Steuervorteile im APV-Ansatz auf. In seinem Modellansatz zur Bewertung von Leveraged Buyouts nimmt ROSARIUS eine Aufteilung des Steuervorteils in eine sichere sowie eine unsichere Komponente vor, welchen er entsprechend unterschiedliche Risiken und Diskontierungssätze zuordnet. Ausgehend vom Bewertungszeitpunkt berechnet ROSARIUS den Wert des sicheren Anteils der Steuervorteile, indem er den anfänglichen Fremdkapitalbestand über alle Perioden konstant fortschreibt und die hieraus resultierenden, sicheren Steuervorteile mit dem risikofreien Zins diskontiert. Dieser Wert der Steuervorteile entspricht somit dem klassischen APV-Ansatz unter autonomer Finanzierungspolitik, d.h. wenn der Fremdkapitalbestand sicher und über den Zeitverlauf konstant ist. Als zweite Komponente der Steuervorteile von Leveraged Buyouts bildet ROSARIUS die auf Basis unsicherer Zahlungsströme resultierende Entschuldung des Fremdkapitalbestands und der damit verbundenen Reduzierung der Steuervorteile ab. Diese mit den unsicheren Tilgungsbeträgen verbundenen und gegenüber einem konstanten Fremdkapitalbestand ausbleibenden Steuervorteile werden mit den unverschuldeten Eigenkapitalkosten diskontiert,

105 Vielmehr ist ein Diskontierungssatz der Steuervorteile unterhalb der unverschuldeten Eigenkapitalkosten zu vermuten, da durch den Einfluss einer eingeschränkten Nutzbarkeit der Steuervorteile bei schlechter Unternehmensentwicklung ein Risiko entsprechend dessen des unverschuldeten Eigenkapitals impliziert wird. Andererseits besteht durch die zahlungsstrombasierte Entschuldung ein zur Unternehmensentwicklung negativ korreliertes Element, was für einen Diskontierungssatz unterhalb der unverschuldeten Eigenkapitalkosten und sogar unterhalb des risikofreien Zinssatzes spricht. Bei Berücksichtigung beider Effekte kann sich daher nur ein Diskontierungssatz zwischen diesen beiden Grenzen ergeben.

da sich die Tilgungsbeträge im Modell von ROSARIUS direkt aus den operativen Zahlungsströmen des Unternehmens ableiten und daher deren Risiko teilen.[106] Durch diese komponentenweise Bewertung des Wertbeitrags aus Fremdfinanzierung bei Leveraged Buyouts zeigt sich, dass sich ein höherer Wert der Steuervorteile ergibt, als wenn die zukünftig erwarteten Fremdkapitalbestände einheitlich mit dem risikofreien Zinssatz - analog dem klassischen APV-Ansatz bei autonomer Finanzierung - diskontiert würden. Der risikoadäquate Diskontierungssatz der Steuervorteile bei Leveraged Buyouts liegt nach ROSARIUS dementsprechend unterhalb des risikofreien Zinssatzes.[107]

Zwar gelingt es ROSARIUS mit seinem Modell die zahlungsstrombasierte Entschuldung bei Leveraged Buyouts sowie die hiermit verbundenen Implikationen auf das Risiko der Steuervorteile formeltechnisch im Rahmen des APV-Ansatzes abzubilden, jedoch ist auch sein Modell an einige enge Annahmen gebunden. Da ROSARIUS die Erwartungswerte seines Planungsmodells auf Basis eines Binomialbaums entwickelt, ist dieses darauf angewiesen, dass eine symmetrische Verteilung des zukünftigen Fremdkapitalbestands innerhalb der binomialen Entwicklung vorliegt. Dies bedeutet, dass eine vollständige Entschuldung des Leveraged Buyouts über die Laufzeit nicht eintreten kann, da dies ansonsten zu Inkonsistenzen führt.[108] Des Weiteren können explizite Insolvenzrisiken und eine Liquidation des Le-

---

106 Vgl. ROSARIUS (2007), S. 100-106. ROSARIUS unterscheidet zudem bezüglich der Unsicherheit der Tilgungsbeträge nach deren Realisierungszeitpunkt, d.h. ein Tilgungsbetrag einer bestimmten Periode *t* wird nur in den davor bestehenden Perioden als unsicher angenommen und eine Diskontierung der hieraus resultierenden Steuervorteile erfolgt mit den unverschuldeten Eigenkapitalkosten. Ab dem Eintreten der Periode *t* herrscht hingegen keine Unsicherheit mehr bezüglich der Höhe der in dieser Periode erfolgten Tilgungszahlung und es kann eine risikofreie Diskontierung des Steuervorteils erfolgen.

107 Vgl. ROSARIUS (2007), S. 106.

108 Vgl. ROSARIUS (2007), S. 107-112. Alternativ kann im Modell von ROSARIUS angenommen werden, dass nach einer vollständigen Tilgung des Fremdkapitals eine Anlage der durch die Zahlungsströme erzeugten Liquidität in Finanzanlagen zum Fremdkapitalzinssatz erfolgt. Hiermit wird gegenüber einer Ausschüttung der freien Mittel jedoch ein Steuernachteil generiert.

veraged Buyouts im Modell nicht berücksichtigt werden.[109] Mit der Annahme einer stets ausreichend großen Bemessungsgrundlage zur vollständigen Nutzung der Steuervorteile in jedem Zustand des Binomialbaumes stellt sich eine weitere Einschränkung des Modells von ROSARIUS.[110]

Zusammenfassend lässt sich beurteilen, dass eine formeltechnische Abbildung der charakteristischen Finanzierungsstruktur von Leveraged Buyout durch eine Modifikation bestehender Bewertungsansätze zwar prinzipiell möglich ist, jedoch jeweils mit sehr einschränkenden Annahmen verbunden ist, um eine Konsistenz der auf Erwartungswerten basierenden Bewertungsformeln sicherzustellen. Bezüglich der Sicherheit der Steuervorteile bei Leveraged Buyouts herrscht in der Literatur bislang keine einstimmige Meinung und der hierfür angemessenen Diskontierungssatz ist abhängig von den getroffenen Bewertungsprämissen der unterschiedlichen Modellvarianten.

Gänzlich ungeklärt ist bislang jedoch, wie sich der Wertbeitrag aus Fremdfinanzierung und das Risiko der Steuervorteile entwickelt, wenn man von den einschränkenden Annahmen der vorgestellten Modelle abrückt und durch realitätsnähere Bewertungsprämissen ersetzt. Neben der Berücksichtigung expliziter Insolvenzrisiken eines Leveraged Buyouts, welche mit dem anfänglich hohen Fremdkapitaleinsatz verbunden sind, ist insbesondere in Deutschland nach Einführung der Zinsschranke die bislang getroffene Annahme einer stets ausreichend hohen Bemessungsgrundlage zur Realisierung der Steuervorteile kritisch zu sehen.[111]

---

109 Vgl. ROSARIUS (2007), S. 164-173. Eine Berücksichtigung ausfallgefährdeten Fremdkapitals kann im Modell von ROSARIUS unter Verwendung eines Fremdkapitalzinses anstelle des risikofreien Zinssatzes bei der Berechnung der Fremdkapitalzinsen sowie der zur Tilgung verfügbaren Zahlungsströme berücksichtigt werden, jedoch wird nach wie vor von einer sicheren Komponente der Steuervorteile ausgegangen. Dies impliziert, dass die Fremdkapitalgeber bei drohendem Insolvenzeintritt stets bereit sind, ihre Zahlungsansprüche zu stunden und somit eine Erhöhung des Fremdkapitalbestands stattfindet.

110 Vgl. ROSARIUS (2007), S. 98.

111 Vgl. zu Insolvenzrisiken bei steigendem Fremdkapitaleinsatz z.B. RICHTER (2002a), S. 75 sowie für den Einfluss der Zinsschranke auf die Bemessungsgrundlage der Steuerberechnung WEBER & HOHAUS (2010), S. 135f. Beide Aspekte werden im Verlauf dieser Arbeit in Kapitel 5 in den Abschnitten 5.2.5. und 5.3.1. vertieft.

2.3.3. Bestimmung der Eigenkapitalkosten

Die vorgestellten Ansätze zur Bewertung von Leveraged Buyouts befassen sich mit der Abbildung deren charakteristischen Finanzierungsstruktur im Rahmen des APV-Ansatzes. Für die Bestimmung des unverschuldeten Unternehmenswertes wird hierbei die Kenntnis der unverschuldeten Eigenkapitalkosten eines Leveraged Buyouts vorausgesetzt. Dass es in Folge der in der Literatur als auch Praxis verbreiteten Methode zur Bestimmung der Eigenkapitalkosten mittel einperiodigem „Capital Asset Pricing Model" (CAPM) und der hierbei implizierten, konstanten Eigenkapitalkosten bei der Bewertung von Leveraged Buyouts zu Problemen kommen kann, bleibt hingegen weitgehend unberücksichtigt.[112]

Bei der Ermittlung der unverschuldeten Eigenkapitalkosten von Leveraged Buyouts ergibt sich zunächst einmal die Problematik, dass es sich hierbei um nicht-börsennotierte Unternehmen handelt. Eine direkte Berechnung der Kapitalkosten mittels CAPM scheidet daher an dieser Stelle aus, da hierfür Kapitalmarktdaten eines Beteiligungsunternehmens erforderlich sind. Diese Einschränkung lässt sich umgehen, indem eine Kapitalkostenbestimmung auf Basis einer Gruppe von börsennotierten Vergleichsunternehmen vollzogen wird, welche ein vergleichbares operatives Risiko wie das Beteiligungsunternehmen besitzen.[113]

Bei der Bestimmung der Betafaktoren aus Kapitalmarktdaten im Rahmen des CAPM zur Messung des systematischen Risikos eines Unternehmens als Ansatzpunkt zur Ableitung der Eigenkapitalkosten ist zu berücksichtigen, dass ein am Kapitalmarkt beobachtbarer Betafaktor sowohl das operative Risiko eines Unternehmens enthält, als auch jenes Risiko, welches aus dessen Finanzierungsstruktur hervorgeht. Daher lassen sich die unverschuldeten Eigenkapitalkosten der Vergleichsunternehmen nicht direkt bestimmen und es ist zunächst eine Adjustierung der Betafaktoren vorzunehmen, um das mit der individuellen Kapitalstruktur der einzelnen Vergleichsunternehmen verbundene Risiko zu entfernen.[114] In der Literatur

---

112 Konstante Eigenkapitalkosten werden angenommen von ARZAC (1996), S. 43 und GROH (2004), S. 186. ROSARIUS (2007), S. 61-63 verwendet in seinem theoretischen Ansatz periodenspezifische Eigenkapitalkosten, beschreibt jedoch, dass deren Bestimmung mittels CAPM schwierig ist. Siehe grundlegend zum CAPM SHARPE (1965), LINTNER (1965) und MOSSIN (1966). Eine übersichtlich Einführung in das CAPM findet sich auch in BREALEY & MYERS (2003), S. 194-203 sowie CAMPBELL, LO & MACKINLAY (1997), S. 181-218.

113 Vgl. DÄNZER (2009), S. 83-85. Siehe zur Auswahl vergleichbarer Unternehmen auch DRUKARCZYK & SCHÜLER (2007), S. 473f.

114 Vgl. GROH (2004), S. 187f und DÄNZER (2009), S. 95f.

wurden für die Anpassung von beobachteten Betafaktoren verschuldeter Unternehmen auf Betafaktoren unverschuldeter Unternehmen entsprechende Adjustierungsformeln vorgestellt.[115]

Die Anwendung dieser Adjustierungsformeln erfordert jedoch die Annahme einer wertorientierten Finanzierungspolitik der beobachteten Unternehmen. Bei der Ableitung unverschuldeter Eigenkapitalkosten aus Vergleichsunternehmen am Kapitalmarkt ist dies unkritisch, wenn für diese eine solche Finanzierungspolitik gilt. Problematisch zeigt sich bei der Bewertung von Leveraged Buyouts allerdings, dass bei der Anwendung von Bewertungsansätzen, welche die Bestimmung verschuldeter Eigenkapitalkosten voraussetzen – wie beispielsweise der WACC-Ansatz – eine erneute Adjustierung des Betafaktors entsprechend der Zielkapitalstruktur des zu bewertenden Unternehmens erfolgen muss.[116] Da durch die spezielle Fremdkapitalstruktur von Leveraged Buyouts allerdings die Annahme einer wertorientierten Finanzierungspolitik nicht angemessen ist, ergeben sich Anwendungsprobleme bei der Verwendung der Adjustierungsformeln zur Ermittlung der verschuldeten Eigenkapitalkosten sowie der hieraus resultierenden Gesamtkapitalkosten. Hierin zeigt sich ein weiteres Argument für die bislang erfolgte Bevorzugung des APV-Ansatzes als Ausgangspunkt für eine Bewertung von Leveraged Buyouts, da hierfür lediglich eine Bestimmung der unverschuldeten Eigenkapitalkosten erforderlich ist.

Jedoch kann sich auch bereits bei der Bestimmung der unverschuldeten Eigenkapitalkosten von Leveraged Buyouts eine Problematik in der Anwendung des CAPM ergeben. In der praktischen Anwendung des CAPM wird für die Bestimmung des Betafaktors auf historisch beobachtbare Kapitalmarktdaten zurückgegriffen. Hierdurch wird impliziert, dass die historisch beobachteten operativen Risiken eines Unternehmens in derselben Form auch für die Zukunft zutreffen. Darüber hinaus wird durch die Einperiodigkeit des CAPM eine Konstanz dieser operativen Risiken sowie der unverschuldeten Eigenkapitalkosten unterstellt.[117] Wird nun von der Möglichkeit ausgegangen, dass bei Leveraged Buyouts in Folge der in Abschnitt 2.2.3. aufgezeigten Veränderungsmaßnahmen der operativen Prozesse sowie organisatorischer und strategischer Ausrichtung sich das operative Risiko eines Beteiligungsunternehmens über den Zeitverlauf verändert, so ist von periodenspezifischen anstelle von konstanten Eigenkapitalkosten aus-

115 Vgl. KOLLER, GOEDHART & WESSELS (2005), S. 707-713.

116 Vgl. DÄNZER (2009), S. 61f. Eine Periodenunabhängigkeit der verschuldeten Eigenkapitalkosten ist zudem nur unter der Prämisse einer wertorientierten Finanzierungspolitik mit einem konstanten Verschuldungsgrad gegeben.

117 Vgl. ROSARIUS (2007), S. 68.

zugehen. Da dies im Rahmen des CAPM nicht berücksichtigt werden kann, erscheint eine Bestimmung der Kapitalkosten auf Basis historischer Beobachtungen unangebracht.[118] Vielmehr wäre bei Leveraged Buyouts somit eine zukunftsgerichtete Bestimmung von Kapitalkosten wünschenswert, welche eine im Zeitverlauf veränderliche Risikostruktur eines Beteiligungsunternehmens zulässt.[119]

2.3.4. Informationsgewinn durch Simulation

Die Bestimmung der Eigenkapitalkosten bei Leveraged Buyouts mittels historischer Daten durch das CAPM ist bei Vorliegen einer Veränderung des operativen Risikos des Leveraged Buyouts über die Haltedauer bislang unzureichend geklärt. Bei der Anwendung von zahlungsstrombasierten Bewertungsmethoden auf Basis risikoadjustierter Kapitalkosten lassen sich zugleich die in der Literatur aufgeführten Annahmen bezüglich des Risikos der Steuervorteile bei Leveraged Buyouts nur dann intuitiv nachvollziehen, wenn eine Reihe enger und wenig realitätsnaher Bewertungsprämissen gesetzt werden. Die Bestimmung des mit den Steuervorteilen aus Fremdfinanzierung verbundenen Risikos bei einer Lockerung dieser Einschränkungen ist hingegen ebenfalls ungeklärt.

Um ein besseres Verständnis für Leveraged Buyouts und deren bewertungsrelevante Aspekte zu erhalten, erscheint es sinnvoll, einen neuen Ansatz zur Bewertung der mit Leveraged Buyouts verbundenen Risiken und Wertschaffungseffekte zu entwickeln, welcher ohne die explizite Bestimmung von risikoadjustierten Kapitalkosten auskommt. Die theoretischen Ansätze in der Literatur zur Bewertung von Leveraged Buyouts haben des Weiteren gezeigt, dass eine Abbildung der Finanzierungsstruktur und deren Auswirkungen innerhalb einer geschlossenen APV-Formel nur unter den beschriebenen, engen Bewertungsprämissen möglich ist.[120] Unter Berücksichtigung weniger einschränkenden und realitätsnäheren Entschuldungsannahmen, Insolvenzkriterien und Steuerberechnungsgrundlagen erscheint anstelle eines statischen Bewertungsmodells auf Basis unbedingter Erwartungswerte der Zahlungsströme eine ausführliche Berechnung mehrerer zukünftig Entwicklungsmöglichkeiten des Leveraged Buyouts im Rahmen eines Simulationsansatzes sinnvoller, da eine direkte Bestimmung von Er-

118 Vgl. GROH (2004), S. 186.
119 Vgl. IRMLER (2005), S. 111 und TIMMRECK (2006), S. 34.
120 Vgl. KRUSCHWITZ & LÖFFLER (2001), S. 113.

wartungswerten der Zahlungsströme und Steuervorteile in diesem Fall problematisch ist.

Mit dem Konzept des stochastischen Diskontierungsfaktors bietet sich eine Bewertungsmethode an, welche diese Problematiken verarbeiten kann, da sie unter der Existenz eines arbitragefreien Kapitalmarktes zur Bewertung aller Zahlungsströme herangezogen werden kann und somit nicht durch eine veränderliche Risiko- oder Kapitalstruktur von Leveraged Buyouts eingeschränkt wird. Zugleich erfolgt beim Konzept des stochastischen Diskontierungsfaktors eine endogene Bestimmung der Risikoprämien aller Zahlungsströme, sodass es weder notwendig ist Eigenkapitalkosten noch das Risiko der Steuervorteile aus Fremdfinanzierung bereits vor der Bewertung zu definieren. Das Ziel liegt im Folgenden darin, eine Operationalisierung des Konzepts des stochastischen Diskontierungsfaktors zu entwickeln, welche die spezifischen Problemstellungen bei der Bewertung von Leveraged Buyouts aufgreift und eine Bewertung von Leveraged Buyouts sowie der hiermit verbundenen Risiken und Kapitalkosten ermöglicht.

Da das Bewertungskonzept des stochastischen Diskontierungsfaktors in der deutschsprachigen Literatur insbesondere im Kontext der Unternehmensbewertung bislang nur wenig Anwendung gefunden hat beziehungsweise häufig nur als theoretisches Konzept ohne Anwendungsbezug verstanden wird, sind zunächst dessen Grundlagen zu erarbeitet und eine geeignete Form des stochastischen Diskontierungsfaktors zu entwickeln.

3. Das Bewertungskonzept des stochastischen Diskontierungsfaktors

Im Forschungsgebiet des Asset Pricing sowie in der Praxis der Unternehmensbewertung geht es im Kern darum, Ansprüche auf zukünftige Zahlungsströme in deren gegenwärtigen Zeitwert zu überführen. Ein rationaler Investor wird gegenwärtig nur dann in eine Anlage investieren, d.h. auf einen Teil seiner derzeitigen Konsummöglichkeiten verzichten, wenn er davon ausgehen kann, dass er durch die zukünftigen Rückflüsse aus dem Besitz dieser Anlage hierfür entschädigt wird.[121] Mit der Entwicklung des Capital Asset Pricing Models durch SHARPE, LINTNER und MOSSIN wurde die theoretische Grundlage für eine Überführung zukünftiger Zahlungsströme in deren gegenwärtigen Barwert mittels Diskontierungsfaktoren geschaffen, welche sich aus einem Portfolio aus Alternativanlagen am Kapitalmarkt ermitteln.[122] Diese Diskontierungsfaktoren wurden zunächst als relativ stabil oder sogar deterministisch angesehen.[123]

Anfang der 1980er Jahre sorgten allerdings die Forschungsergebnisse von SHILLER und LEROY & PORTER für Aufsehen.[124] In ihren empirischen Arbeiten zeigten sie, dass die Preise amerikanischer Aktien im Zeitverlauf deutlich höheren Schwankungen unterlagen als durch die Volatilität der erwarteten Dividenden impliziert wurde. Die Autoren schlussfolgerten hieraus, dass die Diskontierungsfaktoren selbst einer sehr viel höheren Schwankung unterliegen müssen als bis dato vermutet wurde, um die beobachtbaren Preisveränderungen der Aktien am Kapitalmarkt zu rechtfertigen. Diese Erkenntnis war die Grundlage für die beginnenden For-

---

121 Als Asset Pricing wird ein Teilbereich der Finanzwirtschaft bezeichnet, bei welchem die Preisfindung von Assets im Mittelpunkt steht. Ein Asset kann hierbei eine Aktie, Anleihe oder gar ein Unternehmen sein. Vgl. COCHRANE (2001), S. xiii. Im Folgenden wird in diesem Zusammenhang für die Bezeichnung eines Assets generell der deutsche Begriff Anlage verwendet.

122 Siehe grundlegend zum CAPM SHARPE (1965), LINTNER (1965) und MOSSIN (1966). Vgl. auch FN 112.

123 Von deterministischen Diskontierungsfaktoren wird beispielsweise beim Gordon Growth Modell ausgegangen, welches häufig bei der Bestimmung des Endwertes von Anlagen mit einer unendlichen Laufzeit Anwendung findet. Vgl. CAMPBELL (2000), S. 1530 m.w.N. Siehe grundlegend zum Gordon Growth Modell GORDON (1959) sowie GORDON (1962).

124 Siehe SHILLER (1981) und LEROY & PORTER (1981).

schungsarbeiten zur Erklärung dieser im Zeitablauf veränderlichen und somit stochastischen Diskontierungsfaktoren.[125]

Bevor näher auf diese unterschiedlichen Forschungsansätze zur Erklärung und Bestimmung des stochastischen Diskontierungsfaktors eingegangen werden kann, sind zunächst einige theoretische Grundlagen des Bewertungskonzepts mittels stochastischen Diskontierungsfaktoren zu erarbeiten. Dieses hat sich - zumindest im englischsprachigen Raum - inzwischen fest etabliert und verdankt seine schnelle Verbreitung unter anderem der Tatsache, dass es sich beim Konzept des stochastischen Diskontierungsfaktors um eine sehr generelle Form handelt, um Asset Pricing Modelle zu beschreiben. Durch eine geeignete Umformulierung des Grundmodells ist es daher möglich, aus dem Konzept des stochastischen Diskontierungsfaktors alle bekannten Asset Pricing Modelle abzuleiten.[126] Somit handelt es sich hierbei um eine Methode, welche auf einem festen theoretischen Fundament steht.

Im Zusammenhang mit Fragestellungen der Unternehmensbewertung blieb hingegen eine Anwendung des Konzepts des stochastischen Diskontierungsfaktors im deutschsprachigen Forschungsraum bisher weitgehend aus.[127] Aus diesem Grund werden im Folgenden zunächst die theoretischen Grundlagen des Konzepts des stochastischen Diskontierungsfaktors erarbeitet, bevor im Anschluss dessen genauere Spezifizierung untersucht wird.

3.1. Grundlagen des SDF

Der Begriff des stochastischen Diskontierungsfaktors (SDF) bezeichnet ein allgemeines Konzept zur Diskontierung von Zahlungsströmen und Anlagen. Hierbei stellt sich der Diskontierungsfaktor in einer unsicheren Welt als Zufallsvariable dar, dessen zukünftige Realisierungen zwar stets positiv, jedoch zum gegenwärtigen Zeitpunkt nicht mit Gewissheit bekannt sind.[128] Daher wird in diesem Zusammenhang zur Beschreibung eines solchen Diskontierungsfaktors das Attribut „stochastisch" verwendet.[129] Um ein klares

---

125 Vgl. hierzu BRÜCKMANN (2008), S. 15f sowie CAMPBELL (2000), S. 1530.

126 Vgl. SMITH & WICKENS (2002), S. 397 sowie COCHRANE (2001), S. xv.

127 Eine Ausnahme hiervon stellen in jüngerer Zeit lediglich WILHELM (2005), SCHOSSER (2009) und RICHTER, KRUMHOLZ & ELSNER (2010) dar.

128 Vgl. VORFELD (2009), S. 40. Anmerkung: Vorfeld verwendet die Bezeichnung „Diskontfaktor", deren Bedeutung mit dem Begriff „Diskontierungsfaktor" äquivalent ist.

129 Vgl. COCHRANE (2001), S. 9.

Verständnis bezüglich des stochastischen Diskontierungsfaktors zu schaffen, ist an dieser Stelle darauf hinzuweisen, dass es sich bei einem stochastischen Diskontierungsfaktor jedoch keineswegs um einen vollkommen zufälligen Faktor handelt. Vielmehr wird der stochastische Diskontierungsfaktor von später noch näher zu spezifizierenden Umweltentwicklungen beeinflusst, welche wiederum selbst einer gewissen Unsicherheit unterliegen. Im Folgenden wird das Konzept des stochastischen Diskontierungsfaktors zunächst anhand eines einperiodigen Bewertungsansatzes eingeführt.[130]

3.1.1. Definition des SDF im Einperiodenfall

In seiner grundlegenden Form stellt sich das Konzept des stochastischen Diskontierungsfaktors für die Bewertung einer einperiodigen Anlage folgendermaßen dar:[131]

$$P_{i,t} = PV_{i,t} = E_t\left[M_{t+1} \cdot X_{i,t+1}\right] \tag{3.1}$$

Nach Formel (3.1) gleicht der Preis $P_{i,t}$ einer Anlage i zum Zeitpunkt t dem Barwert $PV_{i,t}$ (engl.: „Present Value") dieser Anlage, welcher sich aus dem Erwartungswert des Produkts aus dem in der darauffolgenden Periode anfallenden Zahlungsstrom $X_{i,t+1}$ und dem stochastischen Diskontierungsfaktor M_{t+1} ergibt. Nach dieser Periode $t+1$ folgen bei einer einperiodigen Anlage definitionsgemäß keine weiteren Zahlungsströme. M_{t+1} kann hierbei als ein zeit- und zustandsabhängiges Bewertungsfunktional verstanden werden, welches den zukünftigen Zahlungsstrom in dessen Barwert transformiert.[132]

---

130 Eine grundlegende Einführung in das Konzept des SDF findet sich in COCHRANE (2001), S. 5-33. Eine formeltechnische Darstellung bieten zudem CAMPBELL, LO & MACKINLAY (1997), S. 293-304.

131 Vgl. z.B. COCHRANE (2001), S. 8, CAMPBELL (2000), S. 1517 oder SMITH & WICKENS (2002), S. 399. COCHRANE leitet diese Gleichung aus einem konsumbasierten Asset Pricing Modell her. Wenngleich dies für das Verständnis der Formel hilfreich ist, so handelt es sich bei diesem konsumbasierten Modell bereits um eine spezielle Ausprägung des SDF, wie sich in Abschnitt 3.2.3. noch zeigen wird. Vgl. zu den weiteren Ausführungen auch BRÜCKMANN (2008), S. 20.

132 Der SDF kann als eine Funktion mehrerer Daten und Parameter verstanden werden, die ihrerseits noch genauer spezifiziert werden müssen, d.h. $M_{t+1} = f(Daten, Parameter)$. Vgl. COCHRANE (2001), S. xv. Näheres zu dieser Spezifizierung erfolgt in Abschnitt 3.3.

Hervorzuheben ist, dass es sich bei dieser Darstellung nicht um das Produkt der Erwartungswerte von $X_{i,t+1}$ und M_{t+1} handelt, sondern um den Erwartungswert des Produkts. Dies bedeutet, dass für jeden möglichen zukünftigen Zustand, welcher zu einem bestimmten Zeitpunkt eintreten kann, ein spezifischer stochastischer Diskontierungsfaktor existiert, welcher den entsprechenden Zahlungsstrom $X_{i,t+1}$ dieses Zustandes in einen Barwert transformiert. Der Erwartungswert aggregiert somit die Barwerte aller möglichen zukünftigen Zustände, indem er diese mit ihren empirischen Eintrittswahrscheinlichkeiten gewichtet.[133]

Des Weiteren erfolgt die Bildung des Produkts aus Zahlungsstrom und Diskontierungsfaktor unter bedingten Erwartungswerten $E_t[\,]$. Dies bedeutet, dass die Preisfindung unter den zum Zeitpunkt t verfügbaren Informationen erfolgt.[134]

Bemerkenswert ist an dieser Stelle, dass der stochastische Diskontierungsfaktor M_{t+1} unabhängig von i ist, d.h. der stochastische Diskontierungsfaktor für alle denkbaren Anlageformen identisch ist. Eine Anpassung des stochastischen Diskontierungsfaktors an Anlagen unterschiedlicher Risikoklassen erfolgt somit explizit nicht. Der stochastische Diskontierungsfaktor wird daher in der Literatur häufig auch als „Pricing Kernel" bezeichnet.[135]

3.1.1.1. Voraussetzungen für die Anwendung des SDF

Für die Gültigkeit der eingeführten Formel (3.1) des stochastischen Diskontierungsfaktors sind einige grundlegende Annahmen erforderlich:

---

133 Vgl. VORFELD (2009), S. 38f zur Erwartungswertbildung unter empirischen Eintrittswahrscheinlichkeiten. Die Bezeichnungen „empirische", „natürliche" und „reale" Eintrittswahrscheinlichkeit sind äquivalent.

134 Die Entscheidungsfindung findet hierbei unter einer zum Bewertungszeitpunkt t verfügbaren Informationspartition F_t statt. Vgl. hierzu z.B. VORFELD (2009), S. 22f. An dieser Stelle wird aus Gründen der Übersichtlichkeit bei den vorgestellten Formeln auf eine vereinfachte Darstellung der bedingten Erwartungswerte zurückgegriffen, d.h. $E_t[X_{t+1}] := E_t[X_{t+1}|F_t]$. Vgl. zu bedingten Erwartungswerten beim SDF auch COCHRANE (2001), S. 133.

135 Vgl. COCHRANE (2001), S. 9. Der Begriff Pricing Kernel kann hierbei so verstanden werden, dass es sich um den Kern des Bewertungstheorems handelt, welcher für alle Anlagen am Markt gilt.

Annahme: Arbitragefreiheit des Kapitalmarktes

Bei der Annahme der Arbitragefreiheit am Kapitalmarkt handelt es sich um eines der fundamentalen Theoreme der Finanzwirtschaft, welches Modellen des Asset Pricing zu Grunde liegt. Unter dieser Annahme ist es für Teilnehmer am Kapitalmarkt nicht möglich, mittels Arbitrage einen risikofreien Gewinn zu erzielen ohne hierfür eigenes Kapital einzusetzen.[136]

Aus der Annahme der Arbitragefreiheit folgen unmittelbar zwei Eigenschaften für den stochastischen Diskontierungsfaktor:[137]

1. Positivität

Die Voraussetzung eines arbitragefreien Kapitalmarktes beinhaltet die Existenz eines streng positiven stochastischen Diskontierungsfaktors $M_{t+1} > 0$. Durch diesen streng positiven Diskontierungsfaktor ist gewährleistet, dass positive zukünftige Zahlungsströme stets einen positiven Barwert sowie negative zukünftige Zahlungsströme stets einen negativen Barwert besitzen.[138]

2. Preislinearität bzw. Wertadditivität

Unter Arbitragefreiheit muss des Weiteren gelten, dass der Preis einer Bündelung mehrerer Anlagen am Kapitalmarkt exakt der Summe der Einzelpreise dieser Anlagen entspricht (sog. „Law of One Price"), da ansonsten durch unterschiedliche Kombinationen von Anlagen am Kapitalmarkt Arbitragegewinne erzielt werden könnten. Für das Bewertungskonzept des stochastischen Diskontierungsfaktors bedeutet dies, dass unter Arbitragefreiheit die Bedingung der Preislinearität bzw. Wertadditivität erfüllt ist:[139]

$$E_t\left[M_{t+1} \cdot \left(X_{i,t+1} + X_{j,t+1}\right)\right] = E_t\left[M_{t+1} \cdot X_{i,t+1}\right] + E_t\left[M_{t+1} \cdot X_{j,t+1}\right] \tag{3.2}$$

Mit Hinblick auf eine Bewertung können somit einzelne Komponenten eines Zahlungsstroms zunächst jeweils separat mit dem stochastischen Dis-

136 Vgl. z.B. VORFELD (2009), S. 17 oder KRUSCHWITZ & LÖFFLER (2007), S. 19f.

137 Vgl. SCHOSSER (2009), S. 39.

138 Vgl. CAMPBELL (2000), S. 1517 sowie für den formalen Beweis COCHRANE (2001), S. 69-74. Die Existenz eines streng positiven SDF beruht darauf, dass unter Arbitragefreiheit positive Zustandspreise existieren, welche sich in einen positiven SDF überführen lassen. Siehe hierzu auch Abschnitt 3.2.1.

139 Vgl. COCHRANE (2001), S. 64-69 für den formalen Beweis des Law of One Price mit Bezug auf den SDF.

kontierungsfaktor in einen Barwert überführt werden. Eine Aggregation der Barwerte aller Einzelkomponenten entspricht dann wiederum dem Barwert des Gesamtzahlungsstroms.

Eine zweite Annahme ist zwar streng genommen nicht für die Existenz des stochastischen Diskontierungsfaktors erforderlich, erleichtert jedoch dessen Anwendung und Interpretationsmöglichkeiten:

Annahme: Vollständiger Kapitalmarkt

Während die Arbitragefreiheit des Kapitalmarktes eine zwingende Voraussetzung für die Existenz des stochastischen Diskontierungsfaktors darstellt, ist es hierbei jedoch möglich, dass für einen bestimmten Zeitpunkt zugleich mehrere unterschiedliche stochastische Diskontierungsfaktoren existieren, welche allesamt die Bedingungen der Arbitragefreiheit erfüllen.[140] Geht man zusätzlich von einem vollständigen Kapitalmarkt aus, so existiert für jeden Zeitpunkt nur ein eindeutiger stochastischer Diskontierungsfaktor.[141]

Hierdurch sind bereits alle für den stochastischen Diskontierungsfaktor grundsätzlich benötigten Annahmen beschrieben. Gerade aus diesen wenig einschränkenden Bedingungen und der generellen Anwendbarkeit ergibt sich der Reiz des Bewertungskonzepts des stochastischen Diskontierungsfaktors. Für die Anwendung des stochastischen Diskontierungsfaktors besteht die Herausforderung nun darin, eine geeignete Formulierung sowie ein Verständnis dafür zu finden, durch welche Umweltfaktoren die Entwicklung des stochastischen Diskontierungsfaktors beschrieben werden kann.[142] Bevor dies in den Abschnitten 3.2. und 3.3. behandelt wird, ergeben sich jedoch noch einige interessante Implikationen, die aus der grundlegenden Bewertungsgleichung des stochastischen Diskontierungsfaktors resultieren.

Der stochastische Diskontierungsfaktor lässt sich nicht nur auf absolute Zahlungsströme anwenden, sondern kann vielmehr auch zur Bewertung von Anlagerenditen herangezogen werden. Hierzu verwendet man Formel (3.1) für eine Anlage i, welche im Bewertungszeitpunkt t zu einem normierten Preis von Eins gehandelt wird und in der darauffolgenden Periode einen

---

140 Vgl. CAMPBELL, LO & MACKINLAY (1997), S. 296. Der SDF muss zur Wahrung der Arbitragefreiheit auf einem unvollständigen Kapitalmarkt nicht zwangsläufig eindeutig sein. Vgl. auch BRÜCKMANN (2008), S. 36f.

141 Vgl. COCHRANE (2001), S. 68 sowie CAMPBELL (2000), S. 1517: *„If markets are complete, then state prices and the SDF are unique."*

142 Vgl. CAMPBELL (2000), S. 1516.

Zahlungsstrom in Höhe von $(1 + R_{i,t+1})$ erwarten lässt, wodurch $R_{i,t+1}$ der Rendite dieser Anlage entspricht:[143]

$$1 = E_t\left[M_{t+1} \cdot (1 + R_{i,t+1})\right] \tag{3.3}$$

Der Ursprung dieser Darstellung von Anlagerenditen entspricht im Übrigen dem „Arrow-Debreu-Modell" des generellen Gleichgewichtszustandes eines Kapitalmarktes. Das Konzept des stochastischen Diskontierungsfaktors schließt somit ebenfalls die „Arbitrage Pricing Theory" (APT) von ROSS mit ein.[144]

3.1.1.2. Risikofreier Zinssatz und Schattenzins

Existiert des Weiteren am Markt eine risikofreie Anlage mit der sicheren Rendite $R_{f,t+1}$, so lässt sich die Renditeformel (3.3) des stochastischen Diskontierungsfaktors folgendermaßen darstellen:[145]

$$1 = E_t\left[M_{t+1} \cdot (1 + R_{f,t+1})\right] = E_t[M_{t+1}] \cdot (1 + R_{f,t+1}) \tag{3.4}$$

Im Gleichgewicht am Kapitalmarkt entspricht das Produkt aus stochastischem Diskontierungsfaktor und der um Eins erhöhten risikofreien Rendite stets dem normierten Barwert in Höhe von Eins. Da diese Rendite sicher ist, unterliegt sie nicht mehr der Schätzung durch einen bedingten Erwartungswert, da ihre Realisierung in allen zukünftigen Zuständen identisch und folglich risikofrei ist. Unsicherheit besteht in diesem Fall nur noch bezüglich der Realisierung des stochastischen Diskontierungsfaktors. Aus dieser Darstellung lässt sich eine weitere Erkenntnis über den stochastischen Diskontierungsfaktor gewinnen. Durch einfache Umformung von (3.4) erhält man:

$$E_t[M_{t+1}] = \frac{1}{1 + R_{f,t+1}} \tag{3.5}$$

---

143 Vgl. CAMPBELL (2000), S. 1518, CAMPBELL, LO & MACKINLAY (1997), S. 294 und SMITH & WICKENS (2002), S. 399. In der gewählten Darstellung entspricht somit die normierte Rendite: $(1 + R_{i,t+1}) = X_{i,t+1}/P_{i,t}$.

144 Vgl. hierzu CAMPBELL (2000), S. 1518 m.w.N. Siehe grundlegend zur Arbitrage Pricing Theory ROSS (1976).

145 Vgl. SMITH & WICKENS (2002), S. 400.

Hierbei zeigt sich eine zentrale Eigenschaft des stochastischen Diskontierungsfaktors: Der Erwartungswert des stochastischen Diskontierungsfaktors entspricht dem Kehrwert der um Eins erhöhten risikofreien Rendite. Somit besteht am Kapitalmarkt ein unmittelbarer Zusammenhang zwischen der risikofreien Rendite und dem stochastischen Diskontierungsfaktor für einen bestimmten Zeitraum.[146]

Diese durch den stochastischen Diskontierungsfaktor implizierte, risikofreie Rendite wird in der Literatur als „Shadow Risk-free Rate" bzw. im deutschsprachigen Raum auch als „Schattenzins" bezeichnet. Die Bezeichnung Schattenzins erfolgt vor dem Hintergrund, dass sich eine risikofreie Rendite durch den stochastischen Diskontierungsfaktor bestimmen lässt, selbst wenn diese nicht am Kapitalmarkt gehandelt wird.[147] Geht man ferner davon aus, dass sich risikofreie Renditen bzw. Zinssätze am Markt beobachten lassen, so muss ein gewählter stochastischer Diskontierungsfaktor hierzu konsistent sein.[148]

Dieser Zusammenhang zwischen dem stochastischen Diskontierungsfaktor und dem Schattenzins impliziert, dass solange ein positiver risikofreier Zinssatz existiert, $E_t[M_{t+1}] < 1$ ist.[149]

3.1.1.3. Kovarianz als Risikomaß

Aus der vorgestellten, grundlegenden Form des stochastischen Diskontierungsfaktors lassen sich noch weitere Erkenntnisse über dessen Zusammenhang zu den erwarteten Zahlungsströmen bzw. Renditen ableiten. Unter Verwendung der Definition für die Kovarianz zweier Zufallsvariablen lässt sich Formel (3.1) folgendermaßen umformen:[150]

$$P_{i,t} = E_t\left[M_{t+1} \cdot X_{i,t+1}\right] = E_t[M_{t+1}] \cdot E_t\left[X_{i,t+1}\right] + Cov_t\left[M_{t+1}, X_{i,t+1}\right] \quad (3.6)$$

146 Vgl. BRÜCKMANN (2008), S. 22.

147 Vgl. COCHRANE (2001), S. 13.

148 Vgl. CAMPBELL (2000), S. 1518f.

149 Wäre diese Bedingung verletzt, so würde einem in der Zukunft anfallenden Zahlungsstrom ein höherer Wert beigemessen, als wenn dieser Zahlungsstrom bereits heute realisiert werden könnte.

150 Die Umformung basiert auf folgender Definition der Kovarianz zweier unabhängiger Zufallsvariablen: $Cov[X,Y] = E[X \cdot Y] - E[X] \cdot E[Y]$. Vgl. hierzu COCHRANE (2001), S. 15 sowie BRÜCKMANN (2008), S. 21 m.w.N. Die Kovarianz in Formel (3.6) trägt hierbei den Index t, da sie analog den bedingten Erwartungswerten auf den zum Zeitpunkt t verfügbaren Informationen beruht. Es gilt des Weiteren $Cov[X,Y] = \sigma[X] \cdot \sigma[Y] \cdot \varrho[X,Y]$.

Der Preis einer Anlage bzw. der Barwert eines Zahlungsstroms ergibt sich entsprechend Formel (3.6) aus zwei Termen. Zum einen ist dies das Produkt aus dem Erwartungswert des Zahlungsstroms und dem Erwartungswert des stochastischen Diskontierungsfaktors. Des Weiteren fließt zusätzlich noch die Kovarianz des Zahlungsstroms mit dem stochastischen Diskontierungsfaktor in die Gleichung ein. Hieraus lässt sich erkennen, dass unterschiedliche Zahlungsströme mit identischen Erwartungswerten am Markt durchaus unterschiedliche Preise besitzen können.[151]

Das Produkt $E_t[M_{t+1}] \cdot E_t[X_{i,t+1}]$ stellt hierbei den Barwert der Zahlungsstroms unter Risikoneutralität dar. Die Anpassung des Barwertes bzw. Preises entsprechend dem Risiko eines Zahlungsstroms erfolgt hingegen erst durch die Höhe und dem Vorzeichen des Kovarianzterms. Bemerkenswert ist, dass es für die Berücksichtigung des Risikos eines unsicheren Zahlungsstroms folglich nicht allein auf dessen Varianz ankommt, sondern vielmehr auf dessen Kovarianz zum stochastischen Diskontierungsfaktor.[152] Dieser Zusammenhang lässt sich noch deutlicher darstellen, indem Formel (3.5) in (3.6) eingesetzt wird:

$$P_{i,t} = \frac{E_t[X_{i,t+1}]}{1 + R_{f,t+1}} + Cov_t[M_{t+1}, X_{i,t+1}] \qquad (3.7)$$

Es gelingt hierdurch, den Barwert eines Zahlungsstroms in einen risikoneutralen Anteil sowie eine Risikoprämie bzw. einen Risikoabschlag aufzuteilen. Die Diskontierung des Erwartungswertes eines Zahlungsstroms mit dem risikofreien Zinssatz entspricht einer Bewertung unter einer Risikoneutralität des Investors, die Risikoadjustierung erfolgt durch den Kovarianzterm.[153] Sind risikoaverse Investoren am Kapitalmarkt nur dazu bereit, für einen Anspruch auf einen zukünftig unsicheren Zahlungsstrom einen Preis zu bezahlen, welcher unterhalb des Barwertes eines risikofreien Zahlungsstroms mit identischem Erwartungswert liegt, so impliziert dies eine

151 Vgl. BRÜCKMANN (2008), S. 21.

152 In diesem Sinne entspricht die Bewertung eines Zahlungsstroms, welcher zwar eine hohe Varianz besitzt, jedoch vollkommen unkorreliert zum SDF ist, der eines risikofreien Zahlungsstroms. Der Grund hierfür ist, dass ein Zahlungsstrom ohne Korrelation zum SDF kein systematisches Risiko besitzt und die Varianz des Zahlungsstroms folglich allein auf einem unsystematischen Risiko beruht. Dieses kann durch eine Diversifizierung am Kapitalmarkt eliminiert werden und wird folglich nicht in der Preisbildung am Kapitalmarkt berücksichtigt. Vgl. COCHRANE (2001), S. 17f.

153 Vgl. COCHRANE (2001), S. 15f.

negative Kovarianz zwischen stochastischem Diskontierungsfaktor und dem unsicherem Zahlungsstrom.[154]

Um ein besseres Verständnis für diese durch den Kovarianzterm implizierte Risikoprämie zu erhalten, bietet es sich an dieser Stelle an, das Verhältnis zwischen stochastischem Diskontierungsfaktor und Zahlungsstrom genauer zu untersuchen. Wie bereits gezeigt, gilt für den stochastischen Diskontierungsfaktor unter Arbitragefreiheit stets $M_{t+1} > 0$. Im Erwartungswert entspricht der stochastische Diskontierungsfaktor für den Zeitraum von t bis $t + 1$ gerade $E_t[M_{t+1}]$. Als unsichere Zufallsvariable kann die tatsächliche Realisierung des stochastischen Diskontierungsfaktors in dem in $t + 1$ eintretenden Zustand jedoch sowohl höher als auch niedriger als dieser Erwartungswert sein. Wird die Darstellung der Grundformel (3.1) so erweitert, dass anstelle der Erwartungswerte alle in $t + 1$ möglichen Zustände $s = 1, \dots, S$ einzeln einfließen, so erhält man:[155]

$$P_{i,t} = \sum_{s=1}^{S} \pi_s \cdot M_{s,t+1} \cdot X_{s,i,t+1} \tag{3.8}$$

Die empirische Eintrittswahrscheinlichkeit eines Zustandes s in $t + 1$ auf Basis der in t verfügbaren Informationen wird hierbei mit π_s bezeichnet. Aus dieser Darstellung wird ersichtlich, dass dem in einem gegebenen Zustand s realisierten Zahlungsstrom ein vergleichsweise geringerer Wert beigemessen wird, je kleiner der stochastische Diskontierungsfaktor $M_{s,t+1}$ im selben Zustand ist, da in diesem Fall eine stärkere Diskontierung des realisierten Zahlungsstroms vorgenommen wird. Analog erscheint ein Zahlungsstrom gerade dann besonders wertvoll, wenn im selben Zustand der stochastische Diskontierungsfaktor einen möglichst hohen Wert einnimmt, d.h. eine verhältnismäßig schwache Diskontierung erfolgt.

Aus Formel (3.8) wird ersichtlich, dass es sich beim Erwartungswert des stochastischen Diskontierungsfaktors um eine mit den natürlichen Ein-

---

154 SMITH & WICKENS (2002), S. 400f folgern aus der Hypothese, dass risikoaverse Investoren stets eine Entschädigung für die Aufnahme eines Risikos verlangen, dass $Cov_t[M_{t+1}, X_{i,t+1}] \leq 0$. Diese einschränkende Bedingung ist jedoch zu eng gewählt, da ein risikoaverser Investor durchaus dazu bereit ist, für eine risikobehaftete Anlage eine Prämie zu bezahlen, falls diese positiv mit dem SDF korreliert. Man stelle sich beispielsweise ein Hedging-Instrument vor, mit dessen Hilfe sich ein riskantes Aktienportfolio in eine risikofreie Anlage transformieren ließe. Vgl. grundlegend zur Annahme risikoaverser Investoren z.B. INGERSOLL (1987), S. 37-39.

155 Vgl. VORFELD (2009), S. 38f.

trittswahrscheinlichkeiten gewichtete Summe aller zustandsbedingter Diskontierungsfaktoren handelt:

$$E_t[M_{t+1}] = \sum_{s=1}^{S} \pi_s \cdot M_{s,t+1} \tag{3.9}$$

COCHRANE stellt bezüglich der zustandsbedingten Diskontierungsfaktoren Überlegungen auf Basis einer konsumnutzenbasierten Formulierung des Konzepts des stochastischen Diskontierungsfaktors an. Durch die Eigenschaften eines abnehmenden Grenznutzens argumentiert er, dass $M_{s,t+1}$ gerade dann besonders hoch sein muss, wenn ein Zahlungsstrom durch den Investor besonders dringend benötigt wird. Dies ist üblicherweise dann der Fall, wenn sich das Marktumfeld des Investors in einer Rezession befindet. Im Umkehrschluss bemisst der Investor dem Zahlungsstrom einer Anlage einen relativ geringen Wert bei, d.h. $M_{s,t+1}$ ist niedriger, wenn sich sein generelles Marktumfeld in einer Zeit des Aufschwungs befindet, da hier bereits durch die meisten am Markt vorhandenen Anlagen ausreichend hohe Zahlungsströme generiert werden. Folglich erhalten Anlagen, deren zukünftige Zahlungsströme stark positiv mit dem Markt korrelieren einen höheren Risikoabschlag, als dies bei Anlagen der Fall ist, welche geringer oder sogar negativ mit dem Markt korrelieren. Für die Kovarianz mit dem stochastischen Diskontierungsfaktor bedeutet dies, dass Zahlungsströme, welche positiv (negativ) mit dem Marktumfeld korrelieren, eine negative (positive) Kovarianz zum stochastischen Diskontierungsfaktor aufweisen.[156]

Auf Basis dieser Überlegungen lassen sich die Renditen risikobehafteter Anlagen sowie deren Risikoprämien weiter interpretieren.

3.1.1.4. Rendite und Risikoprämie

Ausgehend von Formel (3.3) lässt die Rendite einer Anlage i analog der Vorgehensweise von Formel (3.6) wie folgt darstellen:

$$1 = E_t[M_{t+1}] \cdot E_t[1 + R_{i,t+1}] + Cov_t[M_{t+1}, (1 + R_{i,t+1})] \tag{3.10}$$

156 Vgl. COCHRANE (2001), S. 5f. Siehe für eine vertiefende Betrachtung des nutzenbasierten Ansatzes zur Interpretation des SDF Abschnitt 3.2.3.

Durch Einsetzen des Schattenzinses aus (3.5) erhält man:

$$E_t[1 + R_{i,t+1}] \\ = (1 + R_{f,t+1}) - (1 + R_{f,t+1}) \cdot Cov_t[M_{t+1}, (1 + R_{i,t+1})] \tag{3.11}$$

Die erwartete Rendite einer risikobehafteten Anlage i wird somit ebenfalls durch zwei Terme bestimmt. Zum einen handelt es sich um den risikofreien Zinssatz. Hinzu kommt durch den zweiten Term eine Risikoprämie, welche sich als Produkt aus dem risikofreien Zinssatz und der Kovarianz des stochastischen Diskontierungsfaktors und der Rendite der Anlage ergibt.[157]

Die in der Rendite einer risikobehafteten Anlage i enthaltene Risikoprämie entspricht somit:[158]

$$E_t[R_{i,t+1}] - R_{f,t+1} = -(1 + R_{f,t+1}) \cdot Cov_t[M_{t+1}, (1 + R_{i,t+1})] \tag{3.12}$$

Auch hierbei wird erneut deutlich, dass die Risikoprämie einer risikobehafteten Anlage durch die Kovarianz zwischen dem stochastischen Diskontierungsfaktor und der Rendite der Anlage bestimmt wird. Die Varianz der erwarteten Rendite hat alleine keinen Einfluss auf diese Risikoprämie, solange keine Korrelation zum stochastischen Diskontierungsfaktor besteht. Die Höhe der erwarteten Rendite einer Anlage bestimmt sich folglich dadurch, wie die zukünftigen Renditen der Anlage mit dem stochastischen Diskontierungsfaktor korrelieren. Je negativer die Korrelation zwischen der Anlagerendite und dem stochastischen Diskontierungsfaktor ist, desto größer ist die zu erwartende Risikoprämie für das Halten einer solchen Anlage. Besteht hingegen eine positive Korrelation zwischen der Anlagerendite und dem stochastischen Diskontierungsfaktor, so ist die Risikoprämie negativ und die erwartete Rendite der Anlage liegt unterhalb des risikofreien Zinssatzes. Anhand der Höhe der in der Rendite einer Anlage enthaltenen Risikoprämie kann daher nicht auf die Attraktivität einer Anlage geschlossen werden. Die Höhe der Risikoprämie gibt lediglich Aufschluss darüber, wie

---

157 Vgl. BRÜCKMANN (2008), S. 24.

158 Vgl. z.B. CAMPBELL, LO & MACKINLAY (1997), S. 294.

sich die zukünftigen Renditen bzw. Zahlungsströme einer Anlage im Verhältnis zum stochastischen Diskontierungsfaktor verhalten.[159]

Nachdem die Grundlagen des Bewertungskonzepts des stochastischen Diskontierungsfaktors anhand des Einperiodenfalls erarbeitet wurden, kann das Modell nun für die Anwendung auf eine Anlage mit mehreren Perioden ausgedehnt werden, um eine spätere Anwendung im Kontext einer Unternehmensbewertung zu ermöglichen.

3.1.2. Erweiterung des SDF auf den Mehrperiodenfall

Bevor die Grundformel (3.1) auf mehrere Perioden erweitert wird, bietet es sich an, eine erweiterte Schreibweise für den stochastischen Diskontierungsfaktor einzuführen. Im Mehrperiodenfall wird der bislang mit M_{t+1} bezeichnete Diskontierungsfaktor nun ausführlicher durch $M_{t\to t+1}$ beschrieben, um eindeutig zu definieren über welchen Zeitraum - hier am Beispiel von t bis $t+1$ - sich der stochastischer Diskontierungsfaktor erstreckt.

Der Mehrperiodenfall des Modells zur Bewertung mit stochastischem Diskontierungsfaktor lässt sich am deutlichsten über eine Anlage i mit einer unendlichen Laufzeit herleiten. Deren Preis am Kapitalmarkt ergibt sich in t zu:

$$P_{i,t} = E_t\left[M_{t\to t+1} \cdot X_{i,t+1}\right] = E_t\left[M_{t\to t+1} \cdot \left(CF_{i,t+1} + P_{i,t+1}\right)\right] \quad (3.13)$$

Der gesamte Rückfluss $X_{i,t+1}$ aus dem Besitz dieser Anlage an den Investor setzt sich in $t+1$ aus einem Zahlungsstrom $CF_{i,t+1}$ (z.B. in Form von Ausschüttungen) und dem Veräußerungswert $P_{i,t+1}$ der Anlage zusammen. Der Veräußerungswert in $t+1$ bestimmt sich wiederum daraus, welche zukünftigen Rückflüsse aus der Anlage zu erwarten sind. Da diese Preisfindung zum Zeitpunkt $t+1$ stattfindet, wird der bedingte Erwartungswert dieser Rückflüsse unter den in $t+1$ vorherrschenden Informationen gebildet:

---

159 Vgl. BRÜCKMANN (2008), S. 25 m.w.N. Vgl. zudem CAMPBELL (2000), S. 1520 zur Risikoprämie einer Anlage mit einer hohen negativen Korrelation zum SDF: *„In equilibrium such an asset must have a high excess return to compensate for its tendency to do poorly in states of the world where wealth is particularly valuable to investors."*

$$P_{i,t} = E_t\left[M_{t\to t+1} \cdot \left(CF_{i,t+1} + E_{t+1}\left[M_{t+1\to t+2} \cdot \left(CF_{i,t+2} + P_{i,t+2}\right)\right]\right)\right] \quad (3.14)$$

Da die in $t + 2$ anfallenden unsicheren Rückflüsse zwar mit bedingten Erwartungswerten unter dem Informationsstand in $t + 1$ gebildet werden, diese Erwartungen jedoch wiederum auf Basis des Informationsstandes in t zu bestimmen sind, greift hier das Gesetz der iterativen Erwartungen (sog. „Law of Iterated Expectations"). Dieses beinhaltet im Kern, dass die gegenwärtig bestmögliche Schätzung für eine Prognose aus der Perspektive eines zukünftigen Zeitpunkts identisch mit der bestmöglichen Prognose aus heutiger Sicht ist, d.h. $E_t\left[E_{t+1}[\,]\right] = E_t[\,]$.[160]

Hierdurch ergibt sich für (3.14) folgende Vereinfachung:

$$P_{i,t} = E_t\left[M_{t\to t+1} \cdot \left(CF_{i,t+1} + M_{t+1\to t+2} \cdot \left(CF_{i,t+2} + P_{i,t+2}\right)\right)\right] \quad (3.15)$$

Da der stochastische Diskontierungsfaktor über einen Zeitraum von J Perioden identisch mit dem Produkt der J sukzessiven, einperiodigen stochastischen Diskontierungsfaktoren innerhalb desselben Zeitabschnitts ist, ergibt sich aus (3.15) mit $M_{t\to t+2} = M_{t\to t+1} \cdot M_{t+1\to t+2}$:[161]

$$P_{i,t} = E_t\left[M_{t\to t+1} \cdot CF_{i,t+1} + M_{t\to t+2} \cdot \left(CF_{i,t+2} + P_{i,t+2}\right)\right] \quad (3.16)$$

Setzt man nun die Logik aus (3.13) iterativ fort, so dass sich der Wert einer Anlage zu jedem Zeitpunkt aus dem Zahlungsstrom und dem Verkaufspreis der Folgeperiode bestimmt, so ergibt sich für die Bewertung einer Anlage i für eine Haltedauer von t bis T folgende Bewertungsgleichung:

$$P_{i,t} = E_t\left[\sum_{j=1}^{T-t}\left(M_{t\to t+j} \cdot CF_{i,t+j}\right)\right] + E_t\left[M_{t\to T} \cdot P_{i,T}\right] \quad (3.17)$$

Diese Darstellung eignet sich für eine Bewertung, wenn sich nach einer bestimmten Haltedauer für den Zeitpunkt T ein expliziter Verkaufspreis der Anlage ermitteln lässt. Geht man weitergehend davon aus, dass die Anlage

160 Vgl. zum Law of Iterated Expectations COCHRANE (2001), S. 135: *"The law states that your best forecast today of your best forecast tomorrow is the same as your best forecast today."* Dies stimmt mit der Muth-Hypothese rationaler Erwartungen überein. Vgl. hierzu die Fußnote 15 in BRÜCKMANN (2008), S. 20 m.w.N.

161 Vgl. CAMPBELL (2000), S. 1533.

eine unendlich lange Laufzeit besitzt beziehungsweise der Verkaufspreis auch bei einer kürzeren Haltedauer hierdurch bestimmt wird, so ergibt sich unter der Annahme der Transversalität von $\lim_{T\to\infty} E_t\left[M_{t\to T}\cdot P_{i,T}\right]=0$ folgende Zusammenfassung der Bewertungsformel des mehrperiodigen stochastischen Diskontierungsfaktors:[162]

$$P_{i,t}=E_t\left[\sum_{j=1}^{\infty}\left(M_{t\to t+j}\cdot CF_{i,t+j}\right)\right] \tag{3.18}$$

Unter Berücksichtigung der in (3.6) gewählten Darstellung der Bewertungsformel des stochastischen Diskontierungsfaktors entspricht dies:

$$P_{i,t}=\sum_{j=1}^{\infty}\left(E_t\left[M_{t\to t+j}\right]\cdot E_t\left[CF_{i,t+j}\right]+Cov_t\left[M_{t\to t+j},CF_{i,t+j}\right]\right) \tag{3.19}$$

Durch diese mehrperiodige Darstellung ist die theoretische Grundlage für die Anwendung des Konzepts des stochastischen Diskontierungsfaktors auf Fragestellungen der Unternehmensbewertung gelegt. Da die stochastischen Diskontierungsfaktoren wie gezeigt unabhängig vom Risiko der zu bewertenden Anlagen und damit einheitlich für die Bewertung unterschiedlichster Zahlungsströme sind, können durch dieses Bewertungsmodell auch unterschiedliche Teilzahlungen innerhalb eines Unternehmens direkt bewertet werden. Es ist somit universell anwendbar für die Bewertung des Gesamtunternehmenswertes, des Werts des Eigen- und Fremdkapitals sowie z.B. für die Bewertung der Steuervorteile aus Fremdfinanzierung. Hierin liegt einer der großen Vorteile des Konzepts des stochastischen Diskontierungsfaktors für die Ableitung ökonomischer Interpretationsmöglichkeiten.

Dass das vorgestellte Bewertungskonzept mit stochastischem Diskontierungsfaktor allerdings nicht im Gegensatz zu den verbreiteten zahlungsstrombasierten Bewertungsverfahren der Theorie und Praxis steht, son-

162 Vgl. zur Annahme der Transversalität beim SDF CAMPBELL (2000), S. 1530, COCHRANE (2001), S. 27 und VORFELD (2009), S. 127. Ohne diese Transversalitätsannahme wäre es möglich, dass Preise langfristig eine Steigerungsrate über dem risikofreien Zinssatz (als Kehrwert des SDF) besitzen, wodurch Preisblasen am Kapitalmarkt entstehen würden. Vgl. zu dieser Theorie CAMPBELL (2000), S. 1530 m.w.N. sowie CAMPBELL, LO & MACKINLAY (1997), S. 258-260 m.w.N.

dern vielmehr diese Modelle im Kern als spezielle Formulierungsvarianten enthält, wird im folgenden Abschnitt gezeigt.

3.1.3. Konsistenz des SDF mit weiteren Methoden der Unternehmensbewertung

Zur Transformation unsicherer zukünftiger Zahlungsströme in deren Barwerte existieren in der Unternehmensbewertung zwei gängige Vorgehensweisen zur Berücksichtigung des Risikos unter Unsicherheit: Die Risikozuschlagsmethode sowie die Risikoabschlags- bzw. Sicherheitsäquivalenzmethode.[163] Während bei der Risikozuschlagsmethode eine Risikoprämie auf den Diskontierungszinssatz aufgeschlagen wird, erfolgt bei der Sicherheitsäquivalenzmethode ein Abschlag auf den Erwartungswert des Zahlungsstroms zur Berücksichtigung dessen Risikos. Dass beide Methoden bei konsistenter Vorgehensweise zum selben Ergebnis führen müssen, wurde durch HARRISON & KREPS nachgewiesen.[164]

3.1.3.1. Sicherheitsäquivalenzmethode

Bei der Sicherheitsäquivalenzmethode erfolgt die Berücksichtigung des Risikos eines unsicheren Zahlungsstroms dahingehend, dass ein Risikoabschlag auf dessen Erwartungswert vorgenommen wird. Es wird somit ein risikofreier Zahlungsstrom - ein sogenanntes Sicherheitsäquivalent - gebildet, welches für einen risikoaversen Investor denselben Wert besitzt, wie der unsichere Zahlungsstrom. Dieses Sicherheitsäquivalent kann dann durch eine Diskontierung mit dem risikofreien Zinssatz in dessen Barwert zum Bewertungszeitpunkt transformiert werden. Bei einer einperiodigen

---

163 Siehe zur Risikozuschlagsmethode grundlegend z.B. BALLWIESER (2004), S. 79-82 oder RICHTER (2005), S. 11-16. Siehe zur Sicherheitsäquivalenzmethode grundlegend z.B. BALLWIESER (2004), S. 75-77 oder SCHWETZLER (2000), S. 469-472.

164 Vgl. IRMLER (2005), S. 91 nach HARRISON & KREPS (1979). Es erfolgte der Nachweis, dass ein zum empirischen Wahrscheinlichkeitsmaß P äquivalentes risikoneutrales Wahrscheinlichkeitsmaß Q existiert. Werden die Sicherheitsäquivalente unter diesem risikoneutralen Wahrscheinlichkeitsmaß Q gebildet, so führen beide Methoden zu identischen Ergebnissen. Weitere Nachweise der Methodenkonsistenz wurden von SCHWETZLER (2000), S. 485 sowie KRUSCHWITZ & LÖFFLER (2007), S. 39, 135f geleistet.

Anlage stellt sich die Bewertungsgleichung der Sicherheitsäquivalenzmethode folgendermaßen dar:[165]

$$P_{i,t} = \frac{E_t\left[X_{i,t+1}\right] - Z_{i,t+1}}{1 + R_{f,t+1}} \tag{3.20}$$

Hierbei bezeichnet $Z_{i,t+1}$ den Risikoabschlag, welcher auf den Erwartungswert des unsicheren Zahlungsstroms $X_{i,t+1}$ vorgenommen wird, um dessen Sicherheitsäquivalent zu bilden.

Dass diese Vorgehensweise äquivalent zum Bewertungskonzept des stochastischen Diskontierungsfaktors ist, kann ausgehend von Gleichung (3.7) gezeigt werden:

$$P_{i,t} = \frac{E_t\left[X_{i,t+1}\right]}{1 + R_{f,t+1}} + Cov_t\left[M_{t+1}, X_{i,t+1}\right] = \frac{E_t\left[X_{i,t+1}\right] - Z_{i,t+1}}{1 + R_{f,t+1}} \tag{3.21}$$

Wie ersichtlich ist, entspricht hierbei die Kovarianz zwischen stochastischem Diskontierungsfaktor und unsicherem Zahlungsstrom bereits dem Barwert des negativen Risikoabschlages zum Bewertungszeitpunkt. Zur Überführung auf den Risikoabschlag im Sinne der Formulierung der Sicherheitsäquivalenzmethode nach (3.20) ist die Kovarianz daher wieder mit dem risikofreien Zinssatz auf den Zeitpunkt des anfallenden Zahlungsstroms aufzuzinsen:

$$\begin{aligned} P_{i,t} &= \frac{E_t\left[X_{i,t+1}\right] + \left(1 + R_{f,t+1}\right) \cdot Cov_t\left[M_{t+1}, X_{i,t+1}\right]}{1 + R_{f,t+1}} \\ &= \frac{E_t\left[X_{i,t+1}\right] + \dfrac{Cov_t\left[M_{t+1}, X_{i,t+1}\right]}{E_t\left[M_{t+1}\right]}}{1 + R_{f,t+1}} \end{aligned} \tag{3.22}$$

Somit ergibt sich der Risikoabschlag $Z_{i,t+1}$ zu:

$$Z_{i,t+1} = -\frac{Cov_t\left[M_{t+1}, X_{i,t+1}\right]}{E_t\left[M_{t+1}\right]} \tag{3.23}$$

---

165 Vgl. zu dieser Darstellung z.B. TIMMRECK (2006), S. 45. Der Beweis für die mehrperiodige Darstellung der Sicherheitsäquivalenzmethode sowie des SDF kann analog erfolgen.

Formel (3.23) zeigt, dass ein riskanter Zahlungsstrom, welcher unter der Sicherheitsäquivalenzmethode einen Risikoabschlag erfährt, eine negative Kovarianz zum stochastischen Diskontierungsfaktor aufweist.[166]

Häufig wird in der Theorie der Sicherheitsäquivalenzmethode der Risikoabschlag nicht explizit ausgewiesen. Stattdessen wird unter Anwendung risikoneutraler Wahrscheinlichkeiten der Erwartungswert des riskanten Zahlungsstroms gebildet, wodurch dieser direkt dem Sicherheitsäquivalent des Zahlungsstroms entspricht.[167] Der Sicherheitsabschlag des Zahlungsstroms entspricht dann der Differenz der Erwartungswerte unter dem empirischen sowie dem risikoneutralen Wahrscheinlichkeitsmaß.

3.1.3.2. Risikozuschlagsmethode

Im Gegensatz zur Sicherheitsäquivalenzmethode verwendet man bei der Risikozuschlagsmethode stets den Erwartungswert der unsicheren Zahlung unter den empirischen Wahrscheinlichkeiten. Die Berücksichtigung des Risikos erfolgt hier durch die Anpassung des Diskontierungssatzes im Nenner der Bewertungsgleichung. Je höher das Risiko eines Zahlungsstroms durch den Investor eingeschätzt wird, desto höher sind die Kapitalkosten, mit denen eine Transformation des Erwartungswertes eines Zahlungsstroms auf dessen Barwert vollzogen wird. Die Höhe der Kapitalkosten K ist daher abhängig vom Risikozuschlag RZ, welcher auf den risikofreien Zinssatz R_f vorgenommen wird:[168]

$$P_{i,t} = \frac{E_t\left[X_{i,t+1}\right]}{\left(1 + R_{f,t+1} + RZ_{i,t+1}\right)} = \frac{E_t\left[X_{i,t+1}\right]}{\left(1 + K_{i,t+1}\right)} \tag{3.24}$$

166 SMITH & WICKENS (2002), S. 401 führen in ähnlicher Weise eine Überführung der Rendite einer riskanten Anlage in eine risikoneutrale Darstellung durch.

167 Vgl. RICHTER (2002a), S. 159.

168 Vgl. z.B. TIMMRECK (2006), S. 45. Je nach den getroffenen Annahmen kann der Risikozuschlag RZ periodenabhängig oder -unabhängig sein. Vgl. hierzu BALLWIESER (2004), S. 79.

Zur Überführung des Konzepts des stochastischen Diskontierungsfaktors auf die Risikozuschlagsmethode ist zunächst Formel (3.7) in eine multiplikative Darstellung zu überführen:[169]

$$\begin{aligned} P_{i,t} &= \frac{E_t\left[X_{i,t+1}\right]}{1+R_{f,t+1}} + Cov_t\left[M_{t+1}, X_{i,t+1}\right] \\ &= \frac{E_t\left[X_{i,t+1}\right]}{1+R_{f,t+1}} \cdot \left(1 + \frac{1+R_{f,t+1}}{E_t\left[X_{i,t+1}\right]} \cdot Cov_t\left[M_{t+1}, X_{i,t+1}\right]\right) \end{aligned} \tag{3.25}$$

Durch partielles Einsetzen von (3.5) ergibt sich weiter:

$$P_{i,t} = \frac{E_t\left[X_{i,t+1}\right]}{1+R_{f,t+1}} \cdot \left(1 + \frac{Cov_t\left[M_{t+1}, X_{i,t+1}\right]}{E_t\left[M_{t+1}\right] \cdot E_t\left[X_{i,t+1}\right]}\right) \tag{3.26}$$

Die in (3.24) dargestellten Kapitalkosten $K_{i,t+1}$ entsprechen somit:

$$K_{i,t+1} = \frac{1+R_{f,t+1}}{\left(1 + \frac{Cov_t\left[M_{t+1}, X_{i,t+1}\right]}{E_t\left[M_{t+1}\right] \cdot E_t\left[X_{i,t+1}\right]}\right)} - 1 \tag{3.27}$$

Konsistent mit den bisherigen Interpretationen sind die Kapitalkosten genau dann höher als der risikofreie Zinssatz und enthalten somit eine positive Risikoprämie, wenn die Kovarianz zwischen unsicherem Zahlungsstrom und stochastischem Diskontierungsfaktor negativ ist.

Wenngleich vorangehend gezeigt werden konnte, dass der stochastische Diskontierungsfaktor konsistent in die Sicherheitsäquivalenzmethode als auch die Risikozuschlagsmethode überführt werden kann, offenbart Formel (3.27) zugleich einen unmittelbaren Nachteil der letztgenannten Formulierung: Mittels risikoadjustierten Kapitalkosten lassen sich keine unsicheren Zahlungsströme bewerten, welche einen Erwartungswert in Höhe von Null besitzen. Bei vorschneller Interpretation von Formel (3.24) könnte man darauf schließen, dass der Barwert eines solchen Zahlungs-

169 Vgl. in ähnlicher Form RICHTER (2009), S. 7 und RICHTER & KRUMHOLZ (2010), S. 533. RICHTER führt eine Anpassung des Kovarianzterms mittels sog. „Expectation Adjustment Variables" nach FAMA (1977) durch, wodurch er zu einer anderen Darstellung der Kapitalkosten kommt. Für die späteren Berechnungen innerhalb eines Simulationsansatzes bietet sich hingegen die Darstellung nach (3.27) an, da diese weniger Berechnungsschritte erfordert.

stroms ebenfalls gleich Null ist. Doch offenbart ein genauerer Blick auf Formel (3.27), dass die risikoadäquaten Kapitalkosten für einen solchen unsicheren Zahlungsstrom nicht eindeutig definiert sind.

Durch die Methode des stochastischen Diskontierungsfaktors sowie der Sicherheitsäquivalenzmethode sieht man hingegen, dass ein rationaler risikoaverser Investor einem unsicheren Zahlungsstrom mit einem Erwartungswert in Höhe von Null einen negativen Barwert beimessen wird, soweit dieser Zahlungsstrom negativ mit dem stochastischen Diskontierungsfaktor korreliert. In der Praxis wird dieser Zusammenhang hingegen häufig missachtet und einem Zahlungsstrom mit einem Erwartungswert von Null einfach ein Barwert in Höhe von Null zugeschrieben.

Problematisch ist ebenfalls die Bewertung von Zahlungsströmen mit negativem Erwartungswert mittels der Risikozuschlagsmethode, da hierbei Kapitalkosten gebildet werden müssen, die auf den ersten Blick nicht intuitiv erscheinen. Sind diese Zahlungsströme zum stochastischen Diskontierungsfaktor negativ korreliert, so muss der Erwartungswert mit Kapitalkosten diskontiert werden, die geringer sind als der risikofreie Zinssatz, um auf ein mit der Sicherheitsäquivalenzmethode konsistentes Ergebnis zu kommen. Hierbei ergeben sich insbesondere in der Praxis häufig Anwendungsfehler.[170]

Die aufgezeigte Äquivalenz und Überführbarkeit der präsentierten Bewertungsmethoden wird in dem im späteren Teil dieser Arbeit erfolgenden Simulationsansatz auf Basis des stochastischen Diskontierungsfaktors Anwendung finden. Die Darstellung von risikoadäquaten Kapitalkosten, welche konsistent mit dem Konzept des stochastischen Diskontierungsfaktors sind, erweist sich bei der Interpretation von Bewertungsergebnissen als hilfreich. Durch eine gegebene Struktur des stochastischen Diskontierungsfaktors können hierbei durchaus Ausprägungen von risikoadäquaten Kapitalkosten – z.B. unterhalb des risikofreien Zinssatzes oder gar negative Diskontierungssätze – sowie Sicherheitsäquivalente impliziert werden, welche kontraintuitiv zu einem gängigen Vorgehen dieser Bewertungsmethoden sind. Hierbei ist einerseits die gewählte Struktur des stochastischen Diskontierungsfaktors kritisch zu hinterfragen, zugleich lassen sich hierdurch je-

---

170 Vgl. hierzu z.B. TIMMRECK (2006), S. 46f. In der Bewertungspraxis werden negative Zahlungsströme teilweise mit dem risikofreien Zinssatz anstelle der auf Basis des CAPM ermittelten Kapitalkosten diskontiert. Hierdurch verkleinert sich zwar eine Diskrepanz zu den Ergebnissen der Methode der Sicherheitsäquivalente, jedoch lässt sich die Verwendung des risikofreien Zinssatzes in diesem Fall methodisch nicht rechtfertigen.

doch ebenfalls Schwächen dieser beiden alternativen Bewertungsmethoden bei der Anwendung auf spezielle Bewertungssituationen offenbaren.

Im vorangegangenen Teil dieses Kapitels erfolgte die Darstellung der theoretischen Grundlagen für eine Bewertung mittels stochastischer Diskontierungsfaktoren. Das Konzept des stochastischen Diskontierungsfaktors zeigte sich hierbei als ein genereller Bewertungsansatz, welcher

- mit vergleichsweise wenig einschränkenden Bedingungen und Annahmen auskommt,
- einheitlich zur Bewertung unterschiedlichster Zahlungsströme und Anlageklassen herangezogen werden kann, sowie
- konsistent mir weiteren Asset Pricing Modellen und gängigen Methoden der Unternehmensbewertung ist.

Der Fokus der bisherigen Darstellung lag hierbei auf der theoretischen Funktionsweise sowie den Eigenschaften des stochastischen Diskontierungsfaktors. Um eine praktische Anwendung dieser Bewertungsmethode zu ermöglich, ist es im Weiteren notwendig, den stochastischen Diskontierungsfaktor genauer zu bestimmen. Um ein besseres Verständnis bezüglich der Struktur des stochastischen Diskontierungsfaktors zu erhalten, werden nun im zweiten Teil dieses Kapitels grundlegende Konzepte zur Beschreibung des stochastischen Diskontierungsfaktors eingeführt. Im Anschluss erfolgt hierauf aufbauend eine Übersicht und Beurteilung der innerhalb der empirischen Forschung verbreiteten Methoden zur Spezifizierung des stochastischen Diskontierungsfaktors.

3.2. Konzepte zur Beschreibung des SDF

Die bisherige Einführung der Bewertung mittels eines stochastischen Diskontierungsfaktors erfolgte in einer rein theoriebasierten – und damit recht abstrakten – Darstellung. Um ein besseres Verständnis für diese Bewertungsmethode zu erhalten und gleichzeitig eine Verbindung zu einer späteren praktischen Anwendung zu knüpfen, werden im folgenden drei grundlegende Konzepte vorgestellt, durch welche die Struktur des stochastischen Diskontierungsfaktors beschrieben werden kann. Hierzu wird die Existenz des stochastischen Diskontierungsfaktors zunächst mittels Zustandspreisen belegt. Anschließend werden die hierzu äquivalenten Darstellungsformen des stochastischen Diskontierungsfaktors durch risikoneutrale Wahrscheinlichkeiten sowie die nutzenbasierte Bewertungstheorie erarbeitet.

3.2.1. Zustandspreise

Wie bereits beschrieben ist eine wesentliche Annahme für die Existenz des stochastischen Diskontierungsfaktors ein Kapitalmarkt ohne Arbitragemöglichkeiten. Ist der Kapitalmarkt zudem vollständig, so kann der stochastische Diskontierungsfaktor eindeutig bestimmt werden. Da diese beiden Annahmen - Arbitragefreiheit und Vollständigkeit des Kapitalmarktes - zugleich die Existenz eindeutiger Zustandspreise sichern, besteht eine Verbindung zwischen diesen Zustandspreisen und den stochastischen Diskontierungsfaktoren.[171] Eine unmittelbare Überleitung von Zustandspreisen in die Darstellung des stochastischen Diskontierungsfaktors ist daher möglich.[172] Zunächst wird hierfür die Funktionsweise der Bewertung mittels Zustandspreisen vorgestellt.

Es wird angenommen, dass ausgehend von einem gegenwärtigen Zeitpunkt t unter Unsicherheit und einer zeitdiskreten Darstellung in dem darauffolgenden Zeitpunkt $t+1$ prinzipiell S unterschiedliche Umweltzustände eintreten können.[173] Als Elementaranlage bezeichnet man eine Anlageform, die in exakt einem der zukünftig in S enthaltenen Zustände s einen Zahlungsstrom von genau einer Geldeinheit erzeugt, in allen weiteren Zuständen hingegen keine Zahlung erfolgt.[174] Zum Zeitpunkt t beträgt der Preis einer solchen Elementaranlage $q_{s,t}$ und gibt an, auf wieviele Geldeinheiten ein Investor zum Zeitpunkt t verzichten muss, um gerade im zukünftigen Zustand s einen Zahlungsstrom von einer Geldeinheit zu erhalten. Dieser gegenwärtige Preis einer Elementaranlage wird als Zustandspreis bezeichnet.

Auf einem vollständigen Kapitalmarkt existiert für jeden möglichen Zustand s eine entsprechende Elementaranlage, welche beliebig durch die In-

---

171 Die Annahme arbitragefreier Kapitalmärkte ist gleichbedeutend mit der Annahme der Existenz streng positiver Zustandspreise. Vgl. für einen formalen Beweis hierzu DUFFIE (2001), S. 3f. Dass unter Arbitragefreiheit ebenfalls ein streng positives Bewertungsfunktional existieren muss, wurde von ROSS im Rahmen seiner Arbitrage Pricing Theory bewiesen. Vgl. hierzu ROSS (1978), S. 458.

172 Nach SCHOSSER (2009), S. 12f handelt es sich bei Zustandspreisen und dem SDF lediglich um verschiedene Formulierungen des Bewertungsfunktionals unter Arbitragefreiheit.

173 S beschreibt somit einen endlichen Zustandsraum. Vgl. hierzu COCHRANE (2001), S. 51.

174 In der englischsprachigen Literatur werden für die Bezeichnung von Elementaranlagen häufig die äquivalenten Begriffe „Contingent Claims", „Elementary Claims", „Arrow-Debreu-Securities" oder „State Securities" verwendet. Vgl. hierzu BRÜCKMANN (2008), S. 28 und COCHRANE (2001), S. 51.

vestoren gehandelt werden können.[175] Durch die Kombination von Elementaranlagen ist es daher möglich, die Zahlungsstromstruktur einer jeden beliebigen Anlage am Kapitalmarkt nachzubilden. Durch die Linearität der Preise, welche unter Arbitragefreiheit gilt, lässt sich somit der Preis einer jeden beliebigen Anlage durch die Zustandspreise der Elementaranlagen bestimmen, welche für eine Replikation der Zahlungsstromstruktur benötigt werden. Somit können die Elementaranlagen als kleinste Elemente des Kapitalmarktes verstanden werden, aus welchen sich alle anderen Anlagen zusammensetzen lassen.[176]

Formal ergibt sich der Preis einer einperiodigen Anlage i unter Verwendung von Zustandspreisen zu:

$$P_{i,t} = \sum_{s=1}^{S} q_{s,t} \cdot X_{s,i,t+1} \tag{3.28}$$

In dieser Darstellung entspricht der Preis der Anlage $P_{i,t}$ dem zustandspreisgewichteten Durchschnitt der zukünftigen Zahlungsströme $X_{s,i,t+1}$ über alle möglichen zukünftigen Zustände s.[177] Anstelle alle möglichen Zustände einzeln aufzusummieren, ist es möglich, auf Erwartungswerte zurückzugreifen. Hierzu wird zunächst die empirische Eintrittswahrscheinlichkeit der einzelnen Zustände in Formel (3.28) aufgenommen:

$$P_{i,t} = \sum_{s=1}^{S} \pi_s \cdot \frac{q_{s,t}}{\pi_s} \cdot X_{s,i,t+1} \tag{3.29}$$

Hierbei bezeichnet π_s die empirische Wahrscheinlichkeit für den Eintritt des Zustandes s zum Zeitpunkt $t+1$. Der Quotient aus Zustandspreis und Eintrittswahrscheinlichkeit $q_{s,t}/\pi_s$ kann hierbei als zustandsbedingter stochastischer Diskontierungsfaktor $M_{s,t+1}$ des Zustandes s interpretiert

---

175 Es ist hierbei nicht notwendig, dass die Elementaranlagen explizit einzeln gehandelt werden können. Vielmehr ist nur erforderlich, dass genügend Anlagen am Kapitalmarkt vorliegen, um aus einer Kombination dieser für alle Zustände eine Elementaranlage bilden zu können. Vgl. hierzu COCHRANE (2001), S. 51f.

176 Vgl. BRÜCKMANN (2008), S. 29 nach ZIMMERMANN (1998), S. 12.

177 Vgl. CAMPBELL (2000), S. 1517 und NIETERT (2001), S. 204f.

werden.[178] Aus den unter Arbitragefreiheit streng positiven Zustandspreisen sowie den stets positiven empirischen Eintrittswahrscheinlichkeiten folgt für jeden zukünftigen Zustand ein positiver stochastischer Diskontierungsfaktor. Unter der Annahme gleichverteilter Wahrscheinlichkeiten ist ein zustandsbedingter stochastischer Diskontierungsfaktor demnach umso größer, je höher der Zustandspreis im selben Zustand ist. Da bei einem hohen stochastischen Diskontierungsfaktor eine verhältnismäßig geringere Diskontierung vorgenommen wird, entspricht dies einer relativ hohen Wertschätzung der Zahlungsströme in diesem Zustand durch die Kapitalmarktteilnehmer.[179]

Durch die Verwendung empirischer Eintrittswahrscheinlichkeiten lässt sich die Bewertung mittels Zustandspreisen in die in (3.1) gezeigte Grundformel des stochastischen Diskontierungsfaktors unter Verwendung bedingter Erwartungswerte überführen:[180]

$$P_{i,t} = \sum_{s=1}^{S} \pi_s \cdot M_{s,t+1} \cdot X_{s,i,t+1} = E_t\left[M_{t+1} \cdot X_{i,t+1}\right] \tag{3.30}$$

Der Preis einer Anlage in Formel (3.30) entspricht somit dem mit Eintrittswahrscheinlichkeiten gewichteten Durchschnitt der möglichen zukünftigen Zahlungen $X_{s,i,t+1}$ multipliziert mit dem jeweiligen Quotient aus Zustandspreis und Eintrittswahrscheinlichkeit.[181] Deutlich wird hierbei, dass es sich beim stochastischen Diskontierungsfaktor um eine Reihe von Zustandspreisen handelt, die mit den Eintrittswahrscheinlichkeiten der möglichen Zustände skaliert sind. Auf Grund dieses Zusammenhangs wird der stochastische Diskontierungsfaktor in der Literatur teilweise auch als „State-price Density" (dt.: Zustandspreisdichte) bezeichnet.[182]

Der Erwartungswert des stochastischen Diskontierungsfaktors entspricht somit der Summe der wahrscheinlichkeitsgewichteten, zustandsbe-

---

178 Vgl. VORFELD (2009), S. 39. Nach RAPP (2006), S. 784, 795 entsprechen somit die zustandsbedingten Diskontierungsfaktoren dem Kehrwert der (um Eins erhöhten) Rendite der jeweiligen Elementaranlagen.

179 Andersherum erfahren Zustände mit einem niedrigen SDF eine höhere Diskontierung und demnach eine verhältnismäßig geringere Wertschätzung. Vgl. hierzu BRÜCKMANN (2008), S. 30f.

180 Vgl. COCHRANE (2001), S. 52 sowie CAMPBELL, LO & MACKINLAY (1997), S. 295.

181 Vgl. CAMPBELL (2000), S. 1517.

182 Vgl. COCHRANE (2001), S. 52.

dingten Diskontierungsfaktoren. Diese ist wiederum identisch mit der Summe aller Zustandspreise:[183]

$$E_t[M_{t+1}] = \sum_{s=1}^{S} \pi_s \cdot M_{s,t+1} = \sum_{s=1}^{S} q_{s,t} \tag{3.31}$$

Hierdurch wird der zuvor bereits festgestellte Zusammenhang zwischen Schattenzins und stochastischem Diskontierungsfaktor verdeutlicht. Ein Portfolio aus allen Elementaranlagen erzeugt in jedem Zustand zum Zeitpunkt $t + 1$ einen sicheren Zahlungsstrom in Höhe von einer Geldeinheit und stellt damit eine risikofreie Anlage dar. Der Preis einer solchen risikofreien Anlage entspricht zum Zeitpunkt t gerade der Summe aller Zustandspreise. Die Rendite der risikofreien Anlage ergibt sich aus dem Quotient zwischen der sicheren Auszahlung in $t + 1$ und dem Preis der Anlage in t und entspricht somit dem Kehrwert der Summe aller Zustandspreise. Dass der um Eins erhöhte risikofreie Zinssatz somit ebenfalls dem Kehrwert des Erwartungswertes des stochastischen Diskontierungsfaktors entspricht, ist aus (3.31) ersichtlich. Die am Beispiel einer einperiodigen Anlage aufgezeigten Zusammenhänge zwischen Zustandspreisen und stochastischem Diskontierungsfaktor gelten in analoger Form ebenfalls für mehrperiodige Anlagen.[184]

Das Konzept zur Bewertung mittels Zustandspreisen ist zwar einerseits sehr hilfreich, um das theoretische Fundament des stochastischen Diskontierungsfaktors zu festigen, andererseits ist es für eine praktische Anwendung im Rahmen einer Unternehmensbewertung leider wenig geeignet, da sich Zustandspreise in der Praxis nicht direkt beobachten lassen.[185]

Folglich ist es sinnvoll, weitere theoretische Konzepte zur Beschreibung des stochastischen Diskontierungsfaktors zu betrachten.

---

183 Vgl. BRÜCKMANN (2008), S. 31.

184 Vgl. VORFELD (2009), S. 37-39 für die Darstellung des SDF mittels Ereignispreisen im Mehrperiodenfall. VORFELD verwendet hierbei den Begriff Ereignispreise als mehrperiodiges Äquivalent zum Begriff des Zustandspreises.

185 Vgl. zudem SCHOSSER (2009), S. 13, der sich gegen eine Verwendung von Zustandspreisen in der Unternehmensbewertung ausspricht, da in Zustandspreisen bereits sowohl die Eintrittswahrscheinlichkeit als auch der Zeit- und Risikoaspekte der Bewertung aggregiert sind. SCHOSSER ist hierbei der Ansicht, dass diese Faktoren getrennt zu modellieren sind.

3.2.2. Risikoneutrale Wahrscheinlichkeiten

Neben dem Konzept der Zustandspreise steht durch die Verwendung risikoneutraler Wahrscheinlichkeiten eine weitere grundlegende Möglichkeit für die Darstellung des Bewertungsfunktionals zur Verfügung und bietet somit ebenfalls einen Ansatz zur Beschreibung des stochastischen Diskontierungsfaktors.

Die grundlegende Idee des Konzepts risikoneutraler Wahrscheinlichkeiten liegt darin begründet, dass die empirischen Eintrittswahrscheinlichkeiten π der zukünftig möglichen Zustände durch risikoneutrale Eintrittswahrscheinlichkeiten π^* ersetzt werden. Der unter diesen risikoneutralen Eintrittswahrscheinlichkeiten π^* gebildete Erwartungswert $E_t^*[\,]$ eines Zahlungsstroms kann dann direkt mittels des risikofreien Zinssatzes in dessen gegenwärtigen Barwert transformiert werden. Die Berücksichtigung des Risikos unsicherer zukünftiger Zahlungsströme wird somit bereits im Rahmen der Anpassung der Eintrittswahrscheinlichkeiten vorgenommen, indem ein Sicherheitsäquivalent gebildet wird:[186]

$$P_{i,t} = \frac{1}{1 + R_{f,t+1}} \cdot \sum_{s=1}^{S} \pi_s^* \cdot X_{s,t+1} = \frac{E_t^*[X_{t+1}]}{1 + R_{f,t+1}} \tag{3.32}$$

Bei der Verwendung risikoneutraler Wahrscheinlichkeiten können alle Investoren am Kapitalmarkt als risikoneutral behandelt werden. Bei der Erwartungswertbildung zukünftiger Zahlungen unter risikoneutralen Wahrscheinlichkeiten wird Zuständen, welche für den Investor einen hohen Stellenwert haben, ein größeres Gewicht beigemessen, als dies bei Verwendung der empirischen Eintrittswahrscheinlichkeit der Fall ist. Andererseits kommt Zuständen, welche für den Investor einen geringeren Stellenwert besitzen, unter Verwendung risikoneutraler Wahrscheinlichkeiten eine geringere Gewichtung zu, als unter empirischen Wahrscheinlichkeiten. Die Differenz des Erwartungswertes unter den empirischen Wahrscheinlichkeiten und dem Erwartungswert unter risikoneutralen Wahrscheinlichkeiten entspricht dem Risikoabschlag Z.[187]

Die Transformation der empirischen Eintrittswahrscheinlichkeit in die äquivalente risikoneutrale Eintrittswahrscheinlichkeit steht in unmittelbarem Zusammenhang mit dem Konzept des stochastischen Diskontierungsfaktors. Durch Einsetzen von $\pi_s^* = \left(1 + R_{f,t+1}\right) \cdot q_{s,t}$ entspricht Formel

186 Vgl. zu den folgenden Ausführungen COCHRANE (2001), S. 53.
187 Vgl. hierzu die Sicherheitsäquivalenzmethode in Abschnitt 3.1.3.1.

(3.32) einer Bewertung mittels Zustandspreisen gemäß der Darstellung in Formel (3.28). Hieraus ergibt sich für die Verbindung von empirischer und risikoneutraler Eintrittswahrscheinlichkeit folgender Zusammenhang:

$$\pi_s^* = \left(1 + R_{f,t+1}\right) \cdot q_{s,t} = \left(1 + R_{f,t+1}\right) \cdot \pi_s \cdot M_{s,t+1} \tag{3.33}$$

Durch Einsetzen von Formel (3.5), der Bestimmung des Schattenzinses durch den Kehrwert des Erwartungswertes des stochastischen Diskontierungsfaktors, ergibt sich für die Transformation von realen zu risikoneutralen Eintrittswahrscheinlichkeiten der einzelnen Zustände:

$$\pi_s^* = \frac{M_{s,t+1}}{E_t[M_{t+1}]} \cdot \pi_s \tag{3.34}$$

Die wesentliche Erkenntnis hieraus ist, dass der stochastische Diskontierungsfaktor folglich auch als eine Art Änderungsmaß aufgefasst werden kann, durch welches empirische in risikoneutrale Wahrscheinlichkeiten überführt werden können. Wie ersichtlich ist, wird denjenigen Zuständen, die einen zustandsbedingten stochastischen Diskontierungsfaktor $M_{s,t+1} > E_t[M_{t+1}]$ besitzen, eine risikoneutrale Eintrittswahrscheinlichkeit zugewiesen, welche höher ist als die empirische. Hierbei handelt es sich um diejenigen Zustände, auf die ein Investor offensichtlich relativ viel Wert legt. Besteht hingegen in einem bestimmten Zustand ein Diskontierungsfaktor $M_{s,t+1} < E_t[M_{t+1}]$, so wird den Zahlungsströmen dieses Zustandes weniger Wert beigemessen und die risikoneutrale Eintrittswahrscheinlichkeit ist entsprechend geringer als unter dem empirischen Wahrscheinlichkeitsmaß.

Sind im Gegenzug sowohl die empirischen als auch die risikoneutrale Eintrittswahrscheinlichkeit eines Zustandes s sowie der risikofreie Zinssatz bekannt, so lässt sich hieraus unmittelbar der stochastische Diskontierungsfaktor $M_{s,t+1}$ bestimmen. Aus (3.33) folgt:

$$M_{s,t+1} = \frac{\pi_s^*}{\pi_s} \cdot \left(1 + R_{f,t+1}\right)^{-1} \tag{3.35}$$

Wenngleich sich das Konzept risikoneutraler Wahrscheinlichkeiten in der Bewertungstheorie einer gewissen Popularität erfreut, so ergeben sich hieraus für die praktische Umsetzung im Rahmen einer Unternehmensbewertung jedoch einige Probleme.[188] Da es in der Realität in der Regel nicht möglich ist, zukünftige Entwicklungen mittels einer endlichen Anzahl diskreter Zustände abzubilden, wird für die Modellierung zukünftiger Realisierungen vielmehr auf Wahrscheinlichkeitsverteilungen zurückgegriffen. Um eine Bewertung mittels risikoneutralen Wahrscheinlichkeiten vorzunehmen, muss hierbei das empirische Wahrscheinlichkeitsmaß P in sein risikoneutrales Äquivalent Q überführt werden.[189] Für den Fall einer zeitdiskreten Darstellung - wie z.B. bei zahlungsstrombasierten Bewertungsmodellen - existiert jedoch kein allgemeingültiges Transformationsgesetz, wodurch die bereits in Abschnitt 1.2 beschriebenen Anwendungsprobleme entstehen.[190]

Neben den beiden zuvor präsentierten Konzepten existiert noch ein weiterer Ansatz zur Beschreibung des stochastischen Diskontierungsfaktors. Dieser erfährt insbesondere in der empirischen Forschung Berücksichtigung, da er eine größere Bandbreite an Interpretationsmöglichkeiten zur Ableitung des stochastischen Diskontierungsfaktors zulässt und nicht auf die explizite Bestimmung von Zustandspreisen oder risikoneutralen Wahrscheinlichkeiten angewiesen ist. Es handelt sich hierbei um einen Ansatz, welcher auf der Nutzenoptimierung von Investoren beruht.

3.2.3. Nutzenbasiertes Bewertungskonzept

Wie bereits beschrieben, werden bei der Bewertung von Anlagen zukünftige Zahlungsströme mittels eines geeigneten Bewertungsfunktionals in einen gegenwärtigen Preis bzw. Barwert überführt. Bei der Bewertung eines

---

188 Siehe für Bewertungsansätze mit risikoneutralen Wahrscheinlichkeiten z.B. RICHTER (2001), SPREMANN (2004a) oder KELLENERS (2004).

189 Vgl. hierzu die Überleitung der Wahrscheinlichkeitsmaße mittels Martingaltheorie in MEYER (2006), S. 77 m.w.N. sowie IRMLER (2005), S. 92-96.

190 Im Falle eines stetigen Diffusionsprozesses ist eine eindeutige Transformation hingegen möglich. Vgl. hierzu SCHOSSER (2009), S. 13 sowie weiterführend zum Theorem von GIRSANOV zur Transformation des Wahrscheinlichkeitsmaßes im zeitstetigen Fall RUDOLF (2000), S. 21-31. Bei zeitstetigen Diffusionsprozessen ändert sich durch eine Adjustierung der Wahrscheinlichkeiten nur der Erwartungswert, nicht jedoch die Varianz eines Prozesses. Bei zeitdiskreten Modellen führt eine Veränderung des Wahrscheinlichkeitsmaßes hingegen typischerweise zu Veränderungen in den Momenten erster und zweiter Ordnung. Vgl. hierzu COCHRANE (2001), S. 54.

Zahlungsstroms wird somit eine Verbindung zweier intertemporaler Vermögenspositionen hergestellt.[191]

Dies führt eine Bewertung auf das zentrale Entscheidungsproblem eines jeden Investors zurück: Der Investor steht zu jedem Zeitpunkt vor der Entscheidung, welchen Teil seines Vermögens er für den Konsum im gegenwärtigen Zeitpunkt verwendet und welchen verbleibenden Anteil seines Vermögens er hingegen für einen späteren Konsum reserviert, indem er diesen investiert. Zur Transformation der Investitionen in eine zukünftige Vermögensposition stehen dem Investor hierbei sowohl risikofreie als auch risikobehaftete Anlagen am Kapitalmarkt zur Verfügung. Während in Bezug auf die gegenwärtigen Konsummöglichkeiten Sicherheit herrscht, sind die zukünftigen Konsummöglichkeiten einer investierten Vermögensposition unsicher, da die zukünftigen Realisierungen der Kapitalmarktanlagen – mit Ausnahme der risikofreien Anlage – mit Unsicherheit behaftet sind.

Zur Lösung dieses intertemporalen Entscheidungsproblems ist ausschlaggebend, welcher Nutzen sich aus dem Konsum einer bestimmten Vermögensposition für den Investor in unterschiedlichen Zeitpunkten und Zuständen ergibt. Hierin ist die Grundlage der Nutzentheorie begründet.[192]

3.2.3.1. Entscheidungsproblem und Nutzenfunktion

Unter der vereinfachenden Annahme, dass nur zwei Zeitpunkt (t und $t+1$) existieren, lässt sich der Nutzen, welcher ein Investor in Folge seiner intertemporalen Entscheidung erfährt, folgendermaßen formal darstellen:[193]

$$U(C_t, C_{t+1}) = U(C_t) + E_t[\delta \cdot U(C_{t+1})] \tag{3.36}$$

Die Notierung $U(\,)$ steht hierbei für eine Nutzenfunktion, mit der sich der Nutzen aus dem Konsum gegenwärtiger und zukünftiger Vermögenspositionen bestimmen lässt. Der Nutzen des Gesamtkonsums in den beiden Zeitpunkten ergibt sich demnach als Summe des Nutzens aus dem sicheren Konsum zum gegenwärtigen Zeitpunkt C_t und dem Nutzen des zukünftig in

---

191 Vgl. BRÜCKMANN (2008), S. 32f. Die Verbindung zwischen diesem Bewertungsfunktional in Form des SDF und der Nutzentheorie wird bereits in WILHELM (1983), S. 48-61 dargestellt.

192 Vgl. grundlegend zur Nutzentheorie INGERSOLL (1987), S. 19-44 sowie VARIAN (2001), S. 172-190 für eine mikroökonomiebasierte Darstellung des intertemporalen Entscheidungsproblems.

193 Vgl. z.B. VORFELD (2009), S. 26, COCHRANE (2001), S. 6 sowie für die mehrperiodige Darstellung CAMPBELL, LO & MACKINLAY (1997), S. 293.

$t + 1$ erwarteten Konsums C_{t+1}. Mit δ wird in Formel (3.36) zusätzlich die zeitbezogene Ungeduld des Investors berücksichtigt, weshalb man δ auch als subjektiven Diskontierungsfaktor bezeichnet.[194]

Zur Abbildung der Nutzenfunktion wird in der Literatur häufig auf eine sogenannte „Power-Utility-Funktion" zurückgegriffen, welche z.B. in folgender Form vorliegt:[195]

$$U(C_t) = \frac{C_t^{1-\gamma} - 1}{1 - \gamma} \tag{3.37}$$

Hierbei entspricht der Parameter γ der relativen Risikoaversion des Investors. Lässt man diesen gegen Eins streben, so nähert sich die in (3.37) gezeigte Funktion der Logarithmusfunktion $ln(C_t)$.[196] Die Power-Utility-Nutzenfunktion besitzt hierbei die Eigenschaft, dass ein zusätzlicher Konsum zwar stets zu einem höheren Gesamtnutzen führt, der Zusatznutzen aus jeder weiteren Konsumeinheit jedoch immer weiter zurückgeht. Es liegt somit ein fallender Grenznutzen vor. Eine weitere nützliche Eigenschaft dieser Nutzenfunktion ist, dass die relative Risikoaversion γ konstant bleibt, auch wenn sich das Vermögen der Investoren über den Zeitverlauf verändert. Soweit unterstellt werden kann, dass alle Investoren am Kapitalmarkt derselben Power-Utility-Nutzenfunktion bezüglich ihrer Investitions- und Konsumentscheidungen unterliegen, so ist es möglich alle individuellen Investoren zu einem repräsentativen Investor zu aggregieren, selbst wenn die einzelnen Investoren über unterschiedliche Vermögenspositionen verfügen. Dies ist für eine Anwendung auf Basis empirischer Daten

---

194 Vgl. COCHRANE (2001), S. 7.

195 Vgl. z.B. SMITH & WICKENS (2002), S. 404, CAMPBELL, LO & MACKINLAY (1997), S. 305 oder CAMPBELL (2002), S. 19 m.w.N. Die Eigenschaften der Power-Utility-Nutzenfunktion entsprechen hierbei denen einer zeitseparablen „von Neumann-Morgenstern-Nutzenfunktion", die rationalen Investoren zu Grunde gelegt wird. Vgl. hierzu VORFELD (2009), S. 26 und BRÜCKMANN (2008), S. 39 sowie weiterführend NEUMANN & MORGENSTERN (1944).

196 Vgl. COCHRANE (2001), S. 6.

hilfreich, da hierbei durch den Rückgriff auf aggregierte Marktdaten nur ein einzelner repräsentativer Investor unterstellt werden kann.[197]

Die formale Lösung des intertemporalen Entscheidungsproblems entspricht einer Maximierung des aus dem Gesamtkonsum in Formel (3.36) gewonnenen Nutzens. Als Nebenbedingung dieses Optimierungsproblems gilt hierbei, dass die Summe aus Konsum und Investitionen in eine mögliche Anlage i am Kapitalmarkt zum Zeitpunkt t gleich dem zur Verfügung stehenden Budget B_t des Investors entsprechen muss:

$$C_t = B_t - \alpha \cdot P_{i,t} \tag{3.38}$$

$$C_{t+1} = B_{t+1} + \alpha \cdot X_{i,t+1} \tag{3.39}$$

Der Parameter α gibt hierbei die Anzahl der Kapitalmarktanlagen an, welche durch Konsumverzicht zum Zeitpunkt t durch den Investor erworben werden. Entsprechend beeinflusst dieser Parameter die Höhe der zusätzlichen Zahlungsströme, welche der Investor in $t + 1$ aus dem Besitz der Kapitalmarktanlage erhält.[198]

Werden die Nebenbedingungen (3.38) und (3.39) in die Maximierung der Formel (3.36) eingesetzt, so erhält man:[199]

$$P_{i,t} \cdot U'(C_t) = E_t\left[\delta \cdot U'(C_{t+1}) \cdot X_{i,t+1}\right] \tag{3.40}$$

Ein rationaler Investor wird demnach seinen gegenwärtigen Konsum reduzieren und seine Investitionen erhöhen, solange der gegenwärtige Nutzenverlust geringer ist als der Nutzengewinn aus einem zukünftig erwarte-

---

197 Vgl. Cochrane (2001), S. 7, Campbell, Lo & MacKinlay (1997), S. 305 sowie Ingersoll (1987), S. 39f. Liegen hingegen für unterschiedliche Investoren verschiedene Nutzenfunktionen vor, so ist es möglich, dass kein einheitliches Bewertungsfunktional mehr existiert. Dies ist dann der Fall, wenn der Kapitalmarkt nicht vollständig ist. Vgl. hierzu Vorfeld (2009), S. 38. Vgl. für Implikationen heterogener Investoren auf den SDF auch Campbell (2002), S. 63-67.

198 In der dargestellten Variante der Nebenbedingung (3.39) verfügt der Investor zum Zeitpunkt $t + 1$ ebenfalls über ein Budget B_{t+1}, welches von den zuvor getroffenen Investitionsentscheidungen unabhängig ist.

199 Die Nutzenfunktion wird hierzu nach α abgeleitet und gleich Null gesetzt. Vgl. Cochrane (2001), S. 7 und Campbell (2000), S. 1517 sowie Vorfeld (2009), S. 27 für die formale Herleitung von (3.40). Siehe für eine Darstellung mit Renditen anstelle absoluter Zahlungsströme Campbell, Lo & MacKinlay (1997), S. 294.

ten Konsumzuwachs. Andererseits wird ein Investor seine Investitionen in Anlage i reduzieren, falls sein Nutzengewinn aus dem gegenwärtigen Konsum der Investitionssumme höher ist, als der hieraus zu erwartende Nutzenverlust durch die zukünftig entfallenden Zahlungsströme.

Durch eine einfache Umformung von Formel (3.40) ergibt sich folgende Preisgleichung:

$$P_{i,t} = E_t\left[\delta \cdot \frac{U'(C_{t+1})}{U'(C_t)} \cdot X_{i,t+1}\right] \tag{3.41}$$

Hierbei handelt es sich um die sogenannte „Euler-Gleichung", welche als zentrale Bewertungsgleichung des nutzenbasierten Bewertungsansatzes die Verbindung zwischen den Präferenzen des Investors und den Preisen von Anlagen am Kapitalmarkt aufzeigt.[200]

3.2.3.2. Intertemporale Grenzrate der Substitution

Um den nutzenbasierten Bewertungsansatz auf die Grundformel des stochastischen Diskontierungsfaktors gemäß (3.1) zu überführen, ist M_{t+1} folgendermaßen zu definieren:

$$M_{t+1} = \delta \cdot \frac{U'(C_{t+1})}{U'(C_t)} \tag{3.42}$$

Der stochastische Diskontierungsfaktor entspricht somit der intertemporalen Grenzrate der Substitution der Investoren, d.h. dem mittels subjektivem Diskontierungsfaktor δ diskontierten Verhältnis des Grenznutzens in $t+1$ zu t.[201]

Auf Basis der aus der Euler-Gleichung abgeleiteten Beschreibungsmöglichkeit des stochastischen Diskontierungsfaktors M_{t+1} ergeben sich nun zusätzliche Interpretationsmöglichkeiten für die Renditeerwartungen der Investoren und folglich auch die Preisbildung von Anlagen.

---

200 Vgl. VORFELD (2009), S. 28 bzw. COCHRANE (2001), S. 6 sowie für die Darstellung mit Renditen SMITH & WICKENS (2002), S. 403. Die Euler-Gleichung in dieser Form wurde erstmals von RUBINSTEIN und LUCAS verwendet. Vgl. hierzu CAMPBELL (2002), S. 15 und GUVENEN & LUSTIG (2007), S. 2 sowie weiterführend RUBINSTEIN (1976) und LUCAS (1978).

201 Vgl. CAMPBELL, LO & MACKINLAY (1997), S. 294 sowie CAMPBELL (2000), S. 1518.

Der Schattenzins aus Formel (3.5) lässt sich mittels der intertemporalen Grenzrate der Substitution aus (3.42) folgendermaßen definieren:

$$1 + R_{f,t+1} = \frac{1}{E_t[M_{t+1}]} = E_t\left[\delta^{-1} \cdot \frac{U'(C_t)}{U'(C_{t+1})}\right] \tag{3.43}$$

Der risikofreie Zinssatz entspricht in einem Gleichgewicht am Kapitalmarkt folglich exakt dem Kehrwert der erwarteten intertemporalen Grenzrate der Substitution. Zu dieser Grenzrate der Substitution sind Investoren gerade dazu bereit, im Optimum ihrer Konsumentscheidung auf eine marginale Einheit des gegenwärtigen Konsums zu Gunsten einer zusätzlichen Investition zu verzichten.

Die Erkenntnis dieses Zusammenhangs ist intuitiv: Würde eine risikofreie Anlage mit einem Zinssatz über des in Gleichung (3.43) festgelegten Schattenzinses existieren, so könnten Investoren ihren Nutzen unmittelbar weiter steigern, indem sie mehr Konsum in die Zukunft transferieren, da die sichere Verzinsung der Investitionssumme über ihrer intertemporalen Grenzrate der Substitution liegt. Analog könnten die Investoren ihren Nutzen ebenfalls steigern, indem sie zum gegenwärtigen Zeitpunkt mehr konsumieren, falls ein risikofreier Zinssatz existieren würde, welcher unterhalb des Schattenzinses liegt. Da in einem Marktgleichgewicht aber bereits optimale Konsumentscheidungen vorliegen, muss der risikofreie Zinssatz gerade der in Gleichung (3.43) festgestellten Relation entsprechen.

3.2.3.3. Preisbildung durch Nutzentheorie

Für den Preis von Anlagen mit unsicheren Zahlungsströmen gilt unter Berücksichtigung der intertemporalen Grenzrate der Substitution:[202]

$$P_{i,t} = \frac{E_t[X_{i,t+1}]}{1 + R_{f,t+1}} + \frac{Cov_t[(\delta \cdot U'(C_{t+1})), X_{i,t+1}]}{U'(C_t)} \tag{3.44}$$

Die Aufteilung des Preises einer Anlage in einen risikofreien und risikobehafteten Anteil durch die Herleitung über einen nutzenbasierten Bewertungsansatz erlaubt hierbei folgende Interpretationsmöglichkeit: Der erste, risikoneutrale Term entspricht der Diskontierung des Erwartungswertes

202 Die Umformung erfolgt durch Einsetzen von Formel (3.42) in (3.7). Vgl. hierzu COCHRANE (2001), S. 16. Da $U'(C_t)$ sicher und unabhängig von $X_{i,t+1}$ ist, kann dieser Grenznutzen aus dem Kovarianzterm ausgeklammert werden.

mittels risikofreiem Zinssatz und gibt den Preis der Anlage in einer risikoneutralen Welt wieder, unter welcher Investoren eine lineare Nutzenfunktion haben oder ihr Konsum als konstant angenommen werden kann. Der zweite Term bezieht sich auf den Preiseffekt der unsicheren Zahlungsströme einer risikobehafteten Anlage. Da mit steigendem Konsum der Grenznutzen $U'()$ sinkt, besteht eine negative Kovarianz zwischen dem Grenznutzen und der Höhe der Zahlungsströme genau dann, wenn die Zahlungsströme positiv mit dem Konsum korrelieren.[203]

Risikoaverse Investoren sind nur dazu bereit, in eine solche Anlage zu investieren, falls deren Preis unterhalb des Preises einer risikofreien Anlage mit Zahlungsströmen in Höhe desselben Erwartungswertes liegt. Ursächlich hierfür ist, dass risikoaverse Investoren einen sicheren zukünftigen Konsum gegenüber einem Konsum in unsicherer Höhe bevorzugen. Korreliert der Zahlungsstrom einer Anlage positiv mit dem Konsum - und folglich negativ mit dem Grenznutzen - so führt dies dazu, dass die Investoren genau dann einen höheren Zahlungsstrom durch den Besitz dieser Anlage erwarten können, wenn sie bereits über einen hohen Konsum verfügen. Da der marginale Grenznutzen des Konsums in einem solchen Fall verhältnismäßig niedrig ausfällt, ist der Nutzengewinn aus einem zusätzlichen Zahlungsstrom jedoch gering. Fällt hingegen der zukünftige Konsum gering aus, so ist bei einer positiven Korrelation auch der Zahlungsstroms der Anlage niedrig. Gerade unter bereits geringen Konsummöglichkeiten würde eine zusätzliche Zahlungsstromeinheit für den Investor jedoch einen verhältnismäßig hohen Nutzengewinn mit sich bringen. Je stärker somit ein zukünftiger Zahlungsstrom mit dem Konsum positiv korreliert, umso volatiler - und somit riskanter - wird folglich der Gesamtkonsum des Investors.

Für die erwartete Überrendite einer Anlage über dem risikofreien Zinssatz gilt entsprechend:[204]

$$E_t\left[R_{i,t+1}\right] - \left(R_{f,t+1}\right) = -\frac{Cov_t\left[U'(C_{t+1}), \left(1 + R_{i,t+1}\right)\right]}{E_t\left[U'(C_{t+1})\right]} \tag{3.45}$$

---

203 Vgl. hierzu COCHRANE (2001), S. 16f, COCHRANE (2008), S. 240 und CAMPBELL, LO & MACKINLAY (1997), S. 294f. Für die Power-Utility-Funktion gilt: $U'(C) < U'(C^*)$ für $C^* > C$.

204 Vgl. COCHRANE (2001), S. 17. Man beachte, dass in der Notierung von COCHRANE mit R bereits die um Eins erhöhte Nettorendite bezeichnet wird. Die Umformung erfolgt durch Einsetzen von Formel (3.42) und (3.5) in die Renditeformel des SDF (3.12). Da $U'(C_t)$ und δ nach Einsetzen in Zähler und Nenner des Terms auf der rechten Seite von (3.45) auftreten, lassen sich diese kürzen.

Die Risikoprämie einer riskanten Anlage hängt ersichtlich nur von der Kovarianz zwischen der zukünftigen Anlagerendite und dem Konsum des Investors ab. Die Varianz einer einzelnen Anlage ist für den Investor unerheblich, solange sein zukünftig erwarteter Konsum hiervon unberührt bleibt. Besteht hingegen eine positive Kovarianz zwischen der zukünftiger Rendite einer Anlage und dem Konsum des Investors, so trägt dies zur Steigerung der Konsumvolatilität bei und der Investor erwartet eine entsprechend höhere Rendite der Anlage als Entschädigung. Bei Anlagen, welche eine mit dem Konsum negativ korrelierte Rendite aufweisen, sind Investoren hingegen dazu bereit, eine Rendite unterhalb des risikofreien Zinssatzes zu akzeptieren, da diese Anlagen dazu beitragen, ihren Gesamtkonsum zu glätten und somit ihr Gesamtrisiko zu vermindern.[205]

Vorangehend wurde der stochastische Diskontierungsfaktor aus drei grundlegenden Bewertungskonzepten hergeleitet und sein theoretisches Fundament weiter gefestigt. Von den vorgestellten Konzepten kann hierbei die Herleitung über einen nutzenbasierte Ansatz als vielseitigste Erklärungs- und Beschreibungsform des stochastischen Diskontierungsfaktors bezeichnet werden. Zwar ermöglicht die Nutzentheorie nicht direkt eine praktische Anwendung, da sich die intertemporale Grenzrate der Substitution nicht unmittelbar beobachten lässt. Jedoch lässt sie ausreichend Raum für Interpretationen und Möglichkeiten, diese intertemporale Grenzrate der Substitution näherungsweise mittels geeigneter Modelle und Daten zu schätzen. Im Kern ist es daher möglich aus der zentralen Gleichung der Nutzentheorie in (3.41) die meisten Bewertungsmodelle des Asset Pricing abzuleiten, bei welchen es sich um Spezialformen der nutzenbasieren Bewertung handelt.[206]

Im Folgenden wird nun erläutert, durch welche empirischen Ansätze eine Spezifizierung des stochastischen Diskontierungsfaktors erfolgen kann.

---

205 Vgl. COCHRANE (2001), S. 16. Man kann sich Anlagen, deren Zahlungsströme eine negative Korrelation zum Konsum aufweisen, durch das Beispiel einer Versicherung verdeutlichen. Dafür, dass einige der für die Investoren schlechtesten zukünftigen Zustände abgesichert werden, sind Investoren sogar bereit, eine im Erwartungswert negative Nettorendite durch den Abschluss einer Versicherung zu akzeptieren.

206 Vgl. BRÜCKMANN (2008), S. 33f, COCHRANE (2001), S. 8 und VORFELD (2009), S. 28-30.

3.3. Empirische Ansätze zur Spezifizierung des SDF

In der Forschung haben sich zwei grundlegende Ansatzwege zur empirischen Spezifizierung des stochastischen Diskontierungsfaktors herausgebildet. Zum einen wird versucht, den stochastischen Diskontierungsfaktor durch makroökonomische Einflussfaktoren zu erklären. Hierbei geht es um die fundamentale Beschreibung des Zusammenhangs zwischen gesamtwirtschaftlichen Risiken und deren Einfluss auf die Preisbildung von Anlagen. Beim zweiten Ansatzweg steht hingegen die Spezifizierung des stochastischen Diskontierungsfaktors auf Basis von Kapitalmarktdaten im Vordergrund. Im Rahmen eines kapitalmarktorientierten Ansatzes wird versucht, die Struktur des stochastischen Diskontierungsfaktors so zu bestimmen, dass sich die beobachteten Preise am Kapitalmarkt erklären und rechtfertigen lassen. Diese verschiedenen Ansatzwege können durchaus zu unterschiedlichen Ergebnissen führen, bieten jedoch beide wertvolle Erkenntnisse über eine mögliche Struktur des stochastischen Diskontierungsfaktors.[207]

3.3.1. Makroökonomische Ansätze

Makroökonomische Ansätze zur Beschreibung des stochastischen Diskontierungsfaktors stützen sich auf den nutzenbasierten Bewertungsansatz, da es sich bei den im Rahmen der Nutzentheorie verwendeten Faktoren – Konsum, Vermögen, Spar- und Investitionsraten – um Größen handelt, welche ebenfalls in der Makroökonomie eine zentrale Rolle spielen. Folglich wird versucht, einen Zusammenhang zwischen beobachtbaren makroökonomischen Daten und der intertemporalen Grenzrate der Substitution herzustellen und hierdurch den stochastischen Diskontierungsfaktor zur Bewertung von Anlagen bestimmen zu können.[208]

Eine solche Spezifizierung des stochastischen Diskontierungsfaktors durch makroökonomische Faktoren führt zu einer absoluten Bewertung von Anlagen und Renditen aus einer gesamtwirtschaftlichen Sichtweise,

207 Vgl. COCHRANE (2008), S. 242f.

208 Vgl. BRÜCKMANN (2008), S. 36 und COCHRANE (2008), S. 242. Die intertemporale Grenzrate der Substitution von gegenwärtigem und zukünftigem Konsum und Investitionen spielt in der Makroökonomie beispielsweise eine zentrale Rolle für das Verständnis des Konsumverhaltens von Haushalten und dem Investitionsverhalten von Unternehmen.

welche nicht zwangsläufig mit den am Kapitalmarkt gegenwärtig vorliegenden Preisen konsistent sein muss. Bei auftretenden Differenzen ist es demnach denkbar, eine irrationale und ineffiziente Funktionsweise des Kapitalmarktes aufzuzeigen, dessen Preise nicht mit makroökonomisch gerechtfertigten Werten übereinstimmen.

Unterschiedliche Ansätze zur makroökonomischen Spezifizierung des stochastischen Diskontierungsfaktors lassen sich dahingehend unterscheiden, welche Daten verwendet sowie welche Annahmen bezüglich der zu Grunde liegenden Nutzentheorie getroffen werden.

3.3.1.1. Konsumbasierte Modelle

Am engsten verbunden mit der vorgestellten Nutzentheorie ist der Standardfall des konsumbasierten Bewertungsmodells, welches in der Literatur auch als „Consumption-based (Intertemporal) Capital Asset Pricing Model" (CCAPM) bezeichnet wird. Hierbei wird in der empirischen Forschung unterstellt, dass die Investoren am Kapitalmarkt über identische Präferenzen und Nutzenfunktionen verfügen und hierdurch die Möglichkeit eröffnet wird, diese zu einem einzigen, repräsentativen Investor zusammenzufassen. Durch diese vorgenommene Vereinfachung ist es zur Spezifizierung der intertemporalen Grenzrate der Substitution - respektive des stochastischen Diskontierungsfaktors - folglich möglich, auf aggregierte Konsumgrößen einer Makroökonomie zurückzugreifen.[209]

Eine direkte Schätzung der für das nutzenbasierte Bewertungskonzept zentralen Euler-Gleichung auf Basis empirischer Daten ermöglichten hierbei erstmals HANSEN & SINGLETON.[210] Dies führte dazu, dass in der Folge eine Vielzahl empirische Untersuchungen bezüglich der Erklärung des Zusammenhangs von makroökonomischen Konsumdaten und historisch beobachteten Preisen von Anlagen sowie Renditen durchgeführt wurden.

Nachdem bereits SHILLER und LEROY & PORTER in ihren Untersuchungen festgestellt hatten, dass der stochastische Diskontierungsfaktor verhältnismäßig volatil sein muss um die historisch beobachteten Aktienmarkt-

209 Vgl. SMITH & WICKENS (2002), S. 403-405 und CAMPBELL, LO & MACKINLAY (1997), S. 304f.

210 Vgl. SMITH & WICKENS (2002), S. 436f, HANSEN & SINGLETON (1982), S. 1274-1278 sowie für eine Beschreibung der Schätzmethode nach HANSEN & SINGLETON und deren Einschränkungen COCHRANE (2008), S. 267-269. Bei der von HANSEN & SINGLETON verwendeten Schätzmethode handelt es sich um die „Generalized Method of Moments" (GMM). Siehe hierzu SMITH & WICKENS (2002), S. 416f und COCHRANE (2001), S. 189-199.

schwankungen zu rechtfertigen, untersuchten MEHRA & PRESCOTT den empirischen Zusammenhang zwischen U.S.-Konsumdaten und den historischen Renditen des Marktindexes S&P 500.[211] Auf Basis einer Power-Utility-Nutzenfunktion analog der in (3.37) vorgestellten Form kamen MEHRA & PRESCOTT in ihrer Studie zu dem Ergebnis, dass sich die empirisch beobachteten Marktrisikoprämien nicht mit den Konsumdaten vereinbaren lassen und begründeten hiermit das in der Forschung umfassend diskutierte „Equity Premium Puzzle".[212] Da sich der Verlauf des U.S.-Konsums als relativ gleichmäßig herausstellte und sich nur eine schwache Korrelation zwischen dem Konsumwachstum und den Renditen risikobehafteter Anlagen zeigte, ließen sich hierbei die historisch beobachteten Risikoprämien in Übereinstimmung mit der Nutzentheorie nur dann rechtfertigen, wenn man eine unverhältnismäßig hohe relative Risikoaversion γ der Investoren unterstellen würde.[213]

Die Annahme einer derart hohen relativen Risikoaversion führt jedoch wiederum zu einer weiteren Inkonsistenz bei der Betrachtung der historischen Daten. WEIL stellte hierbei fest, dass sich die Annahme von stark risikoaversen Investoren wiederum nicht mit den historisch beobachteten, risikofreien Zinssätzen vereinbaren lässt. Durch die angenommene hohe relative Risikoaversion wären Investoren sehr unwillig, ihren heutigen sicheren Konsum in eine unsichere Zukunft zu verschieben. In Folge dessen ergeben sich gegenüber den historisch beobachteten Zinssätzen deutlich höhere Schattenzinsen.[214]

Da sich auf Basis dieser Ergebnisse zunächst Ernüchterung bezüglich der Erklärungsfähigkeit von historischen Risikoprämien und Renditen durch einen auf Basis eines konsumnutzenbasierten Modells ermittelten stochastischen Diskontierungsfaktor einstellte, wurde versucht durch die Einbeziehung weiterer makroökonomischer Daten die empirische Erklärungsfähigkeit des nutzenbasierten Bewertungsansatzes zu verbessern.

---

211 Vgl. SHILLER (1981), S. 433f, LEROY & PORTER (1981), S. 571-573 und MEHRA & PRESCOTT (1985). Eine frühere Arbeit von GROSSMAN & SHILLER (1981), S. 226 beschreibt bereits den Zusammenhang zwischen Konsumdaten und Renditen, quantifiziert diesen jedoch nicht exakt.

212 Vgl. für einen Überblick wesentlicher Diskussionsbeiträge zu diesem Thema die Literaturverweise in COCHRANE (2008), S. 261-266 und CAMPBELL (2002), S. 21-24.

213 Vgl. CAMPBELL (2000), S. 1521f, 1543f und SMITH & WICKENS (2002), S. 404.

214 Vgl. CAMPBELL (2002), S. 24f und WEIL (1989), S. 416f.

3.3.1.2. Investitions- und produktionsbasierte Modelle

Aus der Tatsache, dass es sich bei aggregierten Konsumdaten einer Volkswirtschaft um einen der am gleichmäßigsten verlaufenden, makroökonomischen Indikatoren handelt, schließt COCHRANE, dass dieser folglich nicht allein zur Erklärung von sich im Laufe gesamtwirtschaftlicher Zyklen verändernden Renditen und Preisen von Anlagen geeignet sei. Schwankungen von Renditen und Preisen von Anlagen sind nach COCHRANE auf Veränderungen der Investorenpräferenzen in Folge makroökonomischer Einflüsse zurückzuführen, welche sich besser durch volatilere Indikatoren wie Produktions-, Investitions- oder Arbeitsmarktdaten messen ließen.[215] Für eine bessere Schätzung des stochastischen Diskontierungsfaktors sei es daher erforderlich, empirische Daten mit einzubeziehen, welche zur Beschreibung von makroökonomischen Wirtschaftszyklen geeignet erscheinen. COCHRANE versucht daher, die intertemporale Grenzrate der Substitution über das Investitions- und Produktionsverhalten von Unternehmen zu ermitteln. Er argumentiert hierbei, dass die Investitionen von Unternehmen in Zeiten hoher Aktienkurse – und daher niedriger Renditeerwartungen bzw. Kapitalkosten – ebenfalls hoch sein müssten. Demgegenüber seien niedrige Aktienkurse mit hohen Renditeerwartungen und Kapitalkosten verbunden und würden folglich zu niedrigeren Investitionen führen.[216]

Aus den empirischen Ergebnissen seines Modells schließt COCHRANE, dass sein auf Produktions- und Investitionsverhalten basierendes Modell die historisch beobachteten Aktienmarktrenditen besser erklären kann, als dies ein rein auf Konsumdaten gestütztes Modell leisten kann. Wenngleich sein Modell auch nicht alle Renditeschwankungen erklären kann, so spricht dies doch dafür, dass bei zukünftigen nutzenbasierten Bewertungsmodellen das Produktions- und Investitionsverhalten von Unternehmen mitberücksichtigt werden sollte.[217] In die gleiche Richtung stößt die Entwicklung von „Real Business Cycle"-Modellen, welche sowohl das Konsumverhalten von Haushalten als auch das Investitions- und Produktionsverhalten von Unternehmen mit einbeziehen, um hieraus die historisch beobachteten Marktrenditen und risikofreien Zinssätze zu erklären.[218]

Zur Verbesserung der empirischen Aussagekraft des nutzenbasierten Bewertungsansatzes wurde in der Literatur jedoch nicht nur die Einbeziehung weiterer Daten diskutiert. Vielmehr wurden zusätzlich die bisherigen

215 Vgl. COCHRANE (2008), S. 290.
216 Vgl. COCHRANE (2008), S. 291 sowie weiterführend COCHRANE (1991).
217 Vgl. COCHRANE (1991), S. 235 und COCHRANE (1996), S. 615-617.
218 Vgl. BRÜCKMANN (2008), S. 37 sowie weiterführend JERMANN (1998).

Annahmen und Formulierungen der Nutzenfunktionen hinterfragt und weitere Modellvarianten entwickelt.

3.3.1.3. Alternative Nutzenfunktionen

Eine Erkenntnis des „Equity Premium Puzzles" in Bezug auf den nutzenbasierten Bewertungsansatz war, dass sich die historisch beobachteten Renditen und Risikoprämien unsicherer Anlagen nur dann rechtfertigen lassen, wenn sich die intertemporale Grenzrate der Substitution – und damit der stochastische Diskontierungsfaktor – sehr viel volatiler verhält, als dies durch die bisherigen Modelle impliziert wurde. Es wurde daher nach Alternativen zur Abbildung der Nutzenfunktion gesucht, mit welchen sich die empirischen Beobachtungen besser erklären lassen.[219]

Hinterfragt wurde in diesem Zusammenhang insbesondere die im Standardfall des CCAPM unterstellte Art der Nutzenfunktion. Durch deren Eigenschaft der zeitlichen Separierbarkeit des intertemporalen Nutzens wird unterstellt, dass der Konsumnutzen zu jedem Zeitpunkt einzig von der absoluten Höhe des Konsums abhängt und dadurch gänzlich unabhängig von anderen Einflussfaktoren ist.[220] Diese Beschränkung wurde hingegen bei der Einführung neuerer Nutzenfunktionen fallen gelassen. Generell lassen sich diese Typen von Nutzenfunktionen nach ihren Annahmen bezüglich einer güterbezogenen, zeitbezogenen sowie zustandsbezogenen Untrennbarkeit des intertemporalen Nutzens unterscheiden:[221]

Güterbezogene Untrennbarkeit

Nutzenfunktionen mit der Eigenschaft einer güterbezogenen Untrennbarkeit unterstellen, dass der intertemporale Nutzen des Konsums nicht allein von dessen absoluter Höhe, sondern ebenfalls von der gleichzeitigen Realisierung weiterer Güterarten abhängen kann. Hierbei muss es sich jedoch keineswegs nur um Güter handeln, welche sich monetär bemessen lassen. Denkbar ist beispielsweise, dass der durch Konsum entstehende Nutzen für einen Investor auch von der ihm zur Verfügung stehenden Freizeit abhängt. Besitzt ein Investor in einem bestimmten Zeitpunkt nur einen sehr begrenzten Umfang an Freizeit, so würde demnach auch der Nutzen

---

219 Vgl. Campbell (2002), S. 3f und Smith & Wickens (2002), S. 404.

220 Die zeitbezogene Trennbarkeit – auch Zeitseparabilität genannt – des Konsumnutzens im Standardfall des CCAPM resultiert aus der Verwendung der „von Neumann-Morgenstern-Nutzenfunktion", welche genau diese Eigenschaft aufweist. Vgl. FN 195.

221 Vgl. Brückmann (2008), S. 42.

aus einem relativ hohen Konsum nur verhältnismäßig gering ausfallen, da der Investor nicht ausreichend Zeit besitzt, um seine konsumierten Gütern tatsächlich auch zu nutzen.[222]

Die güterbezogene Untrennbarkeit des intertemporalen Nutzens erweitert somit die klassische Nutzentheorie dahingehend, dass weitere Realisierungen gegenwärtiger Variablen in die Entscheidung eines Investors einfließen.

Zeitbezogene Untrennbarkeit

Ein weiterer Typ von Nutzenfunktionen befasst sich hingegen mit der zeitbezogenen Untrennbarkeit des intertemporalen Nutzens. Hierbei geht man davon aus, dass der Konsumnutzen eines bestimmten Zeitpunkts nicht nur von der absoluten Höhe des Konsums abhängt, sondern ebenfalls durch die Konsumentscheidungen eines Investors in vorangegangenen Perioden beeinflusst wird.

Langlebige Konsumgüter – wie beispielsweise Immobilien oder Automobile – spenden einem Investor auch in den Perioden nach dem eigentlich erfolgten Konsum noch einen Nutzen. Dies lässt sich beispielsweise berücksichtigen, indem eine Nutzenfunktion so modelliert wird, dass in einem bestimmten Zeitpunkt ebenfalls Konsumausgaben vergangenen Perioden in langfristige Wirtschaftsgüter einbezogen werden. Schwierig ist hierbei allerdings einerseits die klare Abgrenzung von kurz- zu langlebigen Wirtschaftsgütern sowie andererseits eine praktische Anwendung makroökonomischer Daten, falls hierbei der Konsum nur auf bestimmten aggregierten Ebenen ausgewiesen wird und keine beliebig genaue Unterteilung des Konsums in unterschiedliche Wirtschaftsgüter vorliegt.[223]

Ein weiterer Aspekt der zeitbezogenen Untrennbarkeit des intertemporalen Nutzens betrifft die über den Zeitverlauf denkbare Bildung von Konsumgewohnheiten des Investors. Hat ein Investor sich über die Jahre an ein hohes Konsumniveau gewöhnt, so wird er in Folge eines Rückgangs seines Konsums einen deutlichen Einbruch des Konsumnutzens verzeichnen. CONSTANTINIDES berücksichtigt diesen Aspekt der zeitbezogenen Untrennbarkeit des Konsumnutzens bei der Modellierung einer Nutzenfunktion, indem er aus dem Konsum vergangener Perioden ein Gewohnheitsniveau bil-

---

222 Vgl. COCHRANE (2008), S. 270. Beispielsweise verwendeten EICHENBAUM, HANSEN & SINGLETON die Annahme der Untrennbarkeit von Freizeit und Konsum bei der intertemporalen Nutzenbestimmung im Rahmen einer empirischen Studie. Vgl. BRÜCKMANN (2008), S. 43 nach EICHENBAUM, HANSEN & SINGLETON (1988).

223 Vgl. COCHRANE (2008), S. 271.

det, welches er bei der Bestimmung des gegenwärtigen Konsumnutzens berücksichtigt. In der Literatur spricht man bei der Berücksichtigung von Gewohnheiten, welche aus vergangenen Realisierungen resultieren, auch von sogenannten „Habit-Modellen".[224]

Die zeitbezogene Untrennbarkeit des intertemporalen Nutzens erweitert somit die klassische Nutzentheorie dahingehend, dass Realisierungen weiterer Variablen in der Vergangenheit in die Entscheidung eines Investors einfließen.

Zustandsbezogene Untrennbarkeit

Zuletzt kann noch eine weitere Kategorie von Nutzenfunktionen unterscheiden werden, bei welchen der Nutzen, der mit einer bestimmten Konsummenge zum gegenwärtigen Zeitpunkt verbunden ist zugleich von den Erwartungen bezüglich zukünftiger Konsummöglichkeiten abhängt. Für diese bedingten Erwartungen ist entscheidend, welcher der möglichen Umweltzustände gegenwärtig eingetroffen ist, da hierdurch der Ausgangspunkt für die zukünftigen Entwicklungsmöglichkeiten determiniert wird und hierdurch zunächst teilweise auf die Eintrittswahrscheinlichkeiten bestimmter zukünftiger Entwicklungen geschlossen werden kann. Hierdurch ergibt sich eine zustandsbezogene Untrennbarkeit des intertemporalen Nutzens.[225]

Die zustandsbezogene Untrennbarkeit des intertemporalen Nutzens erweitert somit die klassische Nutzentheorie dahingehend, dass bedingte Erwartungen bezüglich zukünftiger Realisierungen weiterer Variablen in die Entscheidung des Investors mit einfließen.

Eine Nutzenfunktion mit der Eigenschaft einer zustandsbezogenen Untrennbarkeit des intertemporalen Nutzens wurde erstmals von KREPS & PORTEUS vorgestellt.[226] Bemerkenswert ist das hierauf aufbauende und von EPSTEIN & ZIN weiterentwickelte Modell zur Berücksichtigung der zustandsbezogene Untrennbarkeit des intertemporalen Nutzens. Durch die neue Formulierung der Nutzenfunktion gelangen EPSTEIN & ZIN zu einer Zielfunktion zur Optimierung des intertemporalen Entscheidungsproblems des In-

---

224 Vgl. SMITH & WICKENS (2002), S. 404, 437f, COCHRANE (2008), S. 271 sowie CONSTANTINIDES (1990). Vgl. weiterführend zu weiteren verbreiteten Varianten von Habit-Modellen CAMPBELL, LO & MACKINLAY (1997), S. 326-332 m.w.N. und CAMPBELL (2002), S. 55-63 m.w.N.

225 Vgl. BRÜCKMANN (2008), S. 44.

226 Vgl. SMITH & WICKENS (2002), S. 404 und weiterführend KREPS & PORTEUS (1978).

vestors, welche eine Abwandlung der in Gleichung (3.36) formulierten Zielfunktion darstellt:[227]

$$U_t = U_t(C_t, E_t[U_{t+1}]) = \left[(1-\delta)\cdot C_t^{1-\rho} + \delta\cdot\left(E_t\left[U_{t+1}^{1-\gamma}\right]\right)^{\frac{1-\rho}{1-\gamma}}\right]^{\frac{1}{1-\rho}} \quad (3.46)$$

Hierbei steht δ nach wie vor für den subjektiven Diskontierungsfaktor und γ für den Koeffizienten der relativen Risikoaversion des repräsentativen Investors. Ergänzend wird mit ρ der Kehrwert der intertemporalen Substitutionselastizität angegeben. Wird – wie im Standardfall des CCAPM – unterstellt, dass eine Reziprozität zwischen relativer Risikoaversion und intertemporaler Substitutionselastizität besteht, d.h. γ entspricht gerade ρ, so reduziert sich (3.46) auf eine Power-Utility-Funktion als Spezialfall. Das Modell von EPSTEIN & ZIN ist im Gegensatz hierzu nicht auf diese einschränkende Annahme angewiesen.

Aus der Nutzenfunktion in (3.46) ergibt sich die intertemporale Grenzrate der Substitution – respektive der stochastische Diskontierungsfaktor – unter zustandsbezogener Untrennbarkeit des intertemporalen Nutzens zu:[228]

$$M_{t+1} = \delta\cdot\left(\frac{C_{t+1}}{C_t}\right)^{-\rho}\cdot\left(\frac{U_{t+1}}{\left(E_t\left[U_{t+1}^{1-\gamma}\right]\right)^{\frac{1}{1-\gamma}}}\right)^{\rho-\gamma} \quad (3.47)$$

Wie aus der Darstellung des stochastischen Diskontierungsfaktors in (3.47) ersichtlich wird, setzt sich dieser im Modell von EPSTEIN & ZIN aus zwei Termen zusammen. Bei $\delta(C_{t+1}/C_t)^{-\rho}$ handelt es sich um die intertemporale Grenzrate der Substitution, welche aus dem Konsumwachstum resultiert.[229] Der verbleibende Term auf der rechten Seite von Gleichung

227 Vgl.COCHRANE (2008), S. 272, CAMPBELL (2002), S. 27 sowie grundlegend EPSTEIN & ZIN (1989) und EPSTEIN & ZIN (1991).

228 Vgl. die schrittweise Ableitung von (3.47) aus (3.46) in COCHRANE (2008), S. 272, 323.

229 Unter dem Spezialfall $\gamma = \rho$, d.h. der Verwendung einer Power-Utility-Funktion, entspricht (3.47) gerade der intertemporalen Grenzrate der Substitution unter einer Zeitseparabilität des Konsumnutzens nach (3.42). Man beachte hierbei, dass unter Verwendung der Power-Utility-Funktion in (3.37) aus der Gleichung (3.42) gerade $M_{t+1} = \delta(C_{t+1}/C_t)^{-\gamma}$ (mit $\rho = \gamma$) resultiert. Vgl. hierzu SMITH & WICKENS (2002), S. 404.

(3.47) kann als Nutzenindex verstanden werden, durch welchen die bedingten Erwartungen des repräsentativen Investors bezüglich seiner zukünftigen Konsummöglichkeiten wiedergegeben werden. Da sich dieser Nutzenindex jedoch nicht direkt beobachten lässt, ist es notwendig, eine geeignete Näherungsgröße hierfür zu finden. EPSTEIN & ZIN verwenden als Alternative zum Nutzenindex die Entwicklung eines Vermögensportfolios, wodurch sich aus Gleichung (3.47) folgende Darstellung ergibt ($\theta := (1-\gamma)/(1-\rho)$):[230]

$$M_{t+1} = \left(\delta \cdot \left(\frac{C_{t+1}}{C_t}\right)^{-\rho}\right)^{\theta} \cdot \left(\frac{1}{1+R_{w,t+1}}\right)^{1-\theta} \quad (3.48)$$

Das Vermögensportfolio mit der Rendite R_w sollte hierbei alle Komponenten enthalten, die Einfluss auf das zukünftige Vermögen - und somit die Konsummöglichkeiten - eines repräsentativen Investors haben. Neben der Rendite von Investitionen in Kapitalmarktanlagen können dies beispielsweise ein Arbeitseinkommen oder die Wertentwicklung von Immobilien sein.[231] Während in der Literatur umstritten ist, welche Komponenten in das Vermögensportfolio einfließen müssen, argumentieren EPSTEIN & ZIN, dass sich nicht-kapitalmarktnotierte Komponenten des Vermögensportfolios schwer berücksichtigen lassen und reduzieren die Wertentwicklung des Vermögensportfolios daher auf die Rendite eines Marktportfolios.[232]

Aus der Formulierung von EPSTEIN & ZIN ergibt sich somit, dass das Risiko eines Zahlungsstroms bzw. die Renditeerwartung einer Anlage sowohl von der Kovarianz zum Konsumwachstum als auch der Kovarianz zur Rendite des Marktportfolios abhängt.[233] Bemerkenswert ist hierbei, dass diese Formulierung des stochastischen Diskontierungsfaktors eine Verbindung des vorgestellten makroökonomischen Ansatzes auf Basis der Nutzentheorie sowie dem - in Abschnitt 3.3.2.1. folgenden - kapitalmarktorientierten Ansatz entsprechend dem Capital Asset Pricing Model herstellt. Wie in (3.48) erkennbar ist, determiniert der Faktor θ hierbei die Gewichtung dieser beiden unterschiedlichen Ansätze bei der Ableitung des stochastischen

---

230 Vgl. die schrittweise Ableitung von (3.48) aus (3.47) in COCHRANE (2008), S. 272, 323-325 sowie EPSTEIN & ZIN (1989), S. 953-956. Die Rendite des Vermögensportfolios ergibt sich hierbei aus der absoluten Wertsteigerung des Vermögensportfolios W, d.h. $1 + R_{w,t+1} = W_{t+1}/(W_t - C_t)$.

231 Vgl. SMITH & WICKENS (2002), S. 406.

232 Vgl. EPSTEIN & ZIN (1991), S. 273 und COCHRANE (2008), S. 272f.

233 Vgl. EPSTEIN & ZIN (1991), S. 271.

Diskontierungsfaktors. Unter bestimmten Annahmen bezüglich der relativen Risikoaversion γ sowie der intertemporalen Substitutionselastizität $1/\rho$ folgen zudem beide dieser Ansätze als Spezialfälle aus der Modellierung von EPSTEIN & ZIN.[234]

Zusammenfassend kann bezüglich den makroökonomischen Ansätzen zur Spezifizierung des stochastischen Diskontierungsfaktors auf Basis der Nutzentheorie beurteilt werden, dass bislang leider keines der hieraus entstandenen Modelle zu einer zufriedenstellenden Erklärung der historisch beobachteten Renditen risikobehafteter Anlagen – und damit einer genauen Spezifizierung des stochastischen Diskontierungsfaktors – geführt hat.[235] Auf Grund dieser unbefriedigenden Ergebnisse ist es angebracht, auch alternative Ansätze zur Beschreibung des stochastischen Diskontierungsfaktors zu betrachten. Für die Erklärung des stochastischen Diskontierungsfaktors als Funktion bestimmter Daten und Parameter, d.h. $M = f(\,Daten, Parameter)$, wird daher im Folgenden eine Reihe von Ansätzen vorgestellt, die einen Zusammenhang zwischen stochastischem Diskontierungsfaktor und Kapitalmarktdaten knüpfen.[236]

3.3.2. Kapitalmarktorientierte Ansätze

Im Gegensatz zu den vorgestellten makroökonomischen Ansätzen, welche eine absolute Bewertung von Anlagen und Renditen aus gesamtwirtschaftlicher Perspektive zum Ziel haben, beschränken sich kapitalmarktorientierte Ansätze auf eine relative Bewertung. Hierbei wird versucht, aus Kapitalmarktdaten eine Reihe von Risikofaktoren abzuleiten, so dass eine Bewertung bestehender Anlagen unter Berücksichtigung dieser Risikofaktoren auf die am Kapitalmarkt realisierten Preise führt. Bei der Bewertung weiterer Anlagen wird somit eine relative Bewertung vorgenommen, welche durch den Vergleich zu Anlagen mit vergleichbaren Risikofaktoren entsteht.

---

234 Aus $\theta = 1$, d.h. der Annahme von $\gamma = \rho$, folgt der Standardfall des konsumbasierten Bewertungsmodells. Vgl. FN 229. Aus der Annahme von $\theta = 0$, d.h. einer relativen Risikoaversion von $\gamma = 1$ und $\rho \neq \gamma$ folgt das CAPM. Vgl. hierzu EPSTEIN & ZIN (1991), S. 269 und CAMPBELL (2002), S. 28. Siehe auch Abschnitt 4.1.2.

235 Vgl. BRÜCKMANN (2008), S. 47. CAMPBELL & COCHRANE (2000), S. 2863 kommen bei der Betrachtung der gängigen konsumbasierten Bewertungsansätze zu dem Ergebnis: *„Unfortunately, consumption-based asset pricing models prove disappointing empirically."* COCHRANE (2008), S. 290 schließt als Fazit: *„There is still very much to do to understand where the consumption-based model works, where it doesn't work, and how it might be improved."*

236 Vgl. COCHRANE (2001), S. 46.

Eine Beurteilung der Effizienz des Kapitalmarktes sowie eine Rationalität der darauf realisierten Preise kann durch solche relativen Bewertungsansätze dementsprechend nicht geleistet werden.[237]

Im Folgenden wird ein kurzer Überblick über einige wesentliche kapitalmarktorientierte Ansätze gegeben, welche zur Beschreibung des stochastischen Diskontierungsfaktors herangezogen werden können. Diese Modelle wurden zwar nicht zwangsläufig vor dem Hintergrund einer alternativen Spezifizierung des stochastischen Diskontierungsfaktors entwickelt, jedoch können durch dessen generelle Formulierungsmöglichkeit die in den kapitalmarktorientierten Modellen implizit enthaltenen stochastischen Diskontierungsfaktoren aufgezeigt und genutzt werden um eine Vielzahl der in der Forschung erarbeiteten kapitalmarktorientierten Bewertungsansätze zu verstehen.[238]

3.3.2.1. CAPM

Beim Capital Asset Pricing Model handelt es sich um das sowohl in der Kapitalmarkttheorie bekannteste als auch in der Bewertungspraxis nach wie vor verbreiteteste Modell für eine kapitalmarktorientierte Bewertung von Anlagen und Renditen.[239]

Das CAPM besagt, dass sich die Rendite R_i einer jeden am Kapitalmarkt notierten Anlage i aus dem risikofreien Zinssatz sowie einer Risikoprämie zusammensetzt. Letztere ergibt sich beim CAPM aus dem Produkt des Risikomaßes $\beta_{i,m}$ und der Marktrisikoprämie, welche als erwartete Überrendite des Marktportfolios gegenüber dem risikofreien Zinssatz definiert ist. Das Risikomaß $\beta_{i,m}$ entspricht der Kovarianz der Anlagenrendite mit der

---

237 Befürworter kapitalmarktorientierter Bewertungsansätze argumentieren häufig, dass diese im Vergleich zu makroökonomischen Ansätzen in der Regel zu geringeren Schätzfehlern führen. Die Ursache hierfür liegt allerdings darin, dass sich auf Basis historischer Kapitalmarktdaten theoretisch stets eine Reihe von Risikofaktoren so konstruieren lässt, dass ein Diskontierungsfaktor konsistent mit den historisch beobachteten Preisen ist. Ob diese Auswahl an Faktoren jedoch auch für die Zukunft geeignet ist und ob die Preise am Kapitalmarkt überhaupt rational sind, kann hierdurch hingegen nicht beantwortet werden. Vgl. hierzu COCHRANE (2008), S. 242f.

238 Vgl. CAMPBELL (2000), S. 1525.

239 Vgl. VORFELD (2009), S. 52-54, COCHRANE (2001), S. 152 und KOLLER, GOEDHART & WESSELS (2005), S. 294. Vgl. für eine grundlegende Einführung in das CAPM auch FN 112.

Rendite des Marktportfolios R_m, normiert um die Varianz der Rendite des Marktportfolios.[240]

Die Rendite einer Anlage nach dem CAPM entspricht demzufolge:[241]

$$E[R_i] = R_f + \beta_{i,m} \cdot \left(E[R_m] - R_f\right) \tag{3.49}$$

Wird die auf Basis dieser Vorgehensweise ermittelte Rendite einer Anlage als Kapitalkostensatz betrachtet und für eine Diskontierung der Zahlungsströme der Anlage verwendet, so lässt sich eine Überleitung des CAPM zum stochastischen Diskontierungsfaktor vornehmen. Den Ausgangspunkt hierfür liefert wiederum ein Rückgriff auf die Nutzentheorie. Die Ableitung des stochastischen Diskontierungsfaktors aus dem CAPM ist hierbei abhängig von den getroffenen Annahmen der Nutzenfunktion des Investors. Geht man von der Annahme aus, dass Investoren über eine quadratische Nutzenfunktion verfügen und das Konsumwachstum dem Wachstum des Marktportfolios entspricht, so verhält sich der Grenznutzen des Konsums linear zur Höhe des Konsums.[242] Der stochastische Diskontierungsfaktor in Abhängigkeit von der Marktrendite lässt sich dann in folgender Form darstellen:[243]

$$M_{t+1} = f\left(R_{m,t+1}\right) = a + b \cdot \left(1 + R_{m,t+1}\right) \tag{3.50}$$

Unter den dargestellten Annahmen entspricht der stochastische Diskontierungsfaktor somit einer linearen Funktion der Marktrendite. Die Variablen a und b lassen sich mit Hilfe der erwarteten Marktrendite und dem risikofreien Zinssatz bestimmen.[244] Es ist an dieser Stelle darauf hinzuweisen, dass bei der Darstellung nach (3.50) die Variable b einen negativen Wert

---

240 Es gilt $\beta_{i,m} = Cov(R_i, R_m)/Var(R_m)$.

241 Vgl. z.B. CAMPBELL, LO & MACKINLAY (1997), S. 182. Da es sich beim statischen CAPM um die Betrachtung von lediglich einer Periode handelt, wird an dieser Stelle bei der Notierung auf einen Zeitindex verzichtet.

242 Es existieren noch weitere Annahmen, unter denen eine Verbindung zwischen dem SDF und dem CAPM hergestellt werden kann. Vgl. hierzu COCHRANE (2001), S. 154-168. Diese werden in Kapitel 4 aufgegriffen.

243 Vgl. COCHRANE (2001), S. 152f. COCHRANE bezeichnet in seiner Darstellung mit R^W_{t+1} bereits die um Eins erhöhte Rendite des Vermögens- bzw. Marktportfolios.

244 Vgl. zur Bestimmung von a und b VORFELD (2009), S. 122 sowie COCHRANE (2001), S. 153. Werden diese im Zeitverlauf als variabel angesehen, so impliziert dies, dass ebenfalls a und b zeitvariabel sein müssen. Der Standardfall des CAPM basiert hingegen auf Grund seiner einperiodigen Darstellung auf konstanten Parametern.

einnimmt, d.h. der stochastische Diskontierungsfaktor M_{t+1} ist in einem bestimmten Zustand umso kleiner, je größer die realisierte Marktrendite $R_{m,t+1}$ ist.

Bei dieser Darstellung des stochastischen Diskontierungsfaktors handelt es sich um ein einfaches Faktormodell. Die Risikoprämie einer Anlage hängt hierbei davon ab, wie sich deren Renditen bzw. Zahlungsströme zum stochastischen Diskontierungsfaktor verhalten, welcher durch bestimmte Risikofaktoren spezifiziert wird. Im Falle des CAPM ist für die Höhe der Risikoprämie lediglich ein einziger Faktor ausschlaggebend: Die Kovarianz der Anlagenrendite zur Rendite des Kapitalmarktes.[245]

Geht man davon aus, dass für die Bestimmung des Risikos unsicherer Anlagen und Zahlungsströme neben der Marktrendite noch weitere Risikofaktoren eine Rolle spielen, so folgen hieraus die sogenannten Multifaktormodelle.

3.3.2.2. Multifaktormodelle

Der stochastische Diskontierungsfaktor beinhaltet ergänzend zu der aufgezeigten Verbindung zum CAPM eine Breite von Multifaktormodellen der Kapitalmarkttheorie. Wurde eine Anzahl von J relevanten Risikofaktoren identifiziert, welche in Bezug auf die Risikoprämie unsicherer Anlagen eine Rolle spielen, so kann man den stochastischen Diskontierungsfaktor als eine Kombination dieser Risikofaktoren auffassen:[246]

$$M_{t+1} = a + \sum_{j=1}^{J} b_{j,t} \cdot Faktor_{j,t+1} \tag{3.51}$$

Besteht ein wie in Formel (3.51) dargestellter linearer Zusammenhang zwischen den Risikofaktoren und dem stochastischen Diskontierungsfaktor so spricht man auch von einem affinen Faktormodell.

245 Vgl. Smith & Wickens (2002), S. 406.

246 Vgl. Campbell (2000), S. 1525.

Unterstellt man alternativ einen linearen Zusammenhang zwischen den Risikofaktoren und dem Logarithmus des stochastischen Diskontierungsfaktors, so bezeichnet man dies als ein log-affines Faktormodell:[247]

$$ln(M_{t+1}) = a + \sum_{j=1}^{J} b_{j,t} \cdot Faktor_{j,t+1} \tag{3.52}$$

Eine log-affine Formulierung des stochastischen Diskontierungsfaktors bietet sich bei komplexeren Modellierungen der Risikofaktoren an, da hierbei sichergestellt ist, dass $M_{t+1} > 0$ und somit keine negativen und ungültigen Diskontierungsfaktoren auftreten können. Sowohl bei affiner als auch log-affiner Formulierung eines Multifaktormodells bestimmen die Variablen $b_{j,t}$ jeweils, mit welcher Gewichtung ein bestimmter $Faktor_{j,t+1}$ in die Spezifizierung des stochastischen Diskontierungsfaktors einfließt und folglich auch welche Bedeutung dieser bei der Preisbildung von Anlagen am Kapitalmarkt spielt.

Um ein bekanntes Beispiel eines solchen Multifaktormodells handelt es sich beim „Dreifaktormodell" von FAMA & FRENCH.[248] Auf Basis empirisch beobachteter – durch das CAPM nicht erklärbarer – Renditen schlossen FAMA & FRENCH darauf, dass die Höhe der erwarteten Rendite einer Anlage nicht allein durch deren Korrelation zum Marktportfolio beschrieben werden kann.[249] Sie konstruierten daher ein Modell zur Erklärung von Anlagerenditen mit zwei weiteren Faktoren. Zum einen handelt es sich hierbei um die Überrendite R_{smb} („small minus big") eines Portfolios mit Unternehmen geringer Marktkapitalisierung gegenüber einem Portfolio mit Unternehmen hoher Marktkapitalisierung. Zum anderen wird die Überrendite R_{hml} („high minus low") eines Portfolios mit Unternehmen mit einem hohen Buch-zu-Marktwert-Verhältnis gegenüber einem Portfolio mit Unternehmen mit niedrigem Buch-zu-Marktwert-Verhältnis berücksichtigt.[250]

---

247 Vgl. SMITH & WICKENS (2002), S. 406f und CAMPBELL (2000), S. 1533-1535.

248 Vgl. FAMA & FRENCH (1993).

249 Bei den von FAMA & FRENCH berücksichtigten Marktanomalien handelt es sich um den empirisch beobachteten „Size Effect" und „Value Effect". Hierbei wurde beobachtet, dass am Kapitalmarkt sowohl kleine Unternehmen, als auch Unternehmen mit einem hohen Buch-zu-Marktwert-Verhältnis im Durchschnitt eine höhere Rendite auswiesen, als dies durch das CAPM erklärbar ist. Vgl. hierzu CAMPBELL (2000), S. 1526f m.w.N. zu empirischen Studien dieser Effekte.

250 Vgl. VORFELD (2009), S. 65.

Die Renditeerwartung einer Anlage am Kapitalmarkt hängt demnach von diesen drei Faktoren ab:

$$E[R_i] \\ = R_f + b_{i,m} \cdot \left(E[R_m] - R_f\right) + b_{i,smb} \cdot E[R_{smb}] + b_{i,hml} \cdot E[R_{hml}] \qquad (3.53)$$

Die Gewichtungen $b_{i,m}$, $b_{i,smb}$, $b_{i,hml}$ sind hierbei davon abhängig, wie sich die Rendite der Anlage i zur Rendite des Marktportfolios sowie den durch die beiden zusätzlichen Faktoren einbezogenen Überrenditen verhält. Der stochastische Diskontierungsfaktor kann beim Modell von FAMA & FRENCH somit als eine Funktion in Abhängigkeit der drei spezifizierten Faktoren verstanden werden:[251]

$$M_{t+1} = f\left(R_{m,t+1}, R_{smb,t+1}, R_{hml,t+1}\right) \qquad (3.54)$$

Neben den beschriebenen Faktormodellen, die für eine Erklärung von Anlagerenditen und des stochastischen Diskontierungsfaktors auf Risikofaktoren zurückgreifen, welche aus Portfolios unsicherer Anlagen am Kapitalmarkt bestimmt werden, existiert eine weitere Klasse an Faktormodellen. Hierbei handelt es sich um Modellansätze, die den stochastischen Diskontierungsfaktor durch Ausprägungen des risikofreien Zinssatzes beschreiben.

3.3.2.3. Term-Structure-Modelle

Bei „Term-Structure-Modellen" handelt es sich um eine spezielle Kategorie von Multifaktormodellen, bei welchen der Zinsstrukturkurve von Staatsanleihen (engl.: Term Structure) – als Proxy für den risikofreien Zinssatz – eine besondere Bedeutung zukommt. Term-Structure-Modelle leiten hierbei die Bewertung von Anlagen aus den Daten und Eigenschaften dieser Zinsstrukturkurven ab. Dies bedeutet im Kern, dass der stochastische Diskontierungsfaktor hierbei einem affinen Multifaktormodell entspricht, welches sowohl den risikofreien Zinssatz als auch eine Reihen weiterer Risikofaktoren mit einbezieht, welche zu einer Veränderung der Zinsstrukturkurve im Zeitverlauf führen können. Diese weiteren Risikofaktoren werden durch

251 Vgl. BRÜCKMANN (2008), S. 35.

Prozesse beschrieben, welche von unterschiedlichen Umwelteinflüssen abhängen können.[252]

In der Literatur beziehen sich Term-Structure-Modelle primär auf die Bewertung von Anleihen. Zu den bekanntesten Term-Structure-Modellen dieser Art gehören das von VASICEK entwickelte Modell sowie das Modell von COX, INGERSOLL & ROSS.[253] Eine interessante Abwandlung hiervon bietet das Modell von ANG & LIU, welches für eine Unternehmensbewertung mittels des Residualgewinnverfahrens verwendet werden kann.[254] Hierbei werden ebenfalls zeitvariable, risikofreie Zinssätze berücksichtigt, indem der stochastische Diskontierungsfaktor durch zwei Komponenten modelliert wird. Die erste Komponente ergibt sich aus den risikofreien Zinssätzen einer Zinsstruktur, die zweite Komponente ist ein Prozess, welcher die Volatilität des stochastischen Diskontierungsfaktors entsprechend einer angenommenen Risikoaversion der Investoren adjustiert. Da dieser Prozess mittels Zufallsvariablen so modelliert ist, dass er einen Erwartungswert in Höhe von Null besitzt, ergibt sich hieraus die Eigenschaft, dass die durch den stochastischen Diskontierungsfaktor implizierten Schattenzinsen mit unterschiedlichen Laufzeiten im Modell von ANG & LIU stets den Zinssätzen der Zinsstruktur entsprechen.[255]

Da es sich bei Term-Structure-Modellen um eine eigenständige und weitreichende Kategorie von Bewertungsmodellen handelt, wird an dieser Stelle für deren detaillierte Beschreibung auf die entsprechende Literatur verwiesen.[256]

3.3.3. Beurteilung der empirischen Ansätze

Nach einer Betrachtung der in der Literatur verbreiteten Konzepte und Ansätze zur Spezifizierung des stochastischen Diskontierungsfaktors ist an dieser Stelle zu beurteilen, welcher Ansatz für die Verwendung des stochas-

---

252 Siehe zur generellen Struktur von Term-Structure-Modellen DUFFIE & KAN (1996), S. 381-386.

253 Vgl. SMITH & WICKENS (2002), S. 407f sowie weiterführend VASICEK (1977) und COX, INGERSOLL & ROSS (1985).

254 Vgl. ANG & LIU (1998) und ANG & LIU (2001).

255 Vgl. ANG & LIU (2001), S. 400f.

256 Vgl. für eine ausführliche Darstellung von Term-Structure-Modellen z.B. DUFFIE (2001), S. 135-154 sowie mit Bezug auf den SDF VORFELD (2009), S. 145-152. Siehe FARNSWORTH (2009) für eine Methode der Schätzung eines zeitstetigen SDF aus Zinsstrukturkurven.

tischen Diskontierungsfaktors im Rahmen eines eigenen simulationsbasierten Bewertungsansatzes für Leveraged Buyouts als sinnvoll zu erachten ist.

Makroökonomische Modelle auf Basis des nutzenbasierten Bewertungsansatzes bieten den Vorteil, dass sie im Kern einen gesamtheitlichen Ansatz für alle Problemstellungen des Asset Pricings bieten, da sie auf einer absoluten Bewertung von Anlagen vor dem Hintergrund der Gesamtwirtschaft beruhen und makroökonomische Risikofaktoren in die Preisbildung mit einbeziehen.[257] Leider hat die Anwendung makroökonomischer Modelle in der Vergangenheit jedoch nur zu unbefriedigenden empirischen Ergebnissen geführt.[258] Dies lässt vermuten, dass sich der wahre stochastische Diskontierungsfaktor zumindest nicht durch einfache nutzenbasierte Bewertungsmodelle beschreiben lässt.

Durch Hinzuziehen weiterer makroökonomischer Faktoren und Daten wird es in Zukunft mittels komplexerer Modelle unter Umständen möglich sein, die in der Vergangenheit beobachteten Anlagerenditen und -preise besser verstehen und erklären zu können. Jedoch sind komplexere makroökonomische Modelle für eine Verwendung im Rahmen eines auf zukünftigen Zahlungsströmen basierenden Bewertungsmodells auf Grund ihrer Datengrundlage nur eingeschränkt nutzbar, da hierbei alle Faktoren die einen Einfluss auf den stochastischen Diskontierungsfaktor haben, ebenfalls mit ausreichender Güte für die Zukunft prognostizierbar sein müssen. In der Literatur ist bereits umstritten, ob die für den einfachsten Fall des nutzenbasierten Bewertungsansatzes benötigten Konsumdaten auf gesamtwirtschaftlicher Ebene vernünftig geschätzt werden können.[259]

Je mehr Faktoren somit in ein Modell zur Spezifizierung des stochastischen Diskontierungsfaktors einfließen, umso mehr Faktoren müssen letztlich auch bezüglich ihrer zukünftigen Entwicklung – und ihrer gegenseitigen Abhängigkeit – prognostiziert werden. Ist diese Prognosefähigkeit nicht gewährleistet, so bietet eine differenziertere Modellierung keine Vorzüge gegenüber einem einfachen Modell, da das Bestimmungsproblem einer direkten Prognose des stochastischen Diskontierungsfaktors nur auf die

---

257 Vgl. COCHRANE (2001), S. 44.

258 Vgl. für eine Übersicht der Ergebnisse empirischer Studien auf Basis des nutzenbasierten Bewertungsmodells auf Basis von Konsumdaten BRÜCKMANN (2008), S. 46f.

259 Vgl. CAMPBELL (2002), S. 22 für eine Übersicht an empirischen Arbeiten, die sich mit der Vorhersagbarkeit von U.S. Konsumdaten beschäftigen. Während einige Autoren im besten Fall eine moderate Vorhersagbarkeit ausgehen, schließen andere Autoren auf eine Unvorhersagbarkeit von Konsumdaten. Kritisch ist auch COCHRANE (2008), S. 284, welcher den Konsum für einen der am schlechtesten zu prognostizierenden makroökonomischen Indikator hält.

Prognose mehrere Faktoren verlagert wird. Bei makroökonomischen Modellansätzen kann zudem problematisch sein, wenn empirische Daten zur Beschreibung bestimmter Einflussfaktoren nur zu gewissen Zeitpunkten erhoben werden, wie. z.B. quartalsweise oder jährlich, da dies zusätzlich die Schätzung der Volatilität dieser Einflussfaktoren erschwert.

Kapitalmarktorientierte Modelle weisen in Bezug auf die Datengrundlage hingegen einen klaren Vorteil auf, da Kapitalmarktdaten kontinuierlich beobachtet werden können und auch für die Vergangenheit in zufriedenstellendem Umfang verfügbar sind. Empirisch wurde den kapitalmarktorientierten Ansätzen zur Bestimmung des stochastischen Diskontierungsfaktors ein – gegenüber den makroökonomischen Ansätzen – höherer Erklärungsgehalt empirischer Renditebeobachtungen nachgewiesen. Dies hängt allerdings primär mit der Tatsache zusammen, dass sich auf Basis von Kapitalmarktdaten theoretisch stets Risikofaktoren ermitteln lassen, welche wiederum zu den beobachteten Preisen führen. Dies kann insofern unbefriedigend sein, dass keine Antwort darauf gegeben wird, ob die realisierten Preise am Kapitalmarkt rational begründbar sind.[260]

Sowohl die makroökonomischen als auch die kapitalmarktorientierten Ansätze bieten somit unterschiedliche Vor- und Nachteile. Bislang hat sich allerdings kein generelles Modell zur Spezifizierung des stochastischen Diskontierungsfaktors durchgesetzt.[261] Zudem fokussiert sich eine Mehrzahl der vorangehend betrachteten Modelle auf die Erklärung des stochastischen Diskontierungsfaktors in Verbindung mit historischen Beobachtungen.[262]

Es erscheint daher angebracht, für den im Verlauf dieser Arbeit folgenden Simulationsansatz zur Bewertung von Leveraged Buyouts eine eigene Darstellung des stochastischen Diskontierungsfaktors zu konstruieren. Die vorangegangene Analyse der bestehenden Ansätze liefert hierfür einen wertvollen Ausgangspunkt bezüglich der theoretischen Fundierung und Struktur des stochastischen Diskontierungsfaktors, auf der die detaillierte Spezifizierung des stochastischen Diskontierungsfaktors für einen simulationsbasierten Bewertungsansatz im nächsten Kapitel aufgebaut werden kann.

---

260 Vgl. COCHRANE (2008), S. 242 und SMITH & WICKENS (2002), S. 440.

261 Vgl. CAMPBELL, LO & MACKINLAY (1997), S. 334: *„Financial economists have not yet produced a generally accepted model of the stochastic discount factor."*

262 Siehe SEMENOV (2008) für einen weiteren Ansatz, welcher versucht die Parameter eines Faktormodells des SDF auf Basis historischer Beobachtungen zu schätzen.

4. Entwicklung eines stochastischen Diskontierungsfaktors für Simulationsmodelle

Wie im voranstehenden Kapitel aufgezeigt wurde, handelt es sich beim stochastischen Diskontierungsfaktor um ein generelles Konzept zur einheitlichen Bewertung von Zahlungsströmen und Anlagen unterschiedlichster Risikoklassen. Dargestellt wurden verschiedene Ansätze zur Spezifizierung des stochastischen Diskontierungsfaktors, welche in der Literatur verwendet werden, wobei sich hier bislang kein allgemeingültiger Ansatz durchsetzen konnte.

Trotz seines theoretisch intuitiven, generell einsetzbaren und mit wenig einschränkenden Annahmen verbundenen Konzepts, stellen sich bei einer praktischen Anwendung des stochastischen Diskontierungsfaktors zur Bewertung zukünftiger Zahlungsströme vergleichsweise hohe Anforderungen an die Informationen bezüglich der zukünftigen Entwicklung. Hierbei müssen sowohl Kenntnisse über die zukünftige Entwicklung der Zahlungsströme wie auch die der Ausprägung des stochastischen Diskontierungsfaktors selbst vorliegen. Darüber hinaus ist es für die Anwendung des Bewertungskonzepts des stochastischen Diskontierungsfaktors essentiell, den Zusammenhang zwischen dessen zukünftig möglichen Realisierungen und denen der Zahlungsströme beschreiben zu können, um das mit den Zahlungsströmen verbundene Risiko bei der Bewertung adäquat berücksichtigen zu können.[263]

Komplexen Modellen zur Spezifizierung des stochastischen Diskontierungsfaktors zur Erklärung historisch beobachteter Renditen und Risikoprämien versperrt sich daher häufig die Anwendung für eine Bewertung zukünftiger Zahlungsströme. Zum einen zeigen sich komplexe Modellen hierbei problematisch, wenn nicht alle zur Beschreibung des stochastischen Diskontierungsfaktors verwendeten Einflussvariablen mit ausreichender Güte für die Zukunft prognostiziert werden können oder deren gegenseitige Beeinflussung nicht eindeutig bekannt ist. Zum anderen besteht eine Problematik, wenn es nicht gelingt die Einflussvariablen des stochastischen Diskontierungsfaktors mit der Entwicklung der zukünftigen Zahlungsströme in Verbindung zu bringen.

Das Ziel dieses Kapitels ist daher die Entwicklung eines stochastischen Diskontierungsfaktors unter vereinfachenden Annahmen, so dass dieser sowohl konsistent mit den theoretischen Grundlagen dieses Bewertungs-

263 Vgl. RICHTER, KRUMHOLZ & ELSNER (2010), S. 2.

konzepts ist und zugleich eine Verbindung zur erwarteten Entwicklung des Bewertungsobjekts ermöglicht wird. Auch wenn eine solche vereinfachende Spezifizierung nicht exakt dem wahren – und unbekannten – stochastischen Diskontierungsfaktor entsprechen muss, so kann eine derartige Modellierung sowohl Interpretations- und Erklärungsansätze für spezielle Bewertungsfragestellungen – wie in der vorliegenden Arbeit die Betrachtung von Leveraged Buyouts – ermöglichen als auch zur Veranschaulichung der Anwendung des Bewertungskonzepts des stochastischen Diskontierungsfaktors beitragen.

4.1. Grundlegende Struktur

Die Modellierung eines stochastischen Diskontierungsfaktors zur Bewertung zukünftiger Zahlungsströme unterscheidet sich von der Erklärung historischer Beobachtungen in einem wesentlichen Aspekt. Bei der Betrachtung historischer Kapitalmarktdaten ist in jedem vergangenen Zeitpunkt genau ein möglicher Zustand eingetreten, d.h. es handelt sich bei historischen Daten um eine Reihe von Realisierungen.[264] In jedem vergangenen Zeitpunkt liegt demnach genau eine deterministische Ausprägung des stochastischen Diskontierungsfaktors vor. Der stochastische Diskontierungsfaktor zukünftiger Zeitpunkte ist hingegen aus gegenwärtiger Perspektive unsicher und nicht deterministisch. Die Modellierung des stochastischen Diskontierungsfaktors zur Bewertung zukünftiger Zahlungsströme muss folglich durch einen geeigneten Prozess beschrieben werden, welcher alle zukünftig möglichen Zustandsausprägungen des stochastischen Diskontierungsfaktors abbildet.[265]

Um die Komplexität im Rahmen eines Simulationsansatzes einzugrenzen, ist die Beschreibung des stochastischen Diskontierungsfaktors durch möglichst wenige Einflussvariablen wünschenswert, da hierdurch weniger Prozesse für die zukünftige Entwicklung des stochastischen Diskontierungsfaktors prognostiziert werden müssen. Zugleich erscheint es sinnvoll,

---

264 Vgl. RICHTER (2005), S. 128. Bei historischen Renditenbeobachtungen handelt es sich beispielsweise um einzelne Ziehungen aus einer Verteilung möglicher Renditen.

265 Wäre der SDF für einen zukünftigen Zeitpunkt deterministisch, d.h. wäre seine genaue zukünftige Ausprägung bereits heute bekannt, so bestünde durch diese Gewissheit gerade eine Risikoneutralität. Alle Zahlungsströme könnten dann direkt mit dem risikofreien Zins bewertet werden, da keine Korrelation zum SDF – und somit kein systematisches Risiko – bestehen würde.

sich auf Einflussvariablen zu fokussieren, bei denen eine Verbindung zur zukünftigen Entwicklung der Zahlungsströme des Bewertungsobjekts eindeutig besteht. Die Verwendung von Einflussfaktoren zur Spezifizierung des stochastischen Diskontierungsfaktors bei welchen kein Zusammenhang zu einem zukünftigen Zahlungsstrom des Bewertungsobjekts herstellt werden kann impliziert hingegen eine Risikofreiheit des Zahlungsstroms, da dieser dann keine Korrelation zum stochastischen Diskontierungsfaktor aufweist. Da dies für die wenigsten unsicheren Zahlungsströme zutreffen wird, scheitert in einem solchen Fall die Bewertung durch das Konzept des stochastischen Diskontierungsfaktors durch eine mangelnde Beschreibung des Zusammenhangs zwischen Diskontierungsfaktor und Bewertungsobjekt.

In der Forschung wurde bereits gezeigt, dass zwischen der operativen Entwicklung von Unternehmen und der Entwicklung des Kapitalmarktes ein Zusammenhang besteht.[266] Zugleich wurde im vorangehenden Kapitel aufgezeigt, dass die Marktrendite ebenfalls als ein Ansatzpunkt zur Spezifizierung des stochastischen Diskontierungsfaktors herangezogen werden kann. Somit ist im Folgenden zu prüfen, unter welchen Voraussetzungen, Prämissen und Einschränkungen ein stochastischer Diskontierungsfaktor durch die Marktrendite modelliert werden kann und welche Eigenschaften eine solche Modellierung für die Struktur des stochastischen Diskontierungsfaktors impliziert.

4.1.1. Marktrendite und SDF

Als Ausgangspunkt zur Modellierung eines stochastischen Diskontierungsfaktors auf Basis der Marktrendite dient das in Abschnitt 3.3.1.3 vorgestellte Modell von EPSTEIN & ZIN. Wie hierbei aus Formel (3.48) hervorgeht, bestimmt der Faktor θ die Gewichtung zwischen dem nutzenbasierten und kapitalmarktorientierten Erklärungsansatz des stochastischen Diskontierungsfaktors.

Hierbei stellt sich nun die Frage, welcher dieser beiden Ansätze einen größeren Erklärungsgehalt für die Spezifizierung des stochastischen Diskontierungsfaktors besitzt. MANKIW & SHAPIRO haben auf Basis empirischer Daten untersucht, ob sich gegenwärtige Renditen von Aktien besser durch deren historische Kovarianz zum Konsumwachstum oder der Rendite des

266 Vgl. die empirische Studie von TIMMRECK (2006), S. 40, 137-144 sowie theoretische Überlegungen von RICHTER (2005), S. 23-26 und SPREMANN (2004a), S. 113f. Näheres zu einer Verbindung von Markt- und Unternehmensentwicklung folgt in Abschnitt 5.2.1.

Kapitalmarktes erklären lassen und kommen zu dem Schluss, dass die Konsumdaten hierbei kaum einen zusätzlichen Erklärungsgehalt liefern.[267] EPSTEIN & ZIN argumentieren, dass unter diesem Aspekt die Beschreibung des stochastischen Diskontierungsfaktors stärker von der Marktrendite im Vergleich zum Konsumwachstum abhängt. Im äußersten Fall könnte dies bedeuten, dass die Marktrendite allein ausreicht um den stochastischen Diskontierungsfaktor zu bestimmen. Auch wenn EPSTEIN & ZIN hiervon nicht ausgehen, so kommen sie doch bei einem Test ihres Modells zu dem Ergebnis, dass der stochastische Diskontierungsfaktor in ihrem Modell zu einem signifikanten Anteil von der Marktrendite abhängt.[268] Mit dieser Erkenntnis kann eine mögliche vereinfachte Modellierung des stochastischen Diskontierungsfaktors auf Basis der Marktrendite als einzigem Einflussfaktor stattfinden. Dieser Vorgehensweise folgten bereits BROWN & GIBBONS, welche im Rahmen einer Untersuchung zur Schätzung des Koeffizienten der relativen Risikoaversion die Konsumdaten des nutzenbasierten Bewertungsansatzes durch das Wachstum eines Marktindizes ersetzten.[269]

Die Möglichkeit der Verwendung der Marktrendite zur Beschreibung des stochastischen Diskontierungsfaktors – wie im Rahmen des EPSTEIN & ZIN Modell impliziert – ist jedoch nicht allgemeingültig. Vielmehr ist diese Vereinfachung durch die vorgegebene Modellstruktur bereits an einige Prämissen gebunden, die es im Weiteren näher zu beschreiben gilt.

4.1.2. Annahmen und Voraussetzungen

Für die Möglichkeit einer alleinigen Spezifizierung des stochastischen Diskontierungsfaktors durch die Marktrendite muss im EPSTEIN & ZIN Modell der Faktor θ den Wert Null annehmen. Dies wird unter der Annahme erreicht, dass der Koeffizient der relativen Risikoaversion der Investoren γ gerade gleich Eins ist.[270]

---

267 Vgl. MANKIW & SHAPIRO (1986), S. 458. MANKIW & SHAPIRO sehen eine Möglichkeit für den schwachen Erklärungsgehalt der Konsumdaten darin, dass diese alle Individuen einer Volkswirtschaft erfassen, jedoch nur eine Minderheit dieser Gesamtgruppe am Kapitalmarkt aktiv ist und folglich einen Einfluss auf dessen Preisbildungsprozess nehmen kann.

268 Vgl. EPSTEIN & ZIN (1991), S. 271, 282f. EPSTEIN & ZIN vermuten zudem, dass eine zukunftsorientierte Bestimmung des Faktors θ kaum möglich ist.

269 Vgl. BROWN & GIBBONS (1985), S. 362f.

270 Es wird zudem angenommen, dass der Kehrwert der intertemporalen Substitutionselastizität ρ ungleich γ ist. Vgl. FN 234.

Der stochastische Diskontierungsfaktor lässt sich dann nach Formel (3.48) folgendermaßen definieren:

$$M_{t+1} = \frac{1}{1 + R_{m,t+1}} \tag{4.1}$$

Der stochastische Diskontierungsfaktor entspricht hierbei dem Kehrwert der um Eins erhöhten diskreten Marktrendite $R_{m,t+1}$, welche als Näherungsgröße für den Wertzuwachs des Vermögensportfolios des repräsentativen Investors dient. Diese Spezifizierung besitzt die vorteilhafte Eigenschaft, dass sich der stochastische Diskontierungsfaktor über längere Zeiträume (z.B. von t bis $t + j$) durch die Marktrendite über denselben Zeitraum ($R_{m,t \to t+j}$) bestimmen lässt:

$$M_{t \to t+j} = \frac{1}{1 + R_{m,t \to t+j}} \tag{4.2}$$

Die Annahme einer relativen Risikoaversion von $\gamma = 1$ ist bei Anwendung einer Power-Utility-Nutzenfunktion gleichbedeutend mit der Annahme einer logarithmischen Nutzenfunktion der Investoren:[271]

$$U(C_t) = \ln(C_t) \tag{4.3}$$

Die Verwendung einer solchen logarithmischen Nutzenfunktion als Eigenschaft des repräsentativen Investors wird in der Literatur häufig verwendet.[272] Es lässt sich zudem zeigen, dass der stochastische Diskontierungsfaktor in der Form von (4.1) unter der Annahme einer logarithmischen Nutzenfunktion des Investors ebenfalls direkt aus dem Standardfall des konsumbasierten Nutzenmodells in (3.41) abgeleitet werden kann, da sich hierbei das Wachstum des Marktportfolios proportional zum Wachstum des Konsums des Investors verhält.[273]

---

271 Vgl. Formel (3.37). Vgl. auch COCHRANE (2001), S. 160. In der vorliegenden Arbeit wird mit Logarithmus generell der natürliche Logarithmus bezeichnet.

272 Vgl. EPSTEIN & ZIN (1991), S. 282 m.w.N. sowie BROWN & GIBBONS (1985), S. 360 für eine Übersicht von Arbeiten, die eine logarithmische Nutzenfunktion des repräsentativen Investors vermuten lassen sowie weiteren Arbeiten, die von alternativen Nutzenfunktionen ausgehen.

273 Vgl. SMITH & WICKENS (2002), S. 406 sowie für den formalen Beweis COCHRANE (2001), S. 160f.

Mit den Annahmen bezüglich der relativen Risikoaversion und Nutzenfunktion des repräsentativen Investors sind bereits alle notwendigen Voraussetzungen erfüllt um einen stochastischen Diskontierungsfaktor nach (4.1) zu verwenden. Es werden zunächst keine Bedingungen an die Struktur der Marktrendite gestellt und es ist weder notwendig konstante risikofreie Zinssätze, noch gleichbleibende Renditeverteilungen vorauszusetzen.[274] Die Spezifizierung des stochastischen Diskontierungsfaktors durch den Kehrwert der Marktrendite ist im Einperiodenfall zudem konsistent mit der Theorie des CAPM.[275] Es ist jedoch herauszustellen, dass sich die Anwendung des stochastischen Diskontierungsfaktors bei der Bewertung mehrperiodiger Anlagen vom CAPM deutlich unterscheidet. Während die einperiodige Sichtweise des CAPM von einem konstanten Risikomaß $\beta_{i,m}$ einer Anlage ausgeht, wird die Kovarianz zwischen dem stochastischen Diskontierungsfaktor und den Zahlungsströmen zur Berücksichtigung des Risikos einer unsicheren Anlage periodenspezifisch bestimmt. Wenn folglich nicht explizit davon ausgegangen werden kann, dass sich das Risiko einer Anlage im Zeitverlauf konstant verhält, so spricht dies für eine Bevorzugung des Konzepts des stochastischen Diskontierungsfaktors gegenüber dem CAPM.[276]

4.1.3. Eigenschaften der gewählten SDF Struktur

Nachdem in einem ersten Schritt die Voraussetzungen und die grundlegende Struktur des stochastischen Diskontierungsfaktors definiert wurden, können im Folgenden die Eigenschaften eines stochastischen Diskontierungsfaktors auf Basis der gewählten Struktur genauer untersucht werden.

Betrachtet man, welche Ausprägung der stochastische Diskontierungsfaktor als Kehrwert der diskreten Marktrendite in einem bestimmten Zustand einnehmen kann, so erhält man folgende Form (am Beispiel: $-50\% \leq R_m \leq 100\%$):

---

274 Vgl. COCHRANE (2001), S. 161.

275 Siehe hierzu den formalen Beweis in Anhang 2. Vgl. zudem COCHRANE (2001), S. 152-161 für den Zusammenhang zwischen SDF auf Basis der Marktrendite und dem CAPM unter unterschiedlichen Annahmen.

276 In der Praxis erfolgt die Ermittlung des Risikomaßes β zudem meist auf Basis historischer Daten, was zudem eine Konstanz des Risikogehalts einer Anlage in Vergangenheit und Zukunft impliziert. TIMMRECK (2006), S. 34 kritisiert, dass historische Betafaktoren im CAPM somit der Aufgabe widersprechen, das Risiko bewertungsrelevanter Zahlungsströme periodenspezifisch und zukunftsorientiert zu berücksichtigen.

Abbildung 1: SDF in Abhängigkeit von der realisierten Marktrendite

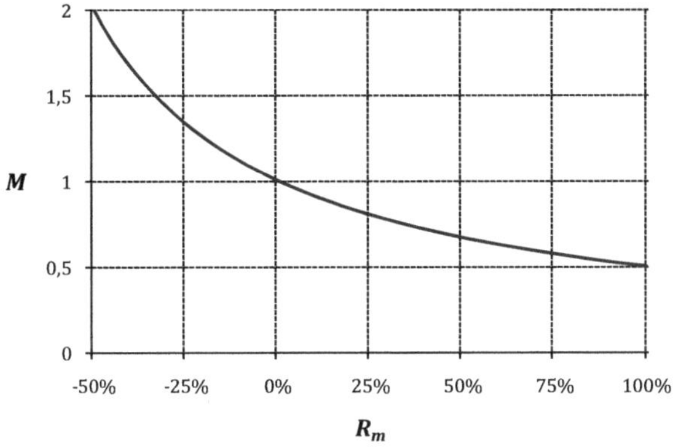

Quelle: Eigene Darstellung.

Der konkave Verlauf des stochastischen Diskontierungsfaktors in Abbildung 1 spiegelt die Risikopräferenzen der Investoren wieder, welche sich aus einer relativen Risikoaversion von $\gamma = 1$ und einer logartihmischen Nutzenfunktion ergeben. Je geringer die Marktrendite in einem bestimmten Zustand ausfällt, umso mehr Gewicht messen die Investoren der Realisierung eines unsicheren Zahlungsstroms in diesem Zustand bei. Im positiven Bereich der Realisierungen der Marktrendite flacht die Kurve des stochastischen Diskontierungsfaktors hingegen zunehmend ab, d.h. einem Zahlungsstrom wird unter Vorliegen einer hohen Marktrendite bei der Entscheidungsfindung ein geringeres Gewicht beigemessen. Ein risikoaverser Investor mit dieser Risikopräferenz würde beispielsweise bei einer Investition in das Marktportfolio eine sichere Marktrendite in Höhe von 0% gleich präferieren wie eine Marktrendite, welche mit gleicher Wahrscheinlichkeit entweder -25% oder +50% beträgt.[277]

Die Arbitragefreiheit am Kapitalmarkt als Voraussetzung für das Bewertungskonzept des stochastischen Diskontierungsfaktors führt zu der Eigenschaft, dass ein stochastischer Diskontierungsfaktor in jedem Zustand nur positive Realisierungen annehmen kann, d.h. für alle möglichen Zustände s der Zustandsmenge S gilt $M_{s,t+1} > 0$.[278] Dieses Kriterium ist bei der Betrachtung historischer Marktrenditen unproblematisch. Durch den Haftungsausschluss von Aktionären am Kapitalmarkt ist die Rendite nach unten auf den Totalausfall (d.h. $R_m = -100\%$) begrenzt, nach oben können

277 Hierbei entspricht $\frac{0\%}{1{,}0} = \frac{1}{2} \cdot \frac{-25\%}{(1-0{,}25)} + \frac{1}{2} \cdot \frac{50\%}{(1+0{,}50)}$.

278 Vgl. Kapitel 3.1.1.1.

Renditen hingegen – zumindest prinzipiell – beliebig hoch ausfallen.[279] Der stochastische Diskontierungsfaktor nach (4.1) kann daher für historische Marktrenditen nur positive Realisierungen annehmen. Jedoch ist bei der Bewertung zukünftiger Zahlungsströme zu beachten, dass für die Prognose der zukünftigen Marktrenditen ein Prozess verwendet wird, durch welchen generell keine ungültigen Realisierungen der Marktrendite entstehen können. Welche Implikation dies für die Wahl des Prozesses zur Prognose der zukünftigen Marktrenditen bedeutet, wird in Abschnitt 4.1.4. noch genauer betrachtet.

Zuvor soll jedoch noch eine weitere Voraussetzung für gültige stochastische Diskontierungsfaktoren berücksichtigt werden. Die Bewertung von Anlagen steht mit der grundlegenden Annahme in Verbindung, dass ein bestimmter Zahlungsstrom für einen Investor zum heutigen Zeitpunkt stets einen höheren Wert besitzt, als zu einem zukünftigen Zeitpunkt. Investoren sind daher ohne eine Prämie unwillig, ihren Konsum in die unsichere Zukunft zu verlagern. Hierauf begründet sich die Existenz eines positiven risikofreien Zinssatzes. Dies bedeutet für einen gültigen stochastischen Diskontierungsfaktor, dass dessen Erwartungswert über alle möglichen Zustände eines bestimmten Zeitpunkts einen Wert kleiner Eins annehmen muss, d.h. $E_t[M_{t+1}] < 1$, wodurch ein positiver Schattenzins impliziert wird. Hieraus entsteht eine wichtige Bedingung für einen durch die Marktrendite spezifizierten stochastischen Diskontierungsfaktor.[280]

Diese Bedingung wird im Folgenden durch einen binomialen Prozess der Marktrendite veranschaulicht, welcher vereinfachend einen Erwartungswert μ_m in Höhe von 10% und eine Standardabweichung σ_m in Höhe von 25% besitzen soll. Es wird ferner angenommen, dass die zukünftig realisierte Marktrendite $R_{m,t+1}$ mit gleicher Wahrscheinlichkeit entweder $\mu_m + \sigma_m$ oder $\mu_m - \sigma_m$ beträgt.

---

279 Vgl. CAMPBELL, LO & MACKINLAY (1997), S. 15.

280 Bei Vorliegen einer normalen Zinsstruktur mit über den Zeitverlauf ansteigenden, risikofreien Zinssätzen wird hierbei impliziert, dass der mehrperiodige SDF $E_t[M_{t \to t+j}]$ mit zunehmendem j kontinuierlich kleiner wird. Ist dies hingegen unter einer inversen Zinsstruktur nicht erfüllt, so würde bei der Möglichkeit einer unverzinslichen Kassenhaltung eine Arbitragemöglichkeit existieren. Vgl. hierzu HERING (2006), S. 193f.

Für die Marktrendite liegt demnach ein erwartungstreuer Schätzer vor:[281]

$$E_t\left[R_{m,t+1}\right] = \frac{1}{2} \cdot (\mu_m + \sigma_m) + \frac{1}{2} \cdot (\mu_m - \sigma_m) \tag{4.4}$$

$$= \frac{1}{2} \cdot (35\%) + \frac{1}{2} \cdot (-15\%) = 10\% = \mu_m$$

Für den Erwartungswert des stochastischen Diskontierungsfaktors nach (4.1) gilt in diesem Beispiel:

$$E_t\left[\frac{1}{1 + R_{m,t+1}}\right] = \frac{1}{2} \cdot \left(\frac{1}{1 + \mu_m + \sigma_m}\right) + \frac{1}{2} \cdot \left(\frac{1}{1 + \mu_m - \sigma_m}\right) \tag{4.5}$$

$$= \frac{1}{2} \cdot \frac{1}{1{,}35} + \frac{1}{2} \cdot \frac{1}{0{,}85} \approx 0{,}959 > \left(\frac{1}{1 + \mu_m}\right)$$

Durch die konkave Eigenschaft des stochastischen Diskontierungsfaktors als Kehrwert der Marktrendite ist dessen Schätzer des Erwartungswertes verzerrt und es gilt:[282]

$$E_t[M_{t+1}] = E_t\left[\frac{1}{1 + R_{m,t+1}}\right] \neq \frac{1}{E_t\left[1 + R_{m,t+1}\right]} \tag{4.6}$$

Dies bedeutet, dass aus der erwarteten Marktrendite allein nicht direkt auf den Erwartungswert des stochastischen Diskontierungsfaktors geschlossen werden kann, da dies zu einer Unterschätzung des Erwartungswertes des stochastischen Diskontierungsfaktors führen würde. Ob in einem bestimmten Zeitpunkt ein gültiger stochastischer Diskontierungsfaktor vorliegt, hängt folglich neben dem Erwartungswert der Marktrendite ebenfalls von deren Volatilität ab. Je größer die Standardabweichung des Prozesses der Marktrendite, desto höher fällt $E_t[M_{t+1}]$ aus.[283]

---

281 Vgl. zu erwartungstreuen Schätzern und Verzerrungen z.B. RINNE (2008), S. 445f.

282 Vgl. RICHTER (2010), S. 2.

283 Beträgt die Standardabweichung im Beispiel 40% anstelle von 25%, so ergibt sich bereits ein Erwartungswert des SDF in Höhe von ca. 1,048, wodurch keine gültige Struktur des SDF mehr vorliegt.

Dementsprechend ist bei der Verwendung eines stochastischen Diskontierungsfaktors in der hier vorgestellten Struktur neben der Verwendung eines gültigen Marktrenditeprozesses ebenfalls zu berücksichtigen, welche Parameterkonstellationen eines gegebenen Renditeprozesses für einen gültigen stochastischen Diskontierungsfaktor vorauszusetzen sind. Hierauf wird in Abschnitt 4.1.5 näher eingegangen.

4.1.4. Implikationen für den Prozess der Marktrendite

Auf Basis der im bisherigen Teil dieses Kapitels gezeigten Voraussetzungen für die Spezifizierung eines gültigen stochastischen Diskontierungsfaktors ist an dieser Stelle ein geeigneter Prozess zur Formulierung zukünftiger Marktrenditen zu bestimmen.

Unter der Annahme diskreter Renditen lässt sich der Prozess der Marktrendite für einen zukünftigen Zeitpunkt folgendermaßen darstellen:[284]

$$R_{m,t+1} = \mu_m + \sigma_m \cdot \varepsilon_{m,t+1} \tag{4.7}$$

Hierbei handelt es sich bei ε_m um eine Zufallszahl, welche die zukünftige Abweichung der Realisierungen der Marktrenditen von deren Erwartungswert bestimmt. Geht man von einer standardnormalverteilten Zufallszahl $\varepsilon_m \sim N(0{,}1)$ aus, so liegen in dieser Periode standardnormalverteilte Renditen vor. Der Erwartungswert der diskreten Marktrendite entspricht dann exakt μ_m.

Für die Modellierung eines gültigen stochastischen Diskontierungsfaktors stellt sich ein diskreter Renditeprozess jedoch als problematisch dar. Der normalverteilte Zufallsterm weist zwar einen Erwartungswert in Höhe von Null auf, kann jedoch in einzelnen Zuständen negative Werte anneh-

284 Vgl. DIXIT & PINDYCK (1994), S. 61. Es wird hier zunächst vereinfachend von zeit- und zustandsunabhängigen μ_m und σ_m ausgegangen. Andere Annahmen werden in 4.2. betrachtet.

men, sodass sich eine realisierte Marktrendite von kleiner als -100% ergibt.[285]

Geeigneter erscheint daher die Verwendung eines Renditeprozesses, welcher per Definition derartige ungültige Realisierungen von vornherein ausschließt. Dies wird erreicht, indem man von einem Marktindex ausgeht, welcher einer logarithmischen Normalverteilung folgt. Hierbei sind die stetigen Marktrenditen normalverteilt und die diskreten Marktrenditen logarithmisch normalverteilt.[286] Diese Annahme wird häufig getroffen, da die in der Realität beobachteten, diskreten Marktrenditen eine gewisse Rechtsschiefe aufweisen, da negative Renditen beschränkt und positive Renditen theoretisch beliebig hoch sein können.[287]

Unter Verwendung stetiger Renditen entsprechen die zukünftigen Marktrenditen:

$$R_{m,t+1} = e^{(r_{m,t+1})} - 1 = e^{(\mu_m + \sigma_m \cdot \varepsilon_{m,t+1})} - 1 \tag{4.8}$$

Hierbei zeigt die Notierung $r_{m,t+1}$ an, dass es sich um Renditen in stetiger Form handelt.[288] Werden μ_m und σ_m für die Beschreibung stetiger Renditen auf Basis historischer Daten geschätzt, so ist darauf zu achten, dass hierbei ebenfalls historische stetige Renditen als Datengrundlage herangezogen werden.[289] Eine Bestimmung dieser Parameter für einen stetigen Marktrenditeprozess erfolgt in Abschnitt 4.3.2.

---

285 Am Beispiel von $\mu_m = 10\%$ und $\sigma_m = 25\%$ beträgt die Wahrscheinlichkeit für eine einzelne Realisierung mit $R_m < -100\%$ zwar nur $Prob(\varepsilon_{t+1} < -(1 + \mu_m)/\sigma_m) =$ 0,00054%, ein Simulationsmodell mit mehreren tausend Durchläufen kann hierdurch dennoch mehrere ungültige Realisierungen der Marktrendite aufweisen, welche das Ergebnis verzerren. Vgl. hierzu auch CAMPBELL, LO & MACKINLAY (1997), S. 15.

286 Werden hingegen diskrete Renditen in einer Periode als normalverteilt angenommen, so sind bereits die mehrperiodigen Renditen nicht mehr normalverteilt, da sie Produkte der einperiodigen Renditen darstellen. Vgl. hierzu CAMPBELL, LO & MACKINLAY (1997), S. 15 und RICHTER (2005), S. 129.

287 Vgl. SPREMANN (2004a), S. 115, SPREMANN (2004b), S. 279f und DIXIT & PINDYCK (1994), S. 64. Vgl. im Zusammenhang mit dem SDF auch COCHRANE (2001), S. 165: *„The return on the wealth portfolio cannot be normally distributed in a log utility economy."*

288 Für den Zusammenhang zwischen stetigen und diskreten Renditen gilt: $r_{m,t+1} = \ln(1 + R_{m,t+1})$.

289 Vgl. SPREMANN (2004b), S. 160f.

Analog (4.1) entspricht der stochastische Diskontierungsfaktor unter stetigen Marktrenditen dann:

$$M_{t+1} = \frac{1}{e^{r_{m,t+1}}} = e^{-r_{m,t+1}} \quad (4.9)$$

Durch die Verwendung stetiger Renditen kann folglich sichergestellt werden, dass für alle möglichen zukünftigen Zustände s der Diskontierungsfaktor $M_{s,t+1} > 0$ ist. Ungültige Realisierungen des stochastischen Diskontierungsfaktors in einzelnen Zuständen werden dementsprechend ausgeschlossen.

Im Folgenden ist nun noch zu betrachten, welche Bedingungen bezüglich der Parameter des Marktrenditeprozesses gelten müssen, damit ebenfalls die Voraussetzung von $E_t[M_{t+1}] < 1$ erfüllt ist.

4.1.5. Parametergrenzen des Marktrenditeprozesses

Wie beschrieben hängt der Erwartungswert des stochastischen Diskontierungsfaktors sowohl vom Erwartungswert der Marktrendite als auch von deren Volatilität ab. Je breiter die Verteilung möglicher Marktrenditen gestreut ist, desto höher fällt der Erwartungswert des stochastischen Diskontierungsfaktors aus.[290]

Unter der Verwendung eines Marktrenditeprozesses mit normalverteilten, stetigen Renditen nach Formel (4.9) lässt sich der Erwartungswert der Marktrendite in diskreter Darstellung folgendermaßen berechnen:[291]

$$E_t[1 + R_{m.t+1}] = E_t[e^{r_{m,t+1}}] = E_t[e^{\mu_m + \sigma_m \cdot \varepsilon_{m,t+1}}] = e^{\mu_m + \frac{1}{2} \cdot \sigma_m^2} \quad (4.10)$$

Bei der Annahme normalverteilter, stetiger Marktrenditen erhöht sich der Erwartungswert der Marktrenditen in diskreter Darstellung in Höhe der halben Varianz der stetigen Marktrendite. Ursächlich hierfür ist die Rechtsschiefe einer logarithmischen Normalverteilung, welche den diskreten Marktrenditen zu Grunde liegt.

290 Vgl. zur Veranschaulichung das einfache binomiale Beispiel in Gleichung (4.5).

291 Vgl. zur Erwartungswertbildung unter logarithmischer Normalverteilung CAMPBELL, LO & MACKINLAY (1997), S. 15f und GOLDENBERG & SCHMIDT (1996), S. 609f.

Aus (4.9) und (4.10) lässt sich somit der Erwartungswert des stochastischen Diskontierungsfaktors bestimmen:[292]

$$E_t[M_{t+1}] = E_t[e^{-r_{m,t+1}}] = E_t\left[e^{-(\mu_m+\sigma_m\cdot\varepsilon_{m,t+1})}\right] = e^{-\mu_m+\frac{1}{2}\cdot\sigma_m^2} \quad (4.11)$$

Hieraus lassen sich unmittelbar die gültigen Parameterkonstellationen für einen durch stetige Marktrenditen spezifizierten stochastischen Diskontierungsfaktor ableiten. Die Voraussetzung $E_t[M_{t+1}] < 1$ ist demnach erfüllt soweit gilt:

$$\mu_m > \frac{1}{2}\cdot\sigma_m^2 \text{ bzw. } \sigma_m < \sqrt{2\mu_m} \quad (4.12)$$

Es existiert folglich für jeden vorgegebenen Erwartungswert der stetigen Marktrendite eine Obergrenze der Standardabweichung, bis zu welcher der stetige Marktrenditeprozess einen gültigen stochastischen Diskontierungsfaktor erzeugt. Dementsprechend kann für jede gegebene Standardabweichung des Marktrenditeprozesses ebenfalls eine untere Grenze für den Erwartungswert der stetigen Rendite festgelegt werden.

Der Erwartungswert des stochastischen Diskontierungsfaktors lässt sich in Abhängigkeit der beiden Parameter μ_m und σ_m des stetigen Marktrenditeprozesses darstellen:

292 Unter Vorliegen einer logarithmischen Normalverteilung erhöht die Varianz eines stetigen Prozesses stets den Erwartungswert bei zeitdiskreter Darstellung, auch wenn zunächst ein negatives Vorzeichen vorliegt. Da der Fehlerterm $\varepsilon_{m,t+1}$ einer Standardnormalverteilung mit $N(0,1)$ folgt, gilt zudem $E_t\left[e^{-(\mu_m+\sigma_m\cdot\varepsilon_{m,t+1})}\right] = E_t\left[e^{-(\mu_m-\sigma_m\cdot\varepsilon_{m,t+1})}\right]$.

Tabelle 3: Erwartungswert des SDF in Abhängigkeit von μ_m und σ_m

Erwartungswert der stetigen Marktrendite (μ_m) \ Standardabweichung der stetigen Marktrendite (σ_m)	0%	5%	10%	15%	20%	25%	30%	35%	40%	45%	50%	55%	60%
0%	1,00	1,00	1,01	1,01	1,02	1,03	1,05	1,06	1,08	1,11	1,13	1,16	1,20
1%	0,99	0,99	1,00	1,00	1,01	1,02	1,04	1,05	1,07	1,10	1,12	1,15	1,19
2%	0,98	0,98	0,99	0,99	1,00	1,01	1,03	1,04	1,06	1,08	1,11	1,14	1,17
3%	0,97	0,97	0,98	0,98	0,99	1,00	1,02	1,03	1,05	1,07	1,10	1,13	1,16
4%	0,96	0,96	0,97	0,97	0,98	0,99	1,01	1,02	1,04	1,06	1,09	1,12	1,15
5%	0,95	0,95	0,96	0,96	0,97	0,98	1,00	1,01	1,03	1,05	1,08	1,11	1,14
6%	0,94	0,94	0,95	0,95	0,96	0,97	0,99	1,00	1,02	1,04	1,07	1,10	1,13
7%	0,93	0,93	0,94	0,94	0,95	0,96	0,98	0,99	1,01	1,03	1,06	1,08	1,12
8%	0,92	0,92	0,93	0,93	0,94	0,95	0,97	0,98	1,00	1,02	1,05	1,07	1,11
9%	0,91	0,92	0,92	0,92	0,93	0,94	0,96	0,97	0,99	1,01	1,04	1,06	1,09
10%	0,90	0,91	0,91	0,92	0,92	0,93	0,95	0,96	0,98	1,00	1,03	1,05	1,08
11%	0,90	0,90	0,90	0,91	0,91	0,92	0,94	0,95	0,97	0,99	1,02	1,04	1,07
12%	0,89	0,89	0,89	0,90	0,90	0,92	0,93	0,94	0,96	0,98	1,01	1,03	1,06
13%	0,88	0,88	0,88	0,89	0,90	0,91	0,92	0,93	0,95	0,97	1,00	1,02	1,05
14%	0,87	0,87	0,87	0,88	0,89	0,90	0,91	0,92	0,94	0,96	0,99	1,01	1,04
15%	0,86	0,86	0,87	0,87	0,88	0,89	0,90	0,92	0,93	0,95	0,98	1,00	1,03

Quelle: Eigene Darstellung.

Aus Tabelle 3 wird ersichtlich, wie der Erwartungswert des stochastischen Diskontierungsfaktors von den Parametern des Prozesses der Marktrendite abhängt und unter welchen Parameterkonstellationen ungültige Diskontierungsfaktoren impliziert werden.[293] Die in Untersuchungen ermittelten Schätzer für die historische Marktrendite in Deutschland liegt je nach betrachtetem Zeitraum und Schätzverfahren überwiegend im Intervall von

293 Ungültige Parameterkonstellationen sind in Tabelle 3 grau schattiert. Auf Grund der gerundeten Darstellung des SDF kann ein angegebener Wert in Höhe von 1,00 sowohl gültig als auch ungültig sein, je nachdem ob der exakte Wert des SDF unter oder über dem Wert von Eins liegt.

ca. 6%-15%, die Standardabweichung im Intervall von ca. 15%-35%. Schätzungen auf Basis internationaler Aktienmärkte führen zu vergleichbaren Werten.[294] Da in diesen Parameterbereichen gültige stochastische Diskontierungsfaktoren vorliegen, kann die Erzeugung stochastischer Diskontierungsfaktoren auf Basis der Modellierung eines Prozesses stetiger Marktrenditen bezüglich gültiger Realisierungen als unkritisch betrachtet werden.

Bislang wurde der Marktrenditeprozess zur Spezifizierung eines stochastischen Diskontierungsfaktors unter konstanten Parametern μ_m und σ_m dargestellt. Bevor nun Parameter bezüglich des Prozesses der Marktrendite für das Simulationsverfahren festgelegt werden können, ist zunächst noch zu berücksichtigen, welche grundlegenden Alternativen zur Entwicklung zukünftiger Marktrenditen in der Kapitalmarkttheorie existieren.

4.2. Modelle zur Prognose zukünftiger Marktrenditen

Wird der stochastische Diskontierungsfaktor wie vorangehend beschreiben mit Hilfe der Marktrendite spezifiziert, so steht der Prozess der zukünftigen stochastischen Diskontierungsfaktoren in unmittelbarem Zusammenhang mit den zukünftig prognostizierten Marktrenditen. Es ist daher angebracht an dieser Stelle auf die Prognose dieser zukünftigen Marktrenditen näher einzugehen.

Die Prognose von Marktrenditen ist ein sehr umfassendes Forschungsgebiet der Kapitalmarkttheorie und hat bereits eine Vielzahl von Modellen zur Beschreibung zukünftiger Aktienmarktentwicklungen hervorgebracht.[295] Eine eingehende und umfassende Diskussion aller bislang in der Literatur vorgestellten Prognosemodelle kann auf Grund des Fokuses der vorliegenden Arbeit zwar nicht erfolgen, es soll jedoch nachfolgend ein kurzer Überblick über die grundlegenden Theorien zur Prognose zukünftiger Marktrenditen gegeben werden.

In der Forschung existieren hierzu zwei fundamentale – und gegenseitig widersprüchliche – Theoriezweige. Während die „Random Walk Hypothe-

294 Vgl. TIMMRECK (2006), S. 106f für eine Übersicht von 25 Studien zum Erwartungswert und der Standardabweichung deutscher Marktrenditen sowie 24 Studien auf Basis internationaler Märkte.

295 Vgl. für eine einführende Übersicht bekannter Arbeiten zur Prognose von Marktrenditen z.B. CAMPBELL (2000), S. 1522f oder COCHRANE (2008), S. 246-249.

se" davon ausgeht, dass zukünftige Marktrenditen nicht auf Basis vergangener Marktentwicklungen prognostiziert werden können und die zukünftige Marktentwicklung daher vollständig durch einen Zufallsprozess beschrieben wird, versucht der zweite Theoriezweig eine Prognostizierbarkeit zukünftiger Marktrenditen durch vergangene und gegenwärtige Variablen zu beschreiben.

4.2.1. Random Walk Hypothese

Die klassische Random Walk Hypothese ist eng verbunden mit der Entwicklung der Wahrscheinlichkeitsrechnung und fand hierbei bereits eine vielseitige Verwendung.[296] Eine der ersten Anwendungen des Random Walks auf Kapitalmärkte fand hingegen durch SAMUELSON statt.[297] In seiner theoretischen Arbeit kam SAMUELSON zu dem Schluss, dass Aktienkurse und -renditen nicht prognostizierbar seien und folglich zufälligen Schwankungen unterliegen müssen. Ursächlich hierfür ist die Annahme, dass unter informationseffizienten Märkten bereits alle verfügbaren Informationen in den gegenwärtigen Marktpreisen berücksichtigt sind. Aus der Betrachtung vergangener Realisierungen des Kapitalmarktes lassen sich folglich keine zusätzlichen Hinweise bezüglich dessen zukünftiger Entwicklung ableiten, da dies bereits von allen Kapitalmarktteilnehmern im Preisbildungsprozess berücksichtigt wurde. Neu aufkommende Informationen würden zudem sofort in die Preise am Kapitalmarkt einfließen. Die Annahme eines informationseffizienten Kapitalmarktes impliziert somit eine zufällige Entwicklung zukünftiger Aktienkurse.[298]

Unter diesen Voraussetzungen basiert die Random Walk Hypothese auf dem „Martingale-Modell", welches im Kern ein faires Glücksspiel beschreibt. Da hierbei die zukünftigen Kursänderungen zueinander unkorreliert sind und die Wahrscheinlichkeit für eine Kurssteigerung gleich der eines Kursrückgangs ist, entspricht die beste Prognose für den Preis einer Anlage zu einem zukünftigen Zeitpunkt gerade deren gegenwärtigem Preis.[299]

---

296 Vgl. LO & MACKINLAY (2002), S. 3. Die Random Walk Hypothese fand unter anderem Anwendung in den Forschungsarbeiten von BACHELIER, EINSTEIN, LÉVY, KOLMOGOROV und WIENER.

297 Siehe SAMUELSON (1965).

298 Vgl. COCHRANE (2001), S. 387. Vgl. zusätzlich zu den Eigenschaften informationseffizienter Kapitalmärkte FAMA (1970), S. 387: *„In such a market, the current price of a security obviously "fully reflects" all available information."*

299 Vgl. VORFELD (2009), S. 73. Vgl. zur Martingale-Theorie und Darstellung des Random Walk Prozesses mittels Martingalen KELLENERS (2004), S. 20-22, 35f.

Die dem Martingale-Modell zugrunde liegende Theorie eines fairen Glücksspiels wurde lange als notwendige Bedingung für die Existenz effizienter Kapitalmärkte angesehen. Das Martingale-Modell lässt sich in seiner Grundform allerdings nicht mit der Annahme risikoaverser Kapitalmarktteilnehmer vereinbaren, da diese nicht in ein faires Glücksspiel investieren würden, soweit sie für die Aufnahme des Risikos unsicherer Kursänderungen nicht durch eine ausreichend positive Renditeerwartung entschädigt werden.[300]

Dies führte zur Entwicklung spezieller Formulierungen des Random Walks, welche bei der Annahme risikoaverser Investoren zutreffen und in der Kapitalmarkttheorie Anwendung finden. Eine Unterteilung dieser Formulierungen kann auf Basis der Eigenschaften der Momente erster und zweiter Ordnung dieser Random Walk Prozesse vorgenommen werden.[301]

4.2.1.1. Random Walk I: Zuwächse sind IID

Bei der einfachsten Variante eines Random Walk Prozesses wird davon ausgegangen, dass die zukünftigen Kursänderungen einer Anlage am Kapitalmarkt unabhängig und identisch verteilt (IID: „Independently and Identically Distributed") sind.[302] Der Preis bzw. Kurs einer Anlage lässt sich bei der Existenz eines solchen Random Walk Prozesses (sog. „Random Walk I") folgendermaßen darstellen:[303]

$$P_{t+1} = \mu + P_t + \sigma \cdot \varepsilon_{t+1} \tag{4.13}$$

Hierbei wird μ als Drift bezeichnet und gibt den erwarteten Kurszuwachs von t zu $t+1$ an. Die Zufallsvariable ε_{t+1} wird als unabhängig und identisch verteilt angenommen. Lässt sich ε_{t+1} durch eine Normalverteilung mit $N(0,1)$ beschreiben, so folgt der Random Walk I nach (4.13) einer arithmetischen Brownschen Bewegung. Der Term $\sigma \cdot \varepsilon_{t+1}$ entspricht hier-

300 Vgl. CAMPBELL, LO & MACKINLAY (1997), S. 30f.

301 Unter den Momenten erster und zweiter Ordnung eines stochastischen Prozesses versteht man den Erwartungswert, die Varianz, die Korrelation und die Kovarianz der Zufallsvariablen. Vgl. KELLENERS (2004), S. 15.

302 Es handelt sich hierbei um die klassische Formulierung des Random Walk, welcher die Eigenschaft eines „Markov-Prozesses" aufweist. Vgl. hierzu KELLENERS (2004), S. 32-37.

303 Vgl. CAMPBELL, LO & MACKINLAY (1997), S. 31f.

bei einer unabhängigen und identischen Verteilung mit einem Erwartungswert in Höhe von Null und einer Standardabweichung in Höhe von σ.[304]

Da durch diese Formulierung des Random Walk I zukünftige negative Kurse – analog der in Abschnitt 4.1.4. betrachteten Problematik – nicht ausgeschlossen werden, wird dieser Prozess häufig dahingehend abgewandelt, dass er zur Beschreibung der logarithmierten Kurse bzw. Preise von Anlagen verwendet wird. Mit $p_{t+1} = ln(P_{t+1})$ gilt dann:[305]

$$p_{t+1} = \mu + p_t + \sigma \cdot \varepsilon_{t+1} \tag{4.14}$$

Unter dieser Formulierung folgen die logarithmierten Kurse einer Anlage einem Zufallsprozess mit normalverteilten Zuwächsen. Dies impliziert zugleich, dass die stetigen Renditen hierbei unabhängige und identisch normalverteilte Zufallsvariablen mit einem Erwartungswert von μ und einer Standardabweichung von σ sind. Der Prozess der nicht-logarithmierten Anlagepreise lässt sich in diesem Zusammenhang somit folgendermaßen darstellen:

$$P_{t+1} = P_t \cdot e^{\mu + \sigma \cdot \varepsilon_{t+1}} \tag{4.15}$$

Da beim Random Walk I sowohl μ wie auch σ als zeit- und zustandsunabhängig angenommen werden, handelt es sich hierbei um einen homoskedastischen Prozess, d.h. die erwarteten Renditen weisen stets dieselben Verteilungsannahmen auf.

4.2.1.2. Random Walk II: Zuwächse sind INID

Die Annahme eines Random Walk Prozesses auf Basis einer Konstanz von Erwartungswert und Volatilität der Kurszuwächse ist jedoch relativ einschränkend, da hierbei keinerlei Variation des Marktumfeldes möglich ist. Vor dem Hintergrund der Vielzahl ökonomischer, technologischer und sozialer Veränderungen, welche einen Einfluss auf die Preisbildung am Kapitalmarkt haben, scheint es hingegen unwahrscheinlich, dass über längere Zeiträume μ und σ als konstant angenommen werden können. Eine Lockerung dieser einschränkenden Annahme führt zur Formulierung eines Random Walk Prozesses, bei welchem zwar von unabhängigen, jedoch nicht mehr zwangsläufig identisch verteilten (INID: „Independent, not Identically

---

304 Vgl. zu den Eigenschaften einer Brownschen Bewegung z.B. DIXIT & PINDYCK (1994), S. 63-65.

305 Vgl. CAMPBELL, LO & MACKINLAY (1997), S. 32.

Distributed") Kurszuwächsen ausgegangen wird. Dieser heteroskedastische Prozess wird als „Random Walk II" bezeichnet.[306]

Eine Formulierung des Random Walk II analog zu Formel (4.15) entspricht folglich:

$$P_{t+1} = P_t \cdot e^{\mu_{t+1} + \sigma_{t+1} \cdot \varepsilon_{t+1}} \tag{4.16}$$

Es wird somit ermöglicht, dass sowohl der Erwartungswert als auch die Volatilität der Zuwächse im Zeitverlauf variabel sind, jedoch nach wie vor nicht von vergangenen Realisierungen beeinflusst werden. Die Verteilung der Kurszuwächse unter einem Random Walk II Prozess sind somit zwar zeitabhängig, jedoch zustandsunabhängig.

4.2.1.3. Random Walk III: Zuwächse sind unkorreliert

Die dritte Formulierung eines Random Walks lockert zusätzlich die Annahme unabhängiger Zuwächse. Beim „Random Walk III" wird lediglich vorausgesetzt, dass die Zuwächse der Kurse zueinander unkorreliert sind. Es ist somit möglich, dass der Erwartungswert und die Volatilität eines Random Walk Prozesses sich nicht nur über den Zeitverlauf ändern, sondern auch durch vergangenen Realisierungen des Kapitalmarktes beeinflusst werden und folglich hiervon nicht länger unabhängig sind. Hierbei ist jedoch hervorzuheben, dass zwar die Verteilungen zukünftiger Kurszuwächse von vergangenen Realisierungen abhängig sind, jedoch durch die Annahme der Unkorreliertheit der Zuwächse, d.h. unkorrelierten Zufallszahlen ε_{t+1}, nach wie vor zukünftige Renditen nicht auf Basis vergangener Kursinformationen prognostizierbar sind.[307] Es lässt sich somit zwar eine Verteilung der zufälligen Renditen prognostizieren, nicht jedoch in welche Richtung eine Kursänderung ausfällt.

Beim Random Walk III handelt es sich somit um die generellste Formulierung der Random Walk Hypothese, welche sowohl IID als auch INID Kurszuwächse als Spezialfälle beinhaltet. Welche Formulierung des Random Walks letztlich herangezogen wird, ist abhängig davon, welche Annah-

---

306 Vgl. CAMPBELL, LO & MACKINLAY (1997), S. 32f.

307 Vgl. CAMPBELL, LO & MACKINLAY (1997), S. 33, ebenfalls für ein weiteres Beispiel eines Random Walk III Prozesses.

men bezüglich der zukünftigen Entwicklung von μ und σ getroffen werden.[308]

Gemeinsam haben alle Ausprägungen der Random Walk Hypothese, dass zukünftige Aktienkurse und Marktrenditen durch einen Zufallsprozess beschrieben werden und folglich nicht auf Basis vergangener Marktentwicklungen prognostiziert werden können.

4.2.2. Prognostizierbarkeit von Marktrenditen

Im Gegensatz zu der vorgestellten Random Walk Hypothese vertritt die Theorie der Vorhersagbarkeit von Aktienrenditen die Ansicht, dass bestimmte Variablen existieren, mit welchen sich Aktienkursentwicklungen über den Zeitverlauf zumindest teilweise prognostizieren lassen.[309] Hierzu zählt beispielsweise die technische Analyse von Aktienkursen, bei welcher versucht wird aus Trends und Mustern vergangener Kursverläufe auf die zukünftige Entwicklung von Aktienkursen zu schließen.[310]

Vor dem Hintergrund dieser gegensätzlichen Meinungen von Verfechtern der Random Walk Hypothese als Folge der Theorie effizienter Kapitalmärkte und Vertretern der Vorhersagbarkeit von Aktienrenditen wurden in der Vergangenheit bereits zahlreiche empirische Untersuchungen zur Prognostizierbarkeit von Aktienrenditen durchgeführt.[311] Hervorzuheben sind unter den Methoden zur Prognose zukünftiger Marktrenditen insbesondere die sogenannten „Mean-Reversion-Modelle". Hierbei wird im Kern unterstellt, dass der Kapitalmarkt gegen ein bestimmtes Preisniveau strebt und demnach auf Zeiten hoher Marktrenditen wieder mit niedrigeren Renditen zu rechnen ist. Analog sind nach einer Rezession wieder höhere Renditen zu erwarten.[312]

Erste empirische Untersuchungen bezüglich der Mean-Reversion-Eigenschaft von Aktienrenditen wurden auf Basis von reinen Zeitreihenanalysen vollzogen. FAMA & FRENCH führten eine Regressionsanalyse für Aktienrenditen auf Basis historischer Kapitalmarktdaten durch und kamen zu dem Ergebnis, dass hierbei eine negative Korrelation zwischen gegenwärti-

---

308 Vgl. weiterführend für Testmethoden empirischer Daten auf ein Vorliegen einer der beschriebenen Random Walk Varianten CAMPBELL, LO & MACKINLAY (1997), S. 33-55.

309 Vgl. VORFELD (2009), S. 76.

310 Vgl. COCHRANE (2001), S. 25.

311 Vgl. KELLENERS (2004), S. 37.

312 Vgl. z.B. in FAMA & FRENCH (1989), S. 24. Vgl. zur Definition von Mean-Reversion-Prozessen VORFELD (2009), S. 76f.

gen und vergangenen Aktienrenditen besteht. Es erscheint somit wahrscheinlicher, dass in Folge hoher vergangenen Renditen in Zukunft geringere Renditen zu erwarten sind und umgekehrt. Dieses Ergebnis ließ folglich an der Existenz eines Random Walks von Marktrenditen zweifeln.[313] Ebenfalls zweifelten POTERBA & SUMMERS einen Random Walk mit unabhängigen und identischen Verteilungen (IID) an. Unter einem solchen Random Walk müsste die Varianz der Renditen über eine längere Haltedauer der Aktien konstant zunehmen. In einer Untersuchung stellten POTERBA & SUMMERS fest, dass die Varianz von Aktienrenditen mit zunehmender Haltedauer hingegen nur unterproportional ansteigt, was ebenso für einen Mean-Reversion-Effekt bei Aktienrenditen spricht.[314]

Neben reinen Zeitreihenanalysen von Marktrenditen existiert ebenfalls ein breites Spektrum an Modellen, welche zusätzliche Erklärungsvariablen zur Prognose zukünftiger Aktienrenditen heranziehen. Unter anderem wird hierbei zur Prognose von Aktienrenditen das aktuelle Preisniveau am Kapitalmarkt als Vorhersagevariable für zukünftige Aktienrenditen berücksichtigt. Analog den Mean-Reversion-Modellen auf Basis von Zeitreihenanalysen wird hierbei davon ausgegangen, dass die Preise am Kapitalmarkt um ein bestimmtes Niveau schwanken und immer wieder zu diesem tendiert. Solche Mean-Reversion-Modelle sind allerdings nicht an die Einschränkung eines stationären Prozesses gebunden, bei welchem das Preisniveau im Zeitverlauf zwangsläufig als konstant angenommen werden muss. Vielmehr erlauben diverse Prognosemodelle, dass sich das Mean-Reversion-Niveau im Zeitverlauf als veränderlich darstellt.[315] Für die Bestimmung des Preisniveaus am Kapitalmarkt können Vorhersagevariablen wie beispielsweise das Kurs-Gewinn-, Kurs-Dividenden- oder Buch-Marktwert-Verhältnis von Aktien dienen.[316]

Anzumerken ist, dass die historische Entwicklung der Aktienmärkte zwangsläufig nur die Annahme eines Mean-Reversion-Prozesses zur Prognose von Marktrenditen zulässt. Würde hingegen davon ausgegangen, dass ein hohes Preisniveau am Markt hohe zukünftige Renditen nach sich zieht, so würde dies implizieren, dass Aktienkurse bis ins Endlose ansteigen und sich dieser Kursanstieg weiter beschleunigt. Die Geschichte hat gezeigt, dass dies zwar teilweise während der Bildung von Aktienmarktblasen kurz-

313 Vgl. VORFELD (2009), S. 77 und weiterführend FAMA & FRENCH (1988).

314 Vgl. COCHRANE (2001), S. 409 und weiterführend POTERBA & SUMMERS (1988).

315 Vgl. VORFELD (2009), S. 76.

316 Vgl. für eine Übersicht von Studien mit unterschiedlichen Vorhersagevariablen VORFELD (2009), S. 79-93, GOYAL & WELCH (2008), S. 1457-1461, CAMPBELL & THOMPSON (2008), S. 1509-1511 oder FAMA & FRENCH (1989), S. 26.

fristig eintreten kann, eine solche Entwicklung jedoch nicht als nachhaltig anzusehen ist.

4.2.3. Beurteilung der Prognosemodelle

In Folge weiterentwickelter quantitativer Analyseverfahren haben sich zwar vermehrt Zweifel an der Existenz eines reinen Random Walks ergeben, jedoch zeichnet sich bislang hinsichtlich der Prognostizierbarkeit von Aktienrenditen ebenfalls kein eindeutiges Bild ab und es konnte sich bislang kein Prognosemodell für Marktrenditen durchsetzen.[317]

GOYAL & WELCH testeten zahlreiche in der Literatur vorgestellte Prognosemodelle auf Basis von Out-of-Sample-Tests, d.h. durch Anwendung der Modelle auf Kapitalmarktdaten die von der Datengrundlage verschieden sind, auf Basis welcher die Prognosemodelle entwickelt bzw. kalibriert wurden. GOYAL & WELCH kommen hierbei zu der Erkenntnis, dass keines der getesteten Modelle die zukünftige Marktentwicklung mit einer vernünftigen Güte prognostizieren kann.[318] CAMPBELL & THOMPSON kamen hingegen bei einer ähnlichen Untersuchung zu dem Ergebnis, dass die Genauigkeit der getesteten Prognosemodelle zwar nicht besonders ausgeprägt ist, diese jedoch zumindest besser abschneiden als eine naive Schätzung zukünftiger Marktrenditen auf Basis historischer Durchschnittsrenditen.[319]

Auf Grund dieser uneinheitlichen Ergebnisse bleibt zwar zu vermuten, dass eine gewisse Prognostizierbarkeit bezüglich zukünftiger Marktrenditen besteht. Es ist jedoch zu bezweifeln, dass zukünftige Marktentwicklungen durch ein einheitliches und allgemeingültiges Prognosemodell beschrieben werden können. Vielmehr ist zu vermuten, dass Änderungen des Marktumfeldes dazu führen, dass sich die Prognosefähigkeit bestimmter Variablen im Zeitverlauf ändert und folglich die Notwendigkeit besteht, die Prognosemodelle erneut entsprechend der aktuellen Marktsituation anzupassen.[320] Bei der Verwendung von Prognosevariablen, welche das Preisniveau am Kapitalmarkt wiedergeben bzw. konjunkturelle Zyklen beschreiben, zeigt sich zudem, dass diese nur zur Prognose von Aktienrenditen über

---

317 Vgl. zur Übersicht empirischer Arbeiten, die eine Prognostizierbarkeit von Marktrenditen vermuten COCHRANE (2008), S. 246-250, GUVENEN & LUSTIG (2007), S. 4, RICHTER (2005), S. 106, KELLENERS (2004), S. 38 und CAMPBELL (2000), S. 1522f.

318 Vgl. GOYAL & WELCH (2008), S. 1503-1505.

319 Vgl. CAMPBELL & THOMPSON (2008), S. 1528.

320 Vgl. COCHRANE (2008), S. 248, welcher z.B. eine im Zeitverlauf gesunkene Prognosefähigkeit von historischen Renditen bezüglich einer zukünftigen Kapitalmarktentwicklung beobachtet.

einen längeren Zeitraum geeignet sind und kurzfristig hingegen nur eine sehr geringe Prognosefähigkeit besteht.[321]

Für ein Simulationsmodell von Leveraged Buyouts, welches sich bezüglich der Betrachtung von Zahlungsströmen und Diskontierungsfaktoren auf eine begrenzte Haltedauer beschränkt, ist es daher zu rechtfertigen für die Simulation der zukünftigen Marktrendite auf den Prozess eines Random Walks zurückzugreifen. Dies bedeutet nicht, dass die Prognosefähigkeit von Marktrenditen generell angezweifelt wird, jedoch scheint es auf Basis der empirischen Untersuchungsergebnisse auf diesem Gebiet nicht vernünftig, auf eines der bestehenden Mean-Reversion-Modelle zur Prognose zukünftiger Marktrenditen zurückzugreifen, wenn nicht zugleich eine bestimmte Ausgangssituation des Kapitalmarktes unterstellt werden soll.

4.3. Ableitung eines SDF aus einem generierten Marktrenditeprozess

Im voranstehenden Teil dieses Kapitels wurden bislang die theoretischen Grundlagen einer vereinfachten Struktur des stochastischen Diskontierungsfaktors auf Basis der Marktrendite für eine Anwendung im Rahmen eines Unternehmensbewertungsmodells für Leveraged Buyouts erarbeitet. Im verbleibenden Teil dieses Kapitels erfolgt nun eine Quantifizierung des Prozesses des stochastischen Diskontierungsfaktors, um diesen für den im weiteren Teil dieser Arbeit durchzuführenden Simulationsansatz einsetzen zu können.

Für die Spezifizierung der Parameter des Prozesses der Marktrendite, respektive des stochastischen Diskontierungsfaktors, sollen hierbei sowohl historische Kapitalmarktdaten als auch zum Zeitpunkt der Bewertung vorliegende Erwartungen bezüglich der Entwicklung des risikofreien Zinssatzes berücksichtigt werden.

---

321 Vgl. VORFELD (2009), S. 82 und COCHRANE (2001), S. 390f. RICHTER (2005), S. 113 zeigt, dass sich eine Prognosefähigkeit des Kurs-Dividenden-Verhältnis für Marktrenditen erst längerfristig einstellt, kurzfristig hingegen kaum ein Zusammenhang besteht. Ebenfalls finden GOYAL & WELCH (2008), S. 1503, dass einige der von Ihnen untersuchten Prognosemodell erst ab einem Zeitraum von über 5 Jahren einen Erklärungsgehalt liefern.

4.3.1. Gewählter Prozess der Marktrendite und des SDF

Der stochastische Diskontierungsfaktor für die Anwendung im Rahmen eines Simulationsansatzes wird wie in Abschnitt 4.1 dargestellt auf Basis stetiger Marktrenditen entwickelt. Um nicht per se Spezialfälle der gegenwärtigen Marktausgangssituation unterstellen zu müssen und eine möglichst generelle Formulierung für die zukünftige Marktrendite zu erlangen, wird hierbei auf eine Modellierung des Renditeprozesses mittels eines Random Walks zurückgegriffen. Für den Marktrenditeprozess wird hierfür die allgemeinere Formulierung des Random Walk II gewählt, welche unabhängige, jedoch nicht identische Verteilungen der Marktrenditen im Zeitverlauf erlaubt und hierdurch periodenspezifische Anpassungen der Parameter des Renditeprozesses ermöglicht.

Der stochastische Prozess zur Beschreibung der Marktrendite lautet somit:

$$1 + R_{m,t+1} = e^{r_{m,t+1}} = e^{\mu_{m,t+1} + \sigma_{m,t+1} \cdot \varepsilon_{m,t+1}} \tag{4.17}$$

Die Zufallsvariable ε_m wird hierbei wie bislang zu jedem Zeitpunkt als standardnormalverteilt angenommen, d.h. $\varepsilon_m \sim N(0,1)$. Im Rahmen eines Simulationsmodells können zukünftige Realisierungen der Marktrendite folglich durch die Generierung einer Reihe von Zufallszahlen mit voran genannter Eigenschaft erzeugt werden.[322] Der Marktrenditeprozess weist somit zum Zeitpunkt $t + 1$ normalverteilte stetige Renditen mit periodenspezifischem Erwartungswert und Varianz auf, d.h. $r_{m,t+1} \sim N\left(\mu_{m,t+1}, \sigma^2_{m,t+1}\right)$.

Der stochastische Diskontierungsfaktor ergibt sich unter dem in (4.17) formulierten Prozess der Marktrendite unter der in (4.9) angenommenen Struktur entsprechend zu:

$$M_{t+1} = \frac{1}{e^{\mu_{m,t+1} + \sigma_{m,t+1} \cdot \varepsilon_{m,t+1}}} \tag{4.18}$$

4.3.2. Parameterableitung aus historischen Daten

Für die Anwendung des beschriebenen Prozesses der Marktrendite und des stochastischen Diskontierungsfaktors ist es des Weiteren erforderlich, die Parameter für den Erwartungswert und die Volatilität der stetigen Markt-

322 Details zum Ablauf eines Simulationsverfahrens werden in Kapitel 6.1 erläutert.

rendite zu kennen. Liegen zum gegenwärtigen Zeitpunkt keine soliden Schätzungen bezüglich der zukünftigen Ausprägungen dieser Parameter vor, so kann alternativ versucht werden, diese auf Basis historischer Kapitalmarktdaten zu ermitteln.[323]

Bei einer Schätzung der Parameter des Marktrenditeprozesses mittels historischer Daten wird unterstellt, dass die in der Vergangenheit realisierten Renditen dem gewählten Prozess der Marktrendite gefolgt sind. Während die tatsächlichen Parameter dieses Renditeprozesses unbekannt sind, wird auf Basis der beobachteten Renditen mittels statistischer Methoden hierfür ein Schätzer gebildet. Die historischen Renditerealisierungen zeigen jedoch nur einen einzigen Pfad der in der Vergangenheit möglichen Renditeverteilungen auf und umfassen daher nicht die gesamte Breite an möglichen Renditen zu jedem Zeitpunkt. Bei einer Reihe beobachteter historischer Renditen handelt es sich daher nur um einen Abschnitt eines einzelnen von unendlich vielen, unendlich langen Pfaden möglicher Renditen.[324]

Es ist daher für eine Parameterschätzung auf Basis historischer Beobachtungen erforderlich, dass der Prozess zur Beschreibung der Marktrenditen die Eigenschaft der Ergodizität erfüllt. Dies bedeutet, dass sich die Schätzer des Erwartungswertes und der Volatilität einer beobachteten Reihe von Renditen den tatsächlichen Momenten des unterstellten Renditeprozesses annähern, soweit die Länge des Beobachtungszeitraumes gegen unendlich strebt.[325] Damit diese Eigenschaft der Ergodizität als Voraussetzung einer Schätzung auf Basis historischer Daten erfüllt ist, muss von einem stationären Prozess der Marktrendite ausgegangen werden. Im Fall eines Random Walk Prozesses zur Beschreibung von Marktrenditen ist es demnach erforderlich, über einen gegebenen Beobachtungszeitraum davon auszugehen, dass die Renditeverteilung zu jedem Zeitpunkt innerhalb dieses Beobachtungszeitraumes unabhängig und identisch (IID) ist.[326]

Einerseits erscheint es zwar unrealistisch davon auszugehen, dass sich der Erwartungswert und die Volatilität der Marktrendite im Zeitverlauf vollständig konstant verhalten und selbst über Jahrzehnte keinerlei Veränderung dieser Parameter stattgefunden hat. Andererseits führt die Annahme von im Zeitverlauf veränderlicher Parameter des Marktrenditeprozesses zu der Notwendigkeit, die historisch beobachteten Renditezeitreihen in kürzere Teilsegmente zu unterteilen, so dass jedes dieser Teilsegmente sich

323 Vgl. TIMMRECK (2006), S. 104.
324 Vgl. RICHTER (2005), S. 128.
325 Vgl. MILLS & MARKELLOS (2008), S. 9f und RICHTER (2010), S. 10.
326 Vgl. MILLS & MARKELLOS (2008), S. 10-12.

jeweils nur über einen Zeitraum erstreckt, in welchem der Erwartungswert und die Volatilität des Marktrenditeprozesses als konstant angenommen werden können, da ansonsten keine Ermittlung der Schätzer mittels statistischer Methoden möglich ist. Diese Aufteilung der Datengrundlage in kleinere Teilsegmente führt wiederum zu der Problematik, dass nur eine entsprechend geringere Anzahl an Renditebeobachtungen zur Schätzung der Parameter zur Verfügung steht.

Jede Schätzung von Parametern auf Basis historischer Beobachtungen ist somit zwangsläufig mit einem bestimmten Maß an Unsicherheit verbunden, dessen man sich bewusst sein muss. Hierbei handelt es sich um eine der zentralen Herausforderungen der Wirtschaftswissenschaften. Zur Überprüfung von Modellen und Theorien ist es – im Vergleich zu vielen Fragestellungen der Ingenieurs- oder Naturwissenschaften – häufig nicht möglich, die Validität von Annahmen durch Experimente zu überprüfen. Vielmehr ist man auf eine begrenzte Anzahl von Beobachtungen angewiesen, welche durch zahlreiche Faktoren beeinflusst sind und diese Einflüsse lassen sich erschwerend nicht isoliert betrachten.[327]

4.3.2.1. Beurteilung der Schätzgenauigkeit

Bei der Schätzung des Erwartungswertes und der Volatilität der Marktrendite auf Basis historischer Daten steht man folglich zwangsläufig vor der Entscheidung, ob man auf die Annahme der Konstanz dieser Parameter zurückgreift oder diese einschränkende Annahme durch Betrachtung einer kleineren Datengrundlage und der damit verbundenen, höheren Unsicherheit der Parameterschätzung aufgibt. Die Genauigkeit der Parameterschätzung lässt sich durch Konfidenzintervalle verdeutlichen. Das Konfidenzintervall eines Parameters ist hierbei ein auf Basis eines Schätzers ermittelter Wertebereich, innerhalb dessen sich der tatsächliche Parameter mit einer bestimmten Wahrscheinlichkeit befindet.[328]

Für das Konfidenzintervall des Erwartungswertes von beobachteten Renditen – unter der Voraussetzung einer konstanten Verteilung – gilt bei normalverteilten, stetigen Renditen:[329]

$$\mu_m = \hat{\mu}_m \pm \ell \cdot \frac{\hat{\sigma}_m}{\sqrt{N}} \tag{4.19}$$

327 Vgl. Campbell (2000), S. 1515.

328 Vgl. Rinne (2008), S. 467.

329 Vgl. Spremann (2004b), S. 159 oder Rinne (2008), S. 469.

Hierbei entspricht $\hat{\mu}_m$ dem auf Basis der historischen Renditebeobachtungen geschätzten Erwartungswert des Renditeprozesses. Der Parameter des Konfidenzniveaus unter einer Normalverteilung wird mit ℓ bezeichnet. N gibt die Anzahl der Renditebeobachtungen an, auf deren Basis der Erwartungswert geschätzt wurde.

Am Beispiel des deutschen Aktienindexes CDAX ergibt sich für den Zeitraum von 1970 bis 2010 auf Basis von Jahresdaten ein Schätzer für den Erwartungswert der stetigen Renditen in Höhe von $\hat{\mu}_m = 7{,}1\%$ und eine Standardabweichung von $\hat{\sigma}_m = 22{,}8\%$. Der tatsächliche Erwartungswert der Marktrendite befindet sich mit 95%iger Wahrscheinlichkeit im Konfidenzintervall $\mu_m = 7{,}1\% \pm (1{,}96 \cdot 22{,}8\% \div 6{,}4)$, d.h. zwischen ca. 0,1% und ca. 14,1%. Selbst bei einer Verringerung des Konfidenzniveaus ist die Bandbreite, in welcher der tatsächliche Erwartungswert liegt, noch relativ groß. Beispielsweise liegt der Erwartungswert mit 50%iger Wahrscheinlichkeit immerhin noch im Bereich von ca. 4,7% bis ca. 9,5%.[330]

Angesichts einer solchen Breite des Konfidenzintervalls des tatsächlichen Erwartungswertes der Marktrendite ist es schwierig, von der Annahme einer konstanten Renditeverteilung, d.h. unabhängigen und gleichverteilten (IID) Renditen, abzuweichen. Es erscheint kaum beurteilbar, ob die Abweichung eines Schätzers für den Erwartungswert der Rendite innerhalb unterschiedlicher Teilzeiträume durch eine Veränderung des tatsächlichen Erwartungswertes hervorgerufen wurde, oder ob es sich lediglich um eine Abweichung des Schätzers innerhalb der Toleranz des Konfidenzintervalls handelt. Bereits unter der Annahme konstanter Parameter der Marktrendite wäre für eine zufriedenstellende Genauigkeit des Schätzers des Erwartungswertes eine Renditezeitreihe notwendig, welche sich über Jahrhunderte erstreckt. Für eine belastbare Begründung eines über den Zeitverlauf beobachteten, veränderlichen Niveaus des Erwartungswertes besteht somit aus statistischer Sicht wenig Hoffnung.[331]

---

330 Vgl. für eine detaillierte Beschreibung der Datengrundlage 4.3.2.2. Es wird in diesem Beispiel vereinfachend davon ausgegangen, dass der Schätzer für die Standardabweichung dem tatsächlichen Parameter der Verteilung entspricht und somit eine bekannte Varianz vorliegt. Wird hingegen die Varianz des Prozesses ebenfalls als unbekannt angenommen, so kann eine Schätzung des Konfidenzintervalls des Erwartungswertes durch eine t-Verteilung erfolgen. Vgl. hierzu RINNE (2008), S. 469.

331 Vgl. RICHTER (2005), S. 128f und weiterführend BLACK (1993), S. 36: *„We need such a long period to estimate the average that we have little hope of seeing changes in expected return."*

Bezüglich der Volatilität der Marktrendite lässt sich hingegen feststellen, dass sich hier gegenüber dem Erwartungswert eine bessere Schätzgenauigkeit erzielen lässt. Das Konfidenzintervall der tatsächlichen Varianz σ_m^2 der normalverteilten, stetigen Marktrendite ergibt sich unter Berücksichtigung der Chi-Quadrat-Verteilung zu:[332]

$$\frac{(N-1)\cdot\hat{\sigma}_m^2}{\chi^2_{N-1,\frac{\alpha}{2}}} \le \sigma_m^2 \le \frac{(N-1)\cdot\hat{\sigma}_m^2}{\chi^2_{N-1,1-\frac{\alpha}{2}}} \tag{4.20}$$

Die Chi-Quadrat-Verteilungsfunktion χ^2 besitzt hierbei $N-1$ Freiheitsgrade und den Parameter des Konfidenzniveaus α.[333] Auf Basis des CDAX von 1970-2010 ergibt sich ein Schätzwert $\hat{\sigma}_m$ für die Standardabweichung der stetigen Marktrenditen auf Basis von Jahresdaten in Höhe von 22,8%. Die tatsächliche Standardabweichung liegt dann mit 95%iger Wahrscheinlichkeit im Bereich zwischen 18,7% bis 29,2%.

Die Genauigkeit der Schätzung der Volatilität bzw. Varianz der Marktrendite innerhalb eines Beobachtungszeitraums der Länge h lässt sich – erneut unter der Voraussetzung, dass die Parameter des Renditeprozesses innerhalb dieses Zeitraums konstant sind – weiter steigern. Da die Genauigkeit des Schätzers für die Varianz von der Anzahl der beobachteten Renditen abhängt, kann die Schätzgenauigkeit der Varianz verbessert werden, indem die Anzahl der Beobachtungen innerhalb eines Zeitraums der Länge h erhöht wird. Hierzu wird die Dauer der Zeitintervalle Δ zwischen den innerhalb von h betrachteten Realisierungen weiter verkürzt. Im Falle der Marktrendite bedeutet dies, dass anstelle von Renditen auf Jahresbasis auf Monats- oder Tagesrenditen zurückgegriffen wird. Diese verbesserte Schätzgenauigkeit bleibt auch dann erhalten, wenn beispielsweise der auf Basis von Tagesrenditen ermittelte Schätzer der Varianz wieder auf einen Schätzer für die Varianz von Jahresrenditen rücktransformiert wird. Bei der Schätzung des Erwartungswertes der Marktrendite führt hingegen eine Verkürzung der Zeitintervalle Δ zwischen den einzelnen Beobachtungen

332 Vgl. RINNE (2008), S. 469.

333 Im Falle eines 95%-Konfidenzniveaus beträgt $\alpha = 5\%$, d.h. das Konfidenzintervall wird eingegrenzt, indem jeweils 2,5% des obersten und untersten Bereichs der Chi-Quadrat-Verteilung abgeschnitten wird.

nicht zu einer Erhöhung der Schätzgenauigkeit, da hierbei nur die Gesamtlänge des Betrachtungszeitraums h ausschlaggebend ist.[334]

Dies bedeutet, dass unter der Annahme einer konstanten Verteilung der Marktrendite innerhalb eines bestimmten Zeitraums die Genauigkeit der Schätzung der Varianz zumindest theoretisch beliebig erhöht werden kann, indem auf immer kürzere Zeitintervalle Δ zwischen den Beobachtungen zurückgegriffen wird. Eine Voraussetzung hierfür ist entsprechend die Verfügbarkeit ausreichend skalierbarer Beobachtungen. Für kapitalmarktbasierte Marktrenditen ist dies weitgehend der Fall, da hier bei Bedarf auch auf untertägliche Daten zurückgegriffen werden kann. Bei anderen Prozessen kann eine Verkürzung der Zeitintervalle Δ zwischen den Beobachtungen hingegen nicht beliebig möglich sein, da beispielsweise makroökonomische Daten häufig nur zu bestimmten Zeitpunkten, z.B. monatlich oder jährlich, erhoben werden.[335] Eine Beurteilung, für welche Zeiträume eine Konstanz der Verteilung der Marktrendite zutrifft und ob generell hiervon ausgegangen werden kann, muss hingegen offen bleiben und ist auf das Treffen einer Annahme angewiesen.

4.3.2.2. Datengrundlage

Für die Bestimmung der Parameter des Marktrenditeprozesses nach (4.17) durch historische Kapitalmarktdaten wird auf einen möglichst breiten Aktienmarktindex als Proxy für die allgemeine Marktentwicklung zurückgegriffen. Da in dieser Arbeit die Bewertung von Leveraged Buyouts vor dem Hintergrund eines Marktumfeldes in Deutschland stattfindet, wird der CDAX als breitester deutscher Aktienindex verwendet. Im Vergleich zum DAX, welcher lediglich die 30 größten deutschen Unternehmen abbildet, umfasst der CDAX alle deutschen Aktienwerte, die im Prime und General Standard gehandelt werden und eignet sich daher besser für Analysezwecke bezüglich des gesamten deutschen Kapitalmarktes.[336]

Die historischen Indexstände des CDAX wurden über den Datenbankanbieter THOMSON FINANCIAL DATASTREAM bezogen und umfassen eine Daten-

334 Vgl. MERTON (1980), S. 355-357 und SPREMANN (2004b), S. 162. Vgl. zur Transformation eines Schätzers der Varianz bzw. Standardabweichung auf andere Zeitintervalle mittels Wurzel-T-Regel z.B. RICHTER (2002a), S. 92 oder DANIELSSON & ZIGRAND (2005), S. 2f.

335 Vgl. MERTON (1980), S. 357.

336 Vgl. DEUTSCHE BÖRSE (2010), S. 7-10.

reihe von Beginn des Jahres 1970 bis Ende 2010.[337] Bei einer Schätzung des Erwartungswertes und der Volatilität der historischen Marktrenditen ist generell darauf zu achten, dass auf einen Performance Index (engl. „Total Return Index") anstelle eines Kursindexes zurückgegriffen wird. Ein Kursindex bildet lediglich die reinen Kursveränderung der enthaltenen Aktienwerte ab, wodurch bei einer Dividendenausschüttung der im Index enthaltenen Werte ein Rückgang des Kursindexes resultiert, da die Dividenden aus dem Kapitalmarkt an die Eigentümer der Aktiengesellschaften abfließen. Da Dividenden jedoch Teil der Renditen am Kapitalmarkt sind, werden diese bei der Berechnung eines Performance Indexes hypothetisch zum Zeitpunkt der Ausschüttung wieder in den Index reinvestiert. Die auf Basis eines Performance Index betrachtete Marktrendite enthält dementsprechend sowohl die Rendite aus Kursänderungen der enthaltenen Anlagen als auch aus Dividenden und entspricht somit der Gesamtrendite der Investoren.[338]

Der CDAX Performance Index stellt sich im Zeitverlauf wie folgt dar:

Abbildung 2: CDAX Performance Index 1970-2010

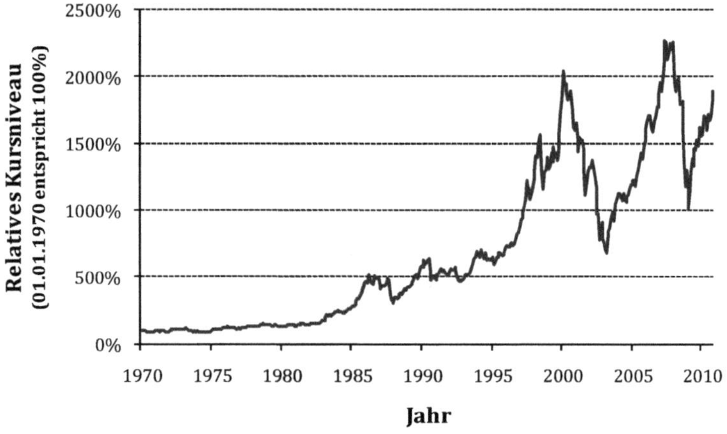

Quelle: Eigene Darstellung. Daten von THOMSON FINANCIAL DATASTREAM.

337 Siehe http://online.thomsonreuters.com/datastream/ für Details dieses Datenbankservices.

338 Vgl. HÄBERLE (2008), S. 31.

Eine Darstellung der verwendeten CDAX-Daten auf Jahresbasis ist im Anhang dieser Arbeit zu finden.[339]

Aus den Ständen des CDAX Performance Indexes lassen sich die historischen Marktrenditen berechnen. Hierbei ist darauf zu achten, dass die Berechnung der historischen Renditen konsistent zu dem für die Marktrendite unterstellten Prozess ist. Werden wie im hier vorliegenden Fall normalverteilte stetige Marktrenditen unterstellt, so ist eine Schätzung des Erwartungswertes und der Volatilität der Marktrenditen ebenfalls auf Basis stetiger Renditerealisierungen vorzunehmen.

Die stetige Marktrendite $r_{m,t+1}$ zwischen den Zeitpunkten t und $t+1$ berechnet sich auf Basis der Indexstände des CDAX zu:

$$r_{m,t+1} = ln\left(\frac{CDAX_{t+1}}{CDAX_t}\right) \tag{4.21}$$

Wie bereits beschrieben ergibt sich auf Basis der hierdurch berechneten stetigen Marktrenditen des CDAX im Zeitraum von 1970 bis 2010 ein arithmetischer Schätzer für den Erwartungswert der stetigen Renditen in Höhe von ca. 7,1% und eine Standardabweichung von ca. 22,8%.[340]

Wie in Abbildung 2 erkennbar ist, hat insbesondere das Einsetzen der Spekulationsblase am Neuen Markt in den späten 1990ern, deren Platzen um die Jahrtausendwende sowie die Entwicklungen der Finanzkrise im Jahr 2008 dazu geführt, dass die Aktienmarktschwankungen gegenüber den 1970er und 1980er Jahren deutlich zugenommen haben. Diese Zunahme der Volatilität der Marktrenditen lässt sich verdeutlichen, indem der Beobachtungszeitraum in Teilsegmente unterteilt wird und hierfür jeweils einzeln die Standardabweichung berechnet wird. Um die Anzahl der Beobachtungen innerhalb der kürzeren Teilzeiträume zu erhöhen, werden die folgenden Berechnungen zunächst auf Basis von Tagesrenditen durchge-

---

339 Siehe Anhang 3 für den Kursverlauf des CDAX Performance Indexes von 1970-2010 jeweils zum Jahresende sowie die sich hieraus ergebenden stetigen Renditen.

340 Es ist an dieser Stelle anzumerken, dass in der Literatur eine kontroverse Diskussion zur Bevorzugung eines arithmetischen oder geometrischen Schätzers zur Bestimmung des Erwartungswertes von diskreten Renditen besteht. Vgl. hierzu BALLWIESER (2004), S. 95-97. Diese Abwägung kann unter der Annahme stetiger Renditen hingegen unterbleiben, da hierbei beide Schätzmethoden zu identischen Ergebnissen führen.

führt und entsprechend in einen Schätzer für die Standardabweichung von Marktrenditen auf Jahresbasis transformiert:[341]

Tabelle 4: Entwicklung der Volatilität der CDAX-Renditen

Beobachtungs-zeitraum	**Standardabweichung der stetigen Marktrendite**
1970-1980	9,5%
1981-1990	14,0%
1991-2000	24,2%
2001-2011	24,3%

Quelle: Eigene Darstellung. Berechnungen auf Basis von Daten von THOMSON FINANCIAL DATASTREAM.

Welcher historische Beobachtungszeitraum hierbei eine geeignete Ausgangsbasis für die Schätzung der zukünftigen Verteilung der Marktrendite bietet, kann nicht eindeutig beurteilt werden. Es wird für das weitere Vorgehen daher angenommen, dass die Volatilität der Marktrendite in näherer Zukunft – und explizit während der zeitlich beschränkten Haltedauer eines Leveraged Buyouts, über welche sich das Bewertungsmodell erstreckt – auf dem im letzten Jahrzehnt beobachteten Niveau halten wird. Dem Prozess der zukünftigen, stetigen Marktrendite wird dementsprechend eine Standardabweichung in Höhe von 24,3% unterstellt. Der Erwartungswert der stetigen Marktrendite liegt in diesem Zeitraum bei nur ca. 2,4% p.a., jedoch reicht das 95%-Konfidenzintervall des tatsächlichen Erwartungswertes von −12,6% bis 17,3%, wodurch hier ein wenig verlässlicher Schätzer vorliegt.

Abgesehen von dieser Ungenauigkeit bei der Schätzung des tatsächlichen Erwartungswertes der Marktrenditen auf Basis historischer Daten und der zu treffenden Annahme bezüglich eines geeigneten Beobachtungszeitraums für die Bestimmung der Volatilität der Marktrendite gilt es jedoch noch einen weiteren wichtigen Punkt bei der Parameterbestimmung des Marktrenditeprozesses zu berücksichtigen. Da der in Formel (4.18) ge-

341 Die statistische Ermittlung der Standardabweichung der Marktrendite innerhalb der angegebenen Zeiträume erfordert, wie in 4.3.2.1. beschrieben, die Annahme einer konstanten Renditeverteilung innerhalb dieser einzelnen Teilzeiträume. Die Transformation eines Schätzers auf Tagesbasis in einen Schätzer auf Jahresbasis erfolgt mittels Wurzel-T-Regel, d.h. der Schätzer auf Tagesbasis wird hier mit der Wurzel aus der in einem Jahr enthaltenen Handelstage multipliziert. Vgl. hierzu DANIELSSON & ZIGRAND (2005), S. 2.

wählte stochastische Diskontierungsfaktor sich direkt aus der Marktrendite ableitet, geben die für den Prozess der Marktrendite verwendeten Parameter zugleich unmittelbar den innerhalb des Bewertungsmodells geltenden Schattenzins vor.

4.3.2.3. Implizierter Schattenzins und Risikoprämie

Durch das in sich geschlossene Bewertungskonzept des stochastischen Diskontierungsfaktors offenbart sich eine unmittelbare Abhängigkeit zwischen dem risikofreien Zinssatz, der Marktrisikoprämie und dem stochastischen Diskontierungsfaktor selbst.[342] Damit es zu keinen Inkonsistenzen innerhalb der Bewertungslogik kommt ist es daher erforderlich, dass diese Faktoren zueinander widerspruchsfrei sind.[343] Werden hingegen diese Faktoren auf Basis unterschiedlicher Datengrundlagen ermittelt und keine Verbindung zwischen diesen hergestellt, so ist damit zu rechnen, dass dies zu Inkonsistenzen führt.

Es besteht dementsprechend bei der Anwendung des Konzepts des stochastischen Diskontierungsfaktors ein stetes Spannungsverhältnis zwischen Marktrisikoprämie, risikofreiem Zinssatz und der Ausprägung des stochastischen Diskontierungsfaktors. So ist es nicht verwunderlich, dass die Verwendung eines exogen bestimmten Modells des stochastischen Diskontierungsfaktors in der Empirie häufig zu Erklärungsschwierigkeiten von entweder den beobachteten Marktrenditen, den risikofreien Zinssätzen oder der Volatilität der Marktrenditen führt. In der Literatur werden diese Phänomene als „Equity Premium Puzzle", „Risk-free Rate Puzzle" und „Stock Market Volatility Puzzle" bezeichnet.[344]

Bemerkenswert ist hierbei, dass diese Problematik bei weiteren Konzepten zur Bewertung von Anlagen und Renditen gar nicht erst entstehen kann, soweit keinerlei Erklärung des Zusammenhangs dieser einzelnen Faktoren geliefert wird. Beispielsweise werden beim CAPM – welches in der Praxis nach wie vor eine große Popularität bei der Bestimmung von Kapi-

342 Siehe Grundlagen des SDF in Kapitel 3.1.

343 Entspricht der durch den SDF vorgegebene Schattenzins beispielsweise nicht dem am Markt vorliegenden risikofreien Zinssatz, so ergeben sich innerhalb des Bewertungsmodells Arbitragemöglichkeiten, da die Bewertung risikofreier Anlagen zu einem negativen oder positiven Nettokapitalwert führt.

344 Vgl. CAMPBELL (2000), S. 1543-1545 m.w.N. Erklärungsschwierigkeiten bezüglich der Volatilität der Märkte ergeben sich beispielsweise, wenn der unterstellte SDF (z.B. auf Basis relativ konstanter Konsumdaten) selbst nicht eine ausreichende Volatilität besitzt um die Schwankungen der Preise am Kapitalmarkt zu erklären.

talkosten zur Diskontierung unsicherer Zahlungsströme genießt – der risikofreie Zinssatz und die Marktrisikoprämie durch exogen bezogene Werte vorgegeben. Wie diese zu bestimmen sind und ob diese sich konsistent zueinander verhalten, wird im Rahmen des CAPM jedoch nicht beantwortet.[345]

Unter der in Formel (4.18) gewählten Struktur des stochastischen Diskontierungsfaktors besteht hingegen ein unmittelbarer Zusammenhang zwischen dem Erwartungswert der stetigen Marktrendite, deren Volatilität und dem Schattenzins. Stehen für einen bestimmten Zeitraum zwei dieser drei Einflussvariablen fest, so lässt sich die dritte innerhalb der Bewertungslogik des Modells bestimmen.

Risikofreie Zinssätze sind am Kapitalmarkt zwar nicht direkt beobachtbar, jedoch werden diese in der Praxis durch das Heranziehen von Staatsanleihen approximiert. Es wird hierbei davon ausgegangen, dass die Anleihen von Staaten mit hoher Bonität nicht ausfallgefährdet sind, da diese Staaten notfalls durch eine Erhöhung der sich im Umlauf befindlichen Geldmenge stets in der Lage sind ihren Zahlungsverpflichtungen nachzukommen. Die Anleihen sind demnach nominell nicht ausfallgefährdet, wodurch ein Näherungswert für eine risikofreie Anlage vorliegt.[346] Da die reale Rendite – unter Berücksichtigung der Kaufkraft – von Staatsanleihen demzufolge jedoch nach wie vor unsicher ist, handelt es sich hierbei strenggenommen lediglich um einen nominell risikofreien Zinssatz. Wird dieser im Rahmen eines Bewertungskonzepts des stochastischen Diskontierungsfaktors als Schattenzins herangezogen, so handelt es sich dementsprechend um einen nominellen stochastischen Diskontierungsfaktor, welcher im Erwartungswert etwas niedriger ist als der tatsächliche stochastische Diskontierungsfaktor.[347] Analog der in der Praxis verbreiteten Vorgehensweise wird im Folgenden jedoch vereinfachend davon ausgegangen, dass die am Kapitalmarkt beobachtbaren Renditen von Staatsanleihen hoher Bonität den tatsächlichen risikofreien Zinssätzen entsprechen.

Festzuhalten bleibt an dieser Stelle somit, dass bezüglich der zukünftig erwarteten risikofreien Zinssätze zum Bewertungszeitpunkt über die Laufzeit beobachtbarer Staatsanleihen keine Unsicherheit besteht und sich die

345 Vgl. CAMPBELL, LO & MACKINLAY (1997), S. 291.

346 Vgl. z.B. PRATT, REILLY & SCHWEIHS (2000), S. 161, INSTITUT DER WIRTSCHAFTSPRÜFER IN DEUTSCHLAND E.V. (2008), S. 285 und PANKOKE & PETERSMEIER (2009), S. 114.

347 Vgl. CAMPBELL (2000), S. 1519f. Da der reale risikofreie Zinssatz in Abwesenheit von Inflationsrisiken geringer ausfällt als der nominelle risikofreie Zinssatz, ergibt sich ein niedrigerer Schattenzins und dementsprechend ein höherer tatsächlicher SDF.

Volatilität der Marktrendite auf Basis vergangener Kapitalmarktdaten deutlich besser schätzen lässt als deren Erwartungswert. Es bietet sich folglich an, den Prozess des stochastischen Diskontierungsfaktors für das Simulationsmodell so zu kalibrieren, dass die durch den stochastischen Diskontierungsfaktor implizierten Schattenzinsen den am Markt vorliegenden risikofreien Zinssätzen entsprechen. Dies kann erfolgen, indem die periodenspezifischen Erwartungswerte des Marktrenditeprozesses auf Basis der geschätzten Volatilität der Marktrendite und der am Markt vorliegenden Zinsstruktur kalibriert werden.

4.3.3. Kalibrierung des SDF Prozesses durch risikofreien Zinssatz

Mit der Volatilität des Marktrenditeprozesses, welche theoretisch beliebig genau geschätzt werden kann, und den zum Bewertungszeitpunkt vorliegenden risikofreien Zinssätzen über die Haltedauer der im Bewertungsmodell behandelten Investition ist es möglich, die implizierten periodenspezifischen Erwartungswerte der stetigen Marktrendite so zu bestimmen, dass eine rechnerische Konsistenz aller Faktoren innerhalb des Konzepts des stochastischen Diskontierungsfaktors gewährleistet ist.[348]

Die im Bereich der Unternehmensbewertung herrschende Meinung sieht bei zahlungsstrombasierten Bewertungsmodellen vor, dass die hierfür verwendeten risikofreien Zinssätze jeweils eine zu den zu bewertenden Zahlungsströmen äquivalente Laufzeit besitzen. Bei Investitionsprojekten mit unendlicher Laufzeit wird hierbei teilweise vereinfachend auf einen einheitlichen Zinssatz von Staatsanleihen mit längerfristiger Laufzeit - in der Regel 10 oder 20 Jahre - zurückgegriffen oder aus der vorliegenden Zinsstruktur mittels eines geeigneten Verfahrens die Prognose eines langfristigen risikofreien Zinssatzes abgeleitet.[349]

Bei der Bewertung von Leveraged Buyouts kann hingegen direkt auf laufzeitspezifische risikofreie Zinssätze zurückgegriffen werden, soweit diese die gesamte Haltedauer der Investition abdecken. Diese periodenspe-

---

348 Vgl. RICHTER (2010), S. 7f und RICHTER & KRUMHOLZ (2010), S. 534f.

349 Vgl. KOLLER, GOEDHART & WESSELS (2005), S. 296f und PANKOKE & PETERSMEIER (2009), S. 114. Zur Ableitung laufzeitäquivalenter Zinssätze sowie der Prognose langfristiger Zinssätze auf Basis der aktuellen Zinsstrukturkurve wird häufig die sogenannte „Svensson-Methode" verwendet, deren Anwendung in Deutschland auch vom INSTITUT DER DEUTSCHEN WIRTSCHAFTSPRÜFER gefordert wird. Siehe zur Svensson-Methode WIESE & GAMPENRIEDER (2007) und SVENSSON (1994).

zifischen Zinssätze lassen sich aus der zum Bewertungszeitpunkt vorliegenden Zinsstrukturkurve ableiten.

4.3.3.1. Zinsstrukturkurve von Staatsanleihen

Zur Bestimmung der risikofreien Zinssätze mit verschiedenen Laufzeiten kann in Deutschland die von der DEUTSCHEN BUNDESBANK veröffentlichte Zinsstrukturkurve herangezogen werden. Die Zinsstrukturkurve gibt die zum gegenwärtigen Zeitpunkt erwarteten Renditen von Nullkuponanleihen, d.h. Anleihen welche nur eine einzige Rückzahlung zum Ende der Laufzeit besitzen, ohne Kreditausfallrisiken für unterschiedliche Laufzeiten an.[350]

Für den im vorliegenden Modell unterstellten Bewertungszeitpunkt stellt sich die Zinsstrukturkurve folgendermaßen dar:[351]

Abbildung 3: Zinsstrukturkurve zum 01.01.2011 (Spot-Rates)

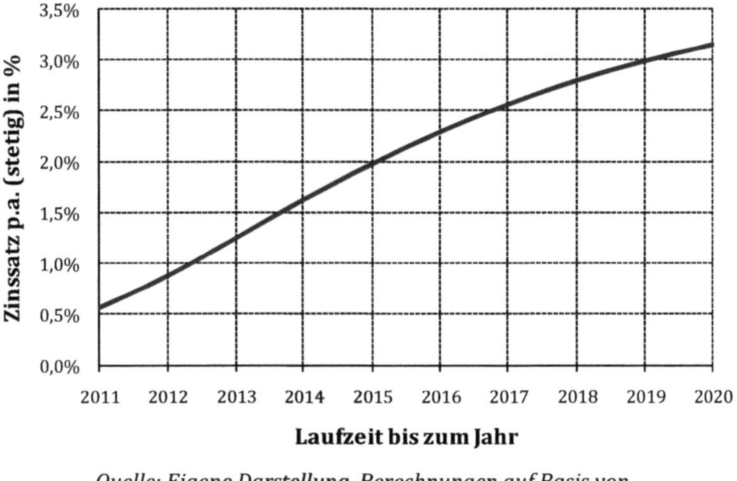

Quelle: Eigene Darstellung. Berechnungen auf Basis von Daten der DEUTSCHEN BUNDESBANK.

Bei der von der DEUTSCHEN BUNDESBANK herausgegebenen Zinsstrukturkurve handelt es sich um diskrete Zinssätze. Um für weitere Berechnungen konsistent zu den im Marktrenditeprozess verwendeten stetigen Renditen zu sein, wurde die in Abbildung 3 gezeigte Zinsstrukturkurve auf stetige ri-

350 Vgl. DEUTSCHE BUNDESBANK (2011), S. 66. Liegen diese Nullkuponanleihen nicht direkt am Kapitalmarkt vor, so werden sie mittels weiterer Anleihen geschätzt.

351 Die Daten der aktuellen sowie die Zeitreihen historischer Zinsstrukturkurven sind verfügbar unter http://www.bundesbank.de/statistik/statistik_zinsen.php.

sikofreie Zinssätze umgerechnet. Zu beachten ist ferner, dass es sich bei den Zinssätzen der Zinsstrukturkurve um Spot-Rates handelt, d.h. durchschnittliche risikofreie Zinssätze unterschiedlicher Laufzeiten. So beträgt beispielsweise der durchschnittliche jährliche Zinssatz einer risikofreien Anlage mit einer Laufzeit von Anfang 2011 bis Ende 2015 unter der aufgezeigten Zinsstruktur ca. 2,0% p.a. Dementsprechend muss im Bewertungsmodell der Schattenzins eines stochastischen Diskontierungsfaktors über dieselbe Laufzeit hierzu äquivalent sein. Da im Simulationsmodell jedoch zusätzlich eine Berechnung des stochastischen Diskontierungsfaktors für jede einzelne Periode erfolgt, ist es notwendig ergänzend auch die Forward-Rates der risikofreien Zinssätze zu bestimmen, um beispielsweise den impliziertén risikofreien Zinssatz innerhalb des Jahres 2015 angeben zu können.[352]

Durch die Verwendung stetiger Zinssätze lassen sich die Forward-Rates aus den Spot-Rates der Zinsstrukturkurve folgendermaßen berechnen:

$$r_{f,t+j} = r_{f,t+j\rightarrow t+j+1} = (j+1)\cdot r_{f,t\rightarrow t+j+1} - j\cdot r_{f,t\rightarrow t+j} \qquad (4.22)$$

Hierbei entspricht $r_{f,t+j}$ dem stetigen risikofreien Zinssatz im Jahr $t+j$, d.h. der Rendite der risikofreien Anleihen zwischen dem Beginn des Jahres $t+j$ und dem Jahr $t+j+1$. Am Beispiel der Bestimmung des risikofreien Zinssatzes im Jahr 2015 ergibt sich folgende Berechnung:

$$r_{f,2015} = r_{f,2015\rightarrow 2016} = 5\cdot r_{f,2011\rightarrow 2016} - 4\cdot r_{f,2011\rightarrow 2015} \qquad (4.23)$$

Da in diesem Beispiel der durchschnittliche, jährliche risikofreie Zinssatz sowohl für eine Laufzeit von vier als auch fünf Jahren bekannt ist, lässt sich die innerhalb des fünften Jahres implizierte Forward-Rate des risikofreien Zinssatzes berechnen. Durch eine systematische Anwendung dieser Berechnungslogik ergeben sich die Forward-Rates des risikofreien Zinssatzes auf Basis der Zinsstrukturkurve für alle betrachteten Jahre:

352 Vgl. RICHTER (2005), S. 104.

Abbildung 4: Zinsstrukturkurve zum 01.01.2011 (Forward-Rates)

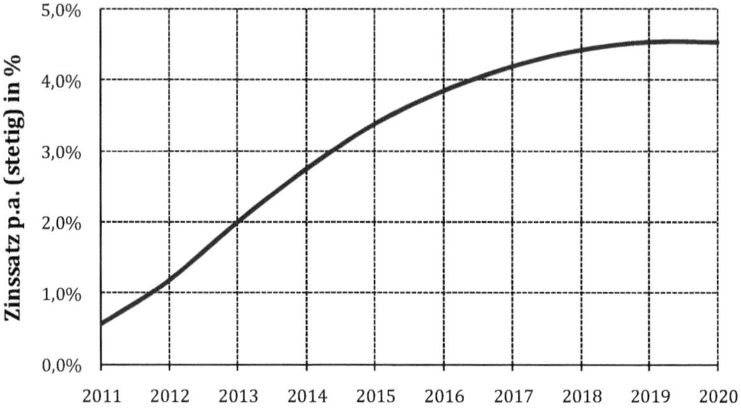

Quelle: Eigene Darstellung. Berechnungen auf Basis von Daten der DEUTSCHEN BUNDESBANK.

Die risikofreien Zinssätze auf Basis der Zinsstrukturkurve zum Bewertungszeitpunkt stehen somit für die Verwendung innerhalb eines Bewertungsmodells fest:

Tabelle 5: Spot- und Forward-Rates des stetigen risikofreien Zinssatzes

Jahr	2011	2012	2013	2014	2015	2016	2017	2018	2019	2020
Spot-Rate	0,56%	0,87%	1,24%	1,62%	1,97%	2,28%	2,56%	2,79%	2,99%	3,14%
Forward-Rate	0,56%	1,17%	1,99%	2,74%	3,38%	3,85%	4,20%	4,43%	4,54%	4,54%

Quelle: Eigene Darstellung. Berechnungen auf Basis von Daten der DEUTSCHEN BUNDESBANK.

4.3.3.2. Kalibrierung der Parameter

Zusammen mit der für den Prozess der stetigen Marktrendite angenommenen Standardabweichung in Höhe von $\sigma_m = 24{,}3\%$ lassen sich nun mit den ermittelten Forward-Rates des risikofreien Zinssatzes die periodenspezifischen Erwartungswerte der stetigen Marktrendite kalibrieren. Ausgangspunkt ist hierfür die Gleichung (4.11), welche den Erwartungswert des stochastischen Diskontierungsfaktors liefert und dem Kehrwert des risikofreien Zinssatzes entsprechen muss:

$$E_t[M_{t+1}] = e^{-\mu_{m,t+1}+\frac{1}{2}\cdot\sigma_m^2} = \frac{1}{e^{r_{f,t+1}}} \tag{4.24}$$

Durch Umformung ergibt sich hieraus der periodenspezifische Erwartungswert der stetigen Marktrendite in Abhängigkeit von ihrer Varianz und dem stetigen risikofreien Zinssatz zu:

$$\mu_{m,t+1} = r_{f,t+1} + \frac{1}{2}\cdot\sigma_m^2 \tag{4.25}$$

Unter der bezüglich des stochastischen Diskontierungsfaktors gewählten Struktur ergibt sich folglich der periodenspezifische Erwartungswert der stetigen Marktrendite als Summe des risikofreien Zinssatzes derselben Periode und der halben Varianz der Marktrendite. Der Varianzterm kann somit im gewählten Modell als Marktrisikoprämie interpretiert werden, welche die Differenz zwischen der unsicheren Marktrendite und dem risikofreien Zinssatz beschreibt. Da an dieser Stelle von einer konstanten Varianz der Marktrendite ausgegangen wird, ist die stetige Marktrisikoprämie in Höhe von ca. 3,0% ebenfalls im Zeitverlauf konstant. Die periodenspezifischen Erwartungswerte der Marktrendite in Abhängigkeit von den risikofreien Zinssätzen bzw. Schattenzinsen für den Prozess des stochastischen Diskontierungsfaktors entsprechen dadurch bei der Anwendung innerhalb des Bewertungsmodells:[353]

Tabelle 6: Kalibrierte Parameter des Prozesses der Marktrendite und des SDF bei σ_m = 24,3%

Jahr	2011	2012	2013	2014	2015	2016	2017	2018	2019	2020
$r_{f,t}$	0,56%	1,17%	1,99%	2,74%	3,38%	3,85%	4,20%	4,43%	4,54%	4,54%
$\mu_{m,t}$	3,51%	4,13%	4,95%	5,70%	6,34%	6,81%	7,15%	7,38%	7,50%	7,50%

Quelle: Eigene Berechnungen

353 Durch den positiven, risikofreien Zinssatz ist zugleich sichergestellt, dass es sich hierbei um Parameterkonstellationen handelt, die nach (4.12) zu einem zulässigen SDF führen, da für alle t gilt: $\mu_{m,t} > 0{,}5 \cdot \sigma_m^2$.

Für die spätere Interpretation der Ergebnisse des Simulationsmodells ist es hierbei hilfreich, dass die durch die gewählte Struktur des stochastischen Diskontierungsfaktors erzeugte Marktrisikoprämie innerhalb einer Größenordnung liegt, welche auch bei anderen Bewertungsansätzen in der Unternehmensbewertung, z.B. bei der Kapitalkostenbestimmung mittels CAPM, Anwendung findet. Die durch die stetige Marktrisikoprämie von ca. 3,0% implizierte diskrete Marktrisikoprämie in Höhe von ca. 5,9% liegt hierbei geringfügig über der häufig angesetzten Bandbreite der Marktrisikoprämie, steht jedoch nicht im Widerspruch zu verbreiteten Untersuchungen bezüglich der historisch geschätzten Überrendite von Aktien gegenüber risikofreien Anleihen.[354]

4.4. Beurteilung der gewählten Struktur des SDF

Das Ziel dieses Kapitels war die Entwicklung einer Struktur des stochastischen Diskontierungsfaktors, welche im Rahmen eines Simulationsmodells zur Bewertung zukünftiger Zahlungsströmen verwendet werden kann. Die Anforderungen an einen solchen stochastischen Diskontierungsfaktor sind zum einen die Spezifizierung eines Prozesses, durch welchen die unterschiedlichen Realisierungen des Diskontierungsfaktors beschrieben werden können. Zum anderen muss eine Verbindung zwischen den Faktoren, welche den stochastischen Diskontierungsfaktor beschreiben und der Entwicklung der bewertungsrelevanten Zahlungsströme hergestellt werden können.[355]

Dies wurde erreicht, indem auf eine vereinfachte Struktur des stochastischen Diskontierungsfaktors zurückgegriffen wird, welche auf der Annahme einer logarithmischen Nutzenfunktion des repräsentativen Investors beruht. Hierdurch ist es möglich, den stochastischen Diskontierungsfaktor direkt aus dem Wachstum des Vermögensportfolios des Investors, welches näherungsweise durch die Marktrendite beschrieben wird, abzuleiten.

354 Die Bandbreite der diskreten Marktrisikoprämie wird in entwickelten Ländern häufig im Bereich zwischen 3% und 5% angesetzt. Vgl. hierzu Arzac (2005), S. 46f m.w.N. Siehe auch Pratt & Grabowski (2010), S. 115-145 für einen umfassenden Überblick verschiedener Studien und Vorgehensweisen zur Messung der Marktrisikoprämie, welche teilweise auch zu höheren Schätzern für die Marktrisikoprämie führen.

355 Dies erfolgt in Abschnitt 5.2.1.

Durch die Wahl eines geeigneten Prozesses für die zukünftige Entwicklung der Marktrendite konnte sichergestellt werden, dass der stochastische Diskontierungsfaktor in seiner gewählten Struktur für die Zukunft keine ungültigen Realisierungen annehmen kann. Die Parameter des Marktrenditeprozesses wurden hierbei auf Basis historischer Kapitalmarktdaten geschätzt und mittels der am Kapitalmarkt vorliegenden Renditestruktur von Staatsanleihen so kalibriert, dass der Schattenzins des erzeugten stochastischen Diskontierungsfaktors mit den in der Unternehmensbewertung verwendeten risikofreien Zinssätzen auf Basis der Zinsstrukturkurve jeweils übereinstimmt.

An dieser Stelle soll nochmals verdeutlicht werden, dass es sich bei der gewählten Form des Prozesses des stochastischen Diskontierungsfaktors um eine vereinfachte Struktur handelt, welche aus bestimmten Annahmen hervorgeht und daher nicht mit dem tatsächlichen Prozess des stochastischen Diskontierungsfaktors übereinstimmen muss. Eine allgemeingültige Abbildung des tatsächlichen Prozesses des stochastischen Diskontierungsfaktors konnte allerdings bislang in der Forschung nicht geleistet werden und es kann vermutet werden, dass sich dieser nicht im Rahmen einer vereinfachten Modellstruktur exakt beschreiben lässt.

Die in dieser Arbeit gewählte Struktur des stochastischen Diskontierungsfaktors kann jedoch zu einem Erkenntnisgewinn bei der Betrachtung komplexer Fragestellungen bei zahlungsstrombasierten Bewertungsmodellen – wie beispielsweise Leveraged Buyouts – beitragen, da durch die Bewertung mittels eines stochastischen Diskontierungsfaktors keine exogene Risikoeinschätzung von Investitionen und (Teil-)Zahlungsströmen erfolgen muss. Da die hier gewählte Struktur mit der grundlegenden Theorie des Bewertungskonzepts des stochastischen Diskontierungsfaktors und dessen in der Empirie beobachteter Eigenschaften übereinstimmt, kann vielmehr das mit Zahlungsströmen verbundene relative Risiko beurteilt werden. Da der tatsächliche stochastische Diskontierungsfaktor von der gewählten Struktur abweichen kann, ist jedoch zu beachten, dass die absoluten Bewertungsergebnisse auf Basis des vereinfachten stochastischen Diskontierungsfaktors nicht mit den am Kapitalmarkt beobachteten Preisen oder dem realen Wert der Investition übereinstimmen müssen.

Zur weiteren Entwicklung des Simulationsansatzes wird im folgenden Kapitel nun das detaillierte Planungsmodell zur Ableitung der bewertungsrelevanten Zahlungsströme von Leveraged Buyouts entwickelt sowie die Verbindung dieser Planung mit dem stochastischen Diskontierungsfaktor hergestellt.

5. Entwicklung eines Planungsmodells für Leveraged Buyouts

Mit der Entwicklung eines stochastischen Diskontierungsfaktors wurde im vorstehenden Kapitel die erste Komponente eines Simulationsmodells für Leveraged Buyouts abgeschlossen. Um eine Bewertung von Leveraged Buyouts durchführen zu können, ist es im Weiteren erforderlich, die Zahlungsströme des Bewertungsobjekts zu spezifizieren. Als Ziel dieses Kapitels stellt sich daher die Modellierung der bewertungsrelevanten Zahlungsströme von Leveraged Buyouts als zweite und verbleibende Komponente des Simulationsmodells dar. Bei der Modellierung dieser Zahlungsströme stellt sich die Herausforderung, die Charakteristika von Leveraged Buyouts erfassen zu können. Daher ist eine geeignete Beschreibung eines Planungsmodells für typische Leveraged Buyouts erforderlich, aus welchem sich die bewertungsrelevanten Zahlungsströme ableiten lassen.

Zunächst wird auf die grundlegenden Alternativen zur Modellierung und Prognose bewertungsrelevanter Zahlungsströme im Rahmen von Bewertungsmodellen eingegangen. Anschließend erfolgt die detaillierte Darstellung des im Rahmen dieser Arbeit verwendeten Planungsmodells für Leveraged Buyouts. Es werden hierbei alle in die Planung einfließenden Elemente formeltechnisch beschrieben, so dass die im Simulationsmodell verwendete Berechnungsmethodik transparent wird. Ergänzend wird im Anschluss auf zwei spezielle Aspekte bei der Bewertung von Leveraged Buyouts eingegangen, welche bei der Bewertung gängiger Unternehmensformen in Theorie und Praxis kaum Berücksichtigung finden.

5.1. Modellierung von Zahlungsströmen

Bevor auf die detaillierte Ableitung der Zahlungsströme von Leveraged Buyouts eingegangen werden kann, sind zunächst die Alternativen einer Modellierung von Zahlungsströmen zu betrachten. Hierbei ist eine Struktur für die Modellierung der zu bewertenden Zahlungsströme im Rahmen eines Bewertungsmodells zu definieren. Die Wahl einer geeigneten Struktur zur Beschreibung und Prognose der bewertungsrelevanten Zahlungsströme kann sich diesbezüglich sowohl am Detaillierungsgrad der über das Bewertungsobjekt verfügbaren Informationen als auch der Intention des Bewertungsmodells orientieren.

Es existieren zwei grundlegende Vorgehensweisen zur Modellierung von Zahlungsströmen, welche im Rahmen von Bewertungsmodellen in deren Barwerte überführt werden, um auf den Wert des Bewertungsobjekts zu schließen. Hierbei handelt es sich zum einen um die direkte Modellierung von Zahlungsströmen, während die zweite Möglichkeit darin besteht, Zahlungsströme aus anderen Planungsgrößen abzuleiten und somit indirekt zu modellieren.

5.1.1. Direkte Modellierung

Eine einfache Möglichkeit zur Spezifizierung von bewertungsrelevanten Zahlungsströmen für Bewertungszwecke liegt in deren direkter Modellierung. Diese Modellierungsvariante findet vorwiegend Anwendung im Rahmen theoretischer Arbeiten, bei welchen sich die Zahlungsströme beispielsweise auf Basis eines einfachen Binomialmodells entwickeln. Der Vorteil einer direkten Modellierung von Zahlungsströmen liegt in einer verhältnismäßig geringen Komplexität, da die Bestimmung der Zahlungsströme direkt durch einen eigenständigen Prozess erfolgt. Dies eignet sich vorwiegend dazu, grundlegende Bewertungsmethoden zu erläutern oder konzeptionelle Fragestellungen zu untersuchen.[356]

Nachteilig zeigt sich bei einer solchen direkten Modellierung allerdings, dass die Zahlungsströme durch den Modellierungsprozess bereits eindeutig festgelegt sind. Da unterschiedliche zahlungsstrombasierte Bewertungsverfahren auf verschiedenen Definitionen von bewertungsrelevanten Zahlungsströmen beruhen, gibt eine direkte Modellierung von Zahlungsströmen bereits vor, welche Bewertungsmethode zum Einsatz kommen kann.[357] Nachteilig zeigt sich bei einer direkten Modellierung von Zahlungsströmen zudem, dass diese sich häufig nur unter einschränkenden Annahmen durch einen einzelnen Prozess beschreiben lassen. In der Realität existiert hingegen eine ganze Reihe von Einflussfaktoren auf die bewertungsrelevanten Zahlungsströme, wie z.B. eine Steuerberechnung unter Berücksichtigung von Verlustvorträgen, welche sich nicht durch eine direkte, lineare Pro-

---

356 Vgl. z.B. RICHTER (2001), RICHTER (2002b) und RICHTER (2004) für die Anwendung einer direkten Modellierung von Zahlungsströmen zur Beschreibung eines vereinfachten Diskontierungsverfahrens. Vgl. zu Ansätzen der direkten Zahlungsstrommodellierung im Kontext von Fragestellungen der Bewertung von LBOs ROSARIUS (2007), S. 72-86 und LÖFFLER (2000), S. 5-7.

357 Vgl. NOWAK (2003), S. 38 für verschiedene Definitionen der bewertungsrelevanten Zahlungsströme bei Verwendung unterschiedlicher Bewertungsmethoden.

zessmodellierung darstellen lässt. Bei einer direkten Modellierung von Zahlungsströmen können somit viele realitätsnahe Einflussfaktoren nicht ausreichend berücksichtigt werden. Darüber hinaus liegen bei einer direkten Modellierung von Zahlungsströmen keine Details über die einwirkenden Einflussfaktoren vor, welche für die Zahlungsstromentwicklung relevant sind. Es ist somit nicht möglich, bei der Bewertung eine genauere Analyse der Ursachen bestimmter Effekte durchzuführen oder einen Zahlungsstrom in einzelne Wertkomponenten zu zerlegen.[358] Soll hingegen eine detaillierte Analyse der wertschaffenden Faktoren eines Bewertungsobjekts und deren Einfluss auf den bewertungsrelevanten Zahlungsstrom sowie den Unternehmenswert möglich sein, so bietet sich die Variante einer indirekten Modellierung der Zahlungsströme an.

5.1.2. Indirekte Modellierung

Bei einer indirekten Modellierung werden die bewertungsrelevanten Zahlungsströme nicht direkt über einen einzelnen Prozess spezifiziert, sondern leiten sich aus einer Reihe von Einflussfaktoren ab. Da für diese Faktoren jeweils eigene Annahmen getroffen werden müssen sowie eine formale Prozessbeschreibung erforderlich ist, zeigt sich die Variante einer indirekten Modellierung als ungleich aufwendiger gegenüber einer direkten Modellierung von Zahlungsströmen.[359]

Eine Möglichkeit zur indirekten Modellierung von Zahlungsströmen besteht darin, zunächst in sich konsistente Planungen der zukünftigen Entwicklung des Bewertungsobjekts zu modellieren, aus welchen sich in einem zweiten Schritt die bewertungsrelevanten Zahlungsströme ableiten lassen. Hierbei ist darauf zu achten, dass keine ungültigen Zahlungsströme erzeugt werden und eine Plausibilität bezüglich der Entwicklung der Planung besteht. Die Komplexität einer indirekten Modellierung von Zahlungsströmen hängt hierbei im Wesentlichen von der Anzahl der zu berücksichtigenden Einflussfaktoren ab. Die Spannweite des Detaillierungsgrades einer indirekten Modellierung von Zahlungsströmen kann daher von einfachen Modellen, in denen die Zahlungsströme aus einer einzigen Planungsgröße abgeleitet werden, bis hin zu in der Unternehmensbewertungspraxis anzufindenden Planungsmodellen reichen, bei welchen sich die Zahlungsströme aus

358 Vgl. RICHTER (2002a), S. 93f.

359 Vgl. RICHTER (2002a), S. 94.

einer umfassenden Gewinn- und Verlustrechnung sowie der Bilanzplanung des Bewertungsobjekts ableiten.[360]

Gemeinsam haben alle diese Ansätze zur indirekten Modellierung von Zahlungsströmen, dass sie sowohl stochastische als auch deterministische Planungselemente enthalten können. Stochastische Elemente haben hierbei die Aufgabe, die Unsicherheit bezüglich der zukünftigen Entwicklung der Zahlungsströme im Zeitverlauf abzubilden. Diese werden durch deterministische Elemente der Planung ergänzt, welche auf festgelegten und demnach sicheren Berechnungslogiken beruhen. Beispiele für deterministische Elemente können Steuerberechnungen, Ausschüttungsprämissen oder die gewählte Finanzierungspolitik sein. Die hiervon beeinflussten Planungsgrößen sind bezüglich der zukünftigen Entwicklung zwar unsicher, jedoch beruht diese Unsicherheit auf den stochastischen Elementen der Planung und nicht auf den deterministischen Berechnungsgrundlagen.

Auf Grund der praktisch unbegrenzten Anzahl möglicher Einflussfaktoren, welche in der Realität auf die Entwicklung von Zahlungsströmen einwirken können, ist es erforderlich, bei Bewertungsmodellen eine Beschränkung der Komplexität vorzunehmen. Dies kann erreicht werden, indem die stochastischen Elemente der Planung auf diejenigen Einflussfaktoren beschränkt werden, deren Unsicherheit sich zufriedenstellend spezifizieren lässt.[361]

5.1.3. Berücksichtigung von Unsicherheit

Die Berücksichtigung von Unsicherheit bezüglich der zukünftigen Entwicklung eines Bewertungsobjekts und dessen bewertungsrelevante Zahlungsströme stellt sich als eine der zentralen Herausforderungen der Unternehmensbewertung dar.[362] Eine Unsicherheit resultiert hierbei nicht nur aus der Unwissenheit des Bewerters, welche unbeeinflussbare Umweltentwicklung in der Zukunft eintreten wird, sondern ebenso aus dessen Unkenntnis darüber, wie sich diese Umwelteinflüsse explizit auf die Entwicklung des

360 SCHOSSER (2009), S. 15 greift als Beispiel einer einfacheren indirekten Modellierung der Zahlungsströme auf einen exogen vorgegebenen EBIT-Prozess zurück, um bei der Steuerberechnung Nicht-Linearitäten sowie Insolvenzkriterien bei der Ableitung der bewertungsrelevanten Zahlungsströme berücksichtigen zu können. Vgl. für einen in der Unternehmensbewertungspraxis verwendeten, ausführlichen Ansatz einer Planungsentwicklung z.B. KOLLER, GOEDHART & WESSELS (2005), S. 229-253.

361 Vgl. RICHTER (2002a), S. 94f.

362 Vgl. RICHTER (2002a), S. 69 und BALLWIESER (2004), S. 66.

Bewertungsobjekts auswirken werden. Da die genauen zukünftigen Realisierungen zum gegenwärtigen Zeitpunkt nicht bekannt sind, ist es daher erforderlich, dass die Planung der zukünftigen Entwicklung des Bewertungsobjekts mehrwertig erfolgt. Dies kann durch eine Abschätzung der Wahrscheinlichkeitsverteilung der zukünftig eintretenden Entwicklungen geschehen.[363]

Eine Approximation der Wahrscheinlichkeitsverteilung der zukünftigen Entwicklung eines Bewertungsobjekts bzw. der hierbei zu Grunde liegenden Einflussfaktoren kann entweder auf Basis der historischen Entwicklung oder subjektiver Zukunftsschätzungen erfolgen. Hierbei kann die gegenseitige Abhängigkeit der stochastischen Elemente der zukünftigen Entwicklung durch eine Schätzung derer Kovarianzen beurteilt werden. Häufig stellt es sich jedoch als schwierig heraus, solche Zusammenhänge für alle Einflussfaktoren zu bestimmen. Es ist daher empfehlenswert, sich bei der Beschreibung der zukünftigen Entwicklung der Planung auf deren zentrale, unsichere Einflussfaktoren zu fokussieren.[364] Einerseits unterliegen zwar prinzipiell alle Elemente einer Planung zu einem gewissen Grad einer Unsicherheit. Dies betrifft streng genommen nicht nur die stochastischen Elemente, sondern kann sich auch auf die Berechnungslogiken der Planung erstrecken. Beispielsweise ist die Steuerberechnung für zukünftige Perioden nur unter den bestehenden Steuergesetzen deterministisch, bei einem Wechsel des Steuersystems sind hingegen die bisherigen Berechnungsgrundlagen nicht länger zutreffend. Da sich diese Unsicherheit jedoch kaum erfassen lässt, ist es zweckmäßig solche Unsicherheitsfaktoren auszublenden.

Des Weiteren ist es sinnvoll, bezüglich der zukünftig möglichen Entwicklung nur diejenigen Unsicherheiten einzubeziehen, welche im verwendeten Bewertungsmodell gewürdigt werden. Wie mit Formel (3.7) verdeutlicht wurde, bestimmt sich der Wert bzw. Preis eines Zahlungsstroms beim Bewertungskonzept des stochastischen Diskontierungsfaktors aus einem risikoneutralen Anteil sowie einer Risikoprämie bzw. einem Risikoabschlag. Für die Höhe dieser Risikoprämie bzw. des Risikoabschlags sind in einem Planungsmodell nur diejenigen Unsicherheiten der Zahlungsströme relevant, welche eine Korrelation zum stochastischen Diskontierungsfaktor aufweisen und hierdurch das systematische Risiko abbilden. Unsystematisches Risiko, in Form unternehmensspezifischer und vom stochastischen Diskontierungsfaktor unabhängiger Unsicherheitsfaktoren, hat hingegen

---

363 Vgl. ROSARIUS (2007), S. 58 m.w.N.

364 Vgl. MEYER (2006), S. 83f.

keinen Einfluss auf die Risikoprämie bzw. den Risikoabschlag bei einer Bewertung mit einem stochastischen Diskontierungsfaktor.[365]

Wenn wie bei anderen kapitalmarktorientierten Bewertungsmodellen unter vereinfachenden Annahmen davon ausgegangen werden kann, dass diese unsystematischen Unsicherheitsfaktoren nur zu einer Volatilität der Zahlungsströme führen, welche unkorreliert zum stochastischen Diskontierungsfaktor sind und die Abweichungen gleichverteilt um den Erwartungswert der Zahlungsströme sind, so haben unsystematische Unsicherheitsfaktoren keinen Einfluss auf das Bewertungsergebnis und können ausgeblendet werden.[366] Wird hingegen wie im Weiteren ein komplexeres Planungsmodell zur Ableitung der bewertungsrelevanten Zahlungsströme verwendet, bei welchem nicht-lineare Elemente eingesetzt werden – z.B. in Form von Insolvenzfolgen oder Einschränkungen bei Steuervorteilen – so kann durch unsystematisches Risiko eine Veränderung des Erwartungswerts der Zahlungsstroms herbeigeführt werden. Hierdurch wird zwar weiterhin nicht die durch den stochastischen Diskontierungsfaktor gewürdigte Risikoprämie beeinflusst, jedoch ändert sich die Höhe des risikoneutralen Anteils und somit der Gesamtwert eines bewerteten Zahlungsstroms.

Für die Abbildung der für das Bewertungsmodell relevanten Unsicherheit ist es bei der Prognose der zukünftigen Entwicklung der Zahlungsströme daher wichtig eine Verbindung der Unternehmensentwicklung zum stochastischen Diskontierungsfaktor herzustellen, um zwischen systematischen und unsystematischen Risiken trennen zu können, sowie eine Abbildung beider Arten zu ermöglichen.

5.2. Elemente des Planungsmodells

Um die Bewertungsfragestellungen von Leveraged Buyouts mittels eines Simulationsansatzes untersuchen zu können, wird im Weiteren auf eine indirekte Modellierung der bewertungsrelevanten Zahlungsströme zurückgegriffen. Dies ermöglicht nicht nur die Berücksichtigung der Eigenschaften und Spezifika von Leveraged Buyouts, welche zu Nicht-Linearitäten bei der zukünftigen Entwicklung der Zahlungsströme führen können, sondern er-

365 COCHRANE (2001), S. 17f.

366 Vgl. SPREMANN (2004a), S. 113f. Bei einem Simulationsmodell kompensieren sich in einem solchen Fall die zum stochastischen Diskontierungsfaktor unkorrelierten, unsystematischen Abweichungen der Zahlungsströme im Planungsprozess mit einer ansteigender Anzahl an Simulationsdurchgängen zusehends, so dass sie keinen Einfluss bei der Interpretation des Bewertungsergebnisses haben.

öffnet zugleich die Möglichkeit einer Ableitung von Teilzahlungsströmen aus dem Planungsmodell, welche den Eigen- und Fremdkapitalgebern zustehen sowie die Steuervorteile der Fremdfinanzierung umfassen. Im Folgenden wird hierzu ein Planungsmodell beschrieben, welches sich an dem Konzept zur Modellierung von vereinfachten Jahresabschlüssen orientiert, welches von RICHTER im Rahmen eines Simulationsansatzes zur Bewertung mittels risikoneutralen Wahrscheinlichkeiten entwickelt wurde.[367] Bei der Modellierung der einzelnen Positionen der Planung werden ergänzend die Charakteristika von Leveraged Buyouts berücksichtigt, um den Verlauf einer typischen Leveraged Buyout Investition abbilden zu können.

An dieser Stelle ist hervorzuheben, dass auf Grund der Datenlage von Leveraged Buyouts kein einzelner, allgemeingültiger Fall eines Leveraged Buyouts konstruiert werden kann. Dies liegt einerseits daran, dass die Ausgangssituation eines jeden Leveraged Buyouts einzigartig ist und letztlich nur ein Durchschnittsfall mit typischen Ausprägungen betrachtet werden kann. Andererseits ist bereits die Konstruktion eines durchschnittlichen Leveraged Buyouts auf Grund der durch die Private Equity Gesellschaften nur eingeschränkt veröffentlichten Informationen schwierig. Zwar sind mittlerweile detaillierte Daten zu Private Equity Fonds durch Datenbankanbieter wie THOMSON REUTERS VENTURE ECONOMICS[368] oder DOW JONES PRIVATE MARKETS[369] abgedeckt, auf Basis der einzelnen Beteiligungsunternehmen dieser Fonds ist die Datenlage hingegen nach wie vor sehr eingeschränkt.[370]

Bedingt durch diese Datenbeschränkungen erfolgte ein Großteil der in der Vergangenheit durchgeführten Untersuchungen zu Leveraged Buyouts auf Basis proprietärer Datenbanken unterschiedlicher Institutionen.[371] Da die hierin enthaltenen Informationen direkt von einzelnen Private Equity Gesellschaften oder Investment Banken zur Verfügung gestellt wurden, umfassen diese empirischen Untersuchungen in der Regel jeweils nur eine re-

---

367 Vgl. RICHTER (2002a), S. 93-109.

368 Siehe http://dmi.thomsonreuters.com/OnDemand/DealsAndPrivateEquity für detaillierte Informationen zu diesem Datenbankservice.

369 Siehe http://www.dowjones.com/privatemarkets/ für detaillierte Informationen zu diesem Datenbankservice.

370 Vgl. für einen Überblick an Datenquellen für LBOs WEINBERGER (2006), S. 175-177. Vgl. zur restriktiven Informationslage von Private Equity Gesellschaften auch LOOS (2006), S. 68.

371 Proprietäre Datenbanken wurden beispielsweise vom HEC-INSEAD Buyout Research Program (http://www.buyoutresearch.org) oder vom Centre for Private Equity Research der Nottingham University (http://www.nottingham.ac.uk/business/cmbor/) erstellt.

lativ geringe Anzahl an beobachteten Leveraged Buyouts.[372] In Folge dieser verhältnismäßig geringen Stichprobenumfänge der empirischen Untersuchungen sowie den darin enthaltenen Beteiligungsunternehmen über unterschiedliche Regionen und Zeiträume zeigen sich die Beobachtungen bezüglich der Entwicklung und den Eigenschaften der Leveraged Buyouts erwartungsgemäß fragmentiert und die Ergebnisse fallen uneinheitlich aus.[373] Folglich kann an dieser Stelle nur ein Planungsmodell entwickelt werden, welches die zentralen und häufig beobachteten Eigenschaften von Leveraged Buyouts berücksichtigt. Ein Anspruch auf die Allgemeingültigkeit zur Beschreibung aller Leveraged Buyout Investitionen durch das Planungsmodell kann und soll hingegen nicht erhoben werden.

In den folgenden Abschnitten werden nun die einzelnen Positionen des verwendeten Planungsmodells für Leveraged Buyouts beschrieben und formeltechnisch dargestellt.

5.2.1. Umsatz- und Marktentwicklung

Bezüglich einer Einschätzung der zukünftigen Unternehmensentwicklung kommt der Umsatzplanung eine besondere Bedeutung zu. Dies liegt zum einen daran, dass zukünftige Umsätze für einen wesentlichen Teil der Unsicherheit der zukünftigen Unternehmensentwicklung verantwortlich sind. Zum anderen sind von der Umsatzentwicklung eines Unternehmens praktisch alle weiteren Größen eines Planungsmodells direkt oder indirekt beeinflusst.[374] Um diese Unsicherheit der Umsatzentwicklung eines Unternehmens – wie im vorliegenden Fall eines Leveraged Buyouts – zu berück-

---

372 Vgl. PINDUR (2006), S. 12-16 für einen Überblick empirischer Studien zu LBOs. Die Studien umfassen häufig deutlich weniger als 100 beobachtete LBOs. Ebenfalls umfasst die Studie von PINDUR selbst nur 42 Beteiligungsunternehmen.

373 Bei den beobachtbaren bzw. veröffentlichten Daten spielt zudem der sog. „Survivorship Bias" eine wesentliche Rolle, da Private Equity Gesellschaften häufig nur Informationen zu erfolgreich durchgeführten Investitionen veröffentlichen. Vgl. hierzu DÄNZER (2009), S. 28, 220. MILLS (2000), S. 261-265 zeigt zudem auf, wie sich die typische Ausgestaltung von LBOs zwischen Mitte der 1980er Jahre bis zur Jahrtausendwende auf Grund unterschiedlicher Rahmenbedingungen verändert hat.

374 Vgl. KOLLER, GOEDHART & WESSELS (2005), S. 233 sowie RICHTER (2002a), S. 88. BECKER (2000), S. 71 bemerkt, dass insbesondere der Absatzpreis und die Absatzmenge eines Unternehmens einer Unsicherheit unterliegen, da diese exogenen Einflüssen – wie der konjunkturellen Entwicklung oder Branchenveränderungen – unterliegen, welche nur bedingt beeinflussbar sind.

sichtigen, sind die Umsätze daher durch einen geeigneten stochastischen Prozess zu beschreiben, welcher sich in Abhängigkeit von den wesentlichen Umwelteinflüssen des Unternehmens entwickelt. Die konjunkturelle Entwicklung gilt hierbei als ein wesentlicher exogener Unsicherheitsfaktor für die Unternehmensentwicklung. Zur Berücksichtigung der konjunkturellen Entwicklung des Wirtschaftsumfeldes wird häufig stellvertretend auf einen breiten Marktindex zurückgegriffen. Entsprechend dessen Entwicklung werden die Umsätze, Zahlungsströme oder Renditen eines Unternehmens positiv oder negativ beeinflusst.[375]

SPREMANN stellt heraus, dass bei einer Unternehmensbewertung die Prognose zukünftiger Zahlungsströme, respektive der stochastischen Elemente der Planung, stets in Abhängigkeit von der allgemeinen Wirtschaftsentwicklung erfolgen muss. Ursächlich hierfür ist zum einen, dass die allgemeine Wirtschaftsentwicklung einen wesentlichen Einfluss auf die Entwicklungsmöglichkeiten eines Unternehmens hat und eine getrennte Betrachtung dieser beiden Entwicklungsverläufe daher nicht sinnvoll ist. Da Unternehmen dem Einfluss ihres Wirtschaftumfeldes kontinuierlich ausgesetzt sind, kann unterstellt werden, dass ein linearer Zusammenhang zwischen der konjunkturellen Entwicklung des Wirtschaftsumfeldes und der Unternehmensentwicklung besteht.[376] In der Realität wird dies vermutlich nicht vollständig zutreffen, jedoch stellt die Annahme eines linearen Zusammenhangs zwischen Unternehmens- und Marktentwicklung eine sinnvolle Vereinfachung für die Analyse der historischen als auch die Prognose der zukünftigen Unternehmensentwicklung dar. Daher finden sich in der Literatur zahlreiche Ansätze, welche einen solchen linearen Zusammenhang unterstellen.[377]

Dieser theoretisch vermutete Zusammenhang zwischen der konjunkturellen Entwicklung in Form eines Marktindexes und der Unternehmensentwicklung in Form bestimmter Ergebnisgrößen konnte ebenfalls empi-

---

375 Vgl. RICHTER (2002a), S. 116. Die Verwendung eines Marktindexes als Stellvertreter für die konjunkturelle Entwicklung des allgemeinen Wirtschaftsumfeldes stellt eine vereinfachende Annahme dar, da hierdurch nur die Entwicklung börsennotierter Unternehmen abgebildet wird. Kann man jedoch davon ausgehen, dass sich nicht-börsennotierte Unternehmen im Einklang mit börsennotierten Unternehmen entwickeln, so ist ein Rückgriff auf einen Marktindex als Konjunkturbarometer zweckmäßig.

376 Vgl. SPREMANN (2004a), S. 113f.

377 Vgl. RICHTER (2002a), S. 116. Bereits ROSS (1978), S. 464f und BLACK (1988), S. 8f verknüpfen in ihren bekannten Modellen die zu bewertenden Zahlungsströme mit der Entwicklung einer Marktrendite.

risch nachgewiesen werden. TIMMRECK zeigte, dass neben Renditen auch Umsätze und weitere Ergebnisgrößen von Unternehmen durch die Entwicklung des Marktumfeldes beeinflusst werden. Hierbei stellte sich heraus, dass sich der Zusammenhang zwischen der Umsatzentwicklung von Unternehmen und der Marktentwicklung am deutlichsten nachweisen lässt. Da diese Unternehmensgröße in der Regel unter einer positiven Marktentwicklungen höher ausfällt, kann von einer grundsätzlich positiven Korrelation zwischen der Umsatz- und Marktentwicklung ausgegangen werden.[378]

Auch wenn eine Verbindung zwischen der Umsatzentwicklung von Unternehmen und der Marktentwicklung empirisch für eine signifikante Anzahl von Unternehmen belegt werden konnte, so besteht dennoch die Möglichkeit, dass sich ein solcher Zusammenhang in Einzelfällen nicht zweifelsfrei nachweisen lässt. Tritt dies ein, so ist es problematisch, die der Planung zu Grunde liegende Unsicherheit bezüglich der Unternehmensentwicklung zu erfassen und zu prognostizieren. Die Bewertung eines Unternehmens ist in einem solchen Fall kritisch, falls der Bewerter es nicht schafft, das in der Unternehmensentwicklung enthaltene Risiko zu quantifizieren.

Diese Problematik erstreckt sich jedoch nicht nur auf die hier vorgestellte Vorgehensweise bei der Entwicklung eines vereinfachten Planungsmodells zur Ableitung der bewertungsrelevanten Zahlungsströme und deren Diskontierung mittels eines stochastischen Diskontierungsfaktors, sondern betrifft grundsätzlich alle kapitalmarktorientierten Bewertungsverfahren.[379] Ist es nicht möglich, eine Verbindung zwischen der Unsicherheit der Unternehmensentwicklung und dem Kapitalmarkt zu knüpfen, so ist es beispielsweise ebenfalls nicht möglich, einen Betafaktor mittels des CAPM zur Ermittlung risikoangepasster Kapitalkosten zu bestimmen.

Dies würde bedeuten, dass ohne eine nachweisbare Verbindung zur Marktentwicklung sämtliche mit der Unternehmensentwicklung verbundenen Unsicherheiten und Risiken rein unternehmensspezifisch und folglich unsystematisch sind. Für diese durch die Kapitalgeber getragenen Risiken erfolgt auf einem Kapitalmarkt keine Entschädigung im Rahmen einer Renditeprämie, welche sich aus dem durch die Bewertung resultierenden, niedrigeren Kaufpreis ergeben würde. Bestünde die Möglichkeit trotz des nicht quantifizierbaren Zusammenhangs zwischen Unternehmens- und Marktentwicklung eine Verteilung der zukünftig möglichen Unternehmensentwicklungen zu schätzen und hieraus einen Erwartungswert der bewer-

---

378 Vgl. TIMMRECK (2006), S. 40, 131, 143f. Weitere Größen waren hierbei der Jahresüberschuss sowie das EBIT der untersuchten Unternehmen.

379 Vgl. RICHTER (2005), S. 24f.

tungsrelevanten Zahlungsströme abzuleiten, so könnten diese direkt mittels des risikofreien Zinssatzes diskontiert werden. Bei der Anwendung des Konzepts des stochastischen Diskontierungsfaktors entspricht dies einem Unternehmen, dessen Zahlungsströme keinerlei Korrelation zum stochastischen Diskontierungsfaktor aufweisen. Da es sich hierbei um eine generelle Problemstellung der Bewertung unter bestimmten Unternehmenskonstellationen handelt, wird für das nachfolgende Planungsmodell angenommen, dass sich ein linearer Zusammenhang zwischen der Umsatzentwicklung des Leveraged Buyouts als stochastisches Element der Planung und der Marktentwicklung herstellen lässt.

Der Umsatz einer Periode t soll sich im Planungsmodell in Abhängigkeit von der in der Vorperiode beobachteten Umsatzrealisierung wie folgt entwickeln:[380]

$$Umsatz_t = Umsatz_{t-1} \cdot \left(1 + G_{Umsatz,t}\right) \tag{5.1}$$

Hierbei bezeichnet $G_{Umsatz,t}$ die diskrete Umsatzwachstumsrate, welche durch einen linearen Zusammenhang zur Entwicklung der Rendite des Marktindexes beschrieben werden kann:

$$G_{Umsatz,t} = a + b \cdot R_{m,t} + \sigma_G \cdot \varepsilon_{G,t} \tag{5.2}$$

Da in der Realität kaum eine perfekte Korrelation zwischen den Wachstumsraten eines Unternehmens und des Marktes existieren wird, erfolgt in der Literatur häufig die Einbeziehung eines Zufallsterms $\sigma_G \varepsilon_{G,t}$, welcher die Annahme einer perfekten Korrelation zwischen dem Umsatzwachstum des Unternehmens und der Marktentwicklung aufhebt und hierdurch neben dem systematischen Risiko in der Unternehmensentwicklung ebenfalls ein unsystematisches Risiko in Form unternehmensspezifischer Unsicherheitsfaktoren berücksichtigt.[381] Hierbei wird jedoch regelmäßig vernachlässigt, dass in Folge eines solchen Zufallsterms ungültige Wachstumsraten entstehen können.[382] Es ist demzufolge bei der weiteren Modellierung des Um-

380 Vgl. RICHTER (2002a), S. 117.

381 Vgl. z.B. RICHTER (2001), S. 185, RICHTER (2005), S. 27, SPREMANN (2004a), S. 116 und TIMMRECK (2006), S. 137.

382 In der Realität sind keine Umsatzwachstumsraten kleiner als –100% möglich. Selbst wenn durch eine geeignete Modellierung ein Marktprozess festgelegt wurde, welcher stets Marktrenditen größer als –100% erzeugt, so kann durch die Parameter a und b sowie den Zufallsterm unter ungünstigen Konstellationen dennoch eine ungültige Umsatzwachstumsrate entstehen.

satzprozesses darauf zu achten, dass innerhalb des Planungsmodells nur plausible Umsatzgrößen erzeugt werden.

Die Bestimmung der Parameter des stochastischen Prozesses der Umsatzentwicklung in Formel (5.2) und der hieraus folgenden Verteilung der Umsatzwachstumsraten in Abhängigkeit von der Marktentwicklung kann entweder durch historische Beobachtungen oder subjektive Einschätzungen erfolgen.[383]

5.2.1.1. Regressionsansatz auf Basis vergangener Realisierungen

Liegt eine ausreichend lange Unternehmenshistorie vor und kann zudem davon ausgegangen werden, dass ein in der Vergangenheit beobachteter Zusammenhang zwischen dem Umsatzwachstum eines Unternehmens und der Marktentwicklung sich auch in der Zukunft in dieser Form fortsetzen wird, so kann versucht werden, die Abhängigkeit des Umsatzwachstums vom Markt durch eine Regressionsanalyse zu quantifizieren.

Für eine solche Regressionsanalyse stehen mehrere Ansätze zur Verfügung. Unter der Annahme eines einfachen linearen Zusammenhangs entsprechend Formel (5.2) kann eine Regression auf Basis der vergangenen Umsatzwachstumsraten als abhängige Variable und der in derselben Periode beobachtete Marktrendite als unabhängige Variable durchgeführt werden. Ebenfalls ist es möglich, gleichzeitig mehrere vorangegangene Realisierungen des Marktes als beschreibende Variablen für das Umsatzwachstum einer bestimmten Periode heranzuziehen. Dies wird als multipler linearer Regressionsansatz bezeichnet:[384]

$$G_{Umsatz,t} = a + \sum_{j=0}^{J-1} b_j \cdot R_{m,t-j} + \sigma_G \cdot \varepsilon_{G,t} \tag{5.3}$$

Bei Formel (5.3) wird das Umsatzwachstum einer bestimmten Periode t als abhängige Variable durch die Marktrendite derselben Periode sowie der in den $J-1$ vorangegangenen Perioden beobachtete Marktrendite beschrieben. Hierbei wird durch die auf Basis der multiplen linearen Regression ermittelten Parameter b_j angegeben, welchen Einfluss die unabhängigen Variablen der unterschiedlichen Perioden auf den Prozess des Umsatzwachstums haben.

383 Vgl. MEYER (2006), S. 83f.

384 Vgl. TIMMRECK (2006), S. 145 und RICHTER (2002a), S. 117.

Als Maßstab für die Güte der Beschreibung des auf Basis einer Regression ermittelten Zusammenhanges zwischen den unabhängigen und der abhängigen Variablen kann das Bestimmtheitsmaß R^2 dienen. Dieses Bestimmtheitsmaß liegt in einem Bereich zwischen Null und Eins, wobei ein $R^2 = 0$ für keinen beobachtbaren Zusammenhang der Variablen spricht, ein $R^2 = 1$ hingegen eine perfekte Korrelation zwischen abhängiger Variable und den unabhängigen Variablen impliziert. Bei Verwendung einer multiplen linearen Regression ist dieses Bestimmtheitsmaß stets gleich gut oder besser als unter Verwendung von lediglich einer unabhängigen Variablen.[385] Ursächlich hierfür ist, dass die Heranziehung zusätzlicher Erklärungsvariablen stets zu einer Verbesserung des Regressionsergebnisses in Form einer Erhöhung des Bestimmtheitsmaßes R^2 beitragen kann. Eine Verschlechterung des Bestimmtheitsmaßes ist hingegen nicht möglich, da die entsprechenden Koeffizienten b_j gleich Null sind, falls die zusätzlichen unabhängigen Variablen keinen Erklärungsgehalt aufweisen. Bei Verwendung einer multiplen Regression sollte daher durch die Verwendung weiterer Bestimmtheitsmaße darauf geachtet werden, dass sich die Funktion zur Beschreibung der abhängigen Variablen auf die wesentlichen Erklärungsvariablen fokussiert.[386] Die Wahl des geeigneten Regressionsansatzes und dessen Parameter lassen sich folglich nicht generell festlegen und müssen vielmehr für jedes zu betrachtende Unternehmen spezifisch bestimmt werden.[387]

Abgesehen von der Wahl eines geeigneten Regressionsansatzes für eine Beschreibung des historischen Zusammenhangs zwischen Unternehmens- und Marktentwicklung ergibt sich bei der Betrachtung von Leveraged Buyouts jedoch eine grundlegende Problematik dieses Ansatzes. Im Zuge einer Unternehmensübernahme durch eine Private Equity Gesellschaft werden bei Leveraged Buyouts zum Transaktionszeitpunkt sowie während der Haltedauer häufig strategische, organisatorische und operative Veränderungen durchgeführt. Diese zielen darauf ab, die im Beteiligungsunternehmen in der Vergangenheit vorgelegenen Ineffizienzen zu beseitigen und die Wettbewerbsfähigkeit sowie Wertschaffung des Leveraged Buyouts zu erhöhen. Hierbei kann es ebenfalls zu einer strategischen Neuausrichtung des Betei-

385 Vgl. TIMMRECK (2006), S. 137f.

386 Vgl. AUER (2007), S. 256-258. Die Aufnahme zusätzlicher unabhängiger Variablen in die Regression kann beispielsweise durch Verwendung eines korrigierten Bestimmtheitsmaßes eingeschränkt werden. Das korrigierte Bestimmtheitsmaß verringert sich hierbei bei der Aufnahme zusätzlicher unabhängiger Variablen, falls diese nicht einen ausreichenden Erklärungsgehalt besitzen.

387 Vgl. TIMMRECK (2006), S. 142-144.

ligungsunternehmens kommen, falls unprofitable Unternehmensbereiche desinvestiert werden oder zusätzliche Akquisition zur Stärkung bestimmter Geschäftsfelder durchgeführt werden.[388]

Ähnlich der Problematik bei der Bestimmung von Eigenkapitalkosten auf Basis historischer Daten ist auf Grund dieser einschneidenden Veränderungen eine rein vergangenheitsorientierte Betrachtung des Zusammenhanges zwischen Umsatz- und Marktentwicklung unter Umständen nicht repräsentativ für die zukünftige – und für eine Bewertung relevante – Entwicklung eines Leveraged Buyouts. Es erscheint daher sinnvoll, subjektive Einschätzungen bezüglich der zukünftigen Entwicklung zu berücksichtigen.

5.2.1.2. Annahme einer gemeinsame Verteilung der Wachstumsraten

Der in Formel (5.2) dargestellte lineare Zusammenhang zwischen der Umsatzwachstumsrate eines Unternehmens und der Marktrendite bzw. dem Wachstum eines Marktindexes unterstellt eine gemeinsame Verteilung dieser beiden Wachstumsraten. Die diskreten Umsatzwachstumsraten $G_{Umsatz,t}$ unterliegen somit den gleichen Verteilungsannahmen wie die Marktrenditen $R_{m,t}$. Unter dem in Abschnitt 4.3. gewählten Renditeprozess mit normalverteilten stetigen Marktrenditen bzw. logarithmisch normalverteilten diskreten Marktrenditen folgt, dass die diskreten Umsatzwachstumsraten ebenfalls als logarithmisch normalverteilt angenommen werden.

Diese gemeinsame Verteilung der Wachstumsraten eröffnet die Möglichkeit, den Zusammenhang zwischen Umsatz- und Marktentwicklung zu bestimmen, falls der Erwartungswert und die Volatilität der Umsatzwachstumsrate für die Zukunft geschätzt werden können. Durch die Annahme der gemeinsamen Verteilung von Umsatzwachstumsraten und Marktrenditen folgt aus (5.2):[389]

388 Vgl. Dänzer (2009), S. 27 und Weber & Hohaus (2010), S. 210f. Vgl. für eine Übersicht von Maßnahmen der Fokussierung als auch der Expansion des Geschäftsfeldes bei LBOs auch Berg & Gottschalg (2003), S. 23-25 m.w.N.

389 Unter den in Kapital 4.3. geschätzten Parametern der stetigen Marktrendite ergibt sich für den Erwartungswert der diskreten Marktrendite $E[R_{m,t}] = e^{\mu_{m,t}+0,5\cdot\sigma_m} - 1$ sowie für die Varianz $Var[R_{m,t}] = e^{2\mu_{m,t}+\sigma_m^2} \cdot [e^{\sigma_m^2} - 1]$. Vgl. hierzu Campbell, Lo & MacKinlay (1997), S. 15.

$$E[G_{Umsatz,t}] = a + b \cdot E[R_{m,t}] \quad (5.4)$$

$$Var[G_{Umsatz,t}] = b^2 \cdot Var[R_{m,t}] \quad (5.5)$$

Die Parameter a und b entsprechen folglich:

$$b = \sqrt{\frac{Var[G_{Umsatz,t}]}{Var[R_{m,t}]}} \quad \text{und} \quad a = E[G_{Umsatz,t}] - b \cdot E[R_{m,t}] \quad (5.6)$$

Eine Schätzung des Erwartungswertes und insbesondere der Varianz der zukünftigen Umsatzwachstumsraten kann sich in der Praxis jedoch als schwierig herausstellen. Denkbar ist zu deren Ermittlung beispielsweise eine Befragung mehrerer Managementmitglieder des Beteiligungsunternehmens oder der im Rahmen der Durchführung des Leveraged Buyouts involvierten Berater bezüglich der von diesen zukünftig erwarteten Umsatzwachstumsraten.[390] Auf Grund des häufig geringen Stichprobenumfangs einer solchen Erhebung resultieren jedoch dementsprechend große Konfidenzintervalle der Schätzer, wodurch die Anwendung einer solchen Abschätzung kritisch gesehen werden muss. Zur Beschreibung der gemeinsamen Verteilung der Umsatzwachstumsraten und der Marktrenditen existiert jedoch noch eine weitere Möglichkeit zur Einbeziehung subjektiver Zukunftsschätzungen.[391]

5.2.1.3. Berücksichtigung von Szenarioplänen

Zur Beschreibung der zukünftigen Entwicklung von Leveraged Buyouts in Abhängigkeit von der Marktentwicklung kann auf die im Zuge der Übernahme eines Zielunternehmens erstellten Szenariopläne zurückgegriffen werden. Bei Leveraged Buyouts werden zur Ermittlung der erwarteten Rendite für die Private Equity Investoren sowie die Verhandlungen mit den Fremdkapitalgebern mehrere Geschäftspläne unter dem Eintritt unterschiedlicher Szenarien, d.h. Entwicklungen des Wirtschaftsumfeldes, erstellt. Diese Geschäftspläne entstehen zunächst aus einer externen Perspek-

390 Vgl. für ein Beispiel dieses Ansatzes zur Schätzung des Erwartungswertes und der Varianz von Wachstumsraten TIMMRECK (2006), S. 157-159.

391 Vgl. weiterführend auch ERNST (2008), S. 99-103 für einen Überblick an Methoden zur Abschätzung der zukünftigen Varianz von Zahlungsströmen oder Renditen.

tive, da vor einer vollzogenen Übernahme noch nicht alle Unternehmensdaten des Zielunternehmens verfügbar sind. Dies kann bezüglich der Planung von Kostenstrukturen und Effizienzsteigerungen zu Ungenauigkeiten führen. In Bezug auf die Umsatzplanung weisen diese Szenariopläne jedoch durch die Einbeziehung eines branchenkundigen Managementteams seitens der Private Equity Gesellschaften in der Regel eine hohe Güte auf.[392]

Bei der Erstellung der Szenariopläne für Leveraged Buyouts wird in der Praxis häufig zum einen ein „Management Case" erstellt, welcher eine Entwicklung der Investition in das Beteiligungsunternehmen unter einer positiven Entwicklung der Rahmenbedingungen aufzeigt. Ergänzend wird ein „Bank Case" formuliert, welcher als Stresstest dient und die Fähigkeit des Beteiligungsunternehmens aufzeigen soll, die Fremdkapitalverpflichtungen auch unter einer weniger optimistischen Zukunftsentwicklung erfüllen zu können.[393] Mit dem Management und Base Case stehen somit zwei unterschiedliche Entwicklungspfade des möglichen zukünftigen Umsatzwachstums zur Verfügung.[394] Ist es nun ergänzend möglich, diesen beiden Szenarien Wahrscheinlichkeiten beizumessen, mit welchen der positivere Management Case und der negativere Bank Case von der tatsächlichen zukünftigen Entwicklung des Umsatzwachstums über- bzw. unterschritten werden, so lässt sich aus den Szenarioplänen die zukünftig erwartete Verteilung der Umsatzwachstumsraten ableiten.

Die Szenarioplanung ermöglicht hierbei nicht nur die Einbeziehung der subjektiven Erwartungen des Managements der Private Equity Gesellschaft bezüglich der zukünftigen Entwicklung des Leveraged Buyouts, sondern lässt darüber hinaus auch eine im Zeitverlauf veränderliche Sensitivität der Abhängigkeit des Umsatzwachstums von der Marktentwicklung zu. Dies ist einerseits hilfreich, falls über die Haltedauer des Beteiligungsunternehmens organisatorische und strategische Veränderungen zu einer veränderten Ri-

---

392 Vgl. WEBER & HOHAUS (2010), S. 57.

393 Der Bank Case wird hier als eine Art „Worst Case"-Szenario interpretiert. Vgl. zur Szenario-Analyse auch HÄBERLE (2008), S. 1222. Teilweise wird in der Literatur unter Bank Case auch ein Szenario bezeichnet, welches aus Sicht der Banken am wahrscheinlichsten ist. Vgl. hierzu MITTENDORFER & FOTTELER (2004), S. 259 und WEBER & HOHAUS (2010), S. 109. Da die Banken in Beziehung auf die Beurteilung der Geschäftspläne in der Regel weniger optimistisch sind als die Private Equity Gesellschaften, handelt es sich hierbei im Vergleich zum Management Case nach wie vor um ein negativeres Szenario.

394 Vgl. auch für eine Berücksichtigung mehrerer Szenarien für die Beschreibung der stochastischen Entwicklung zukünftiger Zahlungsströme am Beispiel eines Binomialmodells in ROSARIUS (2007), S. 86-95.

sikostruktur des Leveraged Buyouts führen. Andererseits ist dies im vorliegenden Vorgehen ebenfalls hilfreich, da durch die Adjustierung des Marktrenditeprozesses auf die Zinsstrukturkurve über den Zeitverlauf ein veränderlicher Erwartungswert der Marktrendite resultiert. Selbst bei Annahme einer konstanten Abhängigkeit der Umsatzwachstumsraten von der Marktentwicklung würden sich die Erwartungswerte des Umsatzwachstums über den Zeitverlauf verändern. Durch eine periodenspezifische Anpassung der Parameter a_t und b_t auf Basis der Szenariopläne zur Beschreibung des Zusammenhangs zwischen Umsatzwachstumsraten und der Marktentwicklung kann hingegen weiterhin eine gemeinsame Verteilung des Umsatz- und Marktwachstums unterstellt werden.

Die im optimistischeren Management Case geschätzte Umsatzwachstumsrate in einer Periode t wird im Folgenden mit $G^+_{Umsatz,t}$ bezeichnet und die entsprechend durch den pessimistischeren Bank Case vorgegebene Umsatzwachstumsrate sei $G^-_{Umsatz,t}$.[395] Mit $R^+_{m,t}$ und $R^-_{m,t}$ werden die in den beiden Szenarien eintretenden Marktrenditen bezeichnet. Hieraus ergeben sich zwei Gleichungen für die Ableitung der periodenspezifischen Parameter a_t und b_t:[396]

$$G^+_{Umsatz,t} = a_t + b_t \cdot R^+_{m,t} \tag{5.7}$$

$$G^-_{Umsatz,t} = a_t + b_t \cdot R^-_{m,t} \tag{5.8}$$

Zur Quantifizierung der Parameter a_t und b_t sind die mit beiden Szenarien verbundenen Marktrenditen zu bestimmen. Dies kann durch die Schätzung der Eintrittswahrscheinlichkeiten der Szenarien erfolgen, da eine gemeinsame Verteilung für die Umsatzwachstumsrate und die Marktrendite unterstellt wird. Mit ℓ^+ und ℓ^- werden die Intervallparameter der Verteilung der Marktrenditen auf Basis der geschätzten Eintrittswahrscheinlichkeiten der beiden Szenarien ermittelt. Hierbei wird für ℓ^+ die Wahrscheinlichkeit verwendet, unter welcher die zukünftigen Realisierungen der Wachstumsrate unterhalb der im Management Case angegebenen Wachstumsrate ausfallen (z.B. 70%). Für ℓ^- wird analog die Wahrscheinlichkeit

395 Hierbei wird impliziert, dass $G^-_{Umsatz,t} < G^+_{Umsatz,t}$.

396 Vgl. für eine ähnliche Vorgehensweise zur Bestimmung bewertungsrelevanter Zahlungen auf Basis von Szenarien im Rahmen eines risikoneutralen Bewertungsmodells in SPREMANN (2004a), S. 117f.

verwendet, unter der die zukünftig realisierte Wachstumsrate schlechter ausfällt als die im Bank Case angenommene (z.B. 15%).[397]

Die in den beiden Szenarien angenommenen Marktrenditen lassen sich entsprechend der Verteilungsparameter wie folgt berechnen:[398]

$$R_{m,t}^{+} = e^{\mu_{m,t} + \ell^{+} \cdot \sigma_m} - 1 \tag{5.9}$$

$$R_{m,t}^{-} = e^{\mu_{m,t} + \ell^{-} \cdot \sigma_m} - 1 \tag{5.10}$$

Die periodenspezifischen Parameter a_t und b_t ergeben sich entsprechend zu:[399]

$$b_t = \frac{G_{Umsatz,t}^{+} - G_{Umsatz,t}^{-}}{R_{m,t}^{+} - R_{m,t}^{-}} \quad \text{und} \quad a_t = G_{Umsatz,t}^{+} - b_t \cdot R_{m,t}^{+} \tag{5.11}$$

Für die Umsatzwachstumsraten als stochastisches Element des Planungsmodells kann im Weiteren somit auf den mittels der Szenariopläne hergestellten Zusammenhang zwischen Umsatzwachstum und Marktrenditen zurückgegriffen werden.

Da sich für Leveraged Buyouts geeignete Beteiligungsunternehmen im Allgemeinen durch relativ stabile Umsatzwachstumsraten auszeichnen, ist damit zu rechnen, dass die Volatilität des Umsatzwachstums geringer ist als jene der Marktrendite, d.h. $b_t < 1$. Soweit durch den Marktrenditeprozess keine ungültigen Renditen erzeugt werden, sind auch die damit verbundenen Umsatzwachstumsraten in einem gültigen Bereich, d.h. $G_{Umsatz,t} \geq -100\%$. Wird die Annahme der perfekten Korrelation zwischen Umsatz- und Marktentwicklung durch Einbeziehung unternehmensspezifischer Unsicherheit weiterhin wie in Formel (5.2) durch Einbeziehung des Zufalls-

---

397 Die Verteilungsparameter ℓ^{+} und ℓ^{-} lassen sich aus einer Tabelle der Verteilungsfunktion der Standardnormalverteilung ablesen, die angibt welcher Anteil der Realisierungen der Verteilungen unterhalb eines bestimmten Grenzwertes liegen. Vgl. hierzu z.B. RINNE (2008), S. 928. Für das Beispiel, dass 70% der Realisierungen das positive Szenario unterschreiten entspricht $\ell^{+} = 0{,}5244$. Bei einer 15%-igen Wahrscheinlichkeit eines Unterschreitens des negativen Szenarios ist $\ell^{-} = -1{,}0364$. Für $\ell = 0$ liegen genau 50% der Realisierungen einer Normalverteilung jeweils über und unter den hiermit verbundenen Grenze.

398 Siehe Tabelle 6 für die Parameter $\mu_{m,t}$.

399 Die Gleichungen in (5.11) erhält man durch Auflösen von (5.7) und (5.8) nach a_t und anschließendem Gleichsetzen und Auflösen nach b_t.

terms $\sigma_G \cdot \varepsilon_{G,t}$ gelockert, so ist sicherzustellen, dass hierdurch unter keiner Konstellation eine ungültige Wachstumsrate erzeugt wird. Um die Plausibilität des Planungsmodells sicherzustellen, wird für die Umsatzentwicklung daher ergänzend ein Maximumkriterium verwendet:

$$G_{Umsatz,t} = max(a_t + b_t \cdot R_{m,t} + \sigma_G \cdot \varepsilon_{G,t}, -1) \qquad (5.12)$$

Hierdurch kann der Umsatz des Unternehmens im schlechtesten Fall auf null absinken, jedoch niemals negativ werden. Durch die multiplikative Entwicklung des Umsatzes mittels einer Wachstumsrate bedeutet ein einmaliges Absinken des Umsatzes auf Null gleichzeitig die Beendigung des Unternehmens, da sich der Umsatz aus dieser Ausgangslage rechnerisch nicht mehr steigern lässt.

Ausgehend von dem beschriebenen Prozess der Umsatzentwicklung als primäres stochastisches Element der Planung können im Folgenden nun die weiteren Positionen des Planungsmodells konkretisiert werden.

5.2.2. Effizienzsteigerungen

Bei Leveraged Buyouts wurden im Rahmen empirischer Untersuchungen Hinweise auf eine operative Effizienzsteigerung der Beteiligungsunternehmens beobachtet. Ursächlich hierfür sind eine Vielzahl von Maßnahmen und Aktivitäten der Private Equity Gesellschaften, welche während der Haltedauer unternommen werden um die operative Leistungsfähigkeit und folglich die Wertsteigerung des Beteiligungsunternehmens zu maximieren.[400] PINDUR sieht ein ideales Zielunternehmen für die Durchführung eines Leveraged Buyouts darin gekennzeichnet, dass es noch ein deutliches Potential zur Leistungssteigerung beziehungsweise einen Nachholbedarf bezüglich der operativen Effizienz aufzeigt.[401] Eine Analyse der Geschäftspläne von Leveraged Buyouts hat zudem gezeigt, dass Private Equity Gesellschaften Effizienzsteigerungen bereits in ihr Kalkül zur Übernahme von Beteiligungsunternehmen bei der Durchführung eines Leveraged Buyouts einbeziehen.[402]

---

400 Vgl. BERG & GOTTSCHALG (2003), S. 20. Vgl. für einen Überblick der Maßnahmen zur Steigerung der operativen Leistungsfähigkeit von LBOs BERG & GOTTSCHALG (2003), S. 45f m.w.N. oder PINDUR (2006), S. 15f m.w.N. Siehe auch Abschnitt 2.2.3.

401 Vgl. PINDUR (2006), S. 177, 257.

402 Vgl. WEINBERGER (2006), S. 213f.

Diese operativen und organisatorischen Veränderungen können aus einer Vielzahl unterschiedlicher Maßnahmen resultieren und wirken sich auf die Kosten- und Margenstruktur innerhalb eines Planungsmodells aus. Zum einen wird nach der Übernahme eines Beteiligungsunternehmens durch die Private Equity Gesellschaft eine strikte Kontrolle von Budgets eingeführt, welche auf die Erzielung von Einsparungen ausgerichtet ist. Die Reduzierung von Fixkosten spielt hierbei ebenfalls eine wichtige Rolle zur Erreichung einer höheren Effizienz. Zum anderen werden gleichzeitig Maßnahmen durchgeführt, welche auf eine Steigerung der Produktionseffizienz ausgerichtet sind und ebenfalls zu einer Verbesserung der operativen Margen beitragen können.[403] Typischerweise entsteht bei Leveraged Buyouts während der Haltedauer zudem eine organisatorische Struktur, welche deutlich unbürokratischer ist, als dies vor der Übernahme des Beteiligungsunternehmens durch die Private Equity Gesellschaft der Fall war. Ergänzend werden im Zuge einer internen Reorganisation ineffiziente Management Teams ersetzt, um ebenfalls zu einer steigenden Leistungsfähigkeit des Leveraged Buyouts beizutragen.[404]

Ob sich die Maßnahmen zur Kostenreduzierung im Rahmen von Leveraged Buyouts zugleich auf eine Reduzierung der Forschungs- und Entwicklungskosten auswirken, ist hingegen unklar. Während einige Studien eine Reduzierung der Forschungsausgaben nach einer Übernahme des Beteiligungsunternehmens verzeichnen, lassen sich andererseits auch Fälle beobachten, in welchen ein Anstieg der Forschungskosten über die Haltedauer von Leveraged Buyouts verzeichnet werden konnte. Während Private Equity Gesellschaften durch den zeitlich befristeten Investitionshorizont zwar einerseits der Versuchung unterliegen können, langfristig wirkende Forschungsausgaben zu kürzen, ist es andererseits ebenfalls erforderlich, die dauerhafte Konkurrenz- und Zukunftsfähigkeit des Beteiligungsunternehmens für eine erfolgreiche Weiterveräußerung zu erhalten. Ein Anstieg oder eine Reduktion der Forschungs- und Entwicklungskosten ist daher maßgeblich davon abhängig, wie ein Beteiligungsunternehmen durch die Private Equity Gesellschaft für die Zukunft ausgerichtet wird.[405]

Da alle diese Maßnahmen auf eine Verbesserung der operativen Leistungsfähigkeit des Beteiligungsunternehmens ausgerichtet sind, können

---

403 Vgl. Berg & Gottschalg (2003), S. 20f. Vgl. weiterführend Muscarella & Vetsuypens (1990), S. 1411f, Kaplan (1989), S. 250f und Lichtenberg & Siegel (1990), S. 191-193.

404 Vgl. Berg & Gottschalg (2003), S. 21f m.w.N. sowie Muscarella & Vetsuypens (1990), S. 1412.

405 Vgl. Zahra & Fescina (1991), S. 8-13.

diese letztlich für eine erfolgreiche Durchführung eines Leveraged Buyouts entscheidend sein. Durch den positiven Effekt dieser einzelnen Maßnahmen auf die zukünftigen Zahlungsströme wird sowohl die Fähigkeit des Leveraged Buyouts gesteigert, die Rückführung des anfänglich hohen Fremdkapitals stemmen zu können, als auch eine bessere Ausgangssituation für eine Weiterveräußerung zu schaffen.

Ein Großteil der empirischen Untersuchungen, welche eine deutliche Effizienzsteigerung von Leveraged Buyouts bestätigen, wurde auf Basis von Daten von Private Equity Beteiligungen in den 1980er Jahren durchgeführt.[406] Bei Studien über die Entwicklung von Leveraged Buyouts in jüngerer Zeit lässt sich diese Effizienzsteigerung hingegen weniger deutlich beobachten.[407] Es kann vermutet werden, dass über den Zeitverlauf die am Markt beobachteten Unternehmen generell effizienter geworden sind und sich daher gegenwärtig nach einer Übernahme eines Beteiligungsunternehmens durch eine Private Equity Gesellschaft nur noch ein geringeres Potential zur operativen Leistungssteigerung besteht.[408]

Da sich die Vielzahl an möglichen Maßnahmen zur Effizienzsteigerung eines Leveraged Buyouts und deren erfolgreiche Umsetzung im Rahmen eines Planungsmodells kaum differenziert erfassen bzw. prognostizieren lässt, soll die Veränderung der Kostenstruktur und Produktivität eines Leveraged Buyouts nachfolgend vereinfachend durch einen veränderlichen Margenprozess zur Ermittlung des EBITDA aus den Umsatzgrößen berücksichtigt werden. Hierfür wird ein einfacher Mean-Reversion-Prozess für die EBITDA-Marge verwendet, welcher sich folgendermaßen darstellt:[409]

$$EBITDA_t = c_{EBITDA,t} \cdot Umsatz_t \tag{5.13}$$

$$c_{EBITDA,t} = \eta \cdot \bar{c}_{EBITDA} + (1-\eta) \cdot c_{EBITDA,t-1} \tag{5.14}$$

Hierbei entspricht $c_{EBITDA,t}$ der EBITDA-Marge in Periode t, welche sich einer EBITDA-Zielmarge $\bar{c}_{EBITDA}$ annähert. Eine solche Zielmarge kann bei-

406 Bekannte Studien zur LBO Performance in diesem Zeitraum stammen von KAPLAN (1989), PALEPU (1990) und OPLER (1992).

407 Vgl. für Studien, die bei den betrachteten LBOs nur eine sehr moderate Effizienzsteigerung feststellen konnten GUO, HOTCHKISS & SONG (2009), S. 28, 38, KAPLAN & STRÖMBERG (2009), S. 133 und KNAUER & SOMMER (2010), S. 396-398.

408 Vgl. BERG & GOTTSCHALG (2003), S. 22.

409 Vgl. für einen ähnlichen Mean-Reversion-Prozess z.B. RICHTER (2002a), S. 110 oder GLEIßNER, KAMARAS & WOLFRUM (2008), S. 163.

spielsweise über die durchschnittliche Marge einer bestimmten Industrie oder Branche ermittelt werden.[410] Der Parameter η kann hierbei als Konvergenzgeschwindigkeit aufgefasst werden, mit welcher sich die anfängliche EBITDA-Marge dieser Zielmarge annähert. Es gilt hierbei $0 \leq \eta \leq 1$. Mit $\eta = 1$ wird die Zielmarge bereits in der ersten Periode nach der Ausgangssituation erreicht, bei $\eta = 0$ verbleibt die EBITDA-Marge hingegen dauerhaft auf dem anfänglichen Niveaus. Durch eine Variation von $\bar{c}_{EBITDA}$ und η kann somit im Bewertungsmodell untersucht werden, wie ausschlaggebend sich eine Effizienzsteigerung auf die Bewertung von Leveraged Buyouts auswirkt und welche Implikationen hieraus bezüglich des Risikos der Zahlungsströme entsteht.

Wenngleich die zukünftige Entwicklung der EBITDA-Marge in der Realität nicht als sicher angenommen werden kann, so unterliegen diese vorwiegend unternehmensinternen Prozessen, welche im Vergleich zur Umsatzentwicklung in der Regel eine deutlich höhere Kontrollier- und Beeinflussbarkeit seitens des Managements aufweisen.[411] In dem in (5.14) gezeigten EBITDA-Prozess sowie der Modellierung der nachfolgenden Bilanzpositionen des Planungsmodells wird daher auf weitere Zufallsterme zur Abbildung zusätzlicher unternehmensspezifischer Unsicherheit – ergänzend zu der bereits im Umsatzwachstumsprozess berücksichtigten – aus Gründen der Komplexitätsreduktion verzichtet.

5.2.3. Bilanzpositionen

Im Planungsmodell sind neben den Positionen der Gewinn- und Verlustrechnung bestimmte Bilanzpositionen zu berücksichtigen, da deren Veränderung ebenfalls einen Einfluss auf die aus der Planung abgeleiteten Zahlungsströme haben können und folglich bewertungsrelevant sind. Die Bilanzpositionen werden hierbei im Folgenden in wesentliche Kategorien zusammengefasst.

410 Auf Grund eines Wettbewerbs am Markt kann angenommen werden, dass sich die Margen innerhalb einer Branche einem nachhaltigen Niveau annähern, da dauerhaft keine überdurchschnittliche Profitabilität erzielt werden kann. Vgl. hierzu ARZAC (2005), S. 70 und BAJAJ, DENIS & SARIN (2004), S. 4. Für LBOs würde dies bedeuten, dass zwar eine Korrektur von Ineffizienzen des Beteiligungsunternehmens möglich ist, jedoch keine Steigerung der EBITDA-Marge über ein nachhaltiges Niveau erfolgen kann.

411 Vgl. RICHTER (2002a), S. 94.

5.2.3.1. Sachanlagevermögen

Das Sachanlagevermögen umfasst alle Vermögenswerte des Anlagevermögens, welche für die operative Geschäftstätigkeit des Beteiligungsunternehmens notwendig sind.[412] Liegen keine detaillierten Informationen über die einzelnen im Sachanlagevermögen enthaltenen Anlagen und Vermögenswerte, deren Alter sowie ökonomische Restlebensdauer vor, so lässt sich die Entwicklung des Sachanlagevermögens als Teil eines Planungsmodells auf Basis der Umsatzentwicklung planen.[413] Hierbei kann ein linearer Zusammenhang zwischen den Investitionen in das zur Leistungserstellung eingesetzte Anlagevermögen und den damit erzielbaren Umsätzen des Unternehmens unterstellt werden.

Die Investitionen in das Sachanlagevermögen einer Periode t berechnen sich hierzu aus den Umsätzen derselben Periode:[414]

$$Investitionen_t = c_{Investitionen} \cdot Umsatz_t \tag{5.15}$$

Hierbei bezeichnet $c_{Investitionen}$ die Investitionsquote als Verhältnis der Investitionen zum Umsatz. Die Abschreibungen einer Periode t berechnen sich auf Basis des am Ende der Vorperiode vorliegenden Bestands des Anlagevermögens sowie der anteilig in derselben Periode getätigten Investitionen:[415]

---

412 Vgl. HÄBERLE (2008), S. 1119f. Es wird an dieser Stelle davon ausgegangen, dass das Sachanlagevermögen vollständig betriebsnotwendig ist und demnach keine nicht-betriebsnotwendigen Anlagen oder Immobilien vorliegen.

413 Vgl. KOLLER, GOEDHART & WESSELS (2005), S. 245.

414 Alternativ zur Planung der Investitionen als Anteil des Umsatzes ist ebenfalls ein Ansatz möglich, bei welchem das Anlagevermögen als Prozentsatz des Umsatzes einer Periode geplant wird. KOLLER, GOEDHART & WESSELS (2005), S. 245 argumentieren, dass letzterer Ansatz zu einem gleichbleibenden Kapitalumschlag führt. Jedoch kann diese Methode bei einem Rückgang der Umsatzentwicklung im Rahmen eines Simulationsmodells dazu führen, dass nicht nur weniger investiert, sondern zugleich Sachanlagevermögen zum Buchwert veräußert wird, was hingegen unrealistisch erscheint. Um eine konstantere Entwicklung des Sachanlagevermögens zu gewährleisten, werden daher im vorliegenden Modell die Investitionen anstelle des absoluten Sachanlagebestands geplant.

415 Wird davon ausgegangen, dass die Investitionen gleichmäßig über den Zeitverlauf einer Periode getätigt werden, so lässt sich argumentieren, dass durchschnittlich bereits auf die Hälfte dieser Neuinvestitionen Abschreibungen in derselben Periode anfallen. Vgl. hierzu RICHTER (2002a), S. 97.

$$Abschreibungen_t = c_{Abschreibungen} \cdot \left(Anlagevermögen_{t-1} + \frac{1}{2} \cdot Investitionen_t \right) \quad (5.16)$$

Der Parameter $c_{Abschreibungen}$ bezeichnet die Abschreibungsquote als Verhältnis der Abschreibungen zum Anlagenbestand und ermittelt sich aus der durchschnittlichen ökonomischen Lebensdauer der Sachanlagen. Exakter als die in Formel (5.16) auf Basis des Nettobestands des Anlagevermögens ermittelten Abschreibungen ist eine Berechnung auf Basis des Bruttobestands des Anlagevermögens, d.h. den Anschaffungswerten der noch nicht vollständig abgeschriebenen Sachanlagen. Um dies jedoch innerhalb eines Planungsmodells zu berücksichtigen, wäre eine explizite Planung aller einzelnen Vermögenswerte des Anlagevermögens sowie deren Abschreibungen auf Basis einer Kaskadenrechnung erforderlich, weshalb es an dieser Stelle sinnvoll ist, auf die vereinfachte Berechnung der Abschreibungen auf Basis des Nettobestands zurückzugreifen.[416]

Das Sachanlagevermögen im Planungsmodell ergibt sich entsprechend auf Basis der Investitionen und Abschreibungen zu:

$$Anlagevermögen_t = Anlagevermögen_{t-1} + Investitionen_t - Abschreibungen_t \quad (5.17)$$

Empirisch kann bei Leveraged Buyouts teilweise beobachtet werden, dass die Investitionen in das Sachanlagevermögen nach einer erfolgten Übernahme reduziert werden und unterhalb der Abschreibungen liegen. Dies kann darauf zurückzuführen sein, dass im Rahmen der Effizienzsteigerung des Beteiligungsunternehmens unprofitable Bereiche eingestellt werden oder eine effizientere Nutzung der bestehenden Sachanlagen stattfinden.[417] Bei dieser Reduzierung der Kapitalbindung im Anlagevermögen ist bei Leveraged Buyouts jedoch darauf zu achten, dass die zukünftige Leistungsfähigkeit des Beteiligungsunternehmens nicht zu Gunsten eines kurzfristigen Zahlungsstromeffektes beeinträchtigt wird, woraus eine Unterinvestition in das Sachanlagevermögen resultieren kann.[418]

---

416 Vgl. KOLLER, GOEDHART & WESSELS (2005), S. 238f, 245.

417 Vgl. OPLER (1992), S. 27, 32.

418 Vgl. KAPLAN & STRÖMBERG (2009), S. 133, KNAUER & SOMMER (2010), S. 399f und BERG & GOTTSCHALG (2003), S. 22.

5.2.3.2. Umlaufvermögen

Neben dem Sachanlagevermögen sind weitere Vermögenswerte für die operative Geschäftstätigkeit eines Unternehmens notwendig. Diese umfassen beispielsweise die kurzfristigen liquiden Mittel, Forderungen und Vorräte des Unternehmens, welche Teil des Umlaufvermögens der Bilanz sind. Im Kontext der Unternehmensbewertung wird das Umlaufvermögen um die kurzfristigen unverzinslichen Verbindlichkeiten reduziert, um zu ermitteln, welche Kapitalbindung mit der operativen Geschäftstätigkeit des Unternehmens verbunden ist. Diese Zusammenfassung wird als Nettoumlaufvermögen (engl.: „Net Working Capital") bezeichnet.[419]

Da das Umlaufvermögen stark abhängig vom Umfang der Geschäftstätigkeit eines Unternehmens ist, kann der Verlauf des Nettoumlaufvermögens im Planungsmodell als Anteil der Umsätze entwickelt werden:[420]

$$NWC_t = c_{NWC} \cdot Umsatz_t \tag{5.18}$$

NWC_t bezeichnet hierbei den Bestand des Nettoumlaufvermögens zum Ende der Periode t, c_{NWC} ist die Quote des Nettoumlaufvermögens in Bezug auf den Umsatz. Eine Steigerung des Umsatzes führt folglich zu einem Anstieg des Nettoumlaufvermögens und einer erhöhten Kapitalbindung. Die Veränderung des im Nettoumlaufvermögen gebundenen Kapitals, welches aus operativen Mitteln finanziert wird, ergibt sich demnach innerhalb der Periode t zu:

$$\Delta NWC_{t-1,t} = c_{NWC} \cdot (Umsatz_t - Umsatz_{t-1}) \tag{5.19}$$

Bezüglich der Entwicklung des Nettoumlaufvermögens bei Leveraged Buyouts sind die empirischen Ergebnisse sehr heterogen. Während einerseits beobachtet werden kann, dass eine effizientere Kontrolle der Vorräte, ein verbessertes Forderungsmanagement sowie eine Ausdehnung der eigenen Zahlungsziele zu einem deutlich geringeren Niveau des Nettoumlauf-

---

419 Vgl. GARRISON, NOREEN & BREWER (2006), S. 657.

420 Vgl. RICHTER (2002a), S. 97 und KOLLER, GOEDHART & WESSELS (2005), S. 243f.

vermögens beitragen können, ist dieser Effekt nicht generell im Rahmen von Leveraged Buyouts zu beobachten.[421]

Da sich die Maßnahmen zur Verbesserung der Kapitalbindung im Nettoumlaufvermögen relativ kurzfristig umsetzen lassen, wird davon ausgegangen, dass sich das nachhaltige c_{NWC} bereits zu Beginn der Planung abschätzen lässt und sich das nachhaltige Niveau im Laufe der ersten Planungsperiode einstellt. Liegt in der Ausgangssituation der Planung ein gegenüber c_{NWC} erhöhtes Nettoumlaufvermögen vor, so wird im Planungsmodell in der ersten Periode ein positiver Zahlungsstromeffekt realisiert.

5.2.3.3. Sonstige Positionen

Neben dem Sachanlage- und Umlaufvermögen existieren noch weitere Bilanzpositionen, welche bei Planungsmodellen berücksichtigt werden können. Für eine Berücksichtigung im vorliegenden Planungsmodell ist zu überlegen, in wieweit diese für eine Bewertung von Leveraged Buyouts relevant sind.

Die Planung eines Kassenbestands und liquider Mittel, welche nicht zur operativen Leistungserzielung des Leveraged Buyouts im Nettoumlaufvermögen enthalten sind, ist nicht erforderlich, da im Planungsablauf jegliche freie Liquidität zur Tilgung des Fremdkapitalbestands eingesetzt wird und im Falle einer vollständigen Tilgung des Fremdkapitals vor Ende der Haltedauer eines Leveraged Buyouts eine Ausschüttung der freien Liquidität an die Private Equity Investoren erfolgen soll.[422] Ebenfalls ist es daher nicht erforderlich, eine Planung von Finanzanlagen vorzunehmen, soweit keine explizite Veränderung dieser Position vorgesehen ist. Zugleich wird davon ausgegangen, dass im Zuge der finanziellen Restrukturierung des Beteiligungsunternehmens bei Übernahme ein vollständiger Abbau von eventuell bestehenden Finanzanlagen stattgefunden hat und diese Position demnach nicht im Planungsmodell berücksichtigt werden muss.

Einen bewertungsrelevanten Einfluss kann die Entwicklung von Rückstellungen besitzen, wenn deren Veränderungen auf Basis gesetzlicher Vorgaben erfolgt und nicht durch das Beteiligungsunternehmen selbst bestimmt wird. Bezüglich der Komplexität der Modellierung von Rückstellun-

---

421 Vgl. BERG & GOTTSCHALG (2003), S. 21 m.w.N. und BAKER & WRUCK (1989), S. 166 für eine deutliche Reduzierung des Nettoumlaufvermögens bei LBOs. In den Studien von KNAUER & SOMMER (2010), S. 400 und PINDUR (2006), S. 208f konnte hingegen keine eindeutige Verbesserung der Nutzung des Nettoumlaufvermögens festgestellt werden.

422 Vgl. Abschnitt 5.2.4.1.

gen in Planungsmodellen herrscht jedoch Uneinigkeit. Während LODOWICKS der Ansicht ist, dass eine Entwicklung von Rückstellungen bei Bewertungsmodellen unproblematisch ist, vertritt RICHTER die Meinung, dass beispielsweise für eine exakte Modellierung von Pensionsverpflichtungen detaillierte Informationen über die Vertragsverhältnisse, Altersstruktur der Belegschaft und die erwartete zukünftige Rentenbezugsdauer erforderlich sind.[423] Da eine solche Modellierung ohne tiefgreifende Kenntnis der den Rückstellungen zu Grunde liegenden Prämissen im Rahmen der Entwicklung einer vereinfachten Planung nicht erfolgen kann und keine näheren Informationen über die typische Bildung oder Auflösung von Rückstellungen bei Leveraged Buyouts bekannt ist, wird daher von deren Modellierung abgesehen.[424]

5.2.4. Fremdkapital

Die Finanzierung der Übernahme eines Zielunternehmens mittels eines beträchtlichen Anteils an Fremdkapital ist eines der zentralen und definierenden Elemente eines Leveraged Buyouts. Typischerweise folgt auf den zu Beginn eines Leveraged Buyouts vorliegenden, hohen Fremdkapitalbestands eine schrittweise Rückführung des Fremdkapitals aus den operativen Zahlungsströmen des Beteiligungsunternehmens.[425]

Diese charakteristische Finanzierungsstruktur von Leveraged Buyouts führt dazu, dass es bei der Anwendung von zahlungsstrombasierten Bewertungsverfahren auf Basis risikoadjustierter Kapitalkosten zu Problemen kommt, falls diese auf die Unterstellung einer autonomen oder wertorientierten Finanzierungspolitik angewiesen sind.[426] Für die Verwendung eines stochastischen Diskontierungsfaktors müssen hingegen nicht derart einschränkende Bedingungen bezüglich der Finanzierungspolitik des Bewer-

423 Vgl. LODOWICKS (2008), S. 25 und RICHTER (2002a), S. 101. Vgl. für eine Diskussion zur Berücksichtigung von Rückstellungen bei der Bewertung mittels risikoangepassten Kapitalkosten RICHTER (2002a), S. 216-219.

424 Vgl. LODOWICKS (2008), S. 25 m.w.N. zu Ansätzen von Bewertungsmodellen, welche ebenfalls von einer Modellierung von Rückstellungen absehen.

425 Vgl. Abschnitt 2.2.2.

426 Vgl. KRUSCHWITZ & LÖFFLER (2001), S. 112f und KRUSCHWITZ & LÖFFLER (2007), S. 90-92. Vgl. zur Problematik einer Berücksichtigung der zahlungsstrombasierten Finanzierung auch Abschnitt 1.2. WEBER & HOHAUS (2010), S. 84 schließen darauf, dass auf Grund dieser speziellen Finanzierungsform die in der Literatur verbreiteten, theoretischen Bewertungsmodelle nur sehr beschränkt auf LBOs übertragbar sind.

tungsobjekts unterstellt werden. Für die Berücksichtigung der typischen Finanzierungsstruktur von Leveraged Buyouts im Planungsmodell ist lediglich eine geeignete Formulierung der Entwicklung des Fremdkapitalverlaufs zu bestimmen.

Prinzipiell steht neben dem durch die Private Equity Investoren eingebrachten Eigenkapital bei Leveraged Buyouts eine Reihe unterschiedlicher Finanzierungsinstrumente als Quelle für die Zusammensetzung des benötigten Fremdkapitalvolumens zur Verfügung.[427] Zu den verbreitetsten Finanzierungsinstrumenten von Leveraged Buyouts zählen vorrangig besicherten Bankdarlehen (engl.: „Senior Loans"), Mezzanine-Kapital, Hochzinsanleihen (engl.: „High-Yield-Bonds") und Verkäuferdarlehen (engl.: „Vendor Financing").[428] Die Rückführung der einzelnen Fremdkapitalinstrumente über die Haltedauer des Leveraged Buyouts kann nach Ausgestaltung der zu Grunde liegenden Darlehensverträge entweder laufend oder endfällig erfolgen.[429] Die vorrangig besicherten Bankdarlehen sind typischerweise in Tranchen mit unterschiedlichen Laufzeiten unterteilt, welchen ein bei der Kapitalaufnahme definierter Tilgungsplan zu Grunde liegt.[430] Die geforderte Verzinsung der einzelnen Fremdkapitalinstrumente richtet sich entsprechend nach Fälligkeit und Vorrangigkeit der Besicherung im Insolvenzfall. Je später eine Tilgung vorgesehen ist und je nachrangiger die Besicherung im Falle einer Insolvenz des Leveraged Buyouts, desto höher ist der geforderte Zinssatz der Fremdkapitalgeber und desto teurer ist die Verwendung eines solchen Finanzierungsinstruments aus Sicht der Private Equity Investoren.

Neben diesen verbreiteten Finanzierungsquellen des Fremdkapitals können bei Leveraged Buyouts noch weitere Elemente mit Fremdkapitalcharakter existierten, wie beispielsweise revolvierende Kredite für operati-

---

427 Vgl. für eine ausführliche Beschreibung der im Rahmen von LBOs eingesetzten Finanzierungsinstrumente WEINBERGER (2006), S. 91-126 oder WEBER & HOHAUS (2010), S. 94-108.

428 Vgl. JOHNEN & SCHACHT (2009), S. 298-300. Mezzanine-Kapital rangiert im Insolvenzfall zwischen Fremd- und Eigenkapital, d.h. es wird gegenüber anderen Fremdkapitalinstrumenten nachrangig behandelt, wodurch eine entsprechend hohe Verzinsung seitens der Mezzanine-Kapitalgeber gefordert wird. Vgl. hierzu WEINBERGER (2006), S. 117.

429 Vgl. WEBER & HOHAUS (2010), S. 92, 95. Bei einer endfälligen Tilgung eines Fremdkapitalinstrumentes spricht man auch von einem sog. „Bullet Repayment".

430 Vgl. JOHNEN & SCHACHT (2009), S. 298. Die einzelnen Tranchen, welche in der Praxis mit Buchstaben in alphabetischer Reihenfolge bezeichnet werden, können ebenfalls eine laufende oder endfällige Tilgung vorsehen. Vgl. hierzu WEBER & HOHAUS (2010), S. 95.

ve Zwecke oder sogenannte „Pay-If-You-Can"-Instrumente (PIYC). Letztere können bei der Finanzierung von zyklischen Investitionen zum Einsatz kommen, bei welchen sich die operativen Zahlungsströme eines Leveraged Buyouts über die Haltedauer nur schlecht prognostizieren lassen und eine Rückführung des Fremdkapitals daher entsprechend der tatsächlichen Verfügbarkeit und Höhe der zukünftigen operativen Zahlungsströme erfolgt.[431]

Eine explizite Abbildung dieser verschiedenen Finanzierungsinstrumente in einem Planungsmodell ist denkbar, aus Gründen der Komplexitätsreduzierung soll jedoch im Weiteren das Fremdkapital als einzelnes, homogenes Finanzierungsinstrument betrachtet werden.[432] Hierdurch lassen sich im Folgenden die zahlungsstromorientierte Entwicklung des Fremdkapitalbestands, die Verschuldungskapazität des Leveraged Buyouts sowie die Bestimmung der Fremdkapitalzinssätze im Planungsmodell einheitlich bestimmen.

5.2.4.1. Zahlungsstrombasierte Entschuldung

Ausgehend von der bei Übernahme des Beteiligungsunternehmens festgelegten Kapitalstruktur erfolgt bei Leveraged Buyouts eine Rückführung des Fremdkapitalbestands durch die operativen Zahlungsströme, welche über die Haltedauer erwirtschaftet werden. Die Tilgung eines eventuell zum Ende der Haltedauer noch bestehenden Fremdkapitalbestands erfolgt durch die im Zuge der Weiterveräußerung oder Refinanzierung des Beteiligungsunternehmens generierte Liquidität.[433] In der Praxis ist es hierbei üblich, die zukünftigen operativen Zahlungsströme des Leveraged Buyouts durch einschränkende Bedingungen bei der Fremdkapitalvergabe vertraglich an eine Tilgung des Fremdkapitals zu binden, da durch den anfänglich hohen Verschuldungsgrad des Zielunternehmens ansonsten nur wenig Potential für eine Besicherung der Fremdkapitalgeber besteht.[434] Durch dieses Vorgehen und der damit verbundenen Priorisierung der Fremdkapitaltilgung erhalten die Private Equity Investoren als Eigenkapitalgeber bei Leveraged Buyouts in der Regel keine Rückflüsse in Form von Ausschüttungen über die Haltedauer des Beteiligungsunternehmens, es sei denn, eine vollständige Entschuldung wurde bereits vor dem Veräußerungszeitpunkt erzielt.[435]

---

431 Vgl. Weber & Hohaus (2010), S. 98 und Johnen & Schacht (2009), S. 298f.

432 Vgl. für diese im Rahmen von Bewertungsmodellen für LBOs gängige Annahme z.B. Rosarius (2007), S. 55f, Löffler (2000), S. 4f und Arzac (1996), S. 43.

433 Vgl. Weber & Hohaus (2010), S. 87, 92.

434 Vgl. Rosarius (2007), S. 28. Siehe auch Abschnitt 2.2.2.

435 Vgl. Johnen & Schacht (2009), S. 287.

Diese für Leveraged Buyouts charakteristische Finanzierungspolitik lässt sich mittels einer zahlungsstrombasierten Fremdkapitalentwicklung im Planungsmodell abbilden. Der Fremdkapitalbestand zukünftiger Perioden ist hierbei abhängig von der operativen Entwicklung des Leveraged Buyouts, welche die Höhe einer möglichen Tilgung des Fremdkapitals beeinflusst:[436]

$$Fremdkapital_t = Fremdkapital_{t-1} - Tilgung_t \tag{5.20}$$

Der hierdurch bestimmte Fremdkapitalbestand in t bezieht sich jeweils auf das Periodenende, d.h. nachdem eine Tilgungszahlung durch die in der Periode t erwirtschafteten Zahlungsströme erfolgt ist. Die zur Tilgung verfügbaren Zahlungsströme des Beteiligungsunternehmens werden in Abschnitt 5.2.6. genauer definiert. Die Tilgungszahlungen sind nach oben jeweils auf den gesamten noch ausstehenden Fremdkapitalbestand begrenzt und sollen des Weiteren keinen negativen Wert annehmen können, d.h. eine Zunahme des Fremdkapitalbestands erfolgt im Planungsmodell nicht:[437]

$$\begin{aligned} Tilgung_t = min(max(Verfügbarer\ Zahlungsstrom_t, 0), \\ Fremdkapital_{t-1}) \end{aligned} \tag{5.21}$$

Voraussetzung für die Anwendung einer wie in Formel (5.20) dargestellten, zahlungsstrombasierten Entwicklung des Fremdkapitals ist die Annahme, dass in jeder Periode eine Tilgung des Fremdkapitalbestands in beliebiger Höhe erfolgen kann. Entsprechend der Entwicklung der verfügbaren Zahlungsströme muss es in einzelnen Perioden ebenfalls möglich sein, dass eine Tilgungszahlung vollständig ausbleibt. Dies lässt sich mit den in der Praxis verwendeten Tilgungsplänen der Fremdkapitalinstrumente vereinbaren, da die Möglichkeit einer Stundung oder Sondertilgung von Bankverbindlichkeiten nicht untypisch ist und man durch die Inanspruchnahme revolvierender Kredite davon ausgehen kann, dass der Fremdkapitalbestand stets entsprechend den zur Tilgung verfügbaren Zahlungsströmen angepasst werden kann.[438]

Durch die zahlungsstrombasierte Entschuldung entwickelt sich der zukünftige Fremdkapitalbestand in Abhängigkeit von der operativen Entwick-

436 Vgl. ROSARIUS (2007), S. 100.

437 Der Umgang mit negativen operativen Zahlungsströmen ist abhängig von den in Abschnitt 5.3.1. getroffenen Insolvenzannahmen.

438 Vgl. ROSARIUS (2007), S. 100.

lung des Leveraged Buyouts. Dies bedeutet, dass bei einer negativen operativen Entwicklung die Rückführung des Fremdkapitals langsamer erfolgt als unter einer positiven operativen Entwicklung. Für die aus dem Fremdkapitalbestand resultierenden Steuervorteile der Fremdfinanzierung - in Form einer Abzugsfähigkeit der Zinszahlungen von der steuerlichen Bemessungsgrundlage - bedeutet dies, dass diese umso geringer ausfallen, je schneller die Tilgung des Fremdkapitals entsprechend der operativen Entwicklung des Leveraged Buyouts erfolgt. Hierdurch zeigt sich, dass sich die Unsicherheit der operativen Entwicklung des Leveraged Buyouts auf den Wert der Steuervorteile überträgt, wenngleich diese gegensätzlich wirkt, da die Höhe des Fremdkapitals negativ mit der operativen Entwicklung korreliert.[439] In welchem Umfang sich dies auf das Risiko der Steuervorteile exakt auswirkt und welchen Einfluss hierbei die zusätzliche Einschränkung der Zinsschrankenregelung nimmt, wird im Rahmen des Simulationsansatzes im nachfolgenden Kapitel zu klären sein. Sicher scheint jedoch, dass die bei autonomer Finanzierungsstruktur unterstellte Risikofreiheit der zukünftigen Steuervorteile aus Fremdfinanzierung bei der Anwendung einer zahlungsstromorientierten Finanzierungspolitik zumindest nicht zutrifft.[440]

5.2.4.2. Verschuldungskapazität

In der Literatur wird häufig unterstellt, dass aus Sicht der Private Equity Investoren eine maximale Ausnutzung der zur Verfügung stehenden Finanzierungsinstrumente bei der Strukturierung der Übernahme eines Beteiligungsunternehmens sinnvoll ist.[441] Zum einen beruht diese Sichtweise darauf, dass die Rendite auf das eingesetzte Eigenkapital bei steigendem Fremdkapitaleinsatz prinzipiell ansteigt und sich hierdurch eine höhere relative Wertsteigerung für die Private Equity Investoren ergibt. Andererseits ermöglicht eine geringere Eigenkapitalbeteiligung pro Beteiligungsunternehmen eine Diversifikation der innerhalb eines Private Equity Fonds zur Verfügung stehenden Finanzmittel auf eine größere Anzahl von Beteiligungsunternehmen, wodurch sich eine mögliche Insolvenz einzelner Le-

439 Vgl. RICHTER (2002a), S. 138.

440 Vgl. KRUSCHWITZ & LÖFFLER (2007), S. 61 und ROSARIUS (2007), S. 100.

441 Vgl. JOHNEN & SCHACHT (2009), S. 287, PINDUR (2006), S. 113 und ARZAC (2005), S. 122.

veraged Buyouts weniger gravierend auf die realisierten Renditen der Private Equity Investoren auswirkt.[442]

Aus der Perspektive der finanzierenden Banken zeigt sich die Akquisitionsfinanzierung von Leveraged Buyouts zwar einerseits als ein interessanter und margenstarker Geschäftsbereich, da die Beteiligungsunternehmen häufig nur über ein Bonitätsrating im Bereich des „Sub-Investment Grade" verfügen und die Zinsen auf die zur Verfügung gestellten Finanzierungsinstrumente dementsprechend hoch bemessen werden.[443] Trotz der Attraktivität der Finanzierung von Leveraged Buyouts zeigen sich Banken jedoch zugleich restriktiv bei der Vergabe von Darlehen, da eine Tilgung des Fremdkapitals vollständig aus den operativen Zahlungsströmen des Beteiligungsunternehmens erfolgen muss und die Private Equity Investoren weder verpflichtet sind eine weitere Eigenkapitaleinlage zu leisten, noch im Falle einer Insolvenz des Leveraged Buyouts mit ihrem Privatvermögen zu haften.[444] Um ein ausgewogenes Chance- und Risikoverhältnis zwischen den finanzierenden Parteien herzustellen und das Ausfallrisiko eines Leveraged Buyouts in einem angemessenen Rahmen zu halten, setzen die Fremdkapitalgeber daher Auflagen bezüglich der Fremdfinanzierungsmöglichkeit in Form von „Covenants" (dt.: Kreditvereinbarungsklauseln) fest, welche sich an finanziellen Kennzahlen des Zielunternehmens orientieren. Hierdurch wird die maximale Verschuldungskapazität eines Leveraged Buyouts entsprechend dessen Fähigkeit, eine Fremdfinanzierung besichern und tilgen zu können, beschränkt.[445] Diese Covenants, welche das Risiko der Fremdkapitalgeber begrenzen sollen, können prinzipiell für jede Finanzierung maßgeschneidert werden.[446]

In der Praxis wird zur Beurteilung der Verschuldungskapazität eines Beteiligungsunternehmens häufig auf das EBITDA zurückgegriffen, welches näherungsweise für die tatsächlich für Zins- und Tilgungszahlungen verfügbaren Zahlungsströme Verwendung finden kann. Die maximale Verschuldungskapazität kann hierdurch mittels eines Multiplikators als Vielfa-

---

442 Voraussetzung für diesen positiven Diversifikationseffekt ist, dass eine Verringerung der Eigenkapitalquote nicht zu einem überproportionalen Anstieg der Ausfallwahrscheinlichkeit einer einzelnen Investition führt. Auch dieser Effekt wird Teil der Untersuchung durch das Simulationsmodell im nächsten Kapitel sein.

443 Vgl. WEBER & HOHAUS (2010), S. 84.

444 Vgl. JOHNEN & SCHACHT (2009), S. 285.

445 Vgl. WEBER & HOHAUS (2010), S. 100f.

446 Vgl. JOHNEN & SCHACHT (2009), S. 299 und LODOWICKS (2008), S. 46f. Siehe BAKER & WRUCK (1989), S. 171 als Beispiel für im Rahmen eines realen LBO verwendete Covenants.

ches des EBITDA definiert werden. Da der gesamte Kaufpreis bei Übernahme des Beteiligungsunternehmens ebenfalls als EBITDA-Multiplikator ermittelt werden kann, lässt sich hierdurch zugleich schnell bestimmen, wie sich der Kaufpreis aus Fremd- und Eigenkapital zusammensetzt.[447]

Das bei der Übernahme eines Beteiligungsunternehmens maximal zur Verfügung stehende Fremdkapitalvolumen auf Basis eines EBITDA-Multiplikators ergibt sich zu:

$$Fremdkapital_t = Fremdkapitalmultiplikator_{EBITDA,t} \cdot EBITDA_t \tag{5.22}$$

Die Höhe des Fremdkapitalmultiplikators für die Bestimmung des verfügbaren Fremdfinanzierungsvolumens kann hierbei stark abhängig vom konjunkturellen Umfeld sein. AXELSON ET AL. zeigen in einer empirischen Untersuchung, dass der EBITDA-Multiplikator des Fremdkapitalvolumens im Zeitraum von 1990 bis 2006 bei Leveraged Buyouts im Durchschnitt zwischen 4,5x und 6,7x schwankte.[448] Ursächlich für einen Anstieg der Fremdkapitalmultiplikatoren unter einer positiven Wirtschaftsentwicklung können sowohl eine hohe Liquidität am Markt sowie in der Vergangenheit gesunkene Ausfallrisiken von Leveraged Buyouts sein.[449]

Neben einer Verwendung von Covenants, welche die maximale Verschuldungskapazität eines Leveraged Buyouts auf Basis der Fähigkeit zur Zins- und Tilgungszahlung ermitteln, setzen die finanzierenden Banken häufig ebenfalls einen maximalen Verschuldungsgrad bei der anfänglichen Finanzierungsstruktur des Leveraged Buyouts fest. Hierbei wird eine Mindesteigenkapitaleinlage seitens der Private Equity Investoren festgelegt und die Fremdkapitalgeber lassen sich hierdurch die Zuversicht der Private Equity Investoren in die erfolgreiche Durchführung des Leveraged Buyouts beweisen, da die Private Equity Investoren durch einen höheren Eigenkapitalanteil ebenfalls ein höheres Risiko bei einer Insolvenz des Beteiligungsunternehmens zu tragen haben und nicht mehr nur von den Chancen einer erfolgreichen Durchführung eines Leveraged Buyouts profitieren.[450]

---

447 Vgl. ARZAC (2005), S. 123, 264f und AXELSON ET AL. (2007), S. 5.

448 Vgl. AXELSON ET AL. (2007), S. 37. Der Zeitraum wurde hierbei in vier Teilsegmente unterteilt und jeweils das arithmetische Mittel der Multiplikatoren der beobachteten LBOs ermittelt.

449 Vgl. ARZAC (2005), S. 122.

450 Vgl. ARZAC (2005), S. 122 und JOHNEN & SCHACHT (2009), S. 290f.

Durch die Festlegung einer solchen Mindesteigenkapitalquote gilt für die Finanzierungsstruktur bei der Übernahme des Beteiligungsunternehmens:

$$\frac{Eigenkapital_t}{Gesamtkapital_t} \geq Mindesteigenkapitalquote \qquad (5.23)$$

Geht man davon aus, dass für die Bestimmung der Finanzierungsstruktur bei Übernahme des Beteiligungsunternehmens sowohl ein maximales Fremdkapitalvolumen in Form eines EBITDA-Multiplikators nach (5.22) als auch eine geforderte Mindesteigenkapitalquote nach (5.23) gelten, so ergibt sich für den maximalen Kaufpreis in Form eines EBITDA-Multiplikators:[451]

$$Kaufpreismultiplikator_{EBITDA,t} = \frac{Fremdkapitalmultiplikator_{EBITDA,t}}{1 - Mindesteigenkapitalquote} \qquad (5.24)$$

Eine Übernahme zu einem höheren Preis als durch den in (5.24) implizierten Kaufpreismultiplikator ist zwar möglich, jedoch ist die Differenz vollständig durch Eigenkapital seitens der Private Equity Investoren zu finanzieren, da das maximal verfügbare Fremdkapitalvolumen bereits ausgeschöpft ist.

5.2.4.3. Fremdkapitalzinssatz

Der Zinssatz des Fremdkapitals wird durch das Ausfallrisiko beeinflusst, welches sich für die Fremdkapitalgeber bezüglich des zur Verfügung gestellten Kapitals ergibt. Da die Fremdkapitalgeber im Falle eine Insolvenz finanzielle Einbußen zu erwarten haben und nicht mehr mit einer vollständigen Rückzahlung ihres eingesetzten Kapitals rechnen können, erwarten sie für die Entschädigung der drohenden Ausfallrisiken einen Fremdkapitalzinssatz, welcher über dem risikofreien Zinssatz liegt. Idealerweise bestimmt sich der Fremdkapitalzinssatz folglich auf Basis der zukünftig erwarteten Ausfallrisiken.[452] Da die zukünftigen Ausfallrisiken in der Realität jedoch im Vorfeld einer Finanzierung schwierig abzuschätzen sind, orientieren sich Banken häufig an Erfahrungswerten, welche durch Ratings wiedergegeben werden. Ratingagenturen beurteilen hierfür die Bonität eines Unternehmens anhand einer Reihe finanzieller Kennzahlen und teilen diese dann in eine - ihrer Risikoklasse entsprechende - Ratingkategorie ein. Das

451 Vgl. RICHTER (2005), S. 179.
452 Vgl. LODOWICKS (2008), S. 32.

Ausfallrisiko eines Unternehmens einer bestimmten Risikoklasse kann dann auf Basis der innerhalb dieser Ratingkategorie tatsächlich in der Vergangenheit eingetretenen Ausfälle von Unternehmen abgeschätzt werden.[453] Bei der Bestimmung der Fremdkapitalzinsen eines Leveraged Buyouts sind somit zwei Komponenten zu berücksichtigen. Zum einen wird der am Markt vorliegende, risikofreie Zinssatz herangezogen. Zum anderen erfolgt hierauf ein Risikoaufschlag, welcher durch die Risikoklasse des Ratings impliziert wird.[454]

Die Ratingagentur STANDARD & POOR'S betrachtet bei der Erstellung eines Ratings sowohl die operativen als auch finanziellen Risiken eines Unternehmens:

Tabelle 7: Matrix der Ratingkriterien

Business Risk Profile	**Financial Risk Profile**					
	Minimal	**Modest**	**Intermediate**	**Significant**	**Aggressive**	**Highly Leveraged**
Excellent	AAA	AA	A	A-	BBB	-
Strong	AA	A	A-	BBB	BB	BB-
Satisfactory	A-	BBB+	BBB	BB+	BB-	B+
Fair	-	BBB-	BB+	BB	BB-	B
Weak	-	-	BB	BB-	B+	B-
Vulnerable	-	-	-	B+	B	CCC+

Quelle: STANDARD & POOR'S[455]

Wird davon ausgegangen, dass die operativen Risiken eines Unternehmens unabhängig von dessen Finanzierungsstruktur sind, so wird das Rating bei einem Leveraged Buyout entsprechend Tabelle 7 lediglich durch dessen finanzielle Risiken bestimmt. Zur Beurteilung dieser finanziellen Ri-

453 Vgl. PANKOKE & PETERSMEIER (2009), S. 129f. Liegt kein Rating für ein Zielunternehmen vor, so kann die Risikoklasse der Investition ebenfalls durch ein synthetisches Rating bestimmt werden.

454 Vgl. PANKOKE & PETERSMEIER (2009), S. 131, WEBER & HOHAUS (2010), S. 96, JOHNEN & SCHACHT (2009), S. 297 und MEYER (2006), S. 53f. Im Englischen wird dieser Risikoaufschlag bei ausfallgefährdetem Fremdkapital als „Spread" bezeichnet.

455 Vgl. Tabelle 1 in STANDARD & POOR'S (2009).

siken eines Unternehmens greift STANDARD & POOR'S auf eine Reihe von Kennzahlen zurück:

Tabelle 8: Ratingkennzahlen der finanziellen Risiken

Financial Risk Indicative Ratios			
	FFO/Debt (%)	**Debt/EBITDA (x)**	**Debt/Capital (%)**
Minimal	>60	<1,5	<25
Modest	45-60	1,5-2	25-35
Intermediate	30-45	2-3	35-45
Significant	20-30	3-4	45-50
Aggressive	12-20	4-5	50-60
Highly Leveraged	>12	>5	>60

Quelle: STANDARD & POOR'S[456]

Da die genaue Gewichtung der einzelnen in Tabelle 8 dargestellten Kennzahlen bei der Bestimmung eines Ratings durch STANDARD & POOR'S nicht veröffentlicht ist, wird im Folgenden lediglich die Verschuldung des Leveraged Buyouts in Form des EBITDA-Multiplikators als Maß für das finanzielle Risiko berücksichtigt. Ausgehend von einer zufriedenstellenden operativen Risikoeinschätzung liegt ein Leveraged Buyout im Planungsmodell somit in Abhängigkeit vom anfänglichen Fremdkapitalvolumen in einer Ratingkategorie zwischen A- und B+.[457]

Die Risikoaufschläge der Fremdkapitalzinsen in den einzelnen Ratingkategorien lassen sich als Differenz zwischen den Renditen von Industrie-

456 Vgl. Tabelle 2 in STANDARD & POOR'S (2009). „FFO/Debt" bezeichnet hierbei das Verhältnis von „Funds from Operation" (FFO) zum Fremdkapital eines Unternehmens und gibt zusammen mit dem Verhältnis des Fremdkapitals zum EBITDA („Debt/EBITDA") die Fähigkeit eines Unternehmens an, die Verschuldung aus operativen Mitteln zurückzuführen. Der relative Verschuldungsgrad eines Unternehmens stellt sich durch das Verhältnis von Fremdkapital zum Gesamtkapital dar („Debt/Capital").

457 Operative Risikokategorie „Satisfactory" in Tabelle 7.

anleihen mit unterschiedlichen Ratings und der Rendite von Staatsanleihen höchster Bonität bestimmen:[458]

Abbildung 5: Risikoaufschläge unterschiedlicher Ratingkategorien

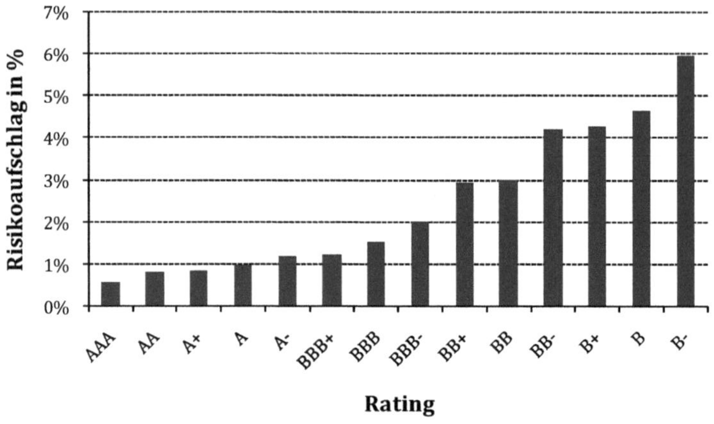

Quelle: Eigene Darstellung. Berechnungen auf Basis von Bloomberg Daten.

Auffallend ist in Abbildung 5, dass ab einer Ratingkategorie im sogenannten spekulativen Bereich (engl.: „Speculative Grade" oder „Sub-Investment Grade"), d.h. Ratings mit BB+ oder niedriger, die Risikoaufschläge sprunghaft ansteigen. Für einen Leveraged Buyout bedeutet dies, dass die Fremdkapitalzinsen ab einem Fremdkapitalvolumen in Höhe des dreifachen EBITDA bereits deutlich zunehmen.[459]

Der im Planungsmodell verwendete Fremdkapitalzinssatz ergibt sich somit aus dem Risikoaufschlag, welcher durch die anfängliche Finanzierungsstruktur des Leveraged Buyouts impliziert wird und dem risikofreien Zinssatz auf Basis der verwendeten Zinsstrukturkurve:

$$R_{FK,t} = R_{f,t} + Risikoaufschlag_{FK,Rating} \tag{5.25}$$

458 Die Risikoaufschläge (Spreads) wurden zum Bewertungsdatum am 01.01.2011 aus der Renditedifferenz zwischen US-Industrieanleihen und einer US-Staatsanleihe mit jeweils 10-jähriger Laufzeit über Bloomberg bestimmt. Für die Euro-Zone liegen ebenfalls Industrieanleihen unterschiedlicher Bonität vor, jedoch lassen sich diese nicht für jede einzelne Ratingkategorien beobachten. Der Rückgriff auf US-Daten zur Ermittlung der Risikoaufschläge ist unkritisch, da deren Höhe mit Risikoaufschlägen in der Euro-Zone vergleichbar sind.

459 Bei einer angenommenen operativen Risikokategorie von „Satisfactory".

Als risikofreier Zinssatz $R_{f,t}$ werden hierbei für jede Periode t die in Tabelle 5 gezeigten Forward-Rates der Zinsstrukturkurve verwendet.[460] Dies führt im Planungsmodell dazu, dass zu Beginn der Haltedauer ein niedrigerer risikofreier Zinssatz verwendet wird, welcher über den Zeitverlauf zunimmt. In der Realität sollten sich bei einer Verwendung von Tilgungsplänen der risikofreie Referenzzins bei der Fremdkapitalzinsbestimmung am risikofreien Zinssatz über die Laufzeit der entsprechenden Finanzierungsinstrumente orientieren, d.h. längerfristige Instrumente besitzen - bei gleichem Risikoaufschlag - einen höheren Fremdkapitalzinssatz als kurzfristige. Durch die Verwendung von Forward-Rates als Referenzzins für das im Planungsmodell unterstellte, homogene Fremdkapitalvolumen steigt somit der periodenspezifische Fremdkapitalzinssatz $R_{FK,t}$ über die Haltedauer an. Im Vergleich zur Verwendung eines einheitlichen Referenzzinses nimmt hierbei die Zinsbelastung relativ zum Fremdkapitalbestand über den Zeitverlauf zu. Dies kann zu einer teilweisen Verschiebung der Zinszahlungen in spätere Perioden führen. Unter Berücksichtigung der Tatsache, dass in der Praxis eine Stundung von Zinsen möglich ist und es Finanzierungsinstrumente gibt, bei welchen die Zinsen teilweise nur endfällig gezahlt werden, so ist dieser relative Anstieg der effektiven Fremdkapitalzinsen über die Haltedauer eines Leveraged Buyouts jedoch nicht unrealistisch.[461] Die Verwendung des Bewertungskonzepts des stochastischen Diskontierungsfaktors, welcher einen Schattenzins impliziert, erfordert im vorliegenden Fall zudem den Rückgriff auf periodenspezifische Referenzzinsen bei der Bestimmung der Fremdkapitalzinsen, da es ansonsten bei der Bewertung der Zahlungsströme an die Fremdkapitalgeber sowie den hiermit verbundenen Steuervorteilen zu Inkonsistenzen kommen würde.[462]

5.2.5. Unternehmenssteuern

Unternehmenssteuern sind ein wichtiges Element im Rahmen eines jeden Bewertungsmodells. Da diese durch den Staat auf den Gewinn vor Steuern eines Unternehmens erhoben werden, mindern sie den Zahlungsstrom, welcher zur Fremdkapitaltilgung oder Ausschüttung an die Eigenkapitalge-

460 Zur Berechnung der Fremdkapitalzinszahlungen im Planungsmodell in zeitdiskreter Darstellung wurden diese ebenfalls wieder in diskrete Zinssätze überführt.

461 Vgl. WEBER & HOHAUS (2010), S. 98.

462 Es wird bei der Verwendung eines konstanten Referenzzinses zur Ermittlung der Fremdkapitalzinsen eine Arbitragemöglichkeit im Modell impliziert, falls dieser in den einzelnen Perioden nicht den Schattenzinsen entspricht.

ber zur Verfügung steht und Unternehmenssteuern sind somit bewertungsrelevant. Da die Zinsen auf das Fremdkapital von der Bemessungsgrundlage der Unternehmenssteuern jedoch abzugsfähig sind, kann im Vergleich zu Unternehmen mit einem moderaten Verschuldungsgrad bei Leveraged Buyouts der hohe Fremdkapitaleinsatz zu einer drastischen Senkung der Unternehmenssteuerbelastung führen. Diese Reduzierung der Unternehmenssteuern wird häufig als ein zentrales Elemente für die Wertschaffung von Leveraged Buyouts genannt, da dies einen positiven Effekt auf die innerhalb eines Beteiligungsunternehmens generierten Zahlungsströme hat. Zugleich ist der Erlös aus einer Weiterveräußerung des Beteiligungsunternehmens zum Ende der Haltedauer generell steuerfrei.[463]

Andererseits stehen einer Reduzierung der Unternehmenssteuerbelastung durch eine höhere Verschuldung steigende Insolvenzrisiken sowie eine Ratingverschlechterung und damit verbundene, höhere Fremdkapitalzinszahlungen gegenüber. Daher kann vermutet werden, dass ab dem Einsatz eines bestimmten Fremdkapitalvolumens die Nachteile einer Fremdfinanzierung gegenüber den Vorteilen überwiegen. Dies kann insbesondere dann der Fall sein, wenn die Steuervorteile aus einer Fremdfinanzierung in Folge einschränkender Regelungen des Steuersystems nicht mehr in vollem Umfang nutzbar sind.[464]

Diese Effekte bei Leveraged Buyouts können im Simulationsmodell näher untersucht werden, nachdem die wesentlichen Komponenten der Unternehmenssteuer bestimmt wurden. Hierbei handelt es sich neben den allgemeinen Berechnungsgrundlagen um eine Berücksichtigung von Verlustvorträgen sowie der Zinsschrankenregelung.

5.2.5.1. Berechnungsgrundlagen

Die Unternehmenssteuerbelastung für Kapitalgesellschaften setzt sich in Deutschland aus zwei Steuerkomponenten zusammen. Zum einen handelt es sich hierbei um die Gewerbesteuer, welche auf kommunaler Ebene erhoben wird, zum anderen besteht eine Körperschaftssteuer, welche dem Bund und den Bundesländern zufließt.[465] Der gesamte Unternehmenssteuersatz s_U für Kapitalgesellschaften ergibt sich daher aus dem Körperschaftssteuer-

463 Vgl. WEBER & HOHAUS (2010), S. 132 und BERG & GOTTSCHALG (2003), S. 18 m.w.N.

464 Vgl. OPLER & TITMAN (1993), S. 1985-1987 und BERG & GOTTSCHALG (2003), S. 19 m.w.N.

465 Vgl. SCHOSSER (2009), S. 23. Vgl. ausführlich zur Unternehmenssteuerberechnung in Deutschland auch BACHMANN & SCHULTZE (2008), S. 9-12.

satz s_K, welcher um den Solidaritätszuschlag s_{SZ} erhöht wird, und dem Gewerbesteuersatz s_G:[466]

$$s_U = s_K \cdot (1 + s_{SZ}) + s_G \tag{5.26}$$

Der Körperschaftssteuersatz liegt hierbei in Deutschland bei einheitlich 15% und wird durch den Solidaritätszuschlag um 0,825% erhöht.[467] Der Gewerbesteuersatz berechnet sich als Produkt aus Steuermesszahl und Hebesatz:[468]

$$s_G = Steuermesszahl_G \cdot Hebesatz_G \tag{5.27}$$

Während die Steuermesszahl auf einheitlich 3,5% festgelegt ist, variiert der Hebesatz - abhängig davon, in welcher Gemeinde ein Unternehmen seinen Sitz hat - zwischen 200% und 490% und liegt im Durchschnitt bei ca. 391%.[469]

Die Bemessungsgrundlage der Körperschaftssteuer ist das zu versteuernde Einkommen eines Unternehmens, welches im Planungsmodell dem Vorsteuergewinn EBT (engl.: „Earnings before Taxes") entsprechen soll. Die Bemessungsgrundlage der Gewerbesteuer ist der Gewerbesteuerbetrag, welcher ebenfalls auf dem zu versteuernden Einkommen des Unternehmens basiert, jedoch um einige Hinzurechnungen und Kürzungen adjustiert wird.[470] Aus Vereinfachungsgründen wird im vorliegenden Planungsmodell davon ausgegangen, dass die Bemessungsgrundlage für beide Steuerarten einheitlich dem EBT entspricht, wodurch die Verwendung des kombinierten Unternehmenssteuersatzes nach (5.26) ermöglicht wird.

Von der Berücksichtigung einer Besteuerung auf persönlicher Ebene der Private Equity Investoren kann im vorliegenden Planungsmodell abgesehen werden, da eine eventuelle persönliche Besteuerung erst anfällt, wenn der übergeordnete Private Equity Fonds eines Leveraged Buyouts aufgelöst wird und eine Ausschüttung des enthaltenen Kapitals an die Private Equity Investoren vorgenommen wird. Zum einen kann hierdurch die persönliche Besteuerung der Investoren zeitlich stark von der Wertschaffung des Leveraged Buyouts abweichen, zum anderen ist die Höhe der per-

466 Vgl. BACHMANN & SCHULTZE (2008), S. 12 und KPMG (2010), S. 19.

467 Vgl. KStG §23 und KPMG (2010), S. 19. Der Solidaritätszuschlag entspricht 5,5% des Körperschaftssteuersatzes.

468 Vgl. SCHOSSER (2009), S. 23 und BACHMANN & SCHULTZE (2008), S. 12.

469 Vgl. GewStG §11 und KPMG (2010), S. 19.

470 Vgl. KStG §7, GewStG §7-9 sowie SCHOSSER (2009), S. 23.

sönliche Besteuerung zugleich abhängig von der rechtlichen Struktur des Private Equity Fonds und der Beteiligungsart der Investoren, woraus sogar eine vollständige Steuerbefreiung der Private Equity Investoren resultieren kann.[471]

5.2.5.2. Verlustvortrag

Eine direkte Anwendung des Unternehmenssteuersatzes auf die Bemessungsgrundlage zur Berechnung der Unternehmenssteuer würde im Planungsmodell im Falle eines Vorsteuerverlusts zu einer negativen Unternehmenssteuer führen. Die hierdurch implizierte, sofortige Steuererstattung ist jedoch eine unrealistische Annahme, auch wenn diese aus Vereinfachungsgründen häufig in der Literatur verwendet wird.[472] In Deutschland resultiert aus einem Vorsteuerverlust hingegen keine Steuererstattung, sondern die steuerlichen Verluste können vielmehr mittels eines Verlustvortrages in spätere Jahre fortgeschrieben werden, um sie dort mit zukünftigen Vorsteuergewinnen zu verrechnen.

Grundsätzlich ist die Berücksichtigung eines solchen Verlustvortrages bei auf Erwartungswerten basierenden Bewertungsmodellen schwierig, da durch den Verlustvortrag eine Nicht-Linearität in der Steuerberechnung entsteht. Der effektive Steuersatz einer zukünftigen Periode kann hierdurch von s_U abweichen, falls in vorangegangenen Perioden ein Vorsteuerverlust vorlag und sich die effektive Steuerbelastung in späteren Perioden verringert. Im Rahmen eines Simulationsmodells ist hingegen eine explizite Berücksichtigung von Verlustvorträgen möglich, da sich diese für jeden Entwicklungspfad bestimmen und bei der Steuerberechnung berücksichtigen lassen.

Die Steuerberechnung unter Berücksichtigung von Verlustvorträgen entspricht hierbei:[473]

$$Steuer_t = max\big(0, s_U \cdot (EBT_t - Verlustvortag_{t-1})\big) \qquad (5.28)$$

Die Unternehmenssteuer einer Periode t bestimmt sich durch den Unternehmenssteuersatz s_U und die Bemessungsgrundlage in Form des EBT_t. Von der Bemessungsgrundlage werden etwaige Verlustvorträge, welche zum Ende der Vorperiode vorlagen, abgezogen. Die Unternehmenssteuer ist nach unten auf Null begrenzt, falls eine negative Bemessungsgrundlage vor-

471 Vgl. AXELSON ET AL. (2007), S. 14.

472 Vgl. LODOWICKS (2008), S. 28.

473 Vgl. RICHTER (2002a), S. 100.

liegt oder die bestehenden Verlustvorträge eine positive Bemessungsgrundlage übersteigen.

Die Entwicklung des Verlustvortrages in einer Periode t erfolgt hierbei durch:[474]

$$Verlustvortrag_t = max(0, Verlustvortrag_{t-1} - EBT_t) \qquad (5.29)$$

Der Verlustvortrag ist ebenfalls nach unten auf Null begrenzt und erhöht sich entsprechend einer negativen Bemessungsgrundlage oder wird durch den von der Bemessungsgrundlage abziehbaren Anteil reduziert. Bei einem Leveraged Buyout kann davon ausgegangen werden, dass zu Beginn der Haltedauer keine Verlustvorträge existieren, da im Falle eines mehrheitlichen Eigentümerwechsels bei Übernahme des Beteiligungsunternehmens bestehende Verlustvorträge vollständig verfallen.[475] Dies führt ebenfalls dazu, dass zum Veräußerungszeitpunkt des Beteiligungsunternehmens eventuell noch bestehende Verlustvorträge wertlos werden. Durch den Verfall dieser Verlustvorträge bei einer Weiterveräußerung wird zugleich die Problematik umgangen, welche sich ansonsten in Verbindung mit der Bewertung von Verlustvorträgen stellt. Eine solche Bewertung von Verlustvorträgen ist bei Unternehmensbewertungen insbesondere dann kritisch, wenn keine Kenntnis bezüglich des Zeitpunkts und der Höhe der zukünftigen Nutzung der Verlustvorträge besteht.[476]

5.2.5.3. Zinsschranke

Durch die im Rahmen großer Leveraged Buyouts stattgefundene Umverteilung der Zahlungsansprüche an die Eigen- und Fremdkapitalgeber zu Lasten des Staates in Folge eingesparter Unternehmenssteuern haben einige Staaten durch eine Anpassung ihrer Steuergesetze eine Beschränkung der Nutzbarkeit der aus Fremdkapitalfinanzierung resultierenden Steuervorteile eingeführt.[477]

---

474 Vgl. RICHTER (2002a), S. 100. Hierbei wird vereinfachend davon ausgegangen, dass keine Beschränkungen für die Höhe und Dauer der übertragbaren Verlustvorträge bestehen.

475 Vgl. KStG §8c. Eine Übernahme von mehr als 50% des gezeichneten Kapitals wird als schädlicher Beteiligungserwerb klassifiziert und führt zu einem vollständigen Verfall der noch nicht genutzten Verlustvorträge.

476 Siehe zur Problematik der Bewertung von Verlustvorträgen DRUKARCZYK (2003), S. 478-497.

477 Vgl. BERG & GOTTSCHALG (2003), S. 18f.

In Deutschland hat hierbei insbesondere die im Rahmen der Unternehmenssteuerreform 2008 eingeführte Zinsschrankenregelung einen erheblichen Einfluss auf die Wertschaffung von Leveraged Buyouts. Durch die Zinsschranke ist die Abzugsfähigkeit der Fremdkapitalzinsen von der Bemessungsgrundlage der Unternehmenssteuer in Höhe von 30% des steuerlichen EBITDA begrenzt.[478] Eine Nutzung von Fremdkapitalzinsen zur Minderung der Steuerbelastung, welche diese Zinsschranke überschreiten, ist nur in wenigen Ausnahmefällen möglich.[479] Zum einen ist eine vollständige Abzugsfähigkeit der Fremdkapitalzinsen von der steuerlichen Bemessungsgrundlage weiterhin möglich, soweit eine Konzernfreiheit besteht. Diese ist gegeben, soweit ein Unternehmen nicht oder nur anteilsmäßig zu einem Konzern gehört. Dies dürfte bei Leveraged Buyouts kaum gegeben sein, da das Akquisitionsvehikel, durch welches die Übernahme des Beteiligungsunternehmens vollzogen wird, in der Regel konzernzugehörig ist. Eine zweite Ausnahme von der Zinsschranke stellt die sogenannte „Escape-Klausel" dar, welche bei konzernzugehörigen Unternehmen greift, soweit deren Eigenkapitalquote höher ist als die des zugehörigen Konzerns. Dies dürfte ebenfalls in den wenigsten Fällen für Leveraged Buyouts zutreffen.[480] Ergänzend existiert ein Freibetrag in Höhe von 3 Mio. €, bis zu welchem die Fremdkapitalzinsen ungeachtet der Zinsschranke von der steuerlichen Bemessungsgrundlage abzugsfähig sind.[481]

Für Fremdkapitalzinsen, welche auf Grund der Beschränkungen der Zinsschranke in einem bestimmten Jahr nicht von der steuerlichen Bemessungsgrundlage abzugsfähig sind, ist im Rahmen der Zinsschrankenregelung die Möglichkeit eines Zinsvortrages vorgesehen. Analog der Entwicklung von Verlustvorträgen lässt sich ein Zinsvortrag mit der Bemessungsgrundlage zukünftiger Perioden verrechnen, falls die in zukünftigen Perioden anfallenden Fremdkapitalzinsen geringer sind als die abzugsfähige Grenze der Zinsschranke. Ebenfalls führt die Weiterveräußerung eines Beteiligungsunternehmens zu einem Verfall bestehender Zinsvorträge.[482]

478 Vgl. SCHEUNEMANN & SOCHER (2007), S. 1144f. Im vorliegenden Planungsmodell wird vereinfachend davon ausgegangen, dass das steuerliche EBITDA gleich der im Modell verwendeten Definition des EBITDA entspricht.

479 Vgl. EStG §4h Absatz 2.

480 Vgl. SCHEUNEMANN & SOCHER (2007), S. 1146, 1149f.

481 Vgl. EStG §4h und KStG §8a. Bei Einführung der Zinsschrankenregelung durch die Unternehmenssteuerreform 2008 betrug die Freigrenze zunächst 1 Mio. €, wurde jedoch im Zuge des Bürgerentlastungsgesetzes zunächst für die Wirtschaftsjahre 2008 und 2009 und später ohne zeitliche Begrenzung auf 3 Mio. € erhöht.

482 Vgl. SCHEUNEMANN & SOCHER (2007), S. 1146.

Ebenfalls ist im Rahmen der Zinsschrankenregelung ein EBITDA-Vortrag in spätere Jahre vorgesehen, falls die durch das EBITDA bestimmte, abzugsfähige Grenze über den tatsächlichen Fremdkapitalzinsen liegt und kein Zinsvortrag mehr besteht.[483]

Bei Verwendung der Zinsschranke ermitteln sich die Unternehmenssteuern analog Formel (5.28) zu:

$$Steuer_{ZS,t} = max\left(0, s_U \cdot \left(EBT_{ZS,t} - Verlustvortag_{t-1}\right)\right) \quad (5.30)$$

Hierbei bezeichnet $EBT_{ZS,t}$ den entsprechend der Zinsschranke angepassten Vorsteuergewinn als Bemessungsgrundlage der Unternehmenssteuer:

$$EBT_{ZS,t} = EBIT_t - min(Zinsschranke_t, Zinsen_t + Zinsvortrag_{t-1}) \quad (5.31)$$

Die Zinsschranke entspricht hierbei:

$$Zinsschranke_t = max(30\% \cdot EBITDA_t + EBITDA\text{-}Vortrag_{t-1}, Freibetrag) \quad (5.32)$$

Der Zinsvortrag und der EBITDA-Vortrag der Zinsschrankenregelung entwickeln sich folgendermaßen:

$$Zinsvortrag_t = max(Zinsen_t + Zinsvortrag_{t-1} - Zinsschranke_t, 0) \quad (5.33)$$

$$EBITDA\text{-}Vortrag_t = max(30\% \cdot EBITDA_t - Zinsen_t - Zinsvortrag_{t-1} + EBITDA\text{-}Vortrag_{t-1}, 0) \quad (5.34)$$

483 Vgl. EStG §4h (1). Der EBITDA-Vortrag dürfte bei der Betrachtung von LBOs im vorliegenden Modell von untergeordneter Bedeutung sein, da der höchste Fremdkapitaleinsatz zu Beginn der Halteperiode vorliegt und es unwahrscheinlich ist, dass während der Haltedauer ein EBITDA-Vortrag aufgebaut wird bzw. dieser später noch Verwendung findet. Daher wird bei der Modellierung vereinfachend von der zeitlichen Beschränkung eines EBITDA-Vortrags einer bestimmten Periode auf 5 Jahre abgesehen, da dies die Verwendung einer Kaskadenrechnung im Planungsmodell erfordern würde.

Bei Verwendung der Zinsschrankenregelung ist die angepasste Bemessungsgrundlage für die Unternehmenssteuer ebenfalls bei der Berechnung der Verlustvorträge zu berücksichtigen, wobei sich diese analog Formel (5.29) entwickeln:

$$Verlustvortrag_{ZS,t} = max\left(0, Verlustvortrag_{ZS,t-1} - EBT_{ZS,t}\right) \quad (5.35)$$

Entsprechend der vorangegangenen, modularen Formulierung kann im Planungsmodell für die Steuerberechnung die Zinsschrankenregelung berücksichtigt werden oder alternativ auf eine vereinfachte Steuerberechnung ohne Einschränkungen zurückgegriffen werden, um die hiermit verbundenen Effekte auf eine Bewertung von Leveraged Buyouts untersuchen zu können.

5.2.6. Ableitung der bewertungsrelevanten Zahlungsströme

Im bisherigen Teil dieses Kapitels wurden somit die zentralen Positionen des Planungsmodells für Leveraged Buyouts dargestellt und formeltechnisch abgebildet. Aus diesen Positionen lassen sich die bewertungsrelevanten Zahlungsströme eines Leveraged Buyouts bestimmen, welche für eine Bewertung im Rahmen eines Simulationsansatzes mit stochastischem Diskontierungsfaktor benötigt werden. Die Ableitung dieser Zahlungsströme erfolgt entsprechend der nachstehenden Logik:

Tabelle 9: Ableitung der bewertungsrelevanten Zahlungsströme

	$Umsatz_t$
$-$	$Kosten_t$
$=$	$\boldsymbol{EBITDA_t = c_{EBITDA,t} \cdot Umsatz_t}$
$-$	$Abschreibungen_t$
$=$	$\boldsymbol{EBIT_t}$
$-$	$Zinsen_t$
$=$	$\boldsymbol{EBT_t}$
$-$	$Steuer_t$[484]
$=$	$\boldsymbol{Jahresüberschuss_t}$
$-$	$Investitionen_t$
$-$	ΔNWC_t
$+$	$Abschreibungen_t$
$+$	$Veräußerungserlös_t$[485]
$=$	$\boldsymbol{Verfügbarer\ Zahlungsstrom_t}$
$-$	$Tilgung_t$
$=$	$\boldsymbol{Ausschüttung_t}$

Quelle: Eigene Darstellung.

Die Zahlungsströme an die Fremdkapitalgeber setzen sich hierbei aus den Zinszahlungen innerhalb einer Periode sowie dem Tilgungsbetrag am Ende der Periode zusammen. Der Zahlungsstrom an die Private Equity Investoren entspricht den Ausschüttungen. Diese ergeben sich während der Laufzeit nur, falls das Fremdkapital zuvor vollständig zurückgeführt wurde und der verfügbare Zahlungsstrom demnach größer ist als das noch ausstehende Fremdkapital und der entsprechenden Resttilgungsbetrag.

---

484 Unternehmenssteuern werden entsprechend Formel (5.30) bei Berücksichtigung der Zinsschrankenregelung berechnet bzw. durch $s_u \cdot EBT_t$ bestimmt, falls keine Einschränkungen vorliegen sollen.

485 Ein steuerfreier Veräußerungserlös liegt nur in der letzten Periode der Haltedauer des LBOs vor. Dessen Ermittlung folgt in Abschnitt 5.3.2.

5.3. Berücksichtigung Leveraged Buyout-relevanter Aspekte

Neben den bereits skizzierten Elementen der Gewinn- und Verlustrechnung und der Bilanz des Planungsmodells existieren noch weitere Aspekte, die im Rahmen eines Leveraged Buyouts von Interesse sind, hingegen bei Bewertungsverfahren in der Literatur sowie der Praxis häufig keine Berücksichtigung finden. Zum einen handelt es sich hierbei um den Einfluss des Risikos einer Insolvenz des Leveraged Buyouts während der Haltedauer, welche aus der charakteristischen Finanzierungsstruktur mit hohem Fremdkapitaleinsatz resultieren kann. Zum anderen liegt zum Ende der Haltedauer eine explizite Veräußerung des Beteiligungsunternehmens vor, welche es im Bewertungskalkül zu berücksichtigen gilt.

5.3.1. Insolvenzrisiken

Die anfänglich hohe Fremdkapitalbelastung bei Leveraged Buyouts in Folge der Übernahme des Beteiligungsunternehmens kann dazu führen, dass die verfügbaren Zahlungsströme unter bestimmten zukünftigen Entwicklungspfaden nicht ausreichen, um die Fremdkapitalzinsen zu tragen und eine zahlungsstrombasierte Entschuldung zu vollziehen. In einem solchen Fall besteht folglich für die Fremdkapitalgeber das Risiko, dass diese nicht mehr mit einer vollständigen Rückführung ihres Kapitals rechnen können und folglich ein Ausfallrisiko besteht.[486]

Dem positiven Wertbeitrag durch eine Abzugsfähigkeit der Fremdkapitalzinsen von der Steuerbemessungsgrundlage stehen bei einer Fremdfinanzierung somit auch drohende Insolvenzkosten als negative Wertkomponenten gegenüber.[487] Die Berücksichtigung von Insolvenzkosten im Rahmen einer Unternehmensbewertung geht zurück auf BAXTER, welcher vereinfachend einen Ausgleich der Steuervorteile aus Fremdfinanzierung und den damit verbundenen, potentiellen Insolvenzkosten annimmt.[488] Werden Ausfallrisiken hingegen explizit in Abhängigkeit vom Unternehmenswert modelliert, d.h. bei einem Unternehmen tritt eine Insolvenz dann ein, wenn ein bestimmter Unternehmenswert unterschritten wurde, so handelt es sich um sogenannte Strukturmodelle.[489] Die Berücksichtigung

486 Vgl. ROSARIUS (2007), S. 144.
487 Vgl. LODOWICKS (2008), S. 1.
488 Vgl. BAXTER (1967), S. 395-403.
489 Vgl. LODOWICKS (2008), S. 7.

von Insolvenzrisiken ist bei zahlungsstrombasierten Bewertungsmodellen, welche auf Erwartungswerten zukünftiger Entwicklungen basieren, generell schwierig, da hierbei die Insolvenzrisiken entweder durch eine Adjustierung der erwarteten Zahlungsströme oder der Diskontierungssätze berücksichtigt werden müssen.[490] In der Literatur wird daher häufig von Insolvenzrisiken – teilweise unter unrealistischen Annahmen – abgesehen und es wird ein nicht ausfallgefährdetes Fremdkapital unterstellt.[491]

Im Rahmen der Bewertung eines Leveraged Buyouts erscheint eine Ausblendung von Insolvenzrisiken hingegen nicht gerechtfertigt, da durch den relativ hohen Einsatz von Fremdkapital das Risiko einer Insolvenz de facto existiert. Dies wurde im Zuge der Finanz- und Wirtschaftskrise in den Jahren 2008 und 2009 deutlich, als eine Verknappung der verfügbaren Finanzierungsmittel, eine Verteuerung des Fremdkapitals sowie ein konjunktureller Abschwung zu einem deutlichen Anstieg der Insolvenzen im Bereich der Private Equity Beteiligungen geführt haben.[492]

Im Gegensatz zu Bewertungsmodellen, welche auf Erwartungswerten basieren, können bei der Verwendung eines Simulationsansatzes die Risiken und Konsequenzen einer Insolvenz explizit modelliert werden. Eine direkte Modellierung der Insolvenzrisiken in den einzelnen, zukünftigen Entwicklungspfaden berücksichtigt hierbei einerseits, dass Insolvenzkosten ein hohes systematisches Risiko aufweisen, da der Eintritt einer Insolvenz unter einer schlechten Konjunktur- bzw. Marktentwicklung deutlich wahrscheinlicher ist als unter einer guten konjunkturellen Entwicklung.[493] Dieses systematische Risiko der Insolvenz kann bei Leveraged Buyouts zudem als besonders hoch eingeschätzt werden, da hier unter einem konjunkturellen Abschwung eine hohe Fremdkapitalbelastung zu einer überproportionalen Steigerung der Insolvenzwahrscheinlichkeit beiträgt und sich der ansonsten positive Wertbeitrag des Fremdkapitaleinsatzes dann kontraproduktiv auf die Wertschaffung eines Leveraged Buyouts auswirkt.[494] Andererseits wird durch eine direkte Modellierung zugleich berücksichtigt, dass unsystematische Unsicherheitsfaktoren bezüglich der Unternehmensent-

490 Vgl. DAMODARAN (2006), S. 6-8.

491 Vgl. ROSARIUS (2007), S. 145. Siehe DAMODARAN (2006), S. 6 für die implizierten Annahmen eines Bewertungsmodells, welche aus dem Ausschluss von Insolvenzrisiken resultieren. Siehe auch LODOWICKS (2008), S. 5-13 für eine Übersicht unterschiedlicher Ansätze die sich mit der Thematik der Berücksichtigung von Insolvenzrisiken beschäftigen.

492 Vgl. BUNDESVERBAND DEUTSCHER KAPITALBETEILIGUNGSGESELLSCHAFTEN (2009), S. 10.

493 Vgl. LODOWICKS (2008), S. 13.

494 Vgl. RUDOLPH (2008), S. 667.

wicklung ebenfalls eine Insolvenz auslösen können und dieser Einfluss analog zum systematischen Risiko mit ansteigender Verschuldung zunimmt.

Um Insolvenzrisiken im Planungsmodell explizit abbilden zu können, ist es im Folgenden erforderlich, sowohl geeignete Insolvenzkriterien als auch die mit einer einsetzender Insolvenz verbundenen Konsequenzen zu definieren.[495]

5.3.1.1. Insolvenzauslöser

In den meisten staatlichen Regelungen zum Insolvenzrecht existieren zwei prinzipielle Auslöser einer Insolvenz von Unternehmen. Zum einen handelt es sich hierbei um die Zahlungsunfähigkeit des Unternehmens gegenüber seinen Gläubigern und zum anderen um die wirtschaftliche Überschuldung des Unternehmens.[496]

Die Zahlungsunfähigkeit eines Unternehmens tritt ein, wenn dieses nicht mehr in der Lage ist, den Zahlungsverpflichtungen gegenüber seinen Gläubigern nachzukommen. Im Wesentlichen handelt es sich bei diesen Zahlungsverpflichtungen um die mit den Fremdkapitalgebern vertraglich vereinbarten Zins- und Tilgungszahlungen.[497] Da im verwendeten Planungsmodell durch die in Abschnitt 5.2.4.1. beschriebene, zahlungsstrombasierte Entschuldung keine Mindesttilgung unterstellt wird, tritt eine Zahlungsfähigkeit demnach ein, wenn der operative Zahlungsstrom des Leveraged Buyouts in einer Periode nicht ausreicht, um die Zinszahlungen auf das zu Beginn der Periode bestehende Fremdkapital zu leisten. Dies ist im Planungsmodell der Fall, wenn der für die Tilgung des Fremdkapitals zur Verfügung stehende Zahlungsstrom negativ ist.[498]

Eine wirtschaftliche Überschuldung des Unternehmens liegt vor, sofern das Vermögen eines Unternehmens nicht mehr ausreicht, um dessen Verbindlichkeiten zu decken. Das Gesamtvermögen eines Unternehmens bestimmt sich hierbei als Summe der Marktwerte von Eigen- und Fremdkapital. Eine Insolvenz durch Überschuldung tritt entsprechend ein, wenn das Gesamtvermögen des Unternehmens vollständig den Fremdkapitalgebern

---

495 Vgl. Schosser (2009), S. 48.

496 In Deutschland regelt die Insolvenzordnung die Eröffnung eines Insolvenzverfahrens. Hierbei beziehen sich InsO §17 und InsO §18 auf die Zahlungsunfähigkeit bzw. drohende Zahlungsunfähigkeit sowie InsO §19 auf die Überschuldung eines Unternehmens. Vgl. hierzu Schosser (2009), S. 48.

497 Vgl. Lodowicks (2008), S. 53.

498 Vgl. Abschnitt 5.2.6 für die Definition des verfügbaren Zahlungsstroms.

zusteht.[499] Für die Ermittlung des Marktwertes eines Unternehmens ergibt sich bei nicht börsennotierten Unternehmen – wie den hier betrachteten Leveraged Buyouts – die Problematik, dass sich diese Marktwerte nicht direkt beobachten lassen. Vielmehr resultiert der Unternehmenswert aus der zukünftigen Entwicklung des Unternehmens, welche sich im Planungsmodell abhängig vom beschrittenen Entwicklungspfad ergibt. Diese zukünftige Entwicklung ist während der Haltedauer des Leveraged Buyouts jedoch zu einem bestimmten Zeitpunkt weder den Eigen- noch den Fremdkapitalgebern mit Sicherheit bekannt. Der Marktwert des Unternehmens ergibt sich daher auf Basis von Erwartungen bezüglich der weiteren zukünftigen Entwicklung, welche auf Grund von Informationsasymmetrien zwischen Eigen- und Fremdkapitalgeber durchaus unterschiedlich sein können, wodurch die Bestimmung eines Insolvenzeintrittes auf Basis einer Überschuldung kritisch ist.

In Anlehnung an SCHOSSER sowie einer Vielzahl weiterer Arbeiten wird daher im Nachfolgenden die Zahlungsunfähigkeit eines Unternehmens als alleiniges Insolvenzkriterium im Planungsmodell verwendet.[500] Gestützt wird dieses Vorgehen durch eine empirische Studie von GÜTTLER & WAHRENBURG, welche zu dem Ergebnis führte, dass eine Zahlungsunfähigkeit von Zins- und Tilgungszahlungen mit ca. 60% bei weitem die häufigste Ursache für den Eintritt einer Insolvenz bei den beobachteten Unternehmen war.[501]

Es ist anzumerken, dass die Zahlungsunfähigkeit eines Unternehmens durch die Veräußerung von Aktiva oder die Beschaffung zusätzlichen Eigenkapitals behoben werden kann. Die Bedingungen einer Veräußerung von Aktiva sind bei Leveraged Buyouts im Rahmen der in den Kreditverträgen enthaltenen Covenants detailliert geregelt. Eine Veräußerung von betriebsnotwendigen Sachanlagen ist hierbei in der Regel ausgeschlossen, da diese Anlagen zum einen gerade bei Eintritt einer Insolvenz für die Fremdkapitalgeber eine Besicherung darstellen und zum anderen für die Generie-

499 Vgl. SCHOSSER (2009), S. 48.

500 Vgl. SCHOSSER (2009), S. 49 für eine Auflistung weiterer theoretischer und praktischer Arbeiten, welche eine Zahlungsunfähigkeit als alleinigen Insolvenzauslöser verwenden.

501 Vgl. GÜTTLER & WAHRENBURG (2005), S. 22. Die Autoren untersuchten 371 vorwiegend amerikanische Unternehmen, welche ein Rating von STANDARD & POOR'S und MOODY'S erhalten haben und zwischen den Jahren 1999 und 2003 insolvent wurden.

rung der zukünftigen Zahlungsströme zur Zins- und Tilgungszahlung erforderlich sind.[502]

Die Möglichkeiten einer zusätzlichen Eigenkapitalbeschaffung kann bei Beteiligungsunternehmen durch einen zusätzlichen Kapitaleinschuss durch den übergeordneten Private Equity Fonds erfolgen.[503] Ist der Private Equity Fonds, welcher das Eigenkapital des Leveraged Buyouts hält, dazu bereit, bei einer drohenden Zahlungsunfähigkeit seines Beteiligungsunternehmens weiteres Eigenkapital nachzuschießen, so lässt sich eine Insolvenz auf Grund von Zahlungsunfähigkeit abwenden.[504] Die Annahme der Bereitschaft des übergeordneten Private Equity Fonds zu einem Eigenkapitalnachschuss in ein Beteiligungsunternehmen im Falle einer drohenden Insolvenz ist nicht unrealistisch. Da Private Equity Gesellschaften in der Regel längerfristige Geschäftsbeziehungen zu den finanzierenden Instituten unterhalten, liegt es im Interesse der Private Equity Gesellschaften, eine drohende Insolvenz zur Aufrechterhaltung einer guten Geschäftsbeziehung zu den Fremdkapitalgebern abzuwenden. Der drohende Reputationsverlust einer Private Equity Gesellschaft im Falle der Insolvenz eines Beteiligungsunternehmens kann ebenfalls ein Anreiz zu einem präventiven Nachschuss an Eigenkapital seitens des investierenden Private Equity Fonds sein.[505] Steht dem Beteiligungsunternehmen hingegen aus Gründen der Geschäftspolitik der Private Equity Gesellschaft kein zusätzlicher Eigenkapitalnachschuss durch den übergeordneten Private Equity Fonds zur Verfügung, so tritt in Folge einer Zahlungsunfähigkeit die Insolvenz des Leveraged Buyouts ein.

Die Existenz von Insolvenzrisiken lässt sich folglich im Planungsmodell in Abhängigkeit von der unterstellten Geschäftspolitik der Private Equity Gesellschaft berücksichtigen. Ist die Private Equity Gesellschaft stets bereit, bei einer drohenden Zahlungsunfähigkeit der Zinsverbindlichkeiten des Be-

---

502 Vgl. BAKER & WRUCK (1989), S. 171 für ein Beispiel von Covenants eines LBO, welches die Veräußerung von Anlagen bis auf wenige Ausnahmen ausschließt.

503 Vgl. AXELSON ET AL. (2007), S. 14. Private Equity Beteiligungen können bei drohender Insolvenz einen Vorteil besitzen, da sie mit dem Private Equity Fonds einen einzelnen Investor zur Sicherung im Hintergrund haben, während es für börsennotierte Unternehmen in einer solchen Situation schwieriger sein kann, an zusätzliche Eigenkapitalnachschüsse zu kommen. Vgl. hierzu SCHOSSER (2009), S. 49 m.w.N.

504 Voraussetzung für eine generelle Abwendung des Insolvenzrisikos durch einen Eigenkapitalnachschuss ist, dass die Größe der einzelnen Beteiligungen sowie deren Fremdkapitalvolumina im Verhältnis zur Liquidität des übergeordneten Private Equity Fonds gering sind und dessen Fähigkeit zu Eigenkapitalnachschüssen demzufolge als unbegrenzt angenommen werden kann.

505 Vgl. AXELSON ET AL. (2007), S. 14 und WEBER & HOHAUS (2010), S. 85.

teiligungsunternehmens einen Eigenkapitalnachschuss durch den Private Equity Fonds in Form eines negativen Ausschüttungsbetrags zu leisten, so liegen im Bewertungsmodell keine Insolvenzrisiken vor. Werden hingegen keine Eigenkapitalnachschüsse unterstellt, so tritt im Planungsmodell eine Insolvenz durch Zahlungsunfähigkeit ein, sobald es zu einem negativen Ausschüttungsbetrag an die Eigenkapitalgeber kommt.[506] Abhängig von der unterstellten Geschäftspolitik der Private Equity Gesellschaft kann demzufolge im Simulationsmodell ein Insolvenzrisiko entweder ausgeschlossen oder explizit berücksichtigt werden.

Nach der Definition des Kriteriums für das Eintreten einer Insolvenz im Planungsmodell ist nun im Weiteren zu klären, welche Konsequenzen hieraus für die Eigen- und Fremdkapitalgeber des Leveraged Buyouts resultieren.

5.3.1.2. Konsequenzen einer Insolvenz

Beim Eintritt einer Insolvenz ist der Wert des Beteiligungsunternehmens festzustellen, um die noch ausstehenden Fremdkapitalgeberansprüche und gegebenenfalls auch die nachrangigen Eigenkapitalgeberansprüche - zumindest anteilig - bedienen zu können.[507] Bei der Bewertung des verbleibenden Unternehmenswertes ist zu berücksichtigen, welche Kosten im Rahmen einer Insolvenz anfallen.[508] Bezüglich dieser Insolvenzkosten lassen sich drei unterschiedliche Kategorien unterscheiden: Direkte Insolvenzkosten, indirekte Insolvenzkosten sowie der Verlust zukünftiger Steuervorteile.[509]

Als direkte Insolvenzkosten werden sämtliche Verwaltungs-, Beratungs- und Gerichtskosten bezeichnet, welche mit der Abwicklung einer Liquidation, Restrukturierung oder Weiterveräußerung in Folge der Insolvenz eines Unternehmens verbunden sind. Diese direkten Insolvenzkosten können auf Basis öffentlich zugänglicher Informationen geschätzt werden und umfassen im Durchschnitt etwa 3% des Marktwertes eines insolventen Unter-

506 Ein eventuell negativer Ausschüttungsbetrag entspricht im vorliegenden Planungsmodell dem für Tilgungszahlungen zur Verfügung stehenden Zahlungsstrom, da Tilgungen nur vorgenommen werden, falls letzerer positiv ist. Vgl. Tabelle 9.

507 Vgl. SCHOSSER (2009), S. 50.

508 Vgl. RICHTER (2002a), S. 307f.

509 Vgl. LODOWICKS (2008), S. 2.

nehmens.[510] Die direkten Kosten einer Insolvenz können somit als relativ gering erachtet werden.

Wesentlich gewichtiger sind hingegen die indirekten Kosten einer Insolvenz. Unter dieser Kategorie fasst man alle Auswirkungen auf die operative Geschäftstätigkeit eines Unternehmens zusammen, welche mit einer drohenden Insolvenz verbunden sind. Ursächlich für diese Kosten ist, dass Kunden, Lieferanten und Mitarbeiter eines Unternehmens negative Konsequenzen durch eine drohende Insolvenz befürchten und in Folge dieses Vertrauensverlusts die zukünftige Geschäftsbeziehung mit dem betroffenen Unternehmen reduzieren. In der Literatur wird hierbei ein drohender Umsatzrückgang als größter Anteil der indirekten Insolvenzkosten angesehen.[511] Dieser negative Umsatzeffekt durch eine drohende Insolvenz ist umso signifikanter, je längerfristig die mit den Produkten und Leistungen eines Unternehmens verbundenen Service- und Wartungsarbeiten sind.[512]

Wenngleich den indirekten Insolvenzkosten im Vergleich zu den direkten Insolvenzkosten ein sehr viel größerer Einfluss auf den Unternehmenswert zugeschrieben wird, so herrscht in der Literatur gleichwohl eine weitgehende Einigkeit darüber, dass sich eine genaue Quantifizierung dieser indirekten Insolvenzkosten schwierig gestaltet.[513] Eine empirische Studie von ANDRADE & KAPLAN kommt zu dem Ergebnis, dass die Insolvenzkosten bei Unternehmen mit einem hohen Verschuldungsgrad etwa 10% bis 20% des Gesamtunternehmenswertes entsprechen.[514] Ein Überblick weiterer empirischer Studien zeigt zudem, dass die Spannweite für die Schätzung der indirekten Insolvenzkosten als Anteil des Gesamtwertes eines insolvenzbedrohten Unternehmens sogar zwischen 7% und 44% liegen kann.[515]

Da angesichts dieser Spannweite keine vernünftige Abschätzung der indirekten Insolvenzkosten erfolgen kann, wird im verwendeten Planungsmodell eine vereinfachende Annahme bezüglich der Konsequenzen einer

---

510 Vgl. KOLLER, GOEDHART & WESSELS (2005), S. 477 und LODOWICKS (2008), S. 39 m.w.N. Letzterer zeigt, dass die auf Basis internationaler Studien geschätzten, direkten Insolvenzkosten in einem Bereich von 1,7% bis 3,5% des Marktwertes des insolventen Unternehmens liegen können.

511 Vgl. LODOWICKS (2008), S. 40f.

512 Vgl. KOLLER, GOEDHART & WESSELS (2005), S. 477 für das Beispiel eines Automobilherstellers, dessen Absatz in Folge drohender Insolvenz um 40% zurückging.

513 Vgl. KRUSCHWITZ, LODOWICKS & LÖFFLER (2005), S. 224 m.w.N., LODOWICKS (2008), S. 44 m.w.N. und RICHTER (2002a), S. 310.

514 Vgl. ANDRADE & KAPLAN (1998), S. 1445. Diese geschätzte Quote beinhaltet ebenfalls die direkten Insolvenzkosten, da die Autoren in ihrer Untersuchung keine Unterscheidung dieser Kategorien vornehmen.

515 Vgl. LODOWICKS (2008), S. 42-44.

Insolvenz angewendet.[516] Bei Eintritt des Insolvenzkriteriums soll stets eine Liquidation des Leveraged Buyouts vorgenommen werden. Eine Weiterveräußerung des Beteiligungsunternehmens zum Fortführungswert unter Berücksichtigung indirekter Insolvenzkosten wird somit ausgeschlossen, womit eine Bestimmung des Marktwertes des Beteiligungsunternehmens zum Insolvenzzeitpunkt als auch der indirekten Insolvenzkosten unerheblich ist. Hierbei handelt es sich um einen konservativen Ansatz zur Ermittlung des Unternehmenswertes unter einer Insolvenz, da eine zusätzliche Möglichkeit der Veräußerung zum Fortführungswert nur realisiert würde, soweit der Veräußerungswert über dem Liquidationswert liegt. Der hier verwendete Liquidationswert stellt somit die Wertuntergrenze des Unternehmens im Falle einer Insolvenz dar und definiert sich als Barwert der Nettoerlöse, welche sich aus der Veräußerung aller Vermögensgegenstände eines Unternehmens abzüglich dessen Fremdkapitalverbindlichkeiten und Liquidationskosten ergeben.[517]

In der Praxis ist die Ermittlung des Liquidationswertes eines Unternehmens vergleichsweise aufwendig, da prinzipiell jeder Vermögensgegenstand einzeln zu bewerten ist. Für die Berechnung des Liquidationswertes im Rahmen eines Bewertungsmodells ist es daher angebracht, eine vereinfachende Vorgehensweise zu wählen, indem beispielsweise eine Liquidationsquote zur Ermittlung der Liquidationserlöse verwendet wird.[518] Im vorliegenden Planungsmodell wird daher von einer einheitlichen Liquidationsquote ausgegangen, mittels welcher sich durch eine Multiplikation mit den Buchwerten des Anlagevermögens und des Nettoumlaufvermögens zum Insolvenzzeitpunkt die Liquidationswerte der darin enthaltenen Vermögenswerte ermitteln lassen:

$$Liquidationswert_t = c_{LQ} \cdot (Anlagevermögen_t + NWC_t) \qquad (5.36)$$

Den Fremdkapitalgebern steht von diesem Liquidationswert des Beteiligungsunternehmens auf Grund der vorrangigen Berücksichtigung des Fremdkapitals im Insolvenzfall zunächst folgender Anteil zur Rückführung des noch ausstehenden Fremdkapitalbestands zu:

---

516 Vgl. zur Problematik der Abschätzung indirekter Insolvenzkosten ebenfalls ROSARIUS (2007), S. 165, welcher infolgedessen auf die Berücksichtigung indirekter Insolvenzkosten bei der Modellierung verzichtet.

517 Vgl. INSTITUT DER WIRTSCHAFTSPRÜFER IN DEUTSCHLAND E.V. (2008), S. 288.

518 Vgl. RICHTER (2002a), S. 308f.

$$Liquidationserl\ddot{o}s_{FK,t} = min(Liquidationswert_t, Fremdkapital_t) \quad (5.37)$$

Den Fremdkapitalgebern steht somit im günstigsten Fall ein Liquidationserlös in Höhe des ausstehenden Fremdkapitalbestands zu. Fällt der Liquidationserlös geringer aus, so erhalten die Fremdkapitalgeber diesen zwar vollständig, eine Rückführung des gesamten noch ausstehenden Fremdkapitalbestands erfolgt in diesem Fall jedoch nicht mehr und ein Teil des eingebrachten Kapitals ist für die Fremdkapitalgeber verloren. Da als Insolvenzkriterium eine Zahlungsunfähigkeit des Beteiligungsunternehmens anstelle einer wirtschaftlichen Überschuldung unterstellt wurde, ist es zumindest prinzipiell denkbar, dass im Falle einer Insolvenz der Liquidationserlös die Höhe des noch ausstehenden Fremdkapitalbestands auch übersteigen kann. In einem solchen Fall erhalten die Fremdkapitalgeber nur denjenigen Anteil des Liquidationserlöses, welcher zur vollständigen Rückführung des ausstehenden Fremdkapitalbestands benötigt wird. Der restliche Anteil des Liquidationserlöses steht dann entsprechend den Eigenkapitalgebern zu:[519]

$$Liquidationserl\ddot{o}s_{EK,t} = max(Liquidationswert_t - Fremdkapital_t, 0) \quad (5.38)$$

Die verbleibende Aufgabe ist nunmehr eine Bestimmung der zur Ermittlung des Liquidationserlöses in Formel (5.36) benötigten Liquidationsquote c_{LQ}.[520] Da im Rahmen der Übernahme des Zielunternehmens eine Kaufpreisallokation und Neubewertung des Anlagevermögens stattgefunden hat, kann davon ausgegangen werden, dass der Buchwert des Anlagevermögens in der anfänglichen Struktur des Leveraged Buyouts relativ nahe an dessen Marktwert liegt. Dies würde für eine Liquidationsquote c_{LQ} nahe an Eins sprechen. Andererseits können spezielle Sachanlagen und Vermögensgegenstände am Markt nur eine begrenzte Nachfrage finden und folglich nur einen Veräußerungswert unterhalb ihrer Buchwerte erzielen oder sogar gänzlich unverkäuflich sein. Im Folgenden wird daher von einer durchschnittlichen Liquidationsquote für das Sachanlagevermögen und Nettoum-

519 Die Einführung dieses Ausschüttungskriteriums zeigt sich bei der Durchführung der Simulation zwar von geringer praktischer Relevanz, ist jedoch für eine formal richtige Abbildung der Eigen- und Fremdkapitalgeberansprüche im Planungsmodell erforderlich.

520 Vgl. RICHTER (2002a), S. 309.

laufvermögen in Höhe von $c_{LQ} = 0{,}8$ ausgegangen, in welcher bereits alle direkten Insolvenzkosten sowie sonstigen Liquidationskosten berücksichtigt sind. Diese Liquidationsquote stützt sich auf die von BRIS, WELCH & ZHU auf Basis empirischer Daten ermittelte „Recovery Rate" (dt.: Verwertungsrate) für das Anlagevermögen von Unternehmen, welche ein „Chapter 7"-Verfahren durchlaufen haben. Das Chapter 7-Verfahren regelt in den USA die vollständige Liquidation eines Unternehmens nach Insolvenzeintritt und führt zu einer Versteigerung aller Vermögenswerte. BRIS ET AL. schätzen hierbei die Recovery Rate als Verhältnis des zur Schuldentilgung verfügbaren Liquidationswertes des Anlagevermögens zu dessen Buchwert vor Insolvenzeintritt auf ca. 80%.[521]

Ein Verlust zukünftiger Steuervorteile in Folge einer Insolvenz als dritte Kategorie der Insolvenzkosten wird im Planungsmodell durch die Liquidation des Leveraged Buyouts nach Eintritt einer Insolvenz explizit berücksichtigt. Hierbei wird unterstellt, dass die Steuervorteile in der Periode des Eintritts der Insolvenz noch vollständig – gegebenenfalls im Rahmen der Einschränkungen der Zinsschrankenregelung – genutzt werden können. Nach Eintritt der Insolvenz und Liquidation des Leveraged Buyouts entstehen hingegen keine weiteren Steuervorteile. Ebenfalls verfallen eventuell noch bestehende Verlust- und Zinsvorträge durch eine Liquidation.[522]

Die Existenz eines Insolvenzrisikos in Folge der gewählten Geschäftspolitik der Private Equity Gesellschaft kann sich in einzelnen Entwicklungspfaden der Planung im Simulationsmodell für die Eigenkapitalgeber sowohl positiv als auch negativ auswirken. Ein positiver Werteffekt durch eine Insolvenz liegt vor, wenn das Beteiligungsunternehmen durch das Insolvenzkriterium abgebrochen wird und hierdurch ein ansonsten erfolgender Nachschuss an Eigenkapital verhindert wird, welcher aus Sicht der Eigenkapitalgeber nicht durch einen späteren Veräußerungswert überwogen wird. Ein negativer Wertbeitrag durch Einführung des Insolvenzkriteriums in einem bestimmten Entwicklungspfad liegt hingegen vor, wenn auf Grund des Insolvenzkriteriums ein Abbruch des Beteiligungsunternehmens stattfindet, obwohl sich die Planung im späteren Verlauf wieder positiv entwi-

521 Vgl. BRIS, WELCH & ZHU (2004), S. 5-8, 43.

522 In der Literatur existieren bezüglich der Realisierbarkeit von Steuervorteilen bei Insolvenzeintritt gegensätzliche Ansichten. Während HOMBURG, STEPHAN & WEIß (2004), S. 280 sowie RAPP (2006), S. 776-778 davon ausgehen, dass Steuervorteile aus Fremdfinanzierung bei einem Insolvenzeintritt noch voll genutzt werden können, nehmen KRUSCHWITZ, LODOWICKS & LÖFFLER (2005), S. 228 an, dass ein zum Insolvenzzeitpunkt erfolgender Schuldenerlass seitens der Fremdkapitalgeber als Sanierungsgewinn zu versteuern ist, woraus ein Steuernachteil entstehen würde.

ckeln und ein letztlich positiver Veräußerungswert den Eigenkapitalnachschuss der Private Equity Investoren zur Abwendung der Insolvenz überkompensieren würde. Für die Fremdkapitalgeber wirkt sich die Existenz eines Insolvenzrisikos hingegen stets negativ aus, da sie durch die Liquidation des Leveraged Buyouts bei Insolvenzeintritt maximal den noch ausstehenden Fremdkapitalbetrag erhalten können, in der Regel jedoch deutlich weniger realisieren. Eine vollständige Rückzahlung des Fremdkapitals erhalten sie hingegen stets, wenn kein Insolvenzrisiko besteht.

5.3.2. Veräußerungswert der Beteiligung

Im Gegensatz zu börsennotierten Unternehmen oder klassischen, eigentümergeführten Mittelstandsunternehmen liegt bei der Bewertung von Leveraged Buyouts kein Fortführungsprinzip zu Grunde. Durch die bereits zu Beginn der Investition geplante und befristete Haltedauer eines Leveraged Buyouts steht am Ende des Investitionshorizonts eine explizite Weiterveräußerung des Beteiligungsunternehmens, welche zum Beispiel durch einen Börsengang oder eine Veräußerung an einen strategischen Investor stattfinden kann.[523]

Der Veräußerungswert am Ende der Haltedauer des Leveraged Buyouts kann analog dem Kaufpreis bei der ursprünglichen Übernahme des Beteiligungsunternehmens in Form eines Multiplikators dargestellt werden. Bei Verwendung eines EBITDA-Multiplikators entspricht der Veräußerungswert zum Ende der Haltedauer in T aus der Perspektive eines Zeitpunkts t:

$$\begin{aligned} &E_t[Veräußerungswert_T] \\ &= E_t[EBITDA_T] \cdot E_t\left[Veräußerungsmultiplikator_{EBITDA,T}\right] \end{aligned} \tag{5.39}$$

Bis zum Eintreten des Veräußerungszeitpunkts herrscht demnach Unsicherheit bezüglich des realisierbaren Veräußerungswertes, da sowohl die Entwicklung der operativen Leistungsfähigkeit des Leveraged Buyouts in Form des in T erwirtschafteten EBITDA als auch des zukünftig am Kapitalmarkt realisierbaren Multiplikators unsicher ist.

Durch eine Betrachtung der Kapitalwertformel kann gezeigt werden, dass es sich bei Multiplikatoren im Kern um eine aggregierte Form der zukünftigen Wachstumserwartungen eines Unternehmens handelt, welche

523 Vgl. WEBER & HOHAUS (2010), S. 219. Siehe auch Abschnitt 2.2.4.

durch die Kapitalmarktteilnehmer bewertet werden.[524] Für eine Veränderung des Multiplikators muss sich folglich das Bewertungskalkül der Kapitalmarktteilnehmer bezüglich der Einschätzung der zukünftigen Wachstumserwartungen des Unternehmens oder der Diskontierungsfaktoren, z.B. durch revidierte Erwartungen bezüglich alternativer Anlagemöglichkeiten, verändern.

5.3.2.1. Einflussfaktoren

Auf den Veräußerungswert eines Leveraged Buyouts wirken demnach unterschiedliche Einflussfaktoren ein, welche zum einen die operative Leistungsfähigkeit des Beteiligungsunternehmens als auch die zum Veräußerungszeitpunkt am Kapitalmarkt herrschenden Bedingungen betreffen. Idealerweise erfolgt demnach ein Ausstieg der Private Equity Investoren aus einem Leveraged Buyout zu einem Zeitpunkt, an welchem ein positives Kapitalmarktumfeld vorliegt.[525] So wurde beobachtet, dass Private Equity Gesellschaften ihre Beteiligungsunternehmen zum Ende der Haltedauer teilweise zu Preisen weiterveräußern konnten, welche deutlich höhere Veräußerungsmultiplikatoren gegenüber den Kaufpreismultiplikatoren implizieren, was für eine Ausnutzung eines schwankenden Kapitalmarktniveaus seitens der Private Equity Gesellschaften durch eine gezielte Wahl eines – gegebenenfalls zeitlich vorgezogenen – Veräußerungszeitpunkts sprechen würde.[526] Andererseits ist die Flexibilität bezüglich einer Ausdehnung der Haltedauer eines Leveraged Buyouts stark eingeschränkt, soweit diese durch die geplante Lebensdauer des übergeordneten Private Equity Fonds bestimmt wird.[527] Durch diese Einschränkung kann der Erfolg eines Leveraged Buyouts signifikant von dem am Kapitalmarkt vorherrschenden Preisniveau beeinflusst sein. Das Preisniveau des Kapitalmarktes geht hierbei sowohl beim Erwerb als auch bei der Veräußerung eines Beteiligungsunternehmens in die Wertschaffung eines Leveraged Buyouts ein. Ein Un-

524 Vgl. zur Verbindung zwischen zahlungsstrombasierter Kapitalwertformel und Multiplikatoren RICHTER (2005), S. 72 oder DRUKARCZYK & SCHÜLER (2007), S. 477.

525 Vgl. WEBER & HOHAUS (2010), S. 220. Siehe zur Wertsteigerung von LBOs durch diese Finanzarbitrage auch Abschnitt 2.2.3.

526 Vgl. z.B. PINDUR (2006), S. 107-109, LOOS (2006), S. 398 oder GUO, HOTCHKISS & SONG (2009), S. 23. Empirische Studien bezüglich der Veräußerung von LBOs müssen generell kritisch betrachtet werden, da hierbei zumeist nur die erfolgreich veräußerten Beteiligungen in der Datengrundlage erfasst sind um demnach nicht unbedingt eine repräsentative Grundgesamtheit an LBOs vorliegen muss. Vgl. hierzu KAPLAN & STRÖMBERG (2009), S. 128.

527 Vgl. GOTTSCHALG (2009), S. 142.

terschied zwischen den Preisniveaus dieser beiden Zeitpunkte kann sich somit sowohl positiv als auch negativ auf den Erfolg eines Leveraged Buyouts auswirken.[528]

Im Rahmen eines Bewertungsmodells ist zu überlegen, wie sich die Unsicherheit bezüglich des Preisniveaus am Kapitalmarkt zum Veräußerungszeitpunkt erfassen lässt und in welchem Zusammenhang diese zu den fundamentalen Werttreibern des Bewertungsobjekts steht.[529] Bei der Verwendung von Multiplikatoren ist hierbei interessant, welche Bedeutung den durch das Unternehmen beeinflussbaren Wachstumserwartungen zukommt und welche Änderungen des Preisniveaus aus rein exogenen – und somit vom Bewertungsobjekt unabhängigen – Faktoren resultieren.

Im Rahmen einer empirischen Studie untersuchte PINDUR, ob die Ursache für die bei seinen betrachteten Leveraged Buyouts zwischen Erwerb und Weiterveräußerung im Durchschnitt angestiegenen Multiplikatoren darin zu finden ist, dass die im Rahmen der Leveraged Buyouts durchgeführten Effizienzsteigerungen zu langfristig höheren Wachstumserwartungen seitens der Kapitalmarktteilnehmer führen und hieraus ein höherer Bewertungsmultiplikator resultieren würde. Durch eine operative Leistungssteigerung würde das Beteiligungsunternehmen dementsprechend auf einen höheren, nachhaltigen Wachstumspfad angehoben, welcher ungleich positiver ist als dies zum Einstiegszeitpunkt der Fall war. PINDUR stellte jedoch fest, dass während der Haltedauer der betrachteten Leveraged Buyouts gestiegene Wachstumsraten nur einen geringen Einfluss auf die gestiegenen Multiplikatoren hatten. Vielmehr zeigen die Ergebnisse seiner Studie, dass die höheren Multiplikatoren zum Zeitpunkt der Veräußerung primär darauf zurückzuführen sind, dass die Private Equity Gesellschaften ihre Leveraged Buyouts zu deutlich attraktiveren Kapitalmarktbedingungen veräußert haben, als dies noch zum Einstiegszeitpunkt der Fall war.[530] Dies lässt vermuten, dass für die gestiegenen Multiplikatoren viel-

---

528 Vgl. RICHTER (2005), S. 109 sowie PÜTTER (2008), S. 680. Siehe KAPLAN & STRÖMBERG (2009), S. 138 für ein bei LBOs beobachtetes, im Zeitverlauf veränderliches Preisniveau.

529 Vgl. RICHTER (2005), S. 91.

530 Vgl. PINDUR (2006), S. 105, 261.

mehr exogene Einflussfaktoren verantwortlich waren, welche jenseits des Einflussbereichs des betrachteten Leveraged Buyouts lagen.[531]

Die Veränderung der Attraktivität des Marktumfeldes für eine Veräußerung und respektive die Höhe des Preisniveaus am Kapitalmarkt kann hierbei auf zahlreiche exogene Faktoren zurückzuführen sein. Einer dieser Faktoren für ein veränderliches Preisniveau ist in Bezug auf Private Equity der von GOMPERS & LERNER beobachtete „Money Chasing Deals"-Effekt, welcher in Abhängigkeit von der am Kapitalmarkt verfügbaren Liquidität auftritt. Bei Vorliegen einer begrenzten Anzahl von Investitionsmöglichkeiten steigen die Transaktionspreise sowie das Preisniveau am Kapitalmarkt an, je mehr Kapital auf Seiten der Investoren verfügbar ist, da diese in Konkurrenz zueinander stehen und eine höhere Nachfrage nach Investitionszielen bei einem unveränderten Angebot an Investitionsmöglichkeiten die Transaktionspreise nach oben treibt.[532] Die Investoren korrigieren in einem solchen Fall begrenzter Investitionsmöglichkeiten ihre geforderten Renditen in Form hypothetischer Alternativanlagen nach unten und sind dadurch bereit, für ein Beteiligungsunternehmen mit unveränderten Wachstumsaussichten ein höheres Preisniveau zu akzeptieren.

Des Weiteren ist das Preisniveau am Kapitalmarkt unter anderem durch Veränderungen in der vorliegenden Zinsstruktur, den Zyklen bestimmter Branchen sowie den generellen Konjunkturaussichten beeinflusst. Diese Faktoren können sich sowohl auf die Höhe der zukünftigen Wachstumsaussichten eines Unternehmens aus Sicht der Kapitalmarktteilnehmer als auch auf deren Diskontierung unter Berücksichtigung alternativer Anlagemöglichkeiten auswirken.[533] Da eine explizite Berücksichtigung aller auf das Preisniveau am Kapitalmarkt einwirkenden Faktoren im Rahmen eines Bewertungsmodells aussichtslos erscheint, haben sich in der Literatur einige

---

531 RICHTER (2005), S. 92 untersucht, ob sich ein empirischer Zusammenhang zwischen Veränderungen der Wachstumsprognosen von Unternehmen und deren Bewertungsmultiplikatoren am Kapitalmarkt nachweisen lässt. Hierbei lassen sich zwar bei höheren Wachstumserwartungen tendenziell auch höhere Multiplikatoren beobachten, jedoch lässt sich diesbezüglich nur eine geringe Korrelation feststellen und es kann kein linearer Zusammenhang zwischen Wachstumsraten und dem Preisniveau hergestellt werden.

532 Vgl. GOMPERS & LERNER (2000), S. 321f. Vgl. PINDUR (2006), S. 109 m.w.N. für die Erläuterung des Zusammenhangs zwischen Angebot und Nachfrage im Bereich des Private Equity.

533 Vgl. PINDUR (2006), S. 111-113, PÜTTER (2008), S. 690 und SEILER & LARSON (2004), S. 169f.

Ansätze für eine vereinfachende Erfassung der Entwicklung des unsicheren Preis- bzw. Bewertungsniveaus herausgebildet.[534]

5.3.2.2. Lösungsansätze in der Literatur

Eine Möglichkeit zur Abbildung eines unsicheren Preisniveaus im Verlauf eines Bewertungsmodells liegt darin, für die Entwicklung des Bewertungsmultiplikators einen stochastischen Prozess zu unterstellen. RICHTER verwendet einen Mean-Reversion-Prozess für Multiplikatoren unter der Annahme, dass das Bewertungsniveau am Kapitalmarkt sich um ein langfristig nachhaltiges Niveau bewegt und sich nicht vollständig von diesem lösen kann. Diese Annahme erscheint sinnvoll, jedoch besteht die Schwierigkeit bei einer Modellierung darin, sowohl das nachhaltige Niveau des Multiplikators eines Leveraged Buyouts, der Konvergenzgeschwindigkeit zu diesem Niveau sowie die für die Preisschwankungen verantwortlichen Störeinflüsse zu quantifizieren.[535]

BAECKER spricht sich ebenfalls für die Berücksichtigung eines veränderlichen Bewertungsniveaus am Kapitalmarkt bei der Bestimmung des Veräußerungswertes von Leveraged Buyouts aus, da auf Basis historischer Beobachtungen der Einfluss von veränderlichen Multiplikatoren auf den Erfolg von Leveraged Buyouts deutlich erkennbar sei.[536] Anstelle der Berücksichtigung eines langfristigen Trends bei der Entwicklung des Bewertungsniveaus modelliert BAECKER unerwartete Schwankungen der Multiplikatoren als einen Random Walk Prozess innerhalb eines Binomialmodells. Ausgehend vom Bewertungsniveau, welches beim Einstieg der Private Equity Gesellschaft in das Beteiligungsunternehmen vorlag, wird der Multiplikator hierbei über die Haltedauer in jeder Periode mit derselben Wahrscheinlichkeit entweder um einen bestimmten Faktor erhöht oder dessen Kehrwert

534 Für eine Prognose des zukünftigen Preisniveaus ist es nicht ausreichend, alle Einflussfaktoren auf das Preisniveau zu identifizieren. Es müssten vielmehr alle Einflussfaktoren für die Zukunft prognostiziert als auch deren Interdependenzen bestimmt werden können.

535 Vgl. RICHTER (2005), S. 117. Bereits bei der Bestimmung der für einen solchen Prozess benötigten Parameter für den Gesamtmarkt ergibt sich kein eindeutiges Bild. Die Schätzung spezifischer Parameter bei der Betrachtung einzelner Unternehmen aus historischen Daten ist ungleich schwieriger, insbesondere wenn das betrachtete Unternehmen nicht börsennotiert ist und sich keine vergleichbaren Unternehmen am Kapitalmarkt beobachten lassen.

536 Vgl. BAECKER (2008), S. 87.

verringert.[537] Der Einfluss auf den Veräußerungserlös aus einer Veränderung der operativen Leistungsfähigkeit des Leveraged Buyouts wird durch BAECKER ausgeblendet, da von deterministischen Zahlungsströmen über die Haltedauer ausgegangen wird. Da eine Lösung zur Ermittlung der Parameter des Random Walk Prozesses der veränderlichen Multiplikatoren durch BAECKER nicht vorgeschlagen wird, besteht weiterhin die Problematik einer Quantifizierung des Prozesses des veränderlichen Bewertungsniveaus.

GLEIßNER, KAMARAS & WOLFRUM sind ebenfalls der Meinung, dass die Schätzung von Veräußerungspreisen bei Private Equity Beteiligungen von besonderer Bedeutung sind, da Ausschüttungen an die Eigenkapitalgeber über die Haltedauer gering sind und die Wertschaffung wesentlich vom realisierten Veräußerungswert geprägt sei.[538] Für die Bestimmung des unsicheren Veräußerungswertes greifen GLEIßNER, KAMARAS & WOLFRUM ebenfalls auf einen stochastischen Prozess zurück, welcher sowohl endogene Faktoren, d.h. die konjunkturelle Entwicklung und deren Einfluss auf das Ertragsniveau des Beteiligungsunternehmens, als auch exogene Faktoren in Form einer Veränderung des Preisniveaus am Kapitalmarkt berücksichtigen soll.[539] Ähnlich Formel (5.39) setzt sich der Veräußerungswert dementsprechend aus einem durch eine Simulation über die Haltedauer des Beteiligungsunternehmens ermittelten Ertragsniveau zum Veräußerungszeitpunkt und eines unsicheren Multiplikators zusammen.[540] Der unsichere Multiplikator wird hierbei mittels einer Kapitalwertformel bestimmt, welche durch die nachhaltigen Wachstumserwartungen der Zahlungsströme des Beteiligungsunternehmens und den langfristigen Kapitalkosten berech-

537 BAECKER verwendet einen stetigen Steigerungsfaktor, vermutlich um den Eintritt negativer Multiplikatoren im Simulationsmodell auszuschließen. Dies hat allerdings in seinem Modell den Effekt, dass der Veräußerungsmultiplikator im Erwartungswert mit zunehmender Haltedauer ansteigt und sich daher im Durchschnitt stets ein positiver Werteffekt durch das schwankende Bewertungsniveau einstellt. Hierauf geht BAECKER jedoch nicht weiter ein und geht irrtümlich von einem konstanten Erwartungswert des Multiplikators aus. Vgl. BAECKER (2008), S. 91-93.

538 Vgl. GLEIßNER, KAMARAS & WOLFRUM (2008), S. 145 sowie GLEIßNER & WOLFRUM (2008), S. 343. Hierzu ist anzumerken, dass während der Haltedauer eines LBO die operativen Zahlungsströme sehr wohl zu einer Wertschaffung beitragen, auch wenn keine Ausschüttungen erfolgen. Durch eine Rückführung von Fremdkapital über die Haltedauer haben die operativen Zahlungsströme einen maßgeblichen Einfluss auf die Höhe des aus der Veräußerung erzielten Erlöses, welcher den Private Equity Investoren zusteht.

539 Vgl. GLEIßNER, KAMARAS & WOLFRUM (2008), S. 148-150.

540 GLEIßNER, KAMARAS & WOLFRUM verwenden hierbei für das Ertragsniveau des Unternehmens einen EBIT-Prozess.

net wird. Die nachhaltige Wachstumsrate wird von GLEIẞNER, KAMARAS & WOLFRUM als deterministisch angenommen, die Kapitalkosten auf Basis eines risikofreien Zinssatzes und einer Marktrisikoprämie bestimmt, welche zum Veräußerungszeitpunkt im Simulationsmodell auf Basis stochastischer Prozesse bestimmt werden.[541] Da keiner der drei Faktoren des Veräußerungsmultiplikators – nachhaltiges Wachstum, risikofreier Zinssatz sowie Marktrisikoprämie – im Simulationsansatz in einem Zusammenhang zu der Entwicklung des Ertragsniveaus des Beteiligungsunternehmens steht, handelt es sich auch in dem von GLEIẞNER, KAMARAS & WOLFRUM vorgeschlagen Ansatz im Wesentlichen um eine Approximation des Bewertungsniveaus zum Veräußerungszeitpunkt, bei welchem lediglich eine mögliche Spannweite an zukünftigen Multiplikatoren aufgezeigt wird.

ROSARIUS versucht in dem von ihm entwickelten Bewertungsmodell für Leveraged Buyouts ebenfalls, die zum Bewertungszeitpunkt herrschende Unsicherheit bezüglich des Veräußerungswertes am Ende der Haltedauer zu berücksichtigen. ROSARIUS lehnt hierbei eine Verwendung von Multiplikatoren für die Bestimmung eines Veräußerungswertes generell ab und greift stattdessen auf eine kapitalwertorientierte Bewertung mittels einer Gordon-Growth-Formel zurück.[542] Da die Identität der neuen Eigentümer nach einer Weiterveräußerung zum Bewertungszeitpunkt jedoch noch unbekannt ist, müssen für die Verwendung der Gordon-Growth-Formel Annahmen bezüglich eines typisierten Käufers und dessen Erwartungen bezüglich der Entwicklung des Beteiligungsunternehmens nach dem Veräußerungszeitpunkt getroffen werden. Da hierüber keine genauen Prognosen bestimmbar sind, unterstellt ROSARIUS vereinfachend eine typische Unternehmensentwicklung, wobei von einem konstanten Wachstum der Zahlungsströme sowie konstanten Kapitalkosten ausgegangen wird.[543] Da folglich somit die einzige Unsicherheit bezüglich des Veräußerungserlöses aus dem zum Veräußerungszeitpunkt vorliegenden Ertragsniveau des Leveraged Buyouts resultiert, kommt der von ROSARIUS verwendete, kapitalwertorientierte Bewertungsansatz zur Bestimmung des Veräußerungserlöses der Verwendung eines deterministischen Multiplikators gleich, wodurch von exogenen Einflussfaktoren auf das Bewertungsniveau und den Veräußerungserlös abstrahiert wird.

---

541 Vgl. GLEIẞNER, KAMARAS & WOLFRUM (2008), S. 168f. Dem risikofreien Zinssatz und der Marktrisikoprämie werden zum Veräußerungszeitpunkt Verteilungsannahmen in Form einer Normalverteilung unterstellt, auf Basis derer bei jedem Simulationsdurchlauf die Kapitalkosten neu ermittelt werden.

542 Siehe zum Gordon-Growth-Modell FN 123.

543 Vgl. ROSARIUS (2007), S. 126-128, 132, 140.

5.3.2.3. Deterministische Multiplikatoren

Obwohl die Möglichkeit der Berücksichtigung eines veränderlichen Bewertungsniveaus zur Abbildung des unsicheren Veräußerungserlöses am Ende der Haltedauer eines Leveraged Buyouts als wünschenswert zu erachten ist, muss die Verwendung eines einfachen stochastischen Prozesses zur Entwicklung des Bewertungsniveaus zum Veräußerungszeitpunkt im Zuge eines Simulationsmodells kritisch gesehen werden, soweit kein Zusammenhang zu der operativen Entwicklung des Bewertungsobjekts geknüpft werden kann. Dies wird insbesondere durch die Verwendung des Bewertungskonzepts des stochastischen Diskontierungsfaktors deutlich. Ohne eine qualitative und quantitative Verbindung der Entwicklung des Veräußerungsmultiplikators mit der unsicheren Entwicklung der Zahlungsströme oder des stochastischen Diskontierungsfaktors hat die Modellierung eines veränderlichen Bewertungsniveaus in einem Simulationsansatz keinen Einfluss auf den Erwartungswert des Bewertungsergebnisses.

Der Grund hierfür ist, dass das veränderliche Bewertungsniveau lediglich eine Spannweite an zukünftig möglichen Veräußerungserlösen aufzeigt, durch eine fehlende Korrelation zwischen den Multiplikatoren und dem stochastischen Diskontierungsfaktor jedoch kein zusätzliches Risiko aus dieser Schwankung des Bewertungsniveaus resultiert. Gleiches gilt letztlich bei Verwendung eines stochastischen Multiplikators im Rahmen von Bewertungsmodellen auf Basis von Kapitalkosten, welche konstant und vom Bewertungsniveau unabhängig sind. Soweit ein erwartungstreuer Prozess für die Entwicklung des Bewertungsniveaus verwendet wird, führt dies im Erwartungswert zum selben Ergebnis wie die Verwendung eines deterministischen Multiplikators, soweit die Anzahl der Simulationsdurchläufe ausreichend hoch ist.

Die Formulierung eines veränderlichen Bewertungsniveaus zur Modellierung des Veräußerungswertes in Abhängigkeit von den anderen Elementen der Entwicklung des Planungsmodells wäre wünschenswert, stellt jedoch in Folge der Vielzahl exogener Einflussfaktoren bezüglich der Prognose des Bewertungsniveaus ein vielschichtiges Problemfeld dar, für welches bis dato noch keine zufriedenstellende Lösung vorliegt.[544] Es soll an dieser Stelle nicht abgelehnt werden, dass in der Praxis Situationen existieren, welche tendenziell für ein zukünftig steigendes oder fallendes Bewertungsniveau sprechen und somit Trends erahnen lassen. Jedoch muss auf Grund der beschriebenen Vielzahl an Einflussfaktoren jeder Versuch scheitern,

---

544 Vgl. Gup & Lee (2008), S. 1-3 m.w.N. für eine Übersicht der kontroversen Diskussion hinsichtlich der Vorhersagbarkeit von Veränderungen des Bewertungsniveaus.

diese Entwicklung allgemeingültig zu erfassen. Die ausführliche Modellierung eines stochastischen Prozesses, welcher eine realitätsnahe Abbildung des Bewertungsniveaus am Kapitalmarkt bietet, kann daher an dieser Stelle nicht geleistet werden.

Bei der Entwicklung der im Simulationsansatz verwendeten Struktur des stochastischen Diskontierungsfaktors wurde ein Marktrenditeprozess unterstellt, welcher die zukünftige Kapitalmarktentwicklung durch einen Random Walk beschreibt. Dieser Zufallsprozess impliziert gleichbleibende Erwartungen der Investoren bezüglich der zukünftigen Kapitalmarktentwicklung, da diese durch den Random Walk Prozess nicht prognostizierbar sind. Der Veräußerungsmultiplikator ist folglich abhängig von den Erwartungen der Investoren bezüglich der zukünftigen Entwicklung des Bewertungsobjekts. Hierzu sind weitere Annahmen zu treffen, welche sowohl die Finanzierungspolitik als auch die operative Entwicklung des Beteiligungsunternehmens nach einer Veräußerung durch die Private Equity Gesellschaft betreffen.[545] Das vorgestellte Modell für die Anwendung des Bewertungskonzepts des stochastischen Diskontierungsfaktors bietet hierbei die Möglichkeit, die Detailplanungsphase des Simulationsansatzes bei Vorliegen periodenspezifischer und langfristiger Planungsannahmen prinzipiell beliebig zu verlängern.[546]

Da die Diskontierungssätze mit fortschreitender Zeit immer kleiner werden, erhält man bei einer ausreichenden Erweiterung der Planung eine Approximation für den Endwert zum Veräußerungszeitpunkt, wodurch eine implizite Bestimmung eines Veräußerungsmultiplikators erfolgt. Nachteilig ist an dieser Vorgehensweise jedoch ein verhältnismäßig hoher Rechenaufwand, welcher insbesondere bei der Durchführung von Sensitivitätsanalysen zum Tragen kommt. Zur Komplexitätsreduktion wird an dieser Stelle daher ein deterministischer Multiplikator zur Bestimmung des Veräußerungswertes verwendet. Da dieser in allen Zuständen des Veräußerungszeitpunkts identisch ist, werden hierdurch zustandsunabhängige Er-

---

545 Vgl. ROSARIUS (2007), S. 126-128.

546 Gegebenenfalls sind hierfür ergänzende Annahmen bezüglich der verwendeten Parameter, wie beispielsweise die Entwicklung des langfristigen Zinsniveaus, erforderlich.

wartungen der Investoren bezüglich der langfristigen Entwicklung des Beteiligungsunternehmens unterstellt.[547]

Diese Vereinfachung kann in der vorliegenden Arbeit eingesetzt werden, da hierbei eine Abbildung der Finanzierungsstruktur und der Spezifika von Leveraged Buyouts sowie der hiermit verbundenen Werteffekte und Risiken über die Haltedauer im Fokus stehen. Eine langfristige Prognose der Entwicklung von Unternehmen am Kapitalmarkt stellt hingegen keinen Schwerpunkt dieser Arbeit dar. Ist es für eine Bewertung jedoch nicht nur von Interesse, die Werteffekte und Risiken aufzuzeigen, welche aus den Eigenschaften eines Leveraged Buyouts hervorgehen, sondern ein absolutes Bewertungsergebnis zu erhalten - welches z.B. im Rahmen einer Kaufpreisfindung eingesetzt wird - so ist diese vereinfachende Vorgehensweise zur Bestimmung des Veräußerungswertes durch eine detaillierte Beschreibung der Annahmen der weiteren Unternehmensentwicklung entsprechend dem vorliegenden Bewertungsfall zu ersetzen.

Die Verwendung eines deterministischen Multiplikators im Planungsmodell ist jedoch nicht gleichbedeutend mit der Annahme eines sicheren Veräußerungserlöses. Vielmehr wird lediglich davon ausgegangen, dass seitens des Kapitalmarktes konstante Wachstumserwartungen und Risikoeinschätzungen bezüglich des Beteiligungsunternehmens in den Zeitpunkten der Übernahme und Veräußerung vorliegen. Der Verkaufserlös ist hingegen nach wie vor abhängig von der unsicheren, operativen Entwicklung des Leveraged Buyouts über die Haltedauer. Die Private Equity Investoren können aus der Veräußerung des Leveraged Buyouts einen positiven Werteffekt erzielen, falls es gelingt, das nachhaltige Ertragsniveau - z.B. durch Effizienzsteigerungen - über die Haltedauer anzuheben. Die konstanten Wachstumserwartungen der Kapitalmarktteilnehmer setzen dann zum Veräußerungszeitpunkt im Vergleich zum Übernahmezeitpunkt auf einem höheren

---

547 Vgl. JOHNEN & SCHACHT (2009), S. 293f, die sich ebenfalls bei der Planung eines LBO für die Verwendung eines konstanten Multiplikators zur Ermittlung des Verkaufserlöses aussprechen, soweit keine fundierten Gründe für eine Veränderung des Preisniveaus über die Haltedauer bestehen. Siehe auch RICHTER (2005), S. 65-73 für Voraussetzungen bezüglich der Erwartungen von Kapitalmarktteilnehmern unter deterministischen Multiplikatoren.

Ertragsniveau auf und rechtfertigen einen entsprechend höheren Veräußerungserlös.[548]

Mit der Berücksichtigung von Insolvenzrisiken und einer Beurteilung der Wertermittlung eines Beteiligungsunternehmens zum Weiterveräußerungszeitpunkt wurden im voranstehenden Kapitel alle Positionen und Berechnungslogiken beschrieben, welche Anwendung im vorliegenden Planungsmodell für Leveraged Buyouts finden.

548 Dies bedeutet, dass der Kapitalmarkt die Effizienzsteigerungen im Rahmen eines LBO bei Übernahme des Beteiligungsunternehmens nicht in seinen Wachstumserwartungen berücksichtigt hatte, da ansonsten eine Übernahme nur zu einem deutlich höheren Transaktionspreis möglich gewesen wäre und die gesamte Wertschaffung der operativen Leistungssteigerung durch die Alteigentümer – und nicht die Private Equity Investoren – realisiert würde.

6. Bewertung durch Simulation

Nach der Spezifizierung einer geeigneten Struktur des stochastischen Diskontierungsfaktors sowie der Entwicklung eines Planungsmodells zur Ableitung der bewertungsrelevanten Zahlungsströme kann im letzten Teil dieser Arbeit die Bewertung von Leveraged Buyouts mittels Simulation erfolgen.

Bei der nachfolgenden Bewertung steht in der vorliegenden Arbeit eine Analyse der relativen Werteffekte und Risiken eines Leveraged Buyouts im Fokus. Ursächlich sind hierfür zum einen, dass ein Bewertungsansatz welcher auf eine vereinfachte Struktur zur Abbildung des stochastischen Diskontierungsfaktors zurückgreift, nicht zwangsläufig zu absoluten Bewertungsergebnisgrößen führen muss, welche sich mit den am Kapitalmarkt beobachtbaren Preisen oder mittels weiterer Bewertungsverfahren ermittelten Werten decken. Da bislang keine allgemein anerkannte Spezifizierung des stochastischen Diskontierungsfaktors vorliegt, ist jedes Bewertungsmodell auf Basis einer gewählten Struktur zur Beschreibung des stochastischen Diskontierungsfaktors daher stets mit einer gewissen Ungenauigkeit bezüglich der Bewertungsergebnisse verbunden.[549] Zugleich eröffnet die Anwendung eines Bewertungsansatzes mit einem stochastischen Diskontierungsfaktor jedoch die Möglichkeit, nicht nur sämtliche Zahlungsströme eines Bewertungsobjekts in deren Barwerte zu überführen, sondern auch eine Beurteilung des mit den Zahlungsströmen verbundenen Risikos vorzunehmen. Eine Bestimmung risikoadäquater Kapitalkosten ist somit möglich, ohne explizite Annahmen über den Risikogehalt der Zahlungsströme treffen zu müssen. Dies ermöglicht eine Betrachtung unterschiedlicher Aspekte von Leveraged Buyouts mittels eines Simulationsansatzes,

549 Es wird an dieser Stelle darauf hingewiesen, dass jedoch ebenfalls marktbasierte als auch zahlungsstrombasierte Bewertungsverfahren, welche auf kapitalmarktbasierte Informationen zurückgreifen, ebenfalls nur zu subjektiven Bewertungsergebnissen führen. Hierbei ist weder bekannt, ob diese dem tatsächlichen Wert des Bewertungsobjekts oder zumindest der zukünftigen subjektiven Wahrnehmung der Kapitalmarktteilnehmer entsprechen.

welcher in dieser Form nicht durch die verbreiteten, zahlungsstrombasierten Bewertungsmodelle geleistet werden kann.[550]

Im vorliegenden Kapitel erfolgt zunächst eine Beschreibung der generellen Grundlagen des Einsatzes einer Simulation im Rahmen von Bewertungsmodellen. Anschließend wird die Vorgehensweise einer Simulation auf Basis eines stochastischen Diskontierungsfaktors vorgestellt und die hiermit verbundene Berechnungslogik verdeutlicht. Ausgehend von diesen Grundlagen wird im dritten Teil dieses Kapitels die Bewertung eines typisierten Leveraged Buyouts durchgeführt.

6.1. Grundlagen von Simulationsmodellen

In der Unternehmensbewertung unterscheiden sich Simulationsmodelle von einem statischen Bewertungsansatz dahingehend, dass nicht nur eine einzelne Zukunftsprognose des Bewertungsobjekts – in Form von Erwartungswerten – bei dessen Bewertung berücksichtigt wird, sondern vielmehr eine ganze Reihe möglicher zukünftiger Entwicklungen mit einbezogen wird. Diese im Rahmen von Simulationsmodellen erzeugten Entwicklungspfade können für eine Beurteilung der Spannweite möglicher Bewertungsergebnisse dienen und ermöglichen eine differenzierte Berücksichtigung unterschiedlicher Entwicklungsmöglichkeiten. Mittels Aggregation lassen sich die einzelnen Entwicklungspfade ebenfalls wieder in einen Erwartungswert des Bewertungsergebnisses überführen.[551]

Bei dem am weitesten verbreiteten Simulationsansatz für Modelle im finanzwirtschaftlichen Bereich handelt es sich um die sogenannte „Monte-Carlo-Simulation", welche auf Zufallsprozesse zur Generierung der Simulationsergebnisse zurückgreift. Diese Methode liegt auch dem in der vorliegenden Arbeit verwendeten Bewertungsansatz mit stochastischem Diskontierungsfaktor zu Grunde. Im Weiteren erfolgt daher zunächst eine kurze

---

550 Eine Risikobeurteilung von LBOs mit Kapitalkosten, welche durch die Methode des Risikozuschlages bestimmt werden, scheitert daran, dass die Kapitalkosten und damit die Risiken der Zahlungsströme bereits vor der eigentlichen Bewertung festgelegt werden müssen. Eine Analyse, wie sich diese Risiken bei einer Variation unterschiedlicher Parameter verändern, ist daher kaum realisierbar. Ebenfalls scheitert die Verwendung eines risikoneutralen Bewertungsansatzes, da keine allgemeingültige Transformationsfunktion zwischen risikoneutralen und empirischen Zahlungsströmen und Planungsgrößen existiert.

551 Vgl. MEYER (2006), S. 130 für Analysemöglichkeiten der Ergebnisse von Simulationsmodellen.

Einführung in die Methode der Monte-Carlo-Simulation und es werden sowohl Vor- als auch Nachteile dieser Simulationsmethode gegenüber statischen Bewertungsansätzen aufgezeigt.[552]

6.1.1. Monte-Carlo-Simulation

Die Grundidee der Monte-Carlo-Simulation ist eine Lösung mathematischer Problemstellungen mittels der Durchführung eines Stichprobenexperiments. Es handelt sich somit um ein stochastisches Simulationsverfahren, bei welchem in Abhängigkeit von durch Zufallszahlen beeinflussten Eingangsvariablen und Prozessen eine approximative Bestimmung der Zielvariablen erfolgt.[553] Die erste Anwendung eines Modells, welches die Charakteristika einer Monte-Carlo-Simulation besitzt, erfolgte bereits in den 1930er Jahren durch den Physiker FERMI im Rahmen seiner Untersuchung von Diffusionsprozessen von Neutronen. Der Begriff „Monte-Carlo-Simulation" in Verbindung mit Modellen, welche eine Reihe von Beobachtungen durch die Verwendung von Zufallszahlen erzeugen, wurde durch die Arbeit von ULAM und VON NEUMANN in den späten 1940ern geprägt, welche sich ebenfalls der Neutronendiffusion widmet.[554]

Ungeachtet der weiten Einsatzmöglichkeiten der Monte-Carlo-Simulation basiert die Vorgehensweise stets auf denselben Grundzügen. Hierbei wird eine Näherungslösung für den Erwartungswert einer Zielvariablen auf Basis von Beobachtungen geschätzt, welche durch eine Anzahl von N Simulationsdurchläufen erzeugt werden. Im Kontext einer Unternehmensbewertung werden dementsprechend für jeden Zahlungsstrom und für jede weitere Größe des Bewertungsmodells – wie beispielsweise der Gewinn- und Verlustrechnung oder der Bilanz – in Folge der verwendeten Planungsprozesse durch die Simulationsdurchläufe für jeden Zeitpunkt genau N Beobachtungen erzeugt. Die Genauigkeit der Näherungslösungen für die Erwartungswerte der beobachteten Größen nimmt hierbei nach dem

---

552 Die Monte-Carlo-Simulation findet im finanzwirtschaftlichen Bereich insbesondere eine Anwendung bei der Bewertung von Derivaten am Kapitalmarkt. Vgl. hierzu GLASSERMAN (2008), S. 19-21.

553 Vgl. MEYER (2006), S. 105 und IRMLER (2005), S. 140.

554 Vgl. METROPOLIS (1987), S. 127f und HUBBARD (2010), S. 81. FERMI führte seine Simulation noch mit Hilfe eines mechanischen Stichprobengenerators durch, während heutzutage eine Monte-Carlo-Simulation in der Regel computerbasiert abläuft.

Gesetz der großen Zahlen mit einer zunehmenden Anzahl von Simulationsdurchläufen zu.[555]

6.1.2. Vor- und Nachteile

Gegenüber statischen Bewertungsverfahren weist die Verwendung einer Monte-Carlo-Simulation für Bewertungszwecke hierbei eine Reihe von Vor- als auch Nachteilen auf.

Durch die Simulation mehrerer Entwicklungspfade findet eine Berechnung des verwendeten Planungsmodells nicht wie bei einer statischen Bewertung nur einmalig statt, sondern wird bei jeder Bewertung N-mal vollzogen. Abhängig von der Komplexität des Bewertungsmodells und der Anzahl der durchgeführten Simulationsdurchläufe kann der Einsatz einer Monte-Carlo-Simulation daher mit einem entsprechend hohen Rechenaufwand verbunden sein, welcher durch die gewählte computergestützte Datenverarbeitung zu bewältigen ist. Insbesondere die Berechnung von Sensitivitätsanalysen ist bei einer Monte-Carlo-Simulation gegenüber einem statischen Bewertungsverfahren ungleich rechen- und zeitaufwendiger, da bei jeder Variation eines einzelnen Eingangsparameters des Planungsmodells eine erneute Generierung und Berechnung aller N Entwicklungspfade erforderlich ist. Dieser vergleichsweise hohe Rechenaufwand einer Monte-Carlo-Simulation kann daher zugleich mit einer mangelnden Repräsentativität der Bewertungsergebnisse verbunden sein. Abhängig von der Anzahl der einfließenden Parameter und der Komplexität des Planungsmodells kann es mittels eines Simulationsansatzes nicht möglich sein, alle denkbar möglichen Parameterkonstellationen zu berücksichtigen. Daher sind die Ergebnisse eines Simulationsmodells stets abhängig von den für die Ausgangslage gewählten Parametern des Bewertungsobjekts. Eine Ableitung allgemeingültiger Aussagen aus einem Simulationsmodell ist somit schwierig.[556]

Die in Verbindung mit Monte-Carlo-Simulationen zu bewältigende Datenmenge ist im Vergleich zu einem statischen Modellansatz ein Nachteil, welcher bereits bei der Wahl der Modellierungsumgebung eines Simulationsansatzes berücksichtigt werden kann. Hierbei weist die direkte Umsetzung eines Bewertungsmodells in eine Programmiersprache in der Regel eine hohe Rechengeschwindigkeit auf, ist zugleich jedoch relativ abstrakt.[557]

---

555 Vgl. TALLAU (2007), S. 53.

556 Vgl. IRMLER (2005), S. 169f.

557 Vgl. MEYER (2006), S. 106.

Bei einer Simulation innerhalb eines Tabellenkalkulationsprogrammes kann die Rechengeschwindigkeit hingegen zwar niedriger sein, doch hat diese im Vergleich zu einer reinen Programmiersprache den Vorteil, dass komplexe Planungsprozesse anschaulicher modellierbar sind und eine transparentere Darstellung und Analyse der Bewertungsergebnisse erfolgen kann. Aus diesem Grund wurde in der vorliegenden Arbeit für den Aufbau des Simulationsmodells auf das Tabellenkalkulationsprogramm „Microsoft Excel 2007" zurückgegriffen, welches durch eine Einbindung von „Visual Basic for Applications" die Simulation stochastischer Prozesse ermöglicht.

In der praktischen Umsetzung ist der Einsatz einer Monte-Carlo-Simulation stets mit einem Kompromiss zwischen der Genauigkeit bei der Approximation der Bewertungsergebnisse und den hierbei in Kauf zu nehmenden Rechenzeiten verbunden. Ursächlich hierfür ist, dass eine Erhöhung der Simulationsdurchläufe zwar zu einer statistisch genaueren Schätzung der Bewertungsergebnisse führt, jedoch die Anzahl der Simulationsdurchläufe in Relation zu einem Genauigkeitszugewinn der Schätzer überproportional zunimmt. So ist es beispielsweise bei einem Schätzer für den Erwartungswert normalverteilter Beobachtungswerte innerhalb eines Simulationsmodells notwendig für die Halbierung der Standardabweichung des Schätzers die Anzahl der Simulationsdurchläufe zu vervierfachen. Soll die Standardabweichung des Schätzers gegenüber der Ausgangssituation hingegen auf ein Zehntel reduziert werden, so ist bereits eine Verhundertfachung der Simulationsdurchläufe erforderlich und eine theoretisch beliebig genaue Bestimmung der Bewertungsergebnisse kann in der praktischen Umsetzung schnell an ihre Grenzen stoßen.[558]

Ein weiterer Nachteil der Verwendung eines Simulationsverfahrens kann in einer beschränkten Nachvollziehbarkeit der Ergebnisse liegen. Da die Simulationsergebnisse bei einer größeren Anzahl von Simulationsdurchläufen praktisch nur noch auf Basis ihrer Erwartungswerte oder ihrer statistischen Verteilung betrachtet werden können, herrscht eine eingeschränkte Transparenz und ein Teil der in den einzelnen Entwicklungspfaden enthaltenen Informationen kann verloren gehen.[559] Diese Einschränkung erfordert zugleich eine sehr präzise Formulierung aller in das Simulationsmodell einfließenden Prozesse, um sicherzustellen, dass in keinem Entwicklungspfad ungültige Realisierungen des Planungsmodells auftreten können. Dies ist wichtig, da bei einer Betrachtung des aggregierten Simula-

558 Vgl. Meyer (2006), S. 110 und Irmler (2005), S. 153.
559 Vgl. Irmler (2005), S. 171.

tionsergebnisses einzelne ungültige Realisierungen nicht mehr identifizierbar sind, jedoch gleichzeitig zu einer deutlichen Verzerrung der Bewertungsergebnisse beitragen können. Eine Nachvollziehbarkeit der Bewertungsergebnisse kann ebenfalls schwierig sein, wenn die Erwartungswerte einzelnen Größen auf Basis des Simulationsmodells nicht zueinander konsistent erscheinen. Bei einer Betrachtung des Planungsmodells auf Basis der Erwartungswerte der einzelnen Planungsgrößen kann dies beispielsweise dann der Fall sein, wenn die deterministische Steuerberechnungslogik auf Basis des Erwartungswertes des Vorsteuerergebnisses zu anderen Steuerzahlungen führt, als der Erwartungswert der tatsächlichen Steuerzahlungen über alle Simulationspfade ergibt. Eine Darstellung der Gewinn- und Verlustrechnung sowie der Bilanz kann somit auf Basis der Simulationsergebnisse eine Reihe von vermeintlichen Inkonsistenzen aufweisen.[560]

Wenngleich mit der Verwendung eines Simulationsmodells eine Reihe von Nachteilen verbunden ist, so existieren zugleich auch wesentliche Vorzüge gegenüber der Verwendung eines statischen Bewertungsverfahrens. Im Gegensatz zu statischen Modellen, welche häufig an relativ restriktive mathematische Voraussetzungen gebunden sind, bestehen bei der Verwendung eines Simulationsmodells kaum Einschränkungen an die zu berücksichtigenden Einflussfaktoren und -prozesse.[561] So kann durch ein Simulationsverfahren auch der Einfluss von Nicht-Linearitäten in der Modellierung einer Planung berücksichtigt werden, welche eine explizite Berechnung unterschiedlicher möglicher Entwicklungen erfordern und auf Basis einer statischen Betrachtung nicht beurteilt werden können.[562] Im Vergleich zu einem statischen Bewertungsverfahren können somit in einem Simulationsmodell die Effekte auf das Bewertungsergebnis berücksichtigt werden, welche eintreten sofern Planungsgrößen von ihren Erwartungswerten abweichen, was insbesondere bei der Berücksichtigung von Insolvenzrisiken zu drastischen Auswirkungen bezüglich der weiteren Entwicklung einer Planung sowie der Bewertungsergebnisse führen kann.

Auf Grund der beschriebenen Vor- und Nachteile hängt die Wahl des Modellansatzes folglich primär von der Zielsetzung und der Komplexität des zu verwendenden Bewertungsmodells ab. Während die Analyse eines statischen Bewertungsmodells besser zur Ableitung für allgemeingültige Aussagen zu grundlegenden Problemkreisen geeignet sein kann, erfordert

560 Ursächlich für diesen Effekt sind erneut Nicht-Linearitäten in einem Planungsmodell, welche gerade nicht durch eine deterministische Berechnung auf Basis von Erwartungswerten berücksichtigt werden können.

561 Vgl. Irmler (2005), S. 173.

562 Vgl. Richter (2002a), S. 257.

hingegen die Untersuchung von weiterführenden und komplexeren Fragestellungen, welche sich nicht mit den erforderlichen Einschränkungen eines statischen Ansatzes vereinbaren lassen, den Einsatz eines Simulationsansatzes.[563]

6.1.3. Typischer Simulationsablauf

In der Literatur wird die Anwendung einer Monte-Carlo-Simulation zur Bewertung von Unternehmen oder Investitionen in der Regel mit einem risikoneutralen Bewertungsansatz verbunden.[564] Vorteilhaft ist hierbei, dass eine risikoneutrale Bewertung eine Trennung zwischen der Zeit- und Risikopräferenz der Investoren bei der Modellierung vornimmt, wodurch sich die Durchführung einer Monte-Carlo-Simulation deutlich vereinfacht.[565] So werden bei einem risikoneutralen Bewertungsansatz die realen Planungsprozesse im Simulationsmodell mittels einer Driftverschiebung durch risikoneutrale Planungsprozesse ersetzt und hieraus eine Anzahl von Entwicklungspfaden erzeugt. Da es sich hier bei allen generierten Größen und Zahlungsströmen durch Verwendung der risikoneutralen Planungsprozesse bereits um Sicherheitsäquivalente handelt, kann eine Bewertung eines bestimmten Zahlungsstroms direkt erfolgen, indem dessen Erwartungswert aus den erzeugten Entwicklungspfaden gebildet wird und dieser dann mittels risikofreiem Zinssatz in seinen Barwert transformiert wird.[566]

Dessen ungeachtet ist neben einem risikoneutralen Bewertungsansatz jedoch ebenfalls eine Anwendung der Monte-Carlo-Simulation für das Bewertungskonzept des stochastischen Diskontierungsfaktors möglich. Diese Variante findet in der Literatur bislang allerdings kaum Berücksichtigung, da eine Modellierung der Dynamik des stochastischen Diskontierungsfaktors im Allgemeinen schwierig erscheint.[567] Die in den voranstehenden Kapiteln erarbeitete Struktur eines stochastischen Diskontierungsfaktors ermöglicht an dieser Stelle hingegen einen solchen Simulationsansatz.

---

563 Vgl. SCHOSSER (2009), S. 7 und IRMLER (2005), S. 173f.

564 Vgl. z.B. die risikoneutralen Simulationsansätze in SCHWARTZ & MOON (2000), S. 62f, RICHTER (2002a), S. 156-164 oder GLEIẞNER, KAMARAS & WOLFRUM (2008), S. 147-151.

565 Vgl. GLASSERMAN (2008), S. 27-30.

566 Vgl. z.B. GLEIẞNER, KAMARAS & WOLFRUM (2008), S. 150f.

567 Vgl. GLASSERMAN (2008), S. 27f: *„[T]he dynamics of ... [the stochastic discount factor] are generally unknown and difficult to model."*

6.2. Simulation mit stochastischem Diskontierungsfaktor

Der Einsatz eines Monte-Carlo-Simulationsansatzes im Rahmen eines Bewertungsmodells auf Basis des Konzepts des stochastischen Diskontierungsfaktors unterscheidet sich von dem bereits beschriebenen Vorgehen bei risikoneutraler Bewertung in einem wesentlichen Punkt. Im Gegensatz zu einem risikoneutralen Bewertungsansatz – oder etwa bei der Verwendung exogen vorgegebener Kapitalkosten – unterliegt bei erstgenanntem Konzept in einer Simulation nicht nur die Entwicklung der Planung der Zahlungsströme einem stochastischen Prozess, sondern ebenfalls die Transformation dieser Zahlungsströme in deren Barwerte. Letzteres erfolgt in Form eines stochastischen Diskontierungsfaktors. Dies bedeutet, dass bei einer Simulation einer Anzahl von N Entwicklungspfaden des Planungsmodells durch die Verwendung von Zufallszahlen gleichzeitig N zugehörige Entwicklungspfade des stochastischen Diskontierungsfaktors entstehen. Für eine Bewertung ist folglich die periodenspezifische und pfadabhängige Berücksichtigung sowohl der zu bewertenden Zahlungsströme als auch der Ausprägungen des stochastischen Diskontierungsfaktors erforderlich.

Die hiermit verbundene Vorgehensweise einer Simulation mit stochastischem Diskontierungsfaktor unter dem vorgestellten Planungsmodell lässt sich entsprechend Abbildung 6 veranschaulichen:

Abbildung 6: Vorgehen einer Simulation mit SDF

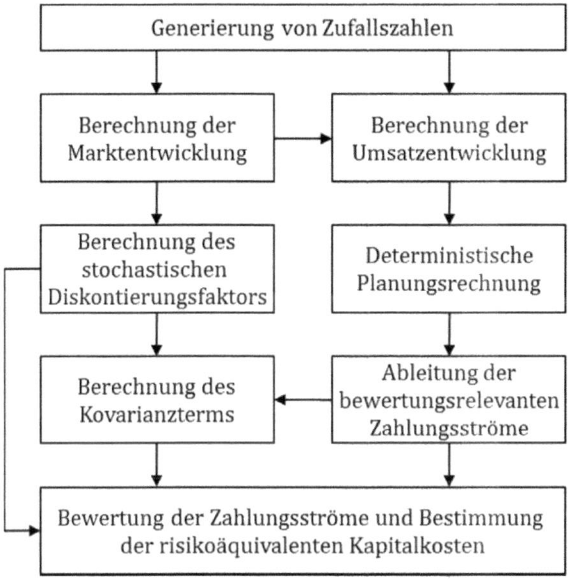

Quelle: Eigene Darstellung.

Im ersten Schritt werden die im Simulationsablauf zu verwendenden Zufallszahlen generiert und hieraus die Entwicklung der Marktrendite, des stochastischen Diskontierungsfaktors und des Umsatzwachstums abgeleitet.[568] Nach einer Bestimmung des Umsatzwachstums eines Simulationspfades lassen sich ausgehend von der Anfangsstruktur des Leveraged Buyouts die Unternehmensentwicklung auf Basis der in Kapitel 5 beschriebenen, deterministischen Planungsprozesse berechnen und die bewertungsrelevanten Zahlungsströme ableiten. Ist dies für alle N Simulationsdurchläufe vollzogen, so kann eine Bewertung der Zahlungsströme durch die zugehörigen stochastischen Diskontierungsfaktoren vorgenommen werden und eine Analyse der Bewertungsergebnisse auf aggregierter Ebene erfolgen.

568 Im gewählten Modellansatz wird ein Zusammenhang zwischen der Unternehmensentwicklung und dem SDF durch die Marktrendite unterstellt. Die Umsatzentwicklung eines bestimmten Entwicklungspfades ist daher sowohl von der darin vorliegenden Marktentwicklung als systematischer Unsicherheitsfaktor als auch von den im Zufallsterm des Umsatzwachstums enthaltenen Zufallszahlen als unsystematische Unsicherheitsfaktor abhängig. Vgl. Abschnitt 5.2.1.

Nachstehend werden die in Abbildung 6 dargestellten Schritte für die Durchführung einer Simulation mit stochastischen Diskontierungsfaktoren konkretisiert.

6.2.1. Generierung von Zufallszahlen

Den Kern einer Monte-Carlo-Simulation bildet die Generierung von Zufallszahlen, welche die Entwicklung der stochastischen Prozesse eines Modells beeinflussen und hiermit die Unsicherheit der zukünftigen Entwicklung abbilden. Alle im Simulationsmodell verwendeten Zufallszahlen können durch die Verwendung eines computerbasierten Zufallsgenerators erzeugt werden.[569]

Auf Grund der Tatsache, dass alle Berechnungen eines computerbasierten Algorithmus jedoch per Definition deterministisch sind, kann es sich hierbei allerdings um keinen echten Zufallsprozess handeln. Computerbasierte Zufallsgeneratoren erzeugen somit lediglich sogenannte „Pseudozufallszahlen".[570] Für eine Berücksichtigung echter Zufallszahlen in einer Monte-Carlo-Simulation wäre es hingegen notwendig, reale Zufallsexperimente durchzuführen und deren Ergebnisse manuell in das Simulationsmodell zu transferieren.[571] Problematisch ist an dieser Vorgehensweise allerdings neben der großen Anzahl an Zufallsexperimenten, welche für die Durchführung einer Monte-Carlo-Simulation notwendig sein können, ebenfalls die Wahl eines geeigneten Zufallsexperiments, welches in der Realität unverzerrte Zufallszahlen erzeugt.[572] Moderne Algorithmen zur computerbasierten Generierung von Pseudozufallszahlen können jedoch als ausreichend geeignet beurteilt werden, um eine echte Zufallsverteilung annähernd nachzubilden.[573] Ausgangspunkt ist bei solchen Zufallsgeneratoren zunächst stets die Erzeugung von gleichverteilten Zufallszahlen im Intervall (0,1).[574] Darauffolgend kann dann eine Transformation dieser gleichverteil-

---

569 Vgl. Glasserman (2008), S. 39.

570 Vgl. Meyer (2006), S. 107.

571 Vgl. Irmler (2005), S. 147.

572 Siehe für Beispiele von Generatoren für echte Zufallszahlen Rinne (2008), S. 205f.

573 Vgl. bezüglich der Anforderungen an einen computerbasierten Zufallsgenerator Glasserman (2008), S. 42f. Im vorliegenden Simulationsmodell wird im Rahmen des verwendeten Tabellenkalkulationsprogrammes der Algorithmus von Wichmann & Hill verwendet. Siehe zu dessen Vorgehensweise Wichmann & Hill (1982), S. 188-190.

574 Vgl. die Erzeugung gleichverteilter Zufallszahlen am Beispiel der Kongruenzmethode nach Lehmer in Irmler (2005), S. 147-150 und Glasserman (2008), S. 39-42.

ten Zufallszahlen in eine Verteilungsfunktion erfolgen, welche den in der Simulation anzuwendenden Zufallszahlen zu Grunde liegt. Im vorliegenden Modellansatz wird hierbei angenommen, dass die Zufallszahlen für sowohl den Marktrenditeprozess als auch den Umsatzwachstumsprozess standardnormalverteilt sind.[575]

Für die Verwendung von Zufallszahlen innerhalb eines Simulationsmodells existieren darüber hinaus Techniken, welche dazu beitragen können, Simulationsfehler zu minimieren oder die zu generierende Menge an Zufallszahlen zu verringern. So besteht beispielsweise durch die Anwendung eines antithetischen Verfahrens zur Generierung von standardnormalverteilten Zufallszahlen die Möglichkeit, jeweils nur Zufallszahlen für die erste Hälfte der N Simulationsdurchläufe mittels eines Zufallsgenerators zu erzeugen und diese nach einer Multiplikation mit -1 erneut für die zweite Hälfte der Simulationsdurchläufe zu verwenden. Der Mittelwert aller verwendeten Zufallszahlen entspricht dann exakt dem Erwartungswert der Standardnormalverteilung.[576] Einerseits widerspricht die Verwendung solcher effizienzsteigernder Verfahren bei der Generierung von Zufallszahlen allerdings dem Grundsatz, dass Zufallszahlen voneinander unabhängig zu erzeugen sind.[577] Andererseits setzen einige weitere effizienzsteigernden Verfahren voraus, dass die Zielvariablen des Simulationsmodells analog den verwendeten, standardnormalverteilten Zufallszahlen symmetrisch um deren Erwartungswert verteilt sein müssen. Dies ist bei den bewertungsrelevanten Zahlungsströmen nach einer Berücksichtigung komplexer Steuerberechnungen und Insolvenzrisiken jedoch nicht zwingend der Fall.[578] Da hier zugleich die Erzeugung der Zufallszahlen für die Simulation im Vergleich zu den weiteren Berechnungsschritten des Planungsmodells nur für einen geringen Anteil der Berechnungszeit des Simulationsmodells verantwortlich ist, wird daher im Folgenden auf effizienzsteigernde Techniken bei der Generierung von Zufallszahlen verzichtet.

Die Generierung der Zufallszahlen für die Bestimmung der stochastischen Prozesse im Simulationsmodell kann entweder simultan zur Erzeu-

---

575 Vgl. für die Transformation gleichverteilter Zufallszahlen in normalverteilte Zufallszahlen MEYER (2006), S. 106-108.

576 Vgl. für eine Übersicht von effizienzsteigernden und varianzreduzierenden Verfahren bei der Verwendung von Zufallszahlen IRMLER (2005), S. 154-157 m.w.N.

577 Werden in einem Simulationsmodell Zufallszahlen verwendet, welche nicht zueinander unkorreliert sind, so ist es möglich, dass sich bezüglich der Simulationsergebnisse Effekte beobachten lassen, welche allein auf die verwendeten Zufallszahlen zurückzuführen sind. Vgl. hierzu RICHTER (2002a), S. 86.

578 Vgl. IRMLER (2005), S. 155.

gung eines jeden einzelnen Entwicklungspfades erfolgen oder bereits aggregiert vor der eigentlichen Durchführung der einzelnen Simulationsdurchläufe vollzogen werden. Bei einer aggregierten Generierung wird für die im Simulationsmodell zu verwendenden Zufallszahlen der Marktrendite und des stochastischen Diskontierungsfaktors $\varepsilon_{m,t}$ sowie die Zufallszahlen für die Umsatzwachstumsrate $\varepsilon_{G,t}$ jeweils eine Matrix der Größe $N \times T$ an zufallsgenerierter Zahlen aufgespannt. Wie bislang steht N hierbei für die Anzahl der durchzuführenden Simulationsdurchläufe und T für die Anzahl der Perioden, welche das Planungsmodell umfasst.

Die Generierung der zu verwendenden Zufallszahlen im Vorfeld der Simulation weist bei einer einmaligen Durchführung der N Simulationsdurchläufe zunächst keine Vorteile gegenüber einer direkten Generierung innerhalb der einzelnen Simulationsdurchläufe auf. Jedoch zeigt sich ein deutlicher Vorteil bei der Durchführung von Sensitivitätsanalysen, d.h. bei einer mehrmaligen Durchführung von N Simulationsdurchläufen unter einer Variation bestimmter Eingangsparameter. Da hierbei die bereits generierten Matrizen der Zufallszahlen erneut verwendet werden können, reduziert sich nicht nur der Berechnungsaufwand des Simulationsmodells geringfügig, sondern es wird vielmehr erreicht, dass die Sensitivitätsanalysen nicht durch ungewollte Variationen bei der Erzeugung der Zufallszahlen beeinflusst werden können und somit eine Interpretation der Bewertungsergebnisse durch Verwendung einer identischen Verteilung der Zufallszahlen unverzerrt ist. Aus diesem Grund werden in der vorliegenden Arbeit die Zufallszahlen vor Beginn der Simulationsdurchführung generiert.

6.2.2. Prüfung des SDF auf Konsistenz mit Zinsstrukturkurve

Die Generierung der Zufallszahlen für die Monte-Carlo-Simulation im Vorfeld der eigentlichen Simulationsdurchläufe ermöglicht zugleich eine Prüfung der Zufallszahlenmatrizen für $\varepsilon_{m,t}$ und $\varepsilon_{G,t}$ auf deren Verteilungseigenschaften. Idealerweise zeigt die Verteilung der verwendeten Zufallszahlen für jede Periode t – entsprechend den unterstellten Annahmen – eine Standardnormalverteilung mit einem Erwartungswert in Höhe von Null und einer Varianz in Höhe von Eins auf. Für eine sehr große Anzahl von Simulationsdurchläufen ist dies entsprechend dem Gesetz der großen Zahlen bei Verwendung geeigneter Zufallsgeneratoren annähernd der Fall. Bei der Durchführung von Sensitivitätsanalysen durch eine Variation der Eingangsparameter kann es auf Grund des Rechenaufwands jedoch notwendig sein, die Anzahl der Simulationsdurchgänge pro Parameterkonstellation zu begrenzen. Unter ungünstigen Konstellationen kann dies dazu führen, dass eine Reihe von generierten Zufallszahlen von den Eigenschaften der vorgegebenen Standardnormalverteilung abweicht, womit eine Verzerrung der Simulationsergebnisse verbunden sein kann.[579]

Da bei der Kalibrierung des stochastischen Diskontierungsfaktors auf die Zinsstrukturkurve in Abschnitt 4.3.3. eine Standardnormalverteilung der im Prozess der stetigen Marktrendite verwendeten Zufallszahlen unterstellt wurde, kann eine Abweichung der verwendeten Zufallszahlen von dieser Verteilung dazu führen, dass die im Modell implizierten Schattenzinsen von den ursprünglichen Zinssätzen der Zinsstrukturkurve abweichen.[580] Bei einer Bewertung kann dieser Effekt verzerrend wirken, wenn beispielsweise die Fremdkapitalzinsen auf Basis der risikofreien Zinssätze der Zinsstrukturkurve bestimmt werden, der im Simulationsmodell vorherrschende Schattenzins jedoch hiervon abweicht.

Aus diesem Grund werden in der vorliegenden Arbeit nach einer Generierung der Matrix für die Zufallszahlen des Marktrenditeprozesses die hierdurch im Bewertungsmodell implizierten Schattenzinsen überprüft. Hierbei werden die mittels der einperiodigen, stochastischen Diskontierungsfaktoren $M_{t-1 \to t}$ implizierten Schattenzinsen für jede Periode t mit den entsprechenden Forward-Rates der Zinsstrukturkurve verglichen. Ebenfalls wird die aus den mehrperiodigen stochastischen Diskontierungsfaktoren $M_{0 \to t}$ resultierenden Schattenzinsen über den Zeitraum von Periode 0 bis t mit den entsprechenden Spot-Rates der Zinsstrukturkurve abgeglichen. Eine Zufallszahlenmatrix wird für die Simulation als geeignet erachtet, soweit die absolute Differenz zwischen den risikofreien Zinssätzen der Zinsstrukturkurve und den zugehörigen Schattenzinsen des Simulationsmodells jeweils maximal 0,1% beträgt. Durch die Kontrolle der Schattenzinsen kann zugleich ausgeschlossen werden, dass sich unter sehr ungünstigen Konstellationen der Zufallszahlen ungültige stochastische Diskontierungsfaktoren im Simulationsmodell bilden, welche negative Schattenzinsen implizieren würden. Zusammen mit den Eigenschaften des unter-

579 Die Durchführung von Simulationen im vorliegenden Modell zeigte, dass sich eine Anzahl von $N = 2.000$ Simulationsdurchläufen pro Parameterkonstellation bei Sensitivitätsanalysen als vernünftiger Kompromiss zwischen Berechnungsdauer und Genauigkeit der Ergebnisse darstellt.

580 Eine Verzerrung des Schattenzinses unter ungünstigen Konstellationen der Zufallszahlen wird dadurch begünstigt, dass die Standardabweichung des Marktrenditeprozesses im Verhältnis zu dessen Erwartungswert relativ hoch ist. Vgl. Abschnitt 4.3.3.2.

stellten Prozesses des stochastischen Diskontierungsfaktors ist daher im Simulationsmodell sichergestellt, dass zu jedem Zeitpunkt nur Ausprägungen eines stochastischen Diskontierungsfaktors vorliegen, welche die in Kapitel 3.1. beschriebenen Bedingungen erfüllen.

6.2.3. Simulationsablauf und Durchführung einer Bewertung

Nachdem die Zufallszahlen generiert sind, kann die eigentliche Simulation durchgeführt und die Bewertung vollzogen werden. Eine Simulation mit einer Anzahl von N Durchläufen umfasst folgende Schritte:

1. Kopieren der Zufallszahlen $\varepsilon_{m,t,n}$ und $\varepsilon_{G,t,n}$ aus der Zeile n der entsprechenden Zufallszahlenmatrizen und Einsetzen in die zugehörigen stochastischen Prozesse für die periodenspezifischen Marktrenditen, Ausprägungen des stochastischen Diskontierungsfaktors sowie Umsatzwachstumsraten entsprechend den Formeln (4.17), (4.18) und (5.12) für den Simulationsdurchlauf n.

2. Berechnung des Planungsmodells für die Zeitpunkte $t = 1, \dots, T$ und Ableitung der zu bewertenden Zahlungsströme auf Basis der in Kapitel 5 beschriebenen Planungsprozesse.

3. Kopieren der einperiodigen und mehrperiodigen stochastischen Diskontierungsfaktoren $M_{t-1\rightarrow t,n}$ und $M_{0\rightarrow t,n}$ sowie der zu bewertenden Zahlungsströme für alle Zeitpunkte $t = 1, \dots, T$ in Zeile n einer Ergebnismatrix der Dimension $N \times T$.[581]

4. Wiederholung der voranstehend beschriebenen Schritte 1 bis 3 für alle $n = 1, \dots, N$.

Nachdem die Simulation der Entwicklungspfade des Planungsmodells für alle N Durchläufe abgeschlossen ist, kann auf Basis der Ergebnismatrizen eine Bewertung der einzelnen Zahlungsströme sowie des gesamten Leveraged Buyouts als Aggregat aller bewertungsrelevanten Zahlungsströme erfolgen.

Formel (3.6) eröffnet hierbei zwei unterschiedliche Vorgehensweisen für die Bewertung eines Zahlungsstroms mit einem stochastischen Diskon-

581 Für unterschiedliche Definitionen von Zahlungsströmen – z.B. Zahlungsströme an Eigenkapitalgeber, Fremdkapitalgeber oder Steuervorteile aus Fremdfinanzierung – ist jeweils eine eigene Matrix zur Speicherung der Ergebnisse erforderlich.

tierungsfaktor im Rahmen des Simulationsverfahrens. Zum einen besteht die Möglichkeit einer direkten Diskontierung eines Zahlungsstroms $X_{i,t,n}$, indem dessen in Periode t realisierter Wert in jedem der N Entwicklungspfade direkt mit dem zugehörigen mehrperiodigen Diskontierungsfaktor $M_{0\to t,n}$ multipliziert wird. Der Barwert $P_{i,0}$ eines bestimmten Zahlungsstroms i entspricht demzufolge dem arithmetischen Durchschnitt dieser Produkte über alle N Simulationsdurchläufe:[582]

$$P_{i,0} = \frac{1}{N} \cdot \sum_{n=1}^{N} \left(M_{0\to t,n} \cdot X_{i,t,n} \right) \tag{6.1}$$

Für den Nettobarwert bzw. Nettokapitalwert $NPV_{i,0}$ einer Zahlungsstromreihe über den gesamten Zeitraum des Planungsmodells von $t = 0$ bis $t = T$ gilt entsprechend:[583]

$$NPV_{i,0} = X_{i,0} + \sum_{t=1}^{T} \left(\frac{1}{N} \cdot \sum_{n=1}^{N} \left(M_{0\to t,n} \cdot X_{i,t,n} \right) \right) \tag{6.2}$$

Diese Berechnungsmethode ermöglicht zwar die direkte Ermittlung der Barwerte, bietet jedoch keinen Aufschluss über das mit den Zahlungsströmen verbundene Risiko. Die Möglichkeit der Bestimmung des Risikos beliebiger Zahlungsströme besteht hingegen bei der alternativen Berechnung der Barwerte über die Kovarianzen zwischen stochastischem Diskontierungsfaktor und den Zahlungsströmen. Hierbei wird zunächst der arithmetische Durchschnitt des mehrperiodigen stochastischen Diskontierungsfaktors $\bar{M}_{0\to t,N}$ mit dem arithmetischen Durchschnitt des zu bewertenden Zahlungsstroms $\bar{X}_{i,t,N}$ multipliziert. Anschließend erfolgt eine Addition der Kovarianz der in den N Simulationsläufen beobachteten Zahlungsströme und Ausprägungen des stochastischen Diskontierungsfaktors:[584]

---

582 Bei einer Monte-Carlo-Simulation wird prinzipiell für jeden möglichen Entwicklungspfad dieselbe empirische Eintrittswahrscheinlichkeit unterstellt, wodurch eine Erwartungswertbildung auf Basis des arithmetischen Durchschnitts erfolgt.

583 Der Zahlungsstrom $X_{i,0}$ zum gegenwärtigen Zeitpunkt $t = 0$ ist sicher und stellt die anfängliche Investition dar.

584 Mit $\bar{M}_{0\to t,N} = \frac{1}{N} \cdot \sum_{n=1}^{N} M_{0\to t,n}$ und $\bar{X}_{i,t,N} = \frac{1}{N} \cdot \sum_{n=1}^{N} X_{i,t,n}$. Vgl. für die Berechnung des Kovarianzterms ZWERENZ (2009), S. 210.

$$P_{i,0} = \bar{M}_{0\to t,N} \cdot \bar{X}_{i,t,N} + \frac{1}{N} \cdot \sum_{n=1}^{N} \left(M_{0\to t,n} - \bar{M}_{0\to t,N}\right) \cdot \left(X_{i,t,n} - \bar{X}_{i,t,N}\right) \quad (6.3)$$

Der Nettobarwert $NPV_{i,0}$ einer Zahlungsstromreihe lässt sich analog zu Formel (6.2) durch Aufsummieren der Barwerte der enthaltenen Zahlungsströme über alle Perioden sowie unter Berücksichtigung der sicheren Anfangsinvestition bestimmen.

Die Berechnung des Barwertes eines Zahlungsstroms über Formel (6.3) erfordert bei einem Simulationsansatz zwar geringfügig mehr Rechenschritte als die direkte Diskontierung nach Formel (6.1), ist jedoch für eine Bewertung zu bevorzugen. So ermöglicht die Berechnung der Kovarianz zwischen stochastischem Diskontierungsfaktor und Zahlungsstrom nicht nur die Transformation der Zahlungsströme in deren Barwerte. Darüber hinaus ist vielmehr eine Bestimmung der Sicherheitsäquivalente sowie der risikoadäquaten Kapitalkosten eines Zahlungsstroms möglich, welche bei einer Bewertung zu identischen Barwerten führen. Dies ermöglicht eine weitreichende Analyse des mit den Zahlungsströmen verbundenen Risikos und einen Vergleich mit den gängigen Bewertungsmethoden des Risikoab- und Risikozuschlages.[585]

Dass sowohl die direkte Methode der Bewertung mittels stochastischem Diskontierungsfaktor nach Formel (6.1) als auch die Berechnung mittels Kovarianzterm nach Formel (6.3) zu identischen Bewertungsergebnissen führen, wird im Anhang anhand eines einfachen Bewertungsbeispiels verdeutlicht.[586]

6.3. Bewertung eines typisierten Leveraged Buyouts

Nachdem die Grundlagen einer Monte-Carlo-Simulation sowie derer Besonderheiten bei der Anwendung eines Simulationsansatzes mit stochastischem Diskontierungsfaktor beschrieben wurden, kann an dieser Stelle nun zur Bewertung eines Leveraged Buyouts übergegangen werden.

Auf Grund der starken Einschränkungen bezüglich der Verfügbarkeit detaillierter Daten von Leveraged Buyouts wird für die Bewertung auf meh-

585 Vgl. zur Überführung der Bewertung mit SDF in Sicherheitsabschläge sowie risikoadjustierte Kapitalkosten die Formeln (3.23) und (3.27).

586 Siehe Anhang 4.

rere empirische Studien zurückgegriffen.[587] Ziel ist es, ein Beispiel eines typisierten Leveraged Buyouts im Simulationsmodell zu verwenden, welches Eigenschaften und Parameter aufgreift, welche in der Realität häufig bei Beteiligungsunternehmen von Leveraged Buyouts beobachtet wurden. Da letztlich jeder Leveraged Buyout in der Realität einzigartig ist, kann ein typisiertes Bewertungsbeispiel zwar zwangsläufig nicht alle Eigenschaften eines jeden solchen Investitionstyps abbilden, es soll jedoch versucht werden, die wesentlichen und häufig bei Leveraged Buyouts anzutreffenden Charakteristika zu erfassen.

Für die Darstellung des Bewertungsbeispiels eines typisierten Leveraged Buyouts sind im Folgenden sowohl die Ausgangsstruktur nach erfolgter Übernahme des Beteiligungsunternehmens durch die Private Equity Gesellschaft zu Beginn der Haltedauer zu definieren als auch weitere Parameter zu ermitteln, welche einen Einfluss auf das über die Haltedauer zu entwickelnde Planungsmodell haben.

6.3.1. Datengrundlage

Bei Verwendung des in Kapitel 5.2. beschriebenen Planungsmodells ist für die Entwicklung eines Bewertungsbeispiels eines typisierten Leveraged Buyouts eine Bestimmung der Parameter für folgenden Elemente der Planung notwendig: Haltedauer der Investition, Einstiegs- und Ausstiegsmultiplikator, anfängliche Verschuldung und Fremdkapitalzinsen, Umsatz- und EBITDA-Entwicklung, Anlage- und Umlaufvermögen sowie Unternehmenssteuersatz.

Für die Quantifizierung dieser Parameter soll soweit wie möglich auf empirische Untersuchungen zu Leveraged Buyouts aus jüngerer Zeit zurückgegriffen werden, um eine weitgehende Konsistenz der wirtschaftli-

587 Vgl. DÄNZER (2009), S. 2f und FN 370 für die eingeschränkten empirischen Datenquellen für LBOs.

chen Rahmenbedingungen zwischen den unterschiedlichen Datenquellen zu erreichen.[588]

6.3.1.1. Haltedauer

Die durchschnittliche Haltedauer von Leveraged Buyouts variiert stark innerhalb unterschiedlicher Untersuchungen. PINDUR beobachtet eine Haltedauer von Leveraged Buyouts, welche im Durchschnitt nur ca. 2,2 Jahre andauert und GUO, HOTCHKISS & SONG berichten von ca. 3,3 Jahren. WEBER & HOHAUS beobachten hingegen eine längere durchschnittliche Haltedauer von ca. 5,3 Jahren und sehen die typische Haltedauer von Leveraged Buyouts im Bereich zwischen 3 bis 7 Jahren.[589] KAPLAN & STRÖMBERG gehen von einer mittleren Haltedauer von Leveraged Buyouts von etwa 6 Jahren aus und führen die in anderen Studien teilweise beobachteten, kürzeren Haltedauern darauf zurück, dass diese vorwiegend durch Secondary Buyouts zu Stande kommen. Hierbei wird eine Veräußerung des Beteiligungsunternehmens an einen anderen Private Equity Investor vorgenommen, bevor die ursprünglich geplante Rückführung des Fremdkapitals und damit der geplante Ablauf eines Leveraged Buyouts abgeschlossen ist. Der typische Prozess eines Leveraged Buyouts teilt sich somit zwischen mehreren Private Equity Eigentümern auf. STRÖMBERG berücksichtigt dies in einer Untersuchung dahingehend, dass er einen Secondary Buyout nicht als Abschluss eines Leveraged Buyouts wertet, sondern den gesamten Zeitraum eines Leveraged Buyouts im Besitz von Private Equity Fonds betrachtet und hierdurch auf eine mittlere Haltedauer von etwa 9 Jahren schließt.[590]

---

588 Hierbei stützt sich die Quantifizierung der Parameter primär auf die verfügbaren Informationen zu LBOs in den empirischen Untersuchungen von PINDUR (2006) (Eine Analyse von 42 europäischen LBOs zwischen 1993 und 2004), WEINBERGER (2006) (Eine Analyse von 84 Bank Books europäischer LBOs zwischen 2000 und 2003) und KNAUER & SOMMER (2010) (Eine Analyse von 36 der größten deutschen LBOs zwischen 1997 und 2007). Ergänzend wird auf weitere empirische Studien zurückgegriffen, falls keine oder unzureichende Informationen bezüglich bestimmter Parameter in den zuvor genannten Studien vorliegen. Soweit keine abweichenden Angaben genannt sind, wird bei der Betrachtung der Ergebnisse der empirischen Studien jeweils der Median als Methode der Durchschnittsbildung der Beobachtungen betrachtet.

589 Vgl. PINDUR (2006), S. 188, GUO, HOTCHKISS & SONG (2009), S. 40 und WEBER & HOHAUS (2010), S. 9, 221. WEBER & HOHAUS betrachten hierbei alle im Jahr 2005 in Großbritannien veräußerten LBOs.

590 Vgl. KAPLAN & STRÖMBERG (2009), S. 129f und STRÖMBERG (2008).

Da sich die mit Leveraged Buyouts verbundene Veränderung der Finanzierungsstruktur durch eine zahlungsstrombasierte Entschuldung erst über die Betrachtung mehrerer Perioden verdeutlicht, wird für das Bewertungsbeispiel im Folgenden eine Haltedauer des typisierten Leveraged Buyouts von 7 Jahren gewählt. Die Annahme einer solchen längeren Haltedauer deckt sich ebenfalls mit den von WEINBERGER analysierten Laufzeiten der Finanzierungsinstrumente von Leveraged Buyouts, welche bei Übernahme des Beteiligungsunternehmens geplant werden und im Durchschnitt ca. 7,7 Jahre betragen.[591]

6.3.1.2. Einstiegs- und Veräußerungsmultiplikator

Der Einstiegsmultiplikator in Form des Transaktionspreises bei Übernahme des Beteiligungsunternehmens dividiert durch das operative EBITDA zeigt zwar in empirischen Untersuchungen bei der Betrachtung einzelner Beteiligungsunternehmen eine relativ große Wertbandbreite, bei den durchschnittlichen EBITDA-Multiplikatoren zeichnet sich hingegen unter den empirischen Untersuchungen aus jüngerer Zeit ein relativ homogenes Bild ab. PINDUR beobachtet hierbei einen mittleren Einstiegsmultiplikator von ca. 7,1x, WEINBERGER von ca. 7,0x und KNAUER & SOMMER von ca. 6,5x.[592] Bezüglich des Veräußerungsmultiplikators beobachten sowohl PINDUR als auch KNAUER & SOMMER in ihren Untersuchungen einen Anstieg gegenüber den Einstiegsmultiplikatoren. Im Durchschnitt lagen die Veräußerungsmultiplikatoren bei PINDUR bei 8,0x und bei KNAUER & SOMMER sogar bei 8,5x. Da sich beide Untersuchungen zu einem wesentlichen Teil über einen identischen Zeitraum erstrecken, lässt sich vermuten, dass hierbei ähnlich positive Rahmenbedingungen der Kapitalmärkte zu Grunde lagen und die Private Equity Gesellschaften diese für sich nutzen konnten.[593]

Der Einstiegsmultiplikator wird für das Bewertungsbeispiel auf 7,0x angesetzt. Durch die in Abschnitt 5.3.2. begründeten Überlegungen für eine Ausblendung des Einflusses eines veränderlichen Bewertungsniveaus und der Verwendung deterministischer Multiplikatoren entspricht der Veräu-

591 Vgl. WEINBERGER (2006), S. 226.

592 Vgl. PINDUR (2006), S. 223, WEINBERGER (2006), S. 216f und KNAUER & SOMMER (2010), S. 397. Die größte Bandbreite der Transaktionsmultiplikatoren zeigen die von PINDUR untersuchten LBOs mit Werten zwischen ca. 2,5x und ca. 13,1x auf.

593 Vgl. PINDUR (2006), S. 223 und KNAUER & SOMMER (2010), S. 397. Die Untersuchung von WEINBERGER auf Basis von Bank Books von LBOs lässt keine Analyse der Veräußerungsmultiplikatoren zu, da diese zum Zeitpunkt der Untersuchung folglich noch nicht vorlagen.

ßerungsmultiplikator am Ende der Haltedauer somit ebenfalls 7,0x. Ergänzend wird im Bewertungsbeispiel von Transaktionskosten abstrahiert. Diese fallen in der Realität im Rahmen einer Abwicklung der Übernahme des Beteiligungsunternehmens z.B. in Form von Kosten für die Dienstleistungen der beteiligten Investmentbanken, Anwaltskanzleien, Beratungsunternehmen und Wirtschaftsprüfern an.[594] Sind diese bereits zum Transaktionszeitpunkt bekannt, so können diese aus einer Bewertung vereinfachend ausgeblendet werden, soweit sie keinen Einfluss auf die zukünftige Entwicklung des Leveraged Buyouts haben. Geht man davon aus, dass diese zusätzlich durch die Private Equity Investoren getragen werden, so mindern die Transaktionskosten zwar den Nettokapitalwert einer Investition, haben jedoch beispielsweise keine Auswirkung auf die optimale Kapitalstruktur des Leveraged Buyouts oder das Risiko der zukünftigen Zahlungsströme.

6.3.1.3. Fremdkapitaleinsatz und -zinsen

Ähnlich den Einstiegsmultiplikatoren stellt sich ebenfalls der Fremdkapitaleinsatz zu Beginn der in den unterschiedlichen Untersuchungen betrachteten Leveraged Buyouts im Durchschnitt als relativ homogen dar. So beobachtet PINDUR einen durchschnittlichen Fremdkapitalmultiplikator bei Übernahme der Beteiligungsunternehmen in Höhe von ca. 4,8x des EBITDA, WEINBERGER von ca. 4,7x und KNAUER & SOMMER berichten von ca. 4,4x.[595] Im Verhältnis zu den in den einzelnen Studien beobachteten Transaktionsmultiplikatoren entspricht der Fremdkapitaleinsatz in allen drei Fällen etwa 67% des zum Übernahmezeitpunkt eingebrachten Kapitals. In weiteren Studien lassen sich darüber hinaus auch anfänglich höhere Fremdkapitalvolumina beobachten, welche im Bereich zwischen ca. 5,0x und ca. 6,0x liegen.[596]

Der anfängliche Fremdkapitaleinsatz im Bewertungsbeispiel wird auf 5,0x festgelegt. Hierbei handelt es sich jedoch nur um einen Ausgangswert, da der Fremdkapitaleinsatz in den folgenden Sensitivitätsanalysen einen wesentlichen Einflussfaktor darstellt und daher im Simulationsmodell variiert wird.

---

594 Vgl. zu Transaktionskosten WEINBERGER (2006), S. 137, 232. Die Transaktionskosten betragen in der Untersuchung von WEINBERGER etwa 5% des gesamten Kaufpreises einer Unternehmensübernahme.

595 Vgl. PINDUR (2006), S. 179, WEINBERGER (2006), S. 220 und KNAUER & SOMMER (2010), S. 397.

596 Vgl. AXELSON ET AL. (2007), S. 39 und GUO, HOTCHKISS & SONG (2009), S. 34.

Die Fremdkapitalzinsen werden im Bewertungsbeispiel auf Basis der in Abschnitt 4.3.3.1. dargestellten Zinsstrukturkurve und den durch den Fremdkapitaleinsatz resultierenden Ratings und Risikoaufschlägen aus Abschnitt 5.2.4.3. bestimmt. Die Ratings und deren entsprechende Risikoaufschläge ergeben sich hierbei zu:[597]

Tabelle 10: Verwendete Risikoaufschläge für Fremdkapitalzinssatz

FK-Multiplikator	**0x**	**1x**	**2x**	**3x**	**4x**	**5x**	**6x**	**7x**
Rating	A-	A-	BBB+	BBB	BB+	BB-	B+	B+
Risikoaufschlag	1,19%	1,19%	1,22%	1,52%	2,94%	4,21%	4,29%	4,29%

Quelle: Eigene Darstellung. Berechnungen auf Basis von BLOOMBERG Daten.

Bei einem angenommenen Fremdkapitalmultiplikator in Höhe von 5,0x ergibt sich somit bei einer Laufzeit von 7 Jahren ein Fremdkapitalzinssatz in Höhe von ca. 6,8% p.a. Dieser fällt auf Grund des zu Beginn des Jahres 2011 vorliegenden, relativ niedrigen Zinsniveaus etwas geringer aus als die von WEINBERGER (7,5% p.a.) und AXELSON ET AL. (7,8% p.a.) beobachteten, durchschnittlichen Fremdkapitalzinssätze von Leveraged Buyouts.[598]

6.3.1.4. Umsatzentwicklung

Bezüglich des zu Beginn eines Leveraged Buyouts vorliegenden Umsatzvolumens herrscht eine breite Spannweite bei den beobachteten Beteiligungsunternehmen. So liegen beispielsweise die Umsätze der von WEINBERGER untersuchten Beteiligungsunternehmen in den 12 Monaten vor der Übernahme durch eine Private Equity Gesellschaft in einem Bereich zwischen ca. 100 Mio. € und ca. 4.838 Mio. €. Leveraged Buyouts können folglich bei Unternehmen unterschiedlicher Größenordnungen durchgeführt werden. Im Durchschnitt lag das Umsatzvolumen bei WEINBERGER bei ca. 651 Mio. €, bei PINDUR bei ca. 514 Mio. € und bei KNAUER & SOMMER bei ca. 597 Mio. €, womit sich bei einer Durchschnittsbetrachtung erneut ein recht gleichförmiges Bild der unterschiedlichen Studien zeigt.[599]

---

597 Die Ratings und Risikoaufschläge in Tabelle 10 gelten jeweils bis zum nächsthöheren Fremdkapitalmultiplikator, d.h. BBB+ gilt beispielsweise von einem Fremdkapitalmultiplikator größer gleich 2x und kleiner 3x.

598 Vgl. WEINBERGER (2006), S. 228 und AXELSON ET AL. (2007), S. 40.

599 Vgl. WEINBERGER (2006), S. 211, PINDUR (2006), S. 177 und KNAUER & SOMMER (2010), S. 397.

Für das Bewertungsbeispiel des typisierten Leveraged Buyouts wird dementsprechend ein anfängliches Umsatzvolumen von 600 Mio. € angesetzt. Zur Ermittlung des Umsatzwachstums über die Haltedauer der Investition in Abhängigkeit von der Marktentwicklung werden entsprechend Abschnitt 5.2.1.3. zwei Szenariopläne verwendet. Hierbei wird unterstellt, dass im optimistischen Management Case in allen Perioden der Haltedauer eine Umsatzwachstumsrate von 10,0% p.a. erwartet wird. Die Wahrscheinlichkeit, dass die Wachstumsraten des Management Case überschritten werden sei auf 20% geschätzt. Der pessimistische Bank Case soll von einem Umsatzrückgang pro Periode von 2,5% ausgehen, wobei die Wahrscheinlichkeit eines Unterschreitens der im Base Case abgebildeten Wachstumsraten ebenfalls mit 20% geschätzt wird. Hieraus lassen sich Parameter für die Umsatzwachstumsrate nach Formel (5.11) berechnen:[600]

Tabelle 11: Verwendete Parameter des Umsatzwachstumsprozesses

Periode t	**1**	**2**	**3**	**4**	**5**	**6**	**7**
a_t	2,07%	1,89%	1,65%	1,43%	1,25%	1,12%	1,02%
b_t	0,29	0,29	0,29	0,29	0,28	0,28	0,28

Quelle: Eigene Berechnungen.

Unter den in Tabelle 11 aufgeführten Parametern beträgt unter Einbeziehung des in Abschnitt 4.3. gewählten Marktrenditeprozesses der Erwartungswert der jährlichen diskreten Umsatzwachstumsrate ca. 4,0%. Die Standardabweichung als Teil des Zufallsterms des Umsatzprozesses wird mit konstant $\sigma_G = 1{,}0\%$ angenommen. Die erwartete Umsatzwachstumsrate liegt mit ca. 4,0% in einem Bereich, welcher sich auch in den empirischen Untersuchungen beobachten lässt. Bei den von KNAUER & SOMMER betrachteten Leveraged Buyouts zeigt sich eine durchschnittliche jährliche Umsatzwachstumsrate von ca. 3,6%. Bei den von WEINBERGER untersuchten Bank Books von Leveraged Buyouts wird seitens der Private Equity Gesellschaften von einer zukünftigen jährlichen Umsatzwachstumsrate in Höhe von durchschnittlich ca. 4,7% ausgegangen. PINDUR beobachtet mit einer durch-

600 Bei der gewählten Wahrscheinlichkeitsverteilung sind die Parameter des Konfidenzintervalls der Standardnormalverteilung entsprechend $\ell^+ = 0{,}8416$ und $\ell^- = -0{,}8416$. Die in Tabelle 11 gezeigten Parameter werden mittels Formel (5.11) berechnet. Am Beispiel der Periode $t = 1$ ergibt sich näherungsweise: $b_1 \approx \big(10\% - (-2{,}5\%)\big)/\big(27{,}1\% - (-15{,}6\%)\big) \approx 0{,}29$ und $a_1 \approx 10\% - 0{,}29 \cdot 27{,}1\% \approx 2{,}1\%$.

schnittlichen Umsatzwachstumsrate von ca. 6,1% p.a. sogar noch einen etwas höheren Wert.[601]

6.3.1.5. EBITDA-Entwicklung

In den vergangenen 12 Monaten vor der Übernahme eines Leveraged Buyouts beobachtet WEINBERGER bei den von ihm untersuchten Beteiligungsunternehmen eine durchschnittliche EBITDA-Marge von ca. 13,9% und aus der Untersuchung von PINDUR ergibt sich eine anfängliche EBITDA-Marge von ca. 14,7%. Unterschiedliche Erkenntnisse zeigen sich bei der weiteren Entwicklung der EBITDA-Marge über die Haltedauer der Leveraged Buyouts. Bei WEINBERGER gehen die Private Equity Gesellschaften von einer Zielmarge in Höhe von durchschnittlich ca. 15,7% im letzten Jahr der Haltedauer aus und bei PINDUR zeigt sich eine jährliche Steigerung von durchschnittlich ca. 6,7% der EBITDA-Marge, woraus sich unter der damit verbundenen Haltedauer des Leveraged Buyouts eine Zielmarge von ca. 17,0% bei der Weiterveräußerung ergibt. In der Untersuchung von KNAUER & SOMMER beträgt die durchschnittliche EBITDA-Marge der Beteiligungsunternehmen bei Übernahme ca. 14,5%, es konnte hierbei jedoch keine statistisch signifikante Effizienzsteigerung über die Haltedauer beobachtet werden.[602]

Die EBITDA-Marge zum Transaktionszeitpunkt wird für das Bewertungsbeispiel mit 14,0% angenommen. Auf Grund der unterschiedlichen Erkenntnisse der betrachteten Studien wird in den folgenden Analysen zunächst davon ausgegangen, dass sich diese Marge über die Haltedauer konstant verhält. Separat wird in Abschnitt 6.3.6. der Einfluss einer operativen Leistungssteigerung auf die Bewertungsergebnisse untersucht und hierfür eine Zielmarge von 16,0% sowie eine Konvergenzgeschwindigkeit von $\eta = 0{,}25$ sowie $\eta = 0{,}5$ unterstellt.[603]

---

601 Vgl. KNAUER & SOMMER (2010), S. 397, WEINBERGER (2006), S. 211 und PINDUR (2006), S. 199. Die bei KNAUER & SOMMER beobachteten Umsatzwachstumsraten zeigen sich über die Haltedauer nicht gleichmäßig. Die angegebene jährliche Wachstumsrate von ca. 3,6% entspricht dem geometrischen Durchschnitt des über die gesamte Haltedauer beobachteten Umsatzwachstums in Höhe von ca. 19,2%.

602 Vgl. WEINBERGER (2006), S. 211, 214, PINDUR (2006), S. 177, 199 und KNAUER & SOMMER (2010), S. 397f. Soweit die EBITDA-Margen in den Studien nicht direkt angegeben sind, wurden diese über das durchschnittliche EBITDA im Verhältnis zum Umsatz oder über EBITDA-Transaktionsmultiplikatoren abgeleitet.

603 Siehe für den Konvergenzprozess zur Zielmarge Formel (5.14).

6.3.1.6. Sachanlage- und Nettoumlaufvermögen

Über die Bilanzstruktur von Leveraged Buyouts und deren Verlauf über die Haltedauer finden sich in empirischen Studien nur wenige Informationen.

Bei den von PINDUR betrachteten Leveraged Buyouts beträgt die Höhe der Bilanzsumme zum Transaktionszeitpunkt im Durchschnitt ca. 456 Mio. €, bei KNAUER & SOMMER hingegen ca. 887 Mio. €. Eine Möglichkeit für die relativ große Abweichung dieser beiden Werte im Verhältnis zu den in den Studien beobachteten, durchschnittlichen Umsatzgrößen auf einem ähnlichen Niveau kann an verschiedenen Branchenschwerpunkten der betrachteten Leveraged Buyouts liegen, welche eine unterschiedliche Investitionsintensität erfordern. Da diesbezüglich jedoch keine genaueren Informationen verfügbar sind, kann dies nicht verifiziert werden.[604]

Bezüglich der Investitionen in Sachanlagen zu Beginn eines Leveraged Buyouts lassen sich bei WEINBERGER durchschnittlich ca. 39 Mio. € und bei PINDUR ca. 27 Mio. € beobachten, was bezogen auf die durchschnittlichen Umsatzgrößen einer Investitionsquote von ca. 6,0% bzw. ca. 5,2% entspricht. Bezüglich der Entwicklung der Investitionen über die Haltedauer liegen hingegen keine weiteren Informationen vor.[605] Aus den Untersuchungsergebnissen von KNAUER & SOMMER lassen sich ebenfalls keine genaueren Informationen zum Verlauf der Investitionen in das Sachanlagevermögen gewinnen. Es lässt sich hierbei lediglich erkennen, dass die Investitionen über die Haltedauer im Durchschnitt unterhalb den Abschreibungen liegen, wodurch in Verbindung mit der anfänglich hohen Bilanzsumme vermutet werden kann, dass hierdurch Überinvestitionen aus der Vergangenheit kompensiert werden.[606]

Im Bewertungsbeispiel soll jedoch nicht davon ausgegangen werden, dass zu Beginn des Leveraged Buyouts eine Überinvestition vorliegt, sondern bereits von einer anfänglich effizienten Nutzung des Sachanlagevermögens ausgegangen werden. Das Sachanlagevermögen wird hierbei auf 300 Mio. € angesetzt und das Nettoumlaufvermögen soll 60 Mio. € betragen, wodurch sich in Relation zum Umsatz eine Nettoumlaufvermögensquote von 10,0% ergibt. Bezüglich der Abschreibungsquote auf das bestehende

---

604 Vgl. PINDUR (2006), S. 177 und KNAUER & SOMMER (2010), S. 397.

605 Vgl. WEINBERGER (2006), S. 212 und PINDUR (2006), S. 177. Die angegebenen Investitionssummen zu Beginn der LBOs wurden als Differenz zwischen den in den Studien angegebenen Durchschnittswerten für EBITDA und EBITDA abzüglich Investitionen ermittelt. Da diese Werte in den Studien nur für den Transaktionszeitpunkt angegeben werden, kann eine Einschätzung des Verlaufs der Investitionen nicht erfolgen.

606 Vgl. KNAUER & SOMMER (2010), S. 399f.

Sachanlagevermögen wird von 12,5% ausgegangen, welches einer durchschnittlichen ökonomischen Nutzungsdauer der Sachanlagen von 8 Jahren entspricht. Für die Investitionen im Verhältnis zum Umsatz wird von einer Quote in Höhe von 6,5% ausgegangen, wodurch sich bei gleichbleibender Umsatzentwicklung ein relativ konstanter Sachanlagenbestand beobachten lässt. Bei steigendem Umsatz erhöht sich das Sachanlagevermögen, jedoch bleibt dessen Wachstum hinter dem des Umsatzes zurück, wodurch eine Realisierung von Größenvorteilen des Beteiligungsunternehmens bei positiver Umsatzentwicklung im Planungsmodell ermöglicht wird.

6.3.1.7. Steuersatz

Entsprechend der in Abschnitt 5.2.5. dargestellten Berechnungsgrundlagen wird für das Bewertungsbeispiel des typisierten Leveraged Buyouts eine Unternehmenssteuerbelastung entsprechend dem deutschen Steuersystem unterstellt. Hierbei wird von einer Unternehmenssteuerquote in Höhe von 30% ausgegangen, welche näherungsweise der durchschnittlichen Steuerbelastung von Unternehmen in Deutschland im Jahr 2010 entspricht.[607] Es wird weiterhin davon ausgegangen, dass unmittelbar nach dem Erwerb des Beteiligungsunternehmens durch die Private Equity Investoren keine Verlust-, Zins- oder EBITDA-Vorträge in der Ausgangssituation des Bewertungsbeispiels eines typisierten Leveraged Buyouts bestehen.[608]

Durch die vorangehend getroffenen Annahmen sind alle benötigten Parameter für das Bewertungsbeispiel des typisierten Leveraged Buyouts beschrieben. Eine tabellarische Übersicht der Parameter des Planungsmodells ist zusätzlich im Anhang dargestellt.[609]

6.3.2. Darstellung eines exemplarischen Entwicklungspfades

Mit den Eingangsparametern des Bewertungsbeispiels kann die Bewertung des typisierten Leveraged Buyouts durch das Simulationsmodell auf Basis des stochastischen Diskontierungsfaktors vollzogen werden. Hierbei wird ausgehend von der festgelegten Ausgangsstruktur des typisierten Levera-

607 Vgl. KPMG (2010), S. 19. Die von KPMG ermittelte, durchschnittliche Unternehmenssteuerquote beträgt ca. 29,41%.

608 Vgl. FN 475 für die gesetzlichen Rahmenbedingungen für einen Verfall bestehender Verlustvorträge bei Unternehmensübernahmen.

609 Siehe Anhang 5.

ged Buyouts zum Zeitpunkt $t = 0$ mittels des in Abschnitt 5.2. beschriebenen Planungsmodells für jeden Simulationsdurchlauf ein möglicher zukünftiger Entwicklungspfad des Leveraged Buyouts über die Haltedauer generiert. Die mittels Zufallszahlen beeinflussten stochastischen Prozesse der Marktrendite und der Umsatzentwicklung sind hierbei für die Entstehung unterschiedlicher Realisierungen der einzelnen Entwicklungspfade verantwortlich.

Zur Veranschaulichung des Simulationsansatzes wird nachfolgend ein möglicher Entwicklungspfad des Planungsmodells dargestellt. Entsprechend der in Abbildung 6 gezeigten Vorgehensweise werden hierbei zunächst die Marktrendite, das Umsatzwachstum sowie der stochastische Diskontierungsfaktor bestimmt:

Tabelle 12: Beispiel eines Entwicklungspfades – Marktrendite, SDF und Umsatzwachstum

Berechnung des stochastischen Diskontierungsfaktors								
Periode t	**0**	**1**	**2**	**3**	**4**	**5**	**6**	**7**
Parameter des Marktrenditeprozesses								
$\mu_{m,t}$		3,5%	4,1%	5,0%	5,7%	6,3%	6,8%	7,2%
σ_m		24,3%	24,3%	24,3%	24,3%	24,3%	24,3%	24,3%
$\varepsilon_{m,t}$		0,524	-0,724	-0,975	0,607	0,460	-0,499	-0,213
Marktrendite								
$r_{m,t}$		16,3%	-13,5%	-18,7%	20,5%	17,5%	-5,3%	2,0%
$R_{m,t}$		17,7%	-12,6%	-17,1%	22,7%	19,1%	-5,2%	2,0%
Stochastischer Diskontierungsfaktor								
$M_{t-1\rightarrow t}$		0,850	1,144	1,206	0,815	0,839	1,055	0,980
$M_{0\rightarrow t}$	1,000	0,850	0,973	1,173	0,956	0,803	0,846	0,830
Berechnung der Umsatzentwicklung								
Parameter des Umsatzwachstumsprozesses								
a_t		0,021	0,019	0,016	0,014	0,012	0,011	0,010
b_t		0,293	0,291	0,289	0,286	0,285	0,283	0,282
$\sigma_{G,t}$		1,0%	1,0%	1,0%	1,0%	1,0%	1,0%	1,0%
$\varepsilon_{G,t}$		1,072	-0,641	0,503	0,687	-0,856	0,233	-0,781
Umsatzwachstum								
$G_{Umsatz,t}$		8,3%	-2,4%	-2,8%	8,6%	5,8%	-0,1%	0,8%

Quelle: Eigene Berechnungen.

In Tabelle 12 sind durch die graue Schattierung die Zufallszahlen gekennzeichnet, welche für die stochastische Entwicklung des Marktrenditeprozesses und des Umsatzwachstums verwendet werden. Diese Zufallszahlen werden bei jedem Simulationsdurchlauf durch neue Zahlen aus den Zufallszahlenmatrizen ersetzt und führen somit zu unterschiedliche Planungsentwicklungen des Leveraged Buyouts. Basierend auf dem in Tabelle 12 gezeigten Entwicklungspfad des Umsatzwachstums bestimmt sich die Gewinn- und Verlustrechnung des Bewertungsbeispiels wie folgt:[610]

Tabelle 13: Beispiel eines Entwicklungspfades – Gewinn- und Verlustrechnung

Gewinn- und Verlustrechnung								
Periode t	**0**	**1**	**2**	**3**	**4**	**5**	**6**	**7**
Umsatz $_t$	**600,0**	**649,8**	**634,1**	**616,4**	**669,6**	**708,7**	**707,8**	**713,5**
$G_{Umsatz,t}$		*8,3%*	*-2,4%*	*-2,8%*	*8,6%*	*5,8%*	*-0,1%*	*0,8%*
– *Kosten* $_t$	-516,0	-558,9	-545,3	-530,1	-575,8	-609,5	-608,7	-613,6
EBITDA $_t$	**84,0**	**91,0**	**88,8**	**86,3**	**93,7**	**99,2**	**99,1**	**99,9**
$c_{EBITDA,t}$	*14,0%*	*14,0%*	*14,0%*	*14,0%*	*14,0%*	*14,0%*	*14,0%*	*14,0%*
– *Abschreibungen* $_t$		-40,1	-40,3	-40,4	-40,6	-41,1	-41,7	-42,3
EBIT $_t$		**50,8**	**48,4**	**45,9**	**53,2**	**58,1**	**57,4**	**57,6**
– *Zinsen* $_t$		-20,0	-21,8	-24,0	-25,6	-27,2	-27,8	-27,6
EBT $_t$		**30,8**	**26,6**	**22,0**	**27,5**	**31,0**	**29,6**	**30,0**
– *Steuer* $_t$		-9,2	-8,0	-6,6	-8,3	-9,3	-8,9	-9,0
Jahresüberschuss $_t$		**21,6**	**18,6**	**15,4**	**19,3**	**21,7**	**20,7**	**21,0**
– *Investitionen* $_t$		-42,2	-41,2	-40,1	-43,5	-46,1	-46,0	-46,4
– ΔNWC_t		-5,0	1,6	1,8	-5,3	-3,9	0,1	-0,6
+ *Abschreibungen* $_t$		40,1	40,3	40,4	40,6	41,1	41,7	42,3
+ *Veräußerungserlös* $_t$								699,3
Verfügbarer Zahlungsstrom $_t$		**14,5**	**19,3**	**17,4**	**11,0**	**12,8**	**16,5**	**715,6**
– *Tilgung* $_t$		-14,5	-19,3	-17,4	-11,0	-12,8	-16,5	-328,5
Ausschüttung $_t$		**0,0**	**0,0**	**0,0**	**0,0**	**0,0**	**0,0**	**387,1**

Quelle: Eigene Berechnungen.

Die für das Bewertungsmodell relevanten Bilanzpositionen lassen sich ebenfalls auf Basis der Umsatzentwicklung bestimmen:

610 Die dargestellte Gewinn- und Verlustrechnung wurde beispielhaft ohne Berücksichtigung der Zinsschranke bei der Steuerberechnung erstellt.

Tabelle 14: Beispiel eines Entwicklungspfades – Bilanzpositionen

Bilanzpositionen								
Periode t	**0**	**1**	**2**	**3**	**4**	**5**	**6**	**7**
Anlagevermögen $_{t-1}$		300,0	302,1	303,0	302,7	305,6	310,6	314,9
+ *Investitionen* $_t$		42,2	41,2	40,1	43,5	46,1	46,0	46,4
$c_{Anlagevermögen}$		*6,5%*	*6,5%*	*6,5%*	*6,5%*	*6,5%*	*6,5%*	*6,5%*
– *Abschreibungen* $_t$		-40,1	-40,3	-40,4	-40,6	-41,1	-41,7	-42,3
$c_{Abschreibungen}$		*12,5%*	*12,5%*	*12,5%*	*12,5%*	*12,5%*	*12,5%*	*12,5%*
Anlagevermögen $_t$	**300,0**	**302,1**	**303,0**	**302,7**	**305,6**	**310,6**	**314,9**	**319,0**
NWC $_t$	**60,0**	**65,0**	**63,4**	**61,6**	**67,0**	**70,9**	**70,8**	**71,4**
c_{NWC}	*10,0%*	*10,0%*	*10,0%*	*10,0%*	*10,0%*	*10,0%*	*10,0%*	*10,0%*
Fremdkapitalbestand $_{t-1}$		420,0	405,5	386,2	368,8	357,8	345,0	328,5
– *Tilgung* $_t$		-14,5	-19,3	-17,4	-11,0	-12,8	-16,5	-328,5
Fremdkapitalbestand $_t$	**420,0**	**405,5**	**386,2**	**368,8**	**357,8**	**345,0**	**328,5**	**0,0**

Quelle: Eigene Berechnungen.

Entsprechend diesem Vorgehen bei der Berechnung der Planungsgrößen lässt sich eine vollständige Monte-Carlo-Simulation mit *N* Entwicklungspfaden mit stochastischen Diskontierungsfaktoren und Zahlungsströmen durchführen.

6.3.3. Variation der Bewertungsprämissen

Für die Bewertung des Beispiels eines typisierten Leveraged Buyouts ist neben einer Analyse der Auswirkungen einer typischen Struktur und Planungsentwicklung sowie einer Variation der damit verbundenen Parameter ebenfalls eine Beurteilung der Einflüsse von getroffenen Bewertungsprämissen – insbesondere bezüglich der Steuerberechnung und dem Insolvenzrisiko – von Interesse. Theoretische Bewertungsmodelle gehen hierbei häufig von sehr vereinfachenden Annahmen aus, während die in Kapitel 5.2.5. und 5.3.1. vorgestellten Berechnungsgrundlagen eine realitätsnähere Abbildung dieser beiden Aspekte anstreben.[611] Der modulare Aufbau des Planungsmodells erlaubt eine Variation einzelner Bewertungsprämissen, wodurch sich die vereinfachten Annahmen theoretischer Modelle ebenso

611 Vgl. Abschnitt 2.3.2. bezüglich den in der Literatur getroffenen, stark vereinfachenden Annahmen für die Steuerberechnung und das Insolvenzrisiko bei Bewertungsmodellen für LBOs.

nachbilden lassen, wie komplexere Berechnungsgrundlagen für Steuern sowie explizite Insolvenzrisiken berücksichtigt werden können.

Bei der im weiteren Teil dieses Kapitels folgenden Analyse der Bewertung des typisierten Leveraged Buyouts werden zum Vergleich die folgenden drei Varianten von Bewertungsprämissen verwendet:

1. **Keine Einschränkungen bezüglich der Nutzung von Steuervorteilen aus Fremdfinanzierung unter Ausschluss von Insolvenzrisiken („kZS/kI")**

Unter der ersten Kombination an Bewertungsprämissen wird von einer einfachen Steuerberechnung ausgegangen, wie sie in theoretischen Bewertungsmodellen häufig Anwendung findet. Die Unternehmenssteuerbelastung einer Periode t berechnet sich hierbei direkt aus dem Unternehmenssteuersatz und dem Vorsteuerergebnis, d.h. $Steuer_{t,n} = s_U \cdot EBT_{t,n}$. Bei Vorliegen eines negativen Vorsteuerergebnisses resultiert eine negative Steuerzahlung, d.h. es erfolgt eine sofortige Steuererstattung. Von Verlustvorträgen sowie dem Einfluss der Zinsschranke wird in diesem einfachen Fall folglich abgesehen. Zugleich wird in dieser Kombination der Bewertungsprämissen davon ausgegangen, dass keine Insolvenz eintreten kann, d.h. die Private Equity Gesellschaft ist stets dazu bereit, bei Bedarf einen Eigenkapitalnachschuss zu leisten. Das Fremdkapital ist demzufolge nicht ausfallgefährdet. Diese erste Kombination an Bewertungsprämissen wird in den folgenden Analysen und Darstellungen der Bewertung mit der Abkürzung „kZS/kI" gekennzeichnet.[612]

2. **Berücksichtigung von Zinsschranke und Verlustvorträgen bei der Steuerberechnung unter Ausschluss von Insolvenzrisiken („ZS/kI")**

Unter der zweiten Kombination an Bewertungsprämissen wird weiterhin von einem nicht ausfallgefährdeten Fremdkapital durch die Sicherung des Eigenkapitalbedarfs durch die Private Equity Gesellschaft ausgegangen. Die Steuerberechnung soll nun jedoch auf Basis der in Abschnitt 5.2.5. dargestellten, realitätsnahen Berechnungsgrundlagen unter Berücksichtigung von Verlustvorträgen und der Zinsschrankenregelung erfolgen. Dies ermöglicht eine Beurteilung des Einflusses einer Einschränkung der Nutzbarkeit von Steuervorteilen aus Fremdfinanzierung auf die Bewertungsergebnisse im Vergleich zur ersten Kombination an Bewertungsprämissen. Diese zwei-

612 Die gewählte Abkürzung „kZS/kI" steht für „keine Zinsschranke/keine Insolvenz".

te Kombination an Bewertungsprämissen wird im Weiteren durch die Abkürzung „ZS/kI" gekennzeichnet.[613]

3. Berücksichtigung von Zinsschranke und Verlustvorträgen bei der Steuerberechnung unter Einbeziehung von Insolvenzrisiken („ZS/I")

Ergänzend zu einer realitätsnahen Abbildung der Steuerberechnung soll bei der dritten Kombination an Bewertungsprämissen von der Möglichkeit eines expliziten Insolvenzeintrittes ausgegangen werden. Es werden im Planungsmodell die in Abschnitt 5.3.1. beschriebenen Insolvenzauslöser und -konsequenzen berücksichtigt, da die Private Equity Gesellschaft nach der ursprünglichen Investition in ein Beteiligungsunternehmen in diesem Fall kein zusätzliches Eigenkapital mehr zur Verfügung stellen soll. Die im Weiteren verwendete Abkürzung für diese dritte Variante an Bewertungsprämissen lautet „ZS/I".[614]

Mit diesen drei Varianten an Bewertungsprämissen ist es im Folgenden möglich, unterschiedliche Aspekte der Bewertung von Leveraged Buyouts sowohl unter theoretischen als auch praxisnäheren Annahmen zu beurteilen.

6.3.4. Optimaler Fremdkapitaleinsatz

Ein wesentliches Merkmal von Leveraged Buyouts ist der Einsatz eines anfänglich hohen Fremdkapitaleinsatzes zur Übernahme des Beteiligungsunternehmens durch die Private Equity Gesellschaft. Die Nutzung von Fremdkapital zielt hierbei auf die Maximierung des Wertbeitrags eines Leveraged Buyouts für die Private Equity Investoren ab.[615] Durch die Bewertung eines typisierten Leveraged Buyouts ist es an dieser Stelle nun möglich, Aufschluss darüber zu erhalten, unter welchen Bewertungsprämissen eine Maximierung des Fremdkapitaleinsatzes tatsächlich zu einer Maximierung der Wertschaffung eines Leveraged Buyouts führt, beziehungsweise unter welchen Bedingungen eine Begrenzung des Fremdkapitaleinsatzes sinnvoll sein kann.

Durch die Verwendung des Bewertungskonzepts des stochastischen Diskontierungsfaktors ist es ebenfalls möglich durch eine Betrachtung bestimmter Zahlungsströme des Leveraged Buyouts zu analysieren, in wel-

---

613 Die gewählte Abkürzung „ZS/kI" steht für „Zinsschranke/keine Insolvenz".

614 Die gewählte Abkürzung „ZS/I" steht für „Zinsschranke/Insolvenz".

615 Vgl. Abschnitt 5.2.4.2. und FN 441.

chem Umfang die Eigenkapital- und Fremdkapitalgeber jeweils von der Wertschaffung des Leveraged Buyouts profitieren. Der für eine Bewertung der Wertschaffung für die Eigenkapitalgeber relevante Zahlungsstrom entspricht den Ausschüttungen, welche die Private Equity Investoren aus dem Leveraged Buyout beziehen. Bei einem Eigenkapitalnachschuss seitens der Private Equity Investoren zur Abwendung einer drohenden Insolvenz liegt hierbei ein negativer Ausschüttungsbetrag vor. Der Nettokapitalwert für die Eigenkapitalgeber $NPV_{EK,0}$ ergibt sich folglich im Simulationsmodell durch Verwendung des Zahlungsstroms $X_{EK,t,n}$ in den Bewertungsformeln des stochastischen Diskontierungsfaktors (6.1) bis (6.3):[616]

$$X_{EK,t,n} = Ausschüttung_{t,n} \tag{6.4}$$

Der Zahlungsstrom zum Zeitpunkt $t = 0$ entspricht für die Private Equity Investoren dem bei Übernahme des Beteiligungsunternehmens eingebrachten Eigenkapital als Teil des Transaktionspreises:[617]

$$X_{EK,0} = -\left(EBITDA_0 \cdot Eigenkapitalmultiplikator_{EBITDA,0}\right) \tag{6.5}$$

Die Zahlungsansprüche der Fremdkapitalgeber zur Berechnung des Nettokapitalwertes des eingebrachten Fremdkapitals $NPV_{FK,0}$ setzen sich aus den erhaltenen Zins- und Tilgungszahlungen zusammen:

$$X_{FK,t,n} = Zinsen_{t,n} + Tilgung_{t,n} \tag{6.6}$$

Der Zahlungsstrom zum Zeitpunkt $t = 0$ entspricht für die Fremdkapitalgeber dem bei der Übernahme des Beteiligungsunternehmens eingebrachten Fremdkapital:

---

616 Es ist hierbei herauszustellen, dass bei einer Bewertung von Kapitalgeberansprüchen mittels des Konzepts des SDF stets die den Kapitalgebern unmittelbar zufließenden Zahlungsströme zu bewerten sind. Aus diesem Grund spielt auch der sog. „Free Cash Flow", welcher im Rahmen des WACC-Verfahrens bewertet wird, bei Verwendung des SDF keine Rolle, da es sich hierbei um keinen tatsächlich existierenden Zahlungsstrom handelt, sondern um einen hypothetischen Zahlungsstrom unter vollständiger Eigenfinanzierung eines Unternehmens. Siehe auch Abschnitt 2.3. Vgl. zur Definition des Free Cash Flow KOLLER, GOEDHART & WESSELS (2005), S. 164.

617 Hierbei entspricht der Eigenkapitalmultiplikator gleich der Differenz zwischen Kaufpreismultiplikator und Fremdkapitalmultiplikator zum Transaktionszeitpunkt.

$$X_{FK,0} = -(EBITDA_0 \cdot Fremdkapitalmultiplikator_{EBITDA,0}) \quad (6.7)$$

Bei Betrachtung des Gesamtunternehmenswertes des Leveraged Buyouts sind zudem alle Zahlungsströme zu bewerten, welche sowohl den Eigen- als auch den Fremdkapitalgebern zufließen. Entsprechend setzt sich der relevante Zahlungsstrom $X_{U,t,n}$ für eine Bewertung des Nettokapitalwertes des Leveraged Buyouts $NPV_{U,0}$ aus den Zahlungsansprüchen der beiden Anspruchsgruppen zusammen:

$$X_{U,t,n} = X_{EK,t,n} + X_{FK,t,n} \quad (6.8)$$

Der Zahlungsstrom zum Zeitpunkt $t = 0$ entspricht dem gesamten bei der Transaktion eingebrachten Kapital, d.h. dem Transaktionspreis:

$$X_{U,0} = X_{EK,0} + X_{FK,0} \quad (6.9)$$

Der Einfluss des anfänglichen Fremdkapitaleinsatzes auf die Bewertung des Leveraged Buyouts wird nun zunächst anhand des Gesamtunternehmenswertes betrachtet.

6.3.4.1. Gesamtunternehmenswert

Bei Betrachtung des Leveraged Buyouts als Gesamtunternehmen liegt eine optimale Kapitalstruktur genau dann vor, wenn dessen Nettokapitalwert maximal ist. Dies bedeutet, dass unter einem zum Transaktionszeitpunkt bereits festgelegten Kaufpreis die Vermögensposition der Eigentümer des Leveraged Buyouts zum Zeitpunkt $t = 0$ maximiert würde, falls zunächst von einer vollständigen Eigenfinanzierung ausgegangen wird. Durch die schrittweise Ablösung des Eigenkapitals durch Fremdkapital kann der Gesamtunternehmenswert durch die Steuervorteile aus Fremdfinanzierung erhöht werden. Diese Werterhöhung würde den Eigenkapitalgebern dann unmittelbar zu Gute kommen, falls sie die Möglichkeit besitzen, unmittelbar nach einer Änderung der Kapitalstruktur das Beteiligungsunternehmen zum neuen Gesamtunternehmenswert weiterzuveräußern.[618]

Der Nettokapitalwert $NPV_{U,0}$ des gesamten Leveraged Buyouts ergibt sich in Abhängigkeit vom anfänglichen Fremdkapitaleinsatz zum Bewer-

---

618 Vgl. SCHOSSER (2009), S. 67. Dass dieser angenommene Wertzuwachs aus Fremdfinanzierung an die Eigenkapitalgeber bei einem Besitz des LBO über die gesamte Haltedauer jedoch nicht länger zutrifft, wird in Abschnitt 6.3.4.3. aufgezeigt.

tungszeitpunkt unter den unterschiedlichen Bewertungsprämissen in $t = 0$ zu:[619]

Tabelle 15: Gesamtunternehmenswert

FK-Multiplikator	0,0x	1,0x	2,0x	3,0x	4,0x	5,0x	6,0x	7,0x
Bei Transaktion eingebrachtes Gesamtkapital (t = 0)								
$X_{U,0}$	-588,0	-588,0	-588,0	-588,0	-588,0	-588,0	-588,0	-588,0
Summe der Barwerte der zukünftigen Zahlungsströme $X_{U,t}$ (t = 1,...,7)								
kZS/kI	785,9	786,9	790,6	798,1	813,6	834,2	847,6	860,3
ZS/kI	785,9	786,9	790,6	798,1	813,6	833,5	839,0	839,5
ZS/I	785,9	786,9	790,6	798,1	813,6	830,6	740,9	495,8
Nettokapitalwert $NPV_{U,0}$								
kZS/kI	197,9	198,9	202,6	210,1	225,6	246,2	259,6	272,3
ZS/kI	197,9	198,9	202,6	210,1	225,6	245,5	251,0	251,5
ZS/I	197,9	198,9	202,6	210,1	225,6	242,6	152,9	-92,2

Quelle: Eigene Berechnungen.[620]

Es sei an dieser Stelle darauf hingewiesen, dass sich durch den im Bewertungsbeispiel - auf Basis exogener Daten der empirischen Studien - vorgegeben Kaufpreis ein positiver oder negativer Nettokapitalwert ergibt. Unter einem arbitragefreien Kapitalmarkt stellt sich hingegen ein Kaufpreis für Unternehmen und Anlagen ein, unter welchem der Nettokapitalwert jeweils gleich Null ist. Entsprechend würde der Kaufpreis des Beteiligungsunternehmens unter verschiedenen Annahmen bezüglich des anfänglichen Fremdkapitaleinsatzes sich so anpassen, dass der Kaufpreis gerade dem Barwert der zukünftigen Zahlungsströme entspricht. An dieser Stelle soll jedoch diese Anpassung nicht vorgenommen werden, sondern von einem konstanten Kaufpreis ausgegangen werden, um die Effekte einer Anpassung des Fremdkapitaleinsatzes deutlich darstellen zu können.[621]

619 Bei den weiteren Analysen wird von einer maximalen Verschuldungskapazität des LBO abgesehen und ein steigender Fremdkapitaleinsatz bis zu einer theoretisch vollständigen Finanzierung des LBO dargestellt.

620 Vgl. Anhang 6.2 für eine detaillierte Berechnung der Barwerte mittels SDF.

621 Würde bei den weiteren Analysen hingegen von einem veränderlichen Kaufpreis ausgegangen, so wäre sowohl der Fremdkapitaleinsatz als auch das Gesamtkapital variabel. Hierdurch ist eine Darstellung des Werteffektes aus Fremdfinanzierung problematisch, da im vorliegenden Simulationsansatz beispielsweise die Abbildung eines variablen Fremdkapitaleinsatzes bis hin zu einer vollständigen Fremdfinanzierung durch eine wechselseitige Bedingung von Fremdkapitaleinsatz und Unternehmenswert zu einem iterativen Prozess führt.

Der in Tabelle 15 berechneten Nettokapitalwerte des Gesamtunternehmens in Abhängigkeit vom Fremdkapitaleinsatz lassen sich an Hand eines grafischen Verlaufs der Unternehmenswerte veranschaulichen:

Abbildung 7: Verlauf des Gesamtunternehmenswertes

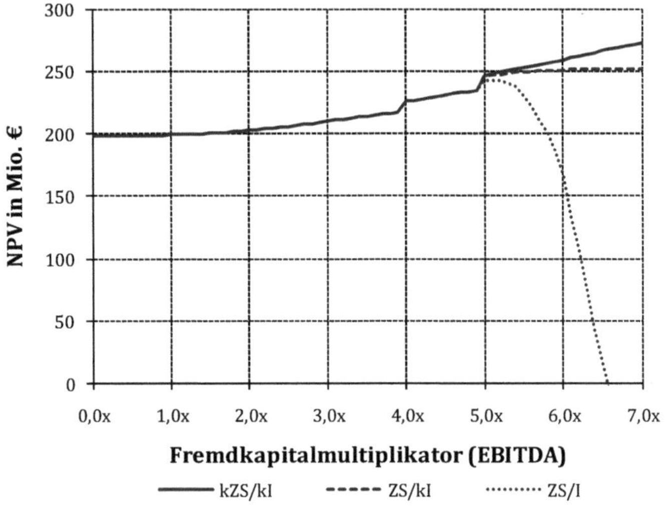

Quelle: Eigene Darstellung.[622]

Wie aus Abbildung 7 ersichtlich wird, steigt der Nettokapitalwert des Leveraged Buyouts unter den Bewertungsprämissen mit einfacher Steuerberechnung und unter Ausschluss von Insolvenzrisiken (kZS/kI) mit zunehmendem Fremdkapitaleinsatz monoton an. Ursächlich hierfür ist die zunehmende Umverteilung der Zahlungsansprüche seitens des Staates in Form von Unternehmenssteuern auf die Eigen- und Fremdkapitalgeber, da mit einer steigenden Verschuldung immer geringere Steuerzahlungen verbunden sind. Der Anstieg des Nettokapitalwertes $NPV_{U,0}$ wird in Abbildung 7 mit zunehmendem Fremdkapitaleinsatz steiler, da mit einer Verschlechterung des Ratings bei steigender Verschuldung ein höherer Fremdkapitalzinssatz verbunden ist. Insbesondere bei einer Überschreitung eines Fremdkapitalmultiplikators von 4,0x sowie 5,0x ist ein deutlicher Anstieg bezüglich der Wertschaffung zu verzeichnen. Ursächlich hierfür ist, dass bei diesen Grenzen eine Verschlechterung des Ratings von BBB auf BB+ bzw. von BB+ auf BB- vorliegt, was zu einer deutlichen Erhöhung des Risikoauf-

622 Vgl. Tabelle 22 in Anhang 6.1.

schlages bei den Fremdkapitalzinsen führt. Hierdurch steigen die Fremdkapitalzinszahlungen weiter an, wodurch sich die Steuerzahlungen reduzieren und der Umverteilungseffekt der Zahlungsansprüche des Staates an die Unternehmenseigentümer verstärkt wird.[623]

Unter den Bewertungsprämissen mit einer Einschränkung der Nutzbarkeit der Steuervorteile aus Fremdfinanzierung in Form der Zinsschranke (ZS/kI) wird eine Umverteilung der Zahlungsansprüche des Staates an die Unternehmenseigentümer begrenzt. Hierbei zeigt sich in Abbildung 7, dass der Gesamtunternehmenswert ab einem Fremdkapitalmultiplikator von ca. 5,0x nur noch sehr moderat durch den Einsatz weiteren Fremdkapitals gesteigert werden kann. Ursächlich hierfür ist, dass eine Verschlechterung des Ratings bei Überschreiten dieses Fremdkapitaleinsatzes sowie ein Anstieg des Fremdkapitals zwar zu einer weiteren Erhöhung der Fremdkapitalzinsen führt, die zusätzlichen Steuervorteile hieraus auf Grund der Einschränkungen der Zinsschrankenregelung jedoch kaum mehr genutzt werden können und zum Ende der Haltedauer wertlos verfallen.[624]

Wird nun ergänzend die Möglichkeit eines Insolvenzeintrittes bei den Bewertungsprämissen berücksichtigt (ZS/I), so lässt Abbildung 7 klar erkennen, dass der Nettokapitalwert des Leveraged Buyouts mit zunehmendem Fremdkapitaleinsatz nicht länger monoton ansteigt. Während bei moderater Verschuldung die nutzbaren Steuervorteile aus Fremdfinanzierung den Wertverlust bei Insolvenz insgesamt überwiegen, ist ab einem Fremdkapitalmultiplikator von ca. 5,0x die optimale Verschuldung des Leveraged Buyouts überschritten. In Folge der durch die Ratingverschlechterung verbundenen, höheren Zinsverpflichtungen erhöht ein weiterer Fremdkapitaleinsatz das Insolvenzrisiko und den Wertverlust bei drohender Insolvenz überproportional im Verhältnis zu den zusätzlich nutzbaren Steuervorteilen. Im Gegensatz zu den Bewertungsprämissen ohne Insolvenzrisiko (kZS/kI und ZS/kI) stellt ein maximaler Fremdkapitaleinsatz somit nicht

623 Vgl. Tabelle 7 und Tabelle 8 für die Abhängigkeit des Ratings vom gewählten Fremdkapitaleinsatz sowie Tabelle 10 zum Anstieg des Risikoaufschlages in Abhängigkeit des Ratings.

624 Eine leichte Steigerung des Nettokapitalwertes mit zunehmender Verschuldung lässt sich unter Ausschluss von Insolvenzrisiken nach wie vor beobachten, da es bei Entwicklungspfaden des Simulationsmodells mit sehr positiver Unternehmensentwicklung in den späteren Perioden vorkommen kann, dass die nutzbaren Steuervorteile aus Fremdfinanzierung z.B. auf Grund einer schnellen Entschuldung über die Haltedauer nicht mehr vollständig ausgenutzt werden und ein höherer Fremdkapitaleinsatz in diesen einzelnen Fällen noch zu einem kleinen Wertzuwachs führt.

länger die optimale Kapitalstruktur des Leveraged Buyouts aus der Perspektive des Gesamtunternehmenswertes dar.[625]

Im Weiteren wird nun genauer betrachtet, wie sich diese beobachtete Wertschaffung des gesamten Leveraged Buyouts auf die Anspruchsgruppen der Fremd- und Eigenkapitalgeber aufteilt.

6.3.4.2. Fremdkapitalwert

In der Unternehmensbewertungstheorie wird häufig davon ausgegangen, dass der Marktwert des Fremdkapitals gleich dessen Buch- bzw. Nominalwert ist.[626] Hieraus resultiert ein Nettokapitalwert des Fremdkapitals in Höhe von Null, wenn der Nominalwert zum Bewertungszeitpunkt gerade dem Marktwert, d.h. dem Barwert der zukünftigen Zahlungsströme an die Fremdkapitalgeber, entspricht. Die Annahme der Identität von Nominal- und Marktwert des Fremdkapitals ist jedoch mit einschränkenden Bedingungen verbunden und lässt sich nur in Abwesenheit von Insolvenzrisiken unproblematisch vollziehen, indem für den Fremdkapitalzinssatz der risikofreie Zinssatz herangezogen wird und eine Diskontierung der Zahlungsströme an die Fremdkapitalgeber ebenfalls durch den risikofreie Zinssatz erfolgt.[627]

Bei Vorliegen eines Insolvenzrisikos ist für eine Identität des Nominal- und Marktwertes des Fremdkapitals hingegen der Fremdkapitalzinssatz exakt so zu wählen, dass die hieraus resultierenden, höheren Zinszahlungen an die Fremdkapitalgeber diese gerade für das Ausfallrisiko ihres eingebrachten Kapitals im Falle einer Insolvenz entschädigen. Werden das Insolvenzrisiko und folglich die Fremdkapitalzinsen eines Unternehmens auf Basis vergangenheitsorientierter Informationen ermittelt – wie im vorliegenden Modell auf Basis von Ratings – so ergibt sich in Verbindung mit zukunftsorientierten Zahlungsströmen in einem Modell prinzipiell die Mög-

625 Der größte Einflussfaktor für den mit steigender Verschuldung zunehmenden Wertverlust bei Insolvenz ist ein Verlust des Veräußerungserlöses nach Eintritt der Insolvenz während der Haltedauer in Folge einer Liquidation des Unternehmens. Da hierbei das eingesetzte Kapital häufig nicht mehr vollständig zurückgeführt werden kann, resultiert ab einem bestimmten Verschuldungsgrad ein negativer Nettokapitalwert.

626 Vgl. ESSLER, KRUSCHWITZ & LÖFFLER (2005), S. 596 und LODOWICKS (2008), S. 526. Der Buchwert des Fremdkapitals entspricht dem nominellen Wert des durch die Fremdkapitalgeber eingebrachten Kapitals. Es ist herauszustellen, dass das Konzept des SDF nicht auf diese Annahme angewiesen ist.

627 Siehe zur Problematik der Unterstellung einer Identität von Markt- und Buchwert des Fremdkapitals bei Bewertungsmodellen NOWAK (2003), S. 78f.

lichkeit, dass sich der Marktwert des Fremdkapitals von dessen Nominalwert unterscheidet.[628]

Wird hierbei der Fremdkapitalzinssatz zu hoch für die tatsächlich vorliegenden Insolvenzrisiken gewählt, so resultiert ein Marktwert des Fremdkapitals über dessen Nominalwert, da die Fremdkapitalgeber für die übernommenen Insolvenzrisiken überkompensiert werden. Andererseits kann ein zu niedrig gewählter Fremdkapitalzinssatz zu einem Marktwert des Fremdkapitals führen, welcher unter dessen Nominalwert liegt und demnach einen Wertverlust für die Fremdkapitalgeber impliziert. Ein Werteffekt durch die Abweichung des Marktwertes vom Nominalwert des Fremdkapitals in Form eines negativen oder positiven Nettokapitalwertes ergibt sich demnach allein dadurch, ob die in den Fremdkapitalzinsen enthaltenen Risikoaufschläge das Insolvenzrisiko adäquat abbilden. Werden die Risikoaufschläge innerhalb eines Bewertungsmodells endogen bestimmt, so resultiert hieraus bei konsistenter Vorgehensweise unter jedem Verschuldungsgrad ein Nettokapitalwert des Fremdkapitals in Höhe von Null. Da sich dies im vorliegenden Simulationsansatz jedoch nur unter Einsatz eines iterativen Verfahrens lösen lässt, werden im Bewertungsbeispiel die Risikoaufschläge der Fremdkapitalzinssätze weiterhin auf Basis am Kapitalmarkt notierter Anleihen unterschiedlicher Ratingkategorien bestimmt.[629]

Entsprechend lässt sich der Nettokapitalwert des Fremdkapitals $NPV_{FK,0}$ in Abhängigkeit vom anfänglichen Fremdkapitaleinsatz im Bewertungsbeispiel berechnen und eine Analyse der optimalen Verschuldung des typisierten Leveraged Buyouts aus der Perspektive der Fremdkapitalgeber vornehmen:

628 Vgl. ROSARIUS (2007), S. 165f und Fußnote 27 in RAPP (2006), S. 778.

629 Ein iteratives Vorgehen bei der endogenen Bestimmung der Risikoaufschläge ist notwendig, da sich der Fremdkapitalzinssatz sowie die Höhe der Fremdkapitalzinszahlungen und das Kriterium eines Insolvenzeintrittes im Modell gegenseitig bedingen.

Tabelle 16: Fremdkapitalwert

FK-Multiplikator	0,0x	1,0x	2,0x	3,0x	4,0x	5,0x	6,0x	7,0x
Bei Transaktion eingebrachtes Fremdkapital (t = 0)								
$X_{FK,0}$	0,0	-84,0	-168,0	-252,0	-336,0	-420,0	-504,0	-588,0
Summe der Barwerte der zukünftigen Zahlungsströme $X_{FK,t}$ (t = 1,...,7)								
kZS/kI	0,0	85,9	174,8	269,6	388,8	524,2	636,8	740,6
ZS/kI	0,0	85,9	174,8	269,6	388,8	524,2	637,1	738,9
ZS/I	0,0	85,9	174,8	269,6	388,8	523,6	578,9	471,0
Nettokapitalwert $NPV_{FK,0}$								
kZS/kI	0,0	1,9	6,8	17,6	52,8	104,2	132,8	152,6
ZS/kI	0,0	1,9	6,8	17,6	52,8	104,2	133,1	150,9
ZS/I	0,0	1,9	6,8	17,6	52,8	103,6	74,9	-117,0

Quelle: Eigene Berechnungen.[630]

Der Nettokapitalwert des Fremdkapitals in Abhängigkeit des anfänglichen Fremdkapitaleinsatzes lässt sich ebenfalls mittels grafischer Betrachtung verdeutlichen:

Abbildung 8: Verlauf des Fremdkapitalwertes

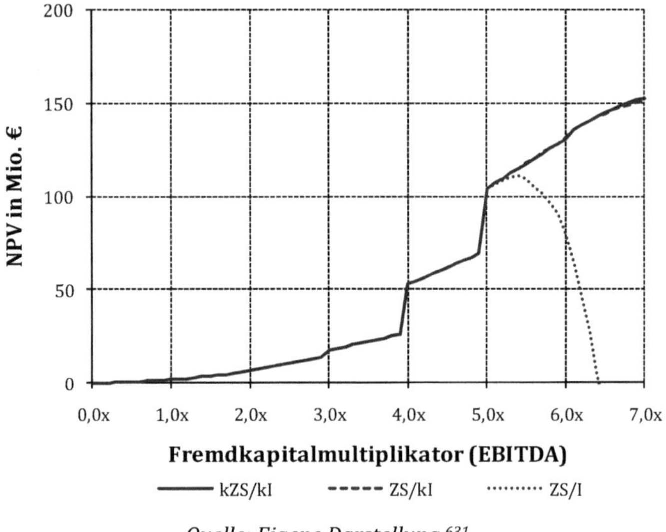

Quelle: Eigene Darstellung.[631]

630 Vgl. Anhang 6.3 für eine detaillierte Berechnung der Barwerte mittels SDF.

631 Vgl. Tabelle 23 in Anhang 6.1.

Analog zur Betrachtung des Gesamtunternehmenswertes führt ein steigender Fremdkapitaleinsatz unter Ausschluss von Insolvenzrisiken (kZS/kI) in Abbildung 8 zu einem Anstieg des Marktwertes des Fremdkapitals über dessen Nominalwert. Dies ist der Fall, da der Zinssatz zur Berechnung der Fremdkapitalzinsen mittels Risikoaufschlag auf den risikofreien Zinssatz ermittelt wird und dieser Risikoaufschlag mit steigender Verschuldung zunimmt. Da unter Ausschluss einer Insolvenz – durch die Geschäftspolitik der Private Equity Gesellschaft – mit steigendem Fremdkapitaleinsatz die Zahlungsansprüche der Fremdkapitalgeber aus Zinszahlungen ansteigen ohne dass hiermit ein Ausfallrisiko des eingesetzten Kapitals verbunden ist, steigt der Nettokapitalwert mit steigendem Rating zunehmend an.[632]

Eine Berücksichtigung der einschränkenden Bedingungen bezüglich der Nutzbarkeit der Steuervorteile aus Fremdfinanzierung bei den Bewertungsprämissen (ZS/kI) hat keinen signifikanten Werteffekt für die Fremdkapitalgeber, da diese ihre Zahlungsströme unabhängig davon erhalten, ob die Fremdkapitalzinsen von der steuerlichen Bemessungsgrundlage absetzbar sind oder nicht.[633] Demnach steigt der Nettokapitalwert für die Fremdkapitalgeber auch dann noch an, wenn der Nettokapitalwert des Gesamtunternehmens bereits stagniert. Dies bedeutet, dass hierbei eine Umverteilung der Wertschaffung zu Lasten der Eigenkapitalgeber an die Fremdkapitalgeber stattfindet.

Bei der Verwendung eines Insolvenzrisikos bei den Bewertungsprämissen (ZS/I) stellt sich hingegen analog zum Verlauf des Gesamtunternehmenswertes ab einem bestimmten Fremdkapitaleinsatz ein fallender Nettokapitalwert des Fremdkapitals ein, da bei Eintritt einer Insolvenz die Fremdkapitalgeber ihr noch ausstehendes Kapital teilweise oder vollständig verlieren. Somit existiert auch aus Sicht der Fremdkapitalgeber im vor-

---

632 Der angemessene Fremdkapitalzinssatz bei kategorischem Ausschluss von Insolvenzrisiken wäre demnach der im Bewertungsmodell vorliegende Schattenzins, welcher zu einer Identität des Markt- und Nominalwertes des Fremdkapitals führt.

633 Die in Tabelle 16 bei einem Fremdkapitalmultiplikator von 6,0x und 7,0x beobachtbaren, geringen Differenzen zwischen den Barwerten unter kZS/kI und ZS/kI lassen darauf zurückführen, dass unter dem Einfluss der Zinsschranke geringere Zahlungsströme zur Rückführung des Fremdkapitals verfügbar sind und eine Entschuldung langsamer verläuft. Da die Fremdkapitalzinsen über die Zinsstrukturkurve bestimmt werden, kann es daher zu einem geringen Zeiteffekt bei der Diskontierung der Zahlungsansprüche der Fremdkapitalgeber kommen, falls der Schattenzins durch die im Simulationsansatz verwendeten Zufallszahlen geringfügig von den Zinssätzen der Zinsstrukturkurve abweicht.

liegenden Bewertungsbeispiel eine optimale Verschuldung des Leveraged Buyouts bereits vor einem maximalen Fremdkapitaleinsatz. Im Vergleich zum Gesamtunternehmenswert in Abbildung 7, bei welchem ein Fremdkapitalmultiplikator von ca. 5,0x zu einer Maximierung des Wertzuwachses unter Insolvenzrisiken führt, steigt der Wert des Fremdkapitals hingegen bis zu einem Fremdkapitalmultiplikator in Höhe von ca. 5,4x an.

Dies bedeutet, dass auf Grund der vorrangigen Behandlung der Fremdkapitalgeberansprüche gegenüber den Eigenkapitalgeberansprüchen eine einsetzende Insolvenz im Simulationsmodell zunächst primär zu Lasten der Eigenkapitalgeber geht, während die Fremdkapitalgeber durch die hohen Zinszahlungen nach wie vor für die Übernahme von Insolvenzrisiken überkompensiert werden. Erst ab einem anfänglichen Fremdkapitaleinsatz über dem ca. 5,4-fachen des EBITDA überwiegt das Verlustrisiko des eingebrachten Fremdkapitals die höheren Zinszahlungen. Die in Tabelle 10 auf Basis von Ratingkriterien gewählten Risikoaufschläge zeigen sich demnach für das Bewertungsbeispiel unterhalb dieser Grenze des Fremdkapitaleinsatzes als zu hoch, oberhalb der Grenze hingegen als zu niedrig, um das Insolvenzrisiko der Fremdkapitalgeber stets exakt abzubilden.

6.3.4.3. Eigenkapitalwert

Eine Analyse der optimalen Verschuldung des typisierten Leveraged Buyouts aus der Perspektive der Private Equity Investoren erfolgt zunächst durch Betrachtung des Nettokapitalwertes des Eigenkapitals $NPV_{EK,0}$ in Abhängigkeit des anfänglichen Fremdkapitaleinsatzes:

Tabelle 17: Eigenkapitalwert

FK-Multiplikator	**0,0x**	**1,0x**	**2,0x**	**3,0x**	**4,0x**	**5,0x**	**6,0x**	**7,0x**
Bei Transaktion eingebrachtes Eigenkapital (t = 0)								
$X_{EK,0}$	-588,0	-504,0	-420,0	-336,0	-252,0	-168,0	-84,0	0,0
Summe der Barwerte der zukünftigen Zahlungsströme $X_{EK,t}$ (t = 1,...,7)								
kZS/kI	785,9	701,1	615,8	528,5	424,8	310,1	210,8	119,7
ZS/kI	785,9	701,1	615,8	528,5	424,8	309,3	201,8	100,6
ZS/I	785,9	701,1	615,8	528,5	424,8	307,1	162,0	24,8
Nettokapitalwert $NPV_{EK,0}$								
kZS/kI	197,9	197,1	195,8	192,5	172,8	142,1	126,8	119,7
ZS/kI	197,9	197,1	195,8	192,5	172,8	141,3	117,8	100,6
ZS/I	197,9	197,1	195,8	192,5	172,8	139,1	78,0	24,8

Quelle: Eigene Berechnungen.[634]

634 Vgl. Anhang 6.4 für eine detaillierte Berechnung der Barwerte mittels SDF.

Der grafische Verlauf des Nettokapitalwertes des Eigenkapitals in Abhängigkeit des anfänglichen Fremdkapitaleinsatzes stellt sich folgendermaßen dar:

Abbildung 9: Verlauf des Eigenkapitalwertes

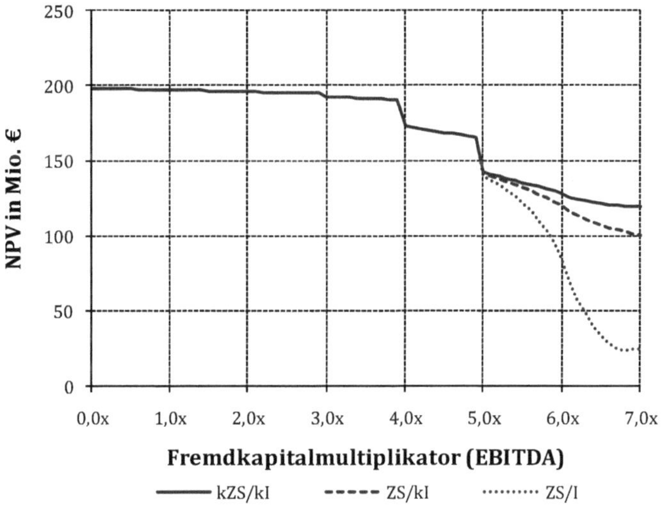

Quelle: Eigene Darstellung.[635]

Abbildung 9 zeigt, dass der absolute Wertzuwachs des Eigenkapitals der Private Equity Investoren mit steigendem Fremdkapitaleinsatz abnimmt. Während bei einer vollständigen Eigenfinanzierung – d.h. einem Fremdkapitalmultiplikator von 0,0x – der Wertzuwachs des Eigenkapitals noch der Wertschaffung des Leveraged Buyouts aus Gesamtunternehmenssicht entspricht, führt eine Erhöhung des anfänglichen Fremdkapitaleinsatzes dazu, dass sich die Ansprüche der Eigenkapitalgeber an den Zahlungsströmen des Leveraged Buyouts zunehmend reduzieren. Insbesondere bei einer Verschlechterung des Ratings in Folge einer gestiegenen Verschuldung fällt der Wertzuwachs des Eigenkapitals stufenweise ab, da ein größerer Anteil der gesamten Zahlungsströme nun in Form gestiegener Zinszahlungen an die Fremdkapitalgeber fließt und die Eigenkapitalgeberansprüche demgegenüber nachrangig behandelt werden.

Unter Berücksichtigung der Zinsschranke bei den Bewertungsprämissen (ZS/kI) fällt der Wertzuwachs des Eigenkapitals bei steigendem

635 Vgl. Tabelle 24 in Anhang 6.1.

Fremdkapitaleinsatz zudem schneller ab, da die Ansprüche der Fremdkapitalgeber an den verfügbaren Zahlungsströmen des Leveraged Buyouts nach wie vor steigen, die Fremdkapitalzinszahlungen jedoch nur noch eingeschränkt von der steuerlichen Bemessungsgrundlage abzugsfähig sind. Die gestiegenen Fremdkapitalzinszahlungen sind entsprechend nur noch mit geringen zusätzlichen Steuervorteilen aus Fremdfinanzierung verbunden und es erfolgt daher eine Bedienung der Zahlungsströme an die Fremdkapitalgeber, welche primär zu Lasten der Eigenkapitalgeber geht.

Werden zusätzlich noch Insolvenzrisiken bei den Bewertungsprämissen berücksichtigt (ZS/I), so ist ab einem Fremdkapitalmultiplikator in Höhe von ca. 5,0x bereits ein starker Rückgang der Wertschaffung für die Private Equity Investoren zu verzeichnen, da im Falle eines Insolvenzeintrittes der Verlust eines Großteils oder gar des gesamten eingebrachten Eigenkapitals droht. Ein weiterer Anstieg des anfänglichen Fremdkapitaleinsatzes führt – wie bereits in Abbildung 7 auf Basis des Gesamtunternehmenswertes beobachtet – zu einem starken Anstieg der Insolvenzrisiken und führt so zu einer weiteren Reduzierung des Nettokapitalwertes des Eigenkapitals. Ab einem Fremdkapitalmultiplikator in Höhe von ca. 6.5x lässt sich jedoch beobachten, dass sich der Rückgang des Nettokapitalwertes verlangsamt bzw. stagniert. Da beim Nettokapitalwert sowohl die Anfangsinvestition als auch die Barwerte der zukünftigen Zahlungsströme berücksichtigt werden, wird im Bewertungsbeispiel ab einem Fremdkapitaleinsatz in dieser Höhe der steigende Verlust der Barwerte zukünftiger Zahlungsströme in Folge weiter ansteigender Insolvenzwahrscheinlichkeit durch das entsprechend niedrigere eingebrachte Eigenkapital zum Transaktionszeitpunkt annähernd kompensiert.

Im vorliegenden Bewertungsbeispiel des typisierten Leveraged Buyouts lässt sich zudem beobachten, dass sich unter keiner der gewählten Bewertungsprämissen ein negativer Nettokapitalwert des Eigenkapitals ergibt. Die Investition in den Leveraged Buyout ist für die Private Equity Investoren unter der verwendeten Datengrundlage somit stets wertschaffend. Dies muss jedoch nicht zwangsläufig für alle Leveraged Buyouts repräsentativ sein. Unter anderen Parameterkonstellationen, welche eine weniger positive Unternehmensentwicklung mit sich bringen oder bereits bei moderateren Fremdkapitaleinsätzen zu einem höheren Insolvenzrisiko führen, ist es denkbar, dass der Nettokapitalwert des Eigenkapitals negativ wird, soweit die Barwerte der zukünftig erwarteten Zahlungsströme das anfänglich eingebrachte Eigenkapital nicht mehr überschreiten.

Für die Beurteilung des optimalen Fremdkapitaleinsatzes aus der Perspektive der Private Equity Investoren erscheint die Betrachtung des Nettokapitalwertes $NPV_{EK,0}$ allein jedoch ungenügend. Zwar ist der absolute Wertzuwachs des Eigenkapitals unter einer vollständigen Eigenfinanzierung am höchsten, allerdings erfordert diese zugleich auch die anfänglich höchste Einbringung und Bindung an Eigenkapital seitens der Private Equity Investoren. Unter der Prämisse, dass sich den Eigenkapitalgebern durch einen Private Equity Fonds eine ausreichend große Anzahl an Investitionsmöglichkeiten in unterschiedliche Beteiligungsunternehmen bietet, sind diese vielmehr an einer Maximierung der relativen Wertsteigerung des eingebrachten Eigenkapitals interessiert, anstelle einer Maximierung des absoluten Wertzuwachses aus einem einzelnen Beteiligungsunternehmen. So dominieren bei Private Equity Gesellschaften auch in der Praxis relative Kennzahlen bei der Beurteilung über die Vorteilhaftigkeit eines Investitionsvorhabens.[636]

Zur Bestimmung des Maximums des relativen Wertzuwachses des eingebrachten Eigenkapitals eignet sich daher bei Verwendung des Bewertungskonzepts des stochastischen Diskontierungsfaktors eine Betrachtung des relativen Kapitalwertes. Zur Berechnung des relativen Kapitalwertes wird der Nettokapitalwert $NPV_{EK,0}$ durch das zum Zeitpunkt $t = 0$ eingebrachte Eigenkapital $-X_{EK,0}$ dividiert und gibt demnach das Verhältnis zwischen der Wertsteigerung des Eigenkapitals zu dem im Leveraged Buyout gebundenen Eigenkapital an.[637]

Der relative Kapitalwert stellt sich für die Private Equity Investoren in Abhängigkeit des anfänglichen Fremdkapitaleinsatzes unter den verschiedenen Bewertungsprämissen folgendermaßen dar:

636 Vgl. ASKAR (2008), S. 25-34 und PINDUR (2006), S. 58-62.

637 Vgl. zur Methode des relativen Kapitalwertes ALBERS (1978), S. 265 und HÄBERLE (2008), S. 664f. Eine Anwendung der Methode des relativen Kapitalwertes ist sinnvoll, wenn bezüglich der anfänglichen Investitionssumme ein bestimmtes Budget besteht und dieses durch die möglichen Investitionsvorhaben überschritten wird. Eine Auswahl der Investitionen erfolgt dann in absteigender Reihenfolge entsprechend derer relativen Vorteilhaftigkeit bzw. Wertschaffung.

Abbildung 10: Relativer Wertzuwachs des Eigenkapitals

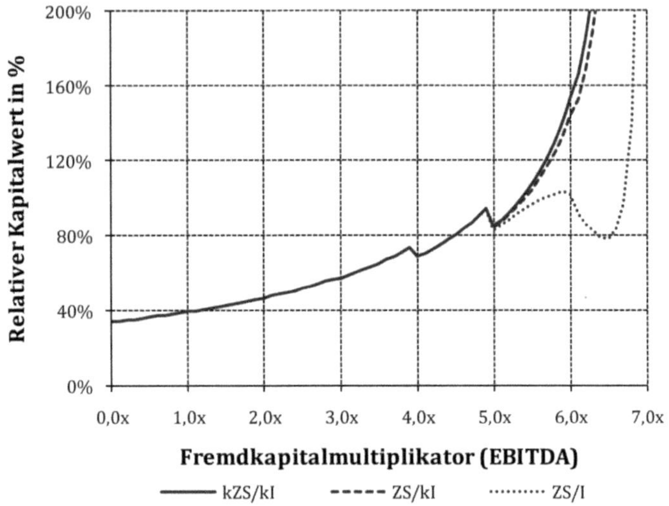

Quelle: Eigene Darstellung.[638]

Auffallend ist in Abbildung 10, dass unter Ausschluss eines Insolvenzrisikos bei den Bewertungsprämissen (kZS/kI und ZS/kI) der relative Kapitalwert mit zunehmendem Fremdkapitaleinsatz weiter ansteigt und lediglich bei einer Verschlechterung des Ratings in Folge eines zunehmenden Fremdkapitaleinsatzes kurzzeitig ein Rückgang des relativen Wertzuwachses der Eigenkapitalgeber beobachtet werden kann. Nähert sich der Verschuldungsgrad einer theoretisch reinen Fremdfinanzierung, so strebt der relative Kapitalwert entsprechend gegen unendlich, soweit der absolute Wertzuwachs – wie im vorliegenden Bewertungsbeispiel – positiv ist. In der Realität ist eine reine Fremdfinanzierung zwar nicht möglich, jedoch implizieren die Ergebnisse in Abbildung 10 für eine optimale Kapitalstruktur des Leveraged Buyouts aus Sicht der Private Equity Investoren unter Ausschluss von Insolvenzrisiken eine Maximierung des Fremdkapitaleinsatzes entsprechend der existierenden Verschuldungskapazität. Dies deckt sich mit der in der Literatur häufig anzutreffenden Meinung, dass Private Equity Gesellschaften bei Leveraged Buyouts eine Maximierung des anfänglichen Fremdkapitals verfolgen.[639] Lediglich im Falle eines maximal verfügbaren

638 Der relative Kapitalwert ergibt sich als Verhältnis der in Tabelle 24 in Anhang 6.1 gezeigten Nettokapitalwerte des Eigenkapitals zu den jeweilig anfänglich eingebrachten Eigenkapitalvolumina.

639 Vgl. FN 441.

Fremdkapitalvolumens, welches knapp über den Fremdkapitalmultiplikatoren 4,0x und 5,0x liegt, kann es im Bewertungsbeispiel sinnvoll sein, auf einen geringen Teil des zur Verfügung stehenden Fremdkapitals zu Gunsten eines besseren Ratings zu verzichten um eine maximale relative Wertschaffung für die Eigenkapitalgeber zu erzielen. Voraussetzung für eine Maximierung der Wertschaffung für die Private Equity Investoren bei einer maximalen Fremdkapitalausnutzung ist eine ausreichend große Anzahl an alternativen Beteiligungsunternehmen zur Durchführung vergleichbarer Leveraged Buyouts, so dass sämtliche Mittel eines Private Equity Fonds zu vergleichbaren Konditionen investiert werden können.

Bei der Berücksichtigung eines Insolvenzrisikos bei den Bewertungsprämissen (ZS/I) zeigt sich in Abbildung 10 hingegen, dass eine Maximierung des anfänglichen Fremdkapitaleinsatzes bezüglich des relativen Kapitalwertes für die Private Equity Investoren gegebenenfalls nicht mehr optimal sein kann. Durch den Einfluss eines Ausfalls des eingebrachten Eigenkapitals bei Eintritt einer Insolvenz besteht im Bewertungsbeispiel ein lokales Maximum der relativen Wertsteigerung des Eigenkapitals bei einem Fremdkapitalmultiplikator in Höhe von ca. 5,9x. Eine weitere Erhöhung des Fremdkapitaleinsatzes über dieser Grenze hinaus führt zu einem Rückgang der relativen Wertsteigerung. Lediglich ab einem Verschuldungsgrad, welcher in der Praxis kaum realisierbar sein wird, steigt die relative Wertsteigerung des Eigenkapitals nochmals an und strebt bei einer theoretisch vollständigen Fremdfinanzierung gegen unendlich. Ursächlich hierfür ist, dass bei einem Fremdkapitaleinsatz von 7,0x in zumindest einem positiven Entwicklungspfad des Simulationsmodells keine Insolvenz eintritt und der Veräußerungserlös am Ende der Haltedauer des Leveraged Buyouts hoch genug ist, um den Fremdkapitalbestand vollständig zu tilgen sowie den verbleibenden Erlös an die Eigenkapitalgeber auszuschütten. Da die Private Equity Investoren unter dieser theoretischen Konstruktion gleichzeitig zu Beginn kein Eigenkapital eingebracht haben, besteht für diese eine Arbitragemöglichkeit und die relative Wertsteigerung ist entsprechend unendlich. Auf Grund des in der Praxis beschränkten Einsatzes an Fremdkapital spielt dieses Phänomen jedoch keine Rolle.[640]

Für den typisierten Leveraged Buyout des Bewertungsbeispiels lässt sich somit zusammenfassen, dass die Bestimmung des optimalen Fremdkapitaleinsatzes abhängig von der Perspektive der einzelnen Anspruchsgruppen sowie den gewählten Bewertungsprämissen ist. Unter Ausschluss einer

640 Siehe Abschnitt 5.2.4.2. für die in der Praxis gängige Bestimmung der Verschuldungskapazität von LBOs.

Insolvenz sowie uneingeschränkter Nutzbarkeit der Steuervorteile aus Fremdfinanzierung stellt eine Maximierung des Fremdkapitaleinsatzes im Rahmen des verfügbaren Fremdkapitalvolumens stets ein Optimum dar.[641] Bei Vorliegen eines Insolvenzrisikos und einer eingeschränkten Nutzbarkeit der Steuervorteile aus Fremdfinanzierung (ZS/I) führt aus Gesamtunternehmenssicht ein Fremdkapitalmultiplikator in Höhe von ca. 5,0x zu einer Maximierung des Gesamtunternehmenswertes. Aus Sicht der Fremdkapitalgeber stellt sich eine Maximierung des Nettokapitalwertes des Fremdkapitals hingegen unter einem Fremdkapitalmultiplikator von ca. 5,4x ein.[642] Für die Eigenkapitalgeber stellt sich sogar eine weitere Steigerung des anfänglich eingesetzten Fremdkapitals bis zu einem Fremdkapitalmultiplikator in Höhe von 5,9x als sinnvoll heraus, falls diese sich an einer relativen Wertsteigerung des Eigenkapitals orientieren.[643]

Entsprechend diesen unterschiedlichen Ergebnissen lässt sich keine einheitliche Kapitalstruktur für den im Beispiel vorliegenden, typisierten Leveraged Buyout bestimmen, welcher zugleich optimal für alle Anspruchsgruppen ist. Ökonomisch interessant ist an dieser Stelle, dass sowohl aus der Perspektive der Private Equity Investoren als auch der Fremdkapitalgeber jeweils ein Fremdkapitaleinsatz optimal erscheint, welcher über dem Optimum aus Gesamtunternehmenssicht liegt. Folglich ist eine Orientierung am Gesamtunternehmenswert - wie in der Finanzierungstheorie üblich - bei der Bestimmung des optimalen Fremdkapitaleinsatzes von Leveraged Buyouts nicht sinnvoll.

6.3.4.4. Risikoadäquate Kapitalkosten der Zahlungsströme

Neben der Transformation der Zahlungsströme des Planungsmodells in deren Barwerte ermöglicht der Simulationsansatz mit stochastischem Diskontierungsfaktor zugleich eine Bestimmung von risikoadäquaten Kapitalkosten, wodurch eine Risikobeurteilung der einzelnen Zahlungsströme vorgenommen werden kann. Für die Abbildung der risikoadäquaten Kapitalkos-

---

641 Unter Berücksichtigung der für die Eigenkapitalgeber beschriebenen, kurzfristigen Rückgänge des relativen Kapitalwertes in Folge von Ratingverschlechterungen.

642 Beurteilen die Fremdkapitalgeber den optimalen Fremdkapitaleinsatz analog Abbildung 10 ebenfalls anhand des relativen Wertzuwachses des Fremdkapitals, so stellt sich ein optimaler Fremdkapitaleinsatz aus der Perspektive der Fremdkapitalgeber bei einem Fremdkapitalmultiplikator von 5,2x ein, welcher nach wie vor über dem optimalen Verschuldungsgrad aus Gesamtunternehmenssicht liegt.

643 Die theoretisch vollständige Fremdfinanzierung, d.h. ein Fremdkapitalmultiplikator von 7,0x, soll an dieser Stelle nicht weiter berücksichtigt werden.

ten ist hierbei eine periodenspezifische Berücksichtigung der Zahlungsströme über die Haltedauer des Leveraged Buyouts erforderlich. Am Beispiel des Zahlungsstroms des gesamten Leveraged Buyouts $X_{U,t,n}$ und einem anfänglichen Fremdkapitaleinsatz in Höhe des 5,0-fachen EBITDA lassen sich die gewichteten Kapitalkosten des Gesamtunternehmens folgendermaßen bestimmen (exemplarisch für kZS/kI):[644]

Tabelle 18: Berechnung der Kapitalkosten des Gesamtunternehmens

Periode t	**0**	**1**	**2**	**3**	**4**	**5**	**6**	**7**
$E[M_{0\to t}]$	1,000	0,994	0,982	0,962	0,939	0,909	0,878	0,842
$E[X_{U,t}]$	-588,0	36,2	37,5	39,1	40,6	42,0	43,2	817,7
$E[M_{0\to t}]\cdot E[X_{U,t}]$	**-588,0**	**36,0**	**36,9**	**37,6**	**38,1**	**38,2**	**37,9**	**688,6**
$Cov[M_{0\to t}, X_{U,t}]$		0,7	0,3	-0,1	-0,4	-0,9	-1,3	-77,4
$PV_{U,0}$	**-588,0**	**36,7**	**37,2**	**37,6**	**37,7**	**37,3**	**36,7**	**611,2**
$NPV_{U,0}$	**246,2**							
$(K_{U,0\to t})^{1/t}$		**-1,3%**	**0,4%**	**1,4%**	**1,9%**	**2,4%**	**2,8%**	**4,2%**
$(R_{f,0\to t})^{1/t}$		0,6%	0,9%	1,3%	1,6%	1,9%	2,2%	2,5%

Quelle: Eigene Berechnungen.[645]

Dargestellt sind in Tabelle 18 werden die risikoadäquaten Kapitalkosten sowie der Schattenzins jeweils in Form von Spot-Rates, d.h. den durchschnittlichen jährlichen Zinssätzen vom Bewertungszeitpunkt bis zur betrachteten Periode t der Haltedauer. Entsprechend lassen sich die risikoadäquaten Kapitalkosten des Gesamtunternehmens über die Haltedauer unter den unterschiedlichen Bewertungsprämissen bestimmen und bei Verwendung eines anfänglichen Fremdkapitalmultiplikators von 5,0x grafisch darstellen:

644 Die durch den SDF implizierten, risikoadäquaten Kapitalkosten des Gesamtunternehmens sind nicht zu verwechseln mit dem WACC, da letzterer die Steuervorteile aus Fremdfinanzierung enthält. Die gewichteten Kapitalkosten des Gesamtunternehmens im vorliegenden Beispiel beziehen sich hingegen auf die tatsächlichen Zahlungsströme, welche allen Eigentümern des Unternehmens zufließen und bereits die Steuervorteile aus Fremdfinanzierung enthalten. Daher entsprechen die Kapitalkosten des Gesamtunternehmens nach dem SDF den gewichteten Kapitalkosten im TCF-Ansatz. Vgl. Abschnitt 2.3.

645 Vgl. Tabelle 26 in Anhang 6.2.

Abbildung 11: Kapitalkosten des Gesamtunternehmens (FK-Multiplikator 5,0x)

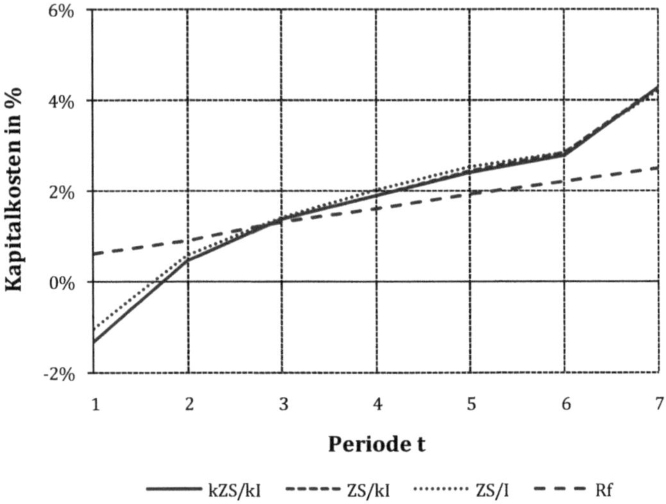

Quelle: Eigene Darstellung.[646]

Auffallend ist in Abbildung 11 zunächst, dass die risikoadäquaten Kapitalkosten des gesamten Leveraged Buyouts in den ersten beiden Perioden des Planungsmodells unterhalb des risikofreien Zinssatzes einzuordnen sind. Dieser Effekt resultiert aus den im Planungsmodell getroffenen Annahmen bezüglich der Entwicklung des Sachanlage- sowie des Nettoumlaufvermögens. Bei Entwicklungspfaden mit einer positiven Umsatzentwicklung liegen hierbei zwar ein höheres EBITDA und folglich ein höherer Jahresüberschuss vor. Bei der Ableitung der den Fremd- und Eigenkapitalgebern zur Verfügung stehenden Zahlungsströmen sind jedoch zusätzlich die mit der Umsatzsteigerung verbundenen Investitionen in das Sachanlage- und Nettoumlaufvermögen sowie die Abschreibungen zu berücksichtigen.[647] Die umsatzabhängige Planung der Investitionen sowie des im Nettoumlaufvermögen gebundenen Kapitals führt unter einer positiven Entwicklung des Beteiligungsunternehmens in den ersten Perioden dazu, dass für die Kapitalgeber geringere Zahlungsströme verfügbar sind, da die gestiegenen Investitionen zunächst den positiven Effekt auf den Jahresüberschuss überkompensieren. Sinken hingegen gleich zu Beginn eines Entwicklungs-

646 Vgl. Tabelle 26, Tabelle 27 und Tabelle 28 in Anhang 6.2.
647 Vgl. Tabelle 9 bezüglich der Ableitung der bewertungsrelevanten Zahlungsströme.

pfades der Simulation die Umsätze bei schlechter Marktentwicklung ab, so überschreiten die Abschreibungen die Neuinvestitionen in das Sachanlagevermögen und der Abbau des Nettoumlaufvermögens sorgt für zusätzliche Liquidität. Kurzfristig stehen somit unter den gewählten Planungsprozessen bei einer schlechten Entwicklung des Leveraged Buyouts höhere Zahlungsströme für die Eigen- und Fremdkapitalgeber zur Verfügung. Die Zahlungsströme der ersten beiden Perioden weisen daher eine positive Kovarianz zum stochastischen Diskontierungsfaktor aus, woraus risikoadäquate Kapitalkosten resultieren, welche unterhalb des risikofreien Zinssatzes liegen. Hierbei handelt es sich jedoch nur um einen kurzfristigen Effekt, da über mehrere Perioden eine positive Umsatzentwicklung zu einem deutlichen Anstieg des EBITDA und des Jahresüberschusses führt und sich dieser Effekt mittelfristig trotz gestiegener Investitionen positiv auf die verfügbaren Zahlungsströme des Leveraged Buyouts auswirkt. Es liegt dann eine negative Kovarianz zwischen den Zahlungsströmen und dem stochastischen Diskontierungsfaktor vor und die risikoadäquaten Kapitalkosten steigen über den risikofreien Zinssatz.

Bei dem in Abbildung 11 gewählten Fremdkapitalmultiplikator von 5,0x entsprechen die risikoadäquaten Kapitalkosten des gesamten Leveraged Buyouts während der Perioden 1 bis 6 zudem weitgehend denen des Fremdkapitals.[648] Da unter diesem relativ hohen Fremdkapitaleinsatz während der Haltedauer zwar Zins- und Tilgungszahlungen geleistet werden, jedoch in kaum einem Entwicklungspfad der Simulation eine vorzeitige vollständige Entschuldung stattfindet, kommen den Private Equity Investoren über die Haltedauer kaum Ausschüttungen zu Gute. Das Risiko der Zahlungsströme an die Eigenkapitalgeber spielt daher bei der Betrachtung der risikoadäquaten Kapitalkosten des Gesamtunternehmens in diesen Perioden nur eine untergeordnete Rolle. Anders verhält es sich hingegen in der letzten Periode der Haltedauer, zu deren Ende eine Veräußerung des Leveraged Buyouts vorgenommen wird. Da die Private Equity Investoren hier eine Ausschüttung in Höhe des Residuals zwischen dem Veräußerungswert des Beteiligungsunternehmens und dem noch ausstehenden Fremdkapitalbestand erhalten, verhält sich dieser Zahlungsstrom deutlich volatiler als die verbleibende Tilgungszahlung an die Fremdkapitalgeber. Die risikoadäquaten Kapitalkosten des gesamten Leveraged Buyouts steigen daher in

648 Vgl. die Kapitalkosten für das Gesamtunternehmen sowie des Fremdkapitals in Anhang 6.2 und Anhang 6.3.

Folge des mit den Zahlungsströmen der Eigenkapitalgeber verbundenen, höheren Risikos in der letzten Periode des Planungsmodells deutlich an.[649]

In Abbildung 11 liegen die risikoadäquaten Kapitalkosten des Leveraged Buyouts unter den verschiedenen Bewertungsprämissen relativ nahe zusammen. Wie bereits zuvor bei der Betrachtung der Nettokapitalwerte beobachtet, ist der Einfluss von Insolvenzen sowie der Zinsschranke auf die Bewertungsergebnisse bis zu dem hierbei verwendeten Fremdkapitalmultiplikator in Höhe von 5,0x noch relativ gering. Bei einem Fremdkapitalmultiplikator in Höhe von 6,0x zeigt sich hingegen nicht nur ein deutlicher Einfluss der Bewertungsprämissen auf die Nettokapitalwerte, sondern ebenfalls auf die risikoadäquaten Kapitalkosten des Leveraged Buyouts:

Abbildung 12: Kapitalkosten des Gesamtunternehmens (FK-Multiplikator 6,0x)

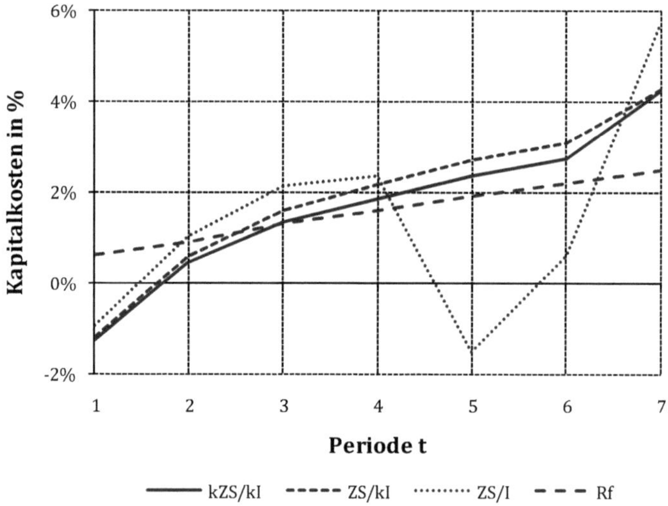

Quelle: Eigene Darstellung.[650]

In Abbildung 12 lassen sich unter Verwendung der Zinsschranke bei den Bewertungsprämissen (ZS/kI) geringfügig gestiegene Kapitalkosten

649 Die risikoadäquaten Kapitalkosten betragen am Beispiel eines Fremdkapitalmultiplikators von 5,0x und den Bewertungsprämissen ZS/I in der letzten Periode der Haltedauer für das Gesamtunternehmen ca. 4,2%, für das Fremdkapital ca. 2,4% und für das Eigenkapital ca. 5,8%. Vgl. Tabelle 28, Tabelle 31 und Tabelle 34 im Anhang.

650 Vgl. Tabelle 26, Tabelle 27 und Tabelle 28 in Anhang 6.2.

des Leveraged Buyouts gegenüber den Bewertungsprämissen ohne Beschränkung der Steuervorteile (kZS/kI) feststellen. Dies ist darauf zurückzuführen, dass unter den Einschränkungen der Zinsschranke die Nutzbarkeit der Steuervorteile aus Fremdfinanzierung an die operative Entwicklung des Leveraged Buyouts gebunden ist. Bei positiver EBITDA-Entwicklung steigen somit die verfügbaren Zahlungsströme an die Kapitalgeber an. Aus dieser positiven Korrelation der nutzbaren Steuervorteile und der Markt- und Unternehmensentwicklung resultiert eine negative Kovarianz der verfügbaren Zahlungsströme zum stochastischen Diskontierungsfaktor, wodurch ein geringer Anstieg der risikoadäquaten Kapitalkosten des Leveraged Buyouts zu verzeichnen ist.

Wesentlich gravierender zeigt sich in Abbildung 12 hingegen eine Berücksichtigung von Insolvenzrisiken bei den Bewertungsprämissen (ZS/I) bezüglich der risikoadäquaten Kapitalkosten des Leveraged Buyouts. Während im Bewertungsbeispiel die Berücksichtigung von Insolvenzen über die Haltedauer zunächst zu einem Anstieg der risikoadäquaten Kapitalkosten führt, lässt sich in den Perioden 5 und 6 ein starker Rückgang dieser Kapitalkosten bis unterhalb des risikofreien Zinssatzes beobachten. Dies erscheint zunächst kontraintuitiv zu sein, da durch ein Insolvenzrisiko die Zahlungsströme an die Kapitalgeber des Leveraged Buyouts als unsicherer und damit riskanter zu erwarten sind. Bei einer genaueren Analyse der Berechnungen zeigt sich jedoch, dass diese geringeren Kapitalkosten konsistent mit der Methodik des stochastischen Diskontierungsfaktors sind.[651] Das Risiko eines Insolvenzeintrittes ist in den Perioden 5 und 6 in Folge einer schlechten operativen Entwicklung über die vorangegangenen Perioden im Simulationsmodell am höchsten.[652] Da bei Eintritt einer Insolvenz aus den Annahmen des Planungsmodells eine Liquidation des Leveraged Buyouts vollzogen wird, können bei einer schlechten Unternehmensentwicklung die Kapitalgeber – und insbesondere die Fremdkapitalgeber – mit einem höheren Zahlungsstrom durch den Liquidationserlös während der Haltedauer rechnen.

Konsistent mit dem Konzept des stochastischen Diskontierungsfaktors führt dies dazu, dass eine positive Kovarianz zwischen den Zahlungsströmen und dem stochastischen Diskontierungsfaktor besteht und die risikoadäquaten Kapitalkosten entsprechend niedriger sind. Diese kurzfristig hö-

651 Vgl. Tabelle 28 in Anhang 6.2.

652 Eine Insolvenz in der ersten Periode ist unwahrscheinlicher, da diese nur bei einer extrem negativen Umsatzentwicklung eintritt. Über mehrere Perioden ist hingegen eine moderat schlechte Entwicklung einzelner Perioden ausreichend, um letztlich ein Niveaus zu erreichen, welches zum Eintritt einer Insolvenz führt.

heren Zahlungsströme durch einen Insolvenzeintritt sind jedoch mit einem Ausfall aller in den Nachfolgeperioden erwarteten Zahlungsströme verbunden. Dies bedeutet, dass die Berücksichtigung eines Insolvenzrisikos zu einem deutlichen Anstieg der risikoadäquaten Kapitalkosten des Leveraged Buyouts in der letzten Periode der Haltedauer verbunden ist. Insbesondere die Private Equity Investoren erhalten nur dann eine Ausschüttung aus einem Veräußerungserlös, wenn über die Haltedauer keine Insolvenz eingetreten ist und der Leveraged Buyout nicht vorzeitig abgebrochen wurde. Da dies bei hohem Fremdkapitaleinsatz nur unter den positiveren Entwicklungspfaden der Simulation erfolgt, resultiert eine verhältnismäßig hohe negative Kovarianz zwischen den Zahlungsströmen des Leveraged Buyouts in der letzten Periode der Haltedauer und dem stochastischen Diskontierungsfaktor und die risikoadäquaten Kapitalkosten steigen bei Berücksichtigung eines Insolvenzrisikos entsprechend stark an.[653]

Wie bereits festgestellt, entsprechen die risikoadäquaten Kapitalkosten des Fremdkapitals ab dem Einsatz eines moderaten Fremdkapitalmultiplikators über die Haltedauer weitgehend den Kapitalkosten des Gesamtunternehmens, da hierbei die Ausschüttungen an Eigenkapitalgeber über die Haltedauer praktisch keine Rolle spielen. Auf eine separate Darstellung des Verlaufs der risikoadäquaten Kapitalkosten des Fremdkapitals über die Haltedauer kann an dieser Stelle daher verzichtet werden. Eine Abweichung der risikoadäquaten Kapitalkosten des Fremdkapitals von jenen des Gesamtunternehmens zeigt sich jedoch in der letzten Periode der Haltedauer. Auf Grund der vorrangigen Bedienung der Fremdkapitalgeberansprüche aus dem Veräußerungserlös gegenüber den Eigenkapitalgebern liegen die risikoadäquaten Kapitalkosten des Fremdkapitals unterhalb denen des Eigenkapitals und folglich auch unterhalb den Kapitalkosten des Gesamtunternehmens.[654]

Entsprechend ist ebenfalls eine ausführliche Darstellung der risikoadäquaten Kapitalkosten der Eigenkapitalgeber über die Haltedauer des Leveraged Buyouts wenig aufschlussreich, da hierbei Ausschüttungen nur in geringem Maße vorliegen. Es bietet sich zur Einschätzung des Risikos der Zahlungsströme an die Private Equity Investoren vielmehr an, eine Betrachtung der risikoadäquaten Eigenkapitalkosten in der letzten Periode des

653 Die risikoadäquaten Kapitalkosten betragen bei einem Fremdkapitalmultiplikator von 6,0x und den Bewertungsprämissen ZS/I in der letzten Periode der Haltedauer für das Gesamtunternehmen ca. 5,7%, für das Fremdkapital ca. 4,2% und für das Eigenkapital ca. 8,2%. Vgl. Tabelle 28, Tabelle 31 und Tabelle 34 im Anhang.

654 Vgl. die Tabellen der risikoadäquaten Kapitalkosten des Gesamtunternehmens, Fremdkapitals und Eigenkapitals in Anhang 6.2, Anhang 6.3 und Anhang 6.4.

Planungsmodells in Abhängigkeit vom anfänglichen Fremdkapitaleinsatz vorzunehmen:

Abbildung 13: Kapitalkosten der Eigenkapitalgeber (in t = 7)

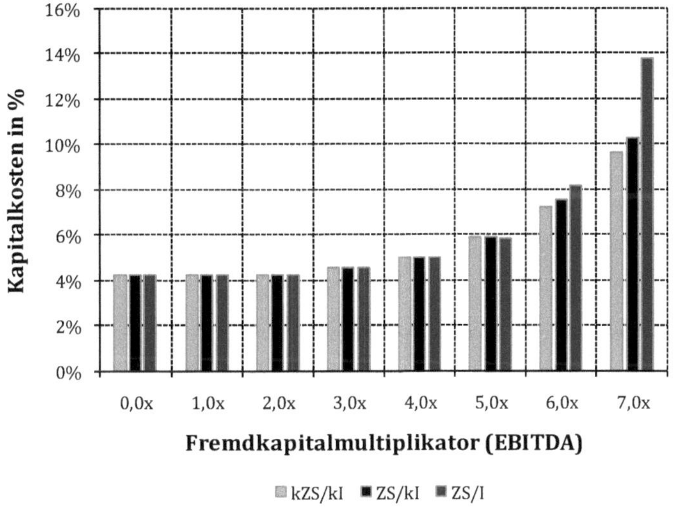

Quelle: Eigene Darstellung.[655]

Die risikoadäquaten Eigenkapitalkosten der letzten Periode der Haltedauer liegen in Abbildung 13 erwartungsgemäß stets über dem Schattenzins in Höhe von ca. 2,5% sowie den Kapitalkosten des Gesamtunternehmens, da die Private Equity Investoren gegenüber den Fremdkapitalgebern bei einer positiven Unternehmensentwicklung überproportional profitieren, bei einer schlechten Unternehmensentwicklung zugleich jedoch größere Rückgänge bei den Zahlungsströmen verzeichnen müssen. Aus der hiermit verbundenen negativen Kovarianz der Ausschüttungen an die Eigenkapitalgeber mit dem stochastischen Diskontierungsfaktor folgen höhere risikoadäquate Eigenkapitalkosten.

Da die Volatilität der Zahlungsströme an die Eigenkapitalgeber sowie deren relative Kovarianz zum stochastischen Diskontierungsfaktor mit steigendem Fremdkapitaleinsatz zunehmen, steigen ebenfalls die risikoadäquaten Eigenkapitalkosten – wie in Abbildung 13 ersichtlich – mit zunehmender Verschuldung an. Zugleich verstärkt sich dieser Effekt bei Berücksichtigung der Zinsschranke und Insolvenzrisiken bei den Bewer-

655 Vgl. Tabelle 32, Tabelle 33 und Tabelle 34 in Anhang 6.4.

tungsprämissen. Der Anstieg des Insolvenzrisikos bei Erhöhung des Fremdkapitaleinsatzes führt dazu, dass die risikoadäquaten Eigenkapitalkosten bei Berücksichtigung von Insolvenzen (ZS/I) deutlich über den Eigenkapitalkosten unter Ausschluss von Insolvenzrisiken (kZS/kI und ZS/kI) liegen.

Dass ein zunehmender Fremdkapitaleinsatz bei Leveraged Buyouts mit einem steigenden Risiko für die Private Equity Investoren verbunden ist, lässt sich zudem verdeutlichen, indem der in der Praxis gebräuchliche interne Zinsfuß betrachtet wird. Durch eine Berechnung des internen Zinsfußes für jeden einzelnen Entwicklungspfad kann hierbei eine Verteilung in Form der relativen Häufigkeiten eines internen Zinsfußes innerhalb einer bestimmten Größenordnung über alle Simulationsdurchläufe dargestellt werden:[656]

Abbildung 14: Verteilung des internen Zinsfußes bei verschiedenen FK-Multiplikatoren (ZS/I)

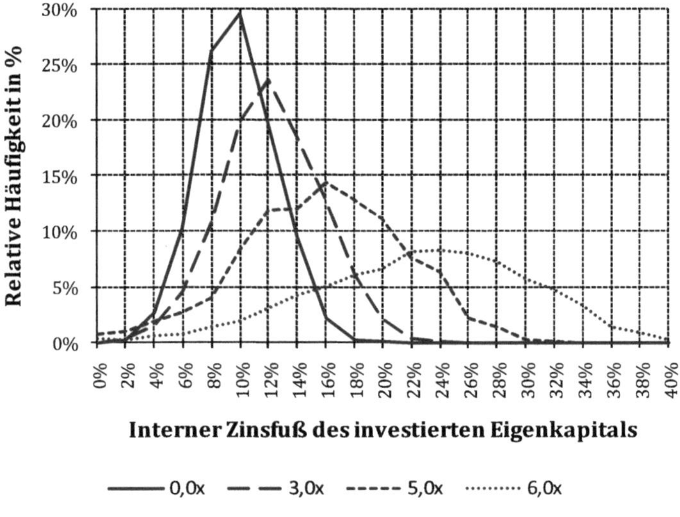

Quelle: Eigene Darstellung.

Bei der Betrachtung von Abbildung 14 wird deutlich, dass ein zunehmender Fremdkapitaleinsatz die Spannweite des realisierbaren internen Zinsfußes deutlich erhöht. Während sich die Verteilung des internen Zins-

656 Zur übersichtlichen Darstellung der Verteilungskurven des internen Zinsfußes wurden die einzelnen Realisierungen des internen Zinsfußes zu Größenordnungen mit einer Abstufung von jeweils 2% zusammengefasst.

fußes unter einer reinen Eigenfinanzierung noch verhältnismäßig schmal darstellt, verbreitert sich diese mit zunehmendem Fremdkapitaleinsatz zusehends. Zugleich nimmt hierbei die Breite des Konfidenzintervalls bezüglich des zukünftig tatsächlich realisierten internen Zinsfußes zu. Zwar steigen somit die Chancen auf die Realisierung eines höheren internen Zinsfußes auf das investierte Eigenkapital an, jedoch sind diese im Bewertungsbeispiel unter Vorliegen der Möglichkeit einer Insolvenz (ZS/I) ebenfalls mit einem zunehmenden Risiko eines Totalausfalls des investierten Kapitals – in Form eines internen Zinsfußes von −100% – verbunden. Während bei den in Abbildung 14 gezeigten Fremdkapitalmultiplikatoren von 0,0x und 3,0x noch keine signifikante Eintrittswahrscheinlichkeit einer Insolvenz vorliegt, steigt diese bei 5,0x auf ca. 1% an und beträgt bei einem anfänglichen Fremdkapitalmultiplikator von 6,0x bereits ca. 21%.

Der gewählte Fremdkapitaleinsatz und die berücksichtigten Bewertungsprämissen beeinflussen somit nicht nur maßgeblich die im vorigen Abschnitt dargestellte Wertschaffung des typisierten Leveraged Buyouts, sondern haben auch einen Effekt auf das mit den Zahlungsströmen verbundene Risiko der Kapitalgeber sowie die risikoadäquaten Kapitalkosten des Eigen- und Fremdkapitals.

6.3.5. Wertbeitrag der Steuervorteile aus Fremdfinanzierung

Der im voranstehenden Abschnitt in Abbildung 7 beobachtete Wertzuwachs bei zunehmendem Fremdkapitaleinsatz aus der Perspektive des Gesamtunternehmens lässt sich allein auf den Wertbeitrag der Steuervorteile bei Fremdfinanzierung zurückführen, da der verfügbare Zahlungsstrom des Gesamtunternehmens abgesehen von diesen Steuerersparnissen unverändert bleibt.[657] Entsprechend den getroffenen Bewertungsprämissen fällt die Höhe dieses Wertbeitrags im Simulationsmodell unterschiedlich aus.

6.3.5.1. Theoretischer und effektiver Wert der Steuervorteile

Unter einem Ausschluss von einschränkenden Bedingungen bei der Steuerberechnung sowie des Insolvenzrisikos bei den Bewertungsprämissen (kZS/kI) entspricht der Steuervorteil aus Fremdfinanzierung im Simulationsmodell, welcher sich als Barwert der Steuerersparnisse über die einzel-

---

657 Vgl. zur Wertschaffung aus einer Umverteilung der Zahlungsströme zu Lasten des Staates bzw. der Steuerzahler bei LBOs Knauer & Sommer (2010), S. 393 m.w.N.

nen Perioden der Haltedauer ermittelt, dem theoretischen Wert der Steuervorteile. Diese theoretischen Steuerersparnisse ergeben sich in jeder Periode durch Multiplikation der Fremdkapitalzinszahlungen mit dem Unternehmenssteuersatz, wodurch die Reduzierung der Unternehmenssteuern unter Fremdfinanzierung berechnet wird. Der Barwert aller Steuervorteile über die gesamte Haltedauer des Leveraged Buyouts entspricht hierbei exakt der Differenz zwischen dem unverschuldeten und dem verschuldeten Gesamtunternehmenswert unter einem betrachteten Fremdkapitaleinsatz.

Unter Berücksichtigung der Zinsschranke bei der Bestimmung des Wertes der Steuervorteile kann durch die eingeschränkte Abzugsfähigkeit der Fremdkapitalzinszahlungen von der Steuerbemessungsgrundlage eine Ermittlung der effektiven Steuervorteile in den einzelnen Perioden nicht mehr direkt aus den Fremdkapitalzinszahlungen und dem Unternehmenssteuersatz abgeleitet werden. Vielmehr ist bei Verwendung der Zinsschranke und den damit verbundenen Verlust-, Zins- und EBITDA-Vorträgen explizit zu berücksichtigen, in welchem Ausmaß in jeder Periode und in jedem einzelnen Entwicklungspfad eine Reduzierung der Unternehmenssteuerbelastung durch eine anteilige Fremdfinanzierung vorliegt. Der Barwert aller dieser zeit- und zustandsbedingten effektiven Steuervorteile aus Fremdfinanzierung lässt sich bei Ausschluss des Insolvenzkriteriums jedoch nach wie vor aus der Differenz zwischen dem unverschuldeten und verschuldeten Unternehmenswert herleiten.[658]

Anders verhält es sich hingegen bei der Ermittlung des Wertes der effektiven Steuervorteile aus Fremdfinanzierung bei einer Berücksichtigung eines Insolvenzrisikos in den Bewertungsprämissen. Da hier bei steigendem Fremdkapitaleinsatz neben den positiven Steuervorteilen auch ein negativer Wertbeitrag aus dem Insolvenzrisiko auf den Gesamtunternehmenswert einwirkt, lässt sich der effektive Wert der Steuervorteile nicht mehr direkt über die Differenz zwischen unverschuldetem und verschulde-

658 Die Zahlungsströme zur Bewertung des Wertes des effektiven Steuervorteils aus Fremdfinanzierung in einzelnen Perioden ergeben sich hierbei ebenfalls aus der Differenz zwischen den gesamten Zahlungsströmen $X_{U,t}$ des Beteiligungsunternehmens unter Fremdfinanzierung sowie vollständiger Eigenfinanzierung. Dies entspricht der Umverteilung der Zahlungsansprüche des Staates an die Kapitalgeber durch Fremdfinanzierung.

tem Unternehmenswert ableiten.[659] Zur Bestimmung des effektiven Wertbeitrags der Steuervorteile aus Fremdfinanzierung unter den Bewertungsprämissen mit Zinsschranke und Insolvenzrisiko (ZS/I) ist daher eine explizite Berechnung der Steuervorteile für jede einzelne Periode erforderlich. In dem verwendeten Planungsmodell kann dies erfolgen, indem für jede Periode neben der unter einem gegebenen Fremdkapitaleinsatz berechneten Steuerbelastung unter Berücksichtigung der Zinsschranke $Steuer_{ZS,t}$ zugleich eine hypothetische Steuerbelastung unter vollständiger Eigenfinanzierung $Steuer_{EK,t}$ berechnet wird. Der Zahlungsstrom zur Bewertung des effektiven Steuervorteils bei Fremdfinanzierung entspricht somit im Entwicklungspfad n des Simulationsmodells der Differenz zwischen der effektiven Unternehmenssteuerbelastung unter vollständiger Eigenfinanzierung und anteiliger Fremdfinanzierung:

$$X_{TS,t,n} = Steuer_{EK,t,n} - Steuer_{ZS,t,n} \tag{6.10}$$

Während die Steuerzahlungen unter Fremdfinanzierung $Steuer_{ZS,t}$ entsprechend den in Abschnitt 5.2.5.3. dargestellten Berechnungsgrundlagen des Planungsmodells bestimmt werden, wird für die Berechnung der hypothetischen Steuerbelastung unter Eigenfinanzierung $Steuer_{EK,t}$ das $EBIT_t$ als Bemessungsgrundlage der Unternehmenssteuer herangezogen, um eine Steuerberechnung ohne den Einfluss der Fremdkapitalzinszahlungen in den einzelnen Entwicklungspfaden zu erhalten:

$$Steuer_{EK,t,n} = max\left(0, s_U\left(EBIT_{EK,t,n} - Verlustvortag_{EK,t-1,n}\right)\right) \tag{6.11}$$

Der zur Berechnung der hypothetischen Steuerbelastung unter vollständiger Eigenfinanzierung zu berücksichtigende Verlustvortrag wird hierbei ebenfalls auf Basis der adjustierten Bemessungsgrundlage bestimmt:

---

659 Bei Existenz eines Insolvenzrisikos sinkt der verschuldete Gesamtunternehmenswert nach Abbildung 7 ab einem gewissen Fremdkapitaleinsatz unterhalb des unverschuldeten Gesamtunternehmenswertes. Dieser Effekt ist allein auf das Einwirken des zunehmenden Insolvenzrisikos zurückzuführen. Der Wertbeitrag der effektiven Steuervorteile kann unter den gewählten Berechnungsgrundlagen hingegen nie negativ sein, da die Steuerbelastung bei reiner Eigenfinanzierung stets höher ist als unter anteiliger Fremdfinanzierung.

$$Verlustvortrag_{EK,t,n} = max\left(0, Verlustvortrag_{EK,t-1,n} - EBIT_{t,n}\right) \quad (6.12)$$

Entsprechend diesen Berechnungsgrundlagen lässt sich der Wertbeitrag aus Steuervorteilen durch Fremdfinanzierung für das vorliegende Bewertungsbeispiel des typisierten Leveraged Buyouts unter den verschiedenen Bewertungsprämissen in Abhängigkeit des anfänglichen Fremdkapitaleinsatzes ermitteln:

Abbildung 15: Wertbeitrag der Steuervorteile aus Fremdfinanzierung

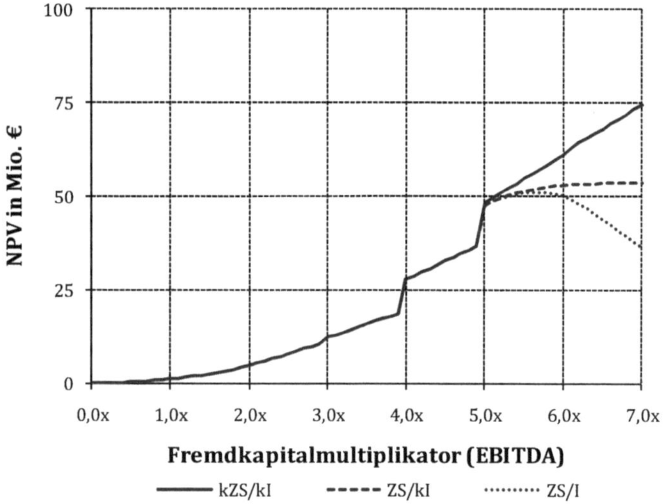

Quelle: Eigene Darstellung.[660]

Wie in Abbildung 15 erkennbar ist, führt unter den Bewertungsprämissen mit uneingeschränkter Nutzung der Steuervorteile aus Fremdfinanzierung und unter Ausschluss von Insolvenzrisiken (kZS/kI) eine Erhöhung des anfänglichen Fremdkapitaleinsatzes stets zu einer Steigerung des Wertbeitrags der Steuervorteile. Insbesondere bei einer Verschlechterung des Ratings des Leveraged Buyouts in Folge eines zunehmenden Fremdkapitaleinsatzes – speziell von BBB auf BB+ bei 4,0x sowie von BB+ auf BB- bei 5,0x – steigt der Wertbeitrag der Steuervorteile aus Fremdfinanzierung

660 Vgl. Tabelle 35, Tabelle 36 und Tabelle 37 in Anhang 6.5.

sprunghaft an. Ursächlich hierfür zeigen sich die aus dem höheren Fremdkapitalzins resultierenden und ebenfalls gestiegenen Steuervorteile bei uneingeschränkter Nutzbarkeit.

Wird bei den Bewertungsprämissen die Zinsschranke bei der Berechnung der Unternehmenssteuern berücksichtigt (ZS/kI), so führt ein zusätzlicher Fremdkapitaleinsatz – analog zu der in Abbildung 7 beobachteten Entwicklung des Gesamtunternehmenswertes – ab einem Fremdkapitalmultiplikator in Höhe von 5,0x nur noch zu einer geringen Steigerung des Wertbeitrags der Steuervorteile aus Fremdfinanzierung. Da die hohen Fremdkapitalzinszahlungen in Folge der Ratingverschlechterung bereits in vielen Entwicklungspfaden der Simulation nicht mehr vollständig von der Steuerbemessungsgrundlage der Unternehmenssteuern abzugsfähig sind, führt eine weitere Erhöhung des Fremdkapitaleinsatzes nur noch zu geringen zusätzlichen Steuervorteilen. Ab einem Fremdkapitalmultiplikator von 6,0x liegt entsprechend nur noch ein marginaler Anstieg des Wertbeitrags der Steuervorteile aus Fremdfinanzierung vor.

Unter Berücksichtigung von Insolvenzrisiken bei den Bewertungsprämissen (ZS/I) ist ab einem Fremdkapitalmultiplikator in Höhe von ca. 5,7x hingegen ein Rückgang des Wertbeitrags der Steuervorteile aus Fremdfinanzierung zu verzeichnen. Zwar kann der Wertbeitrag der Steuervorteile in einzelnen Entwicklungspfaden niemals negativ sein, jedoch führt ein zunehmendes Insolvenzrisiko dazu, dass zukünftige Steuervorteile in Folge einer Insolvenz und dem hiermit verbundenen Abbruch des Leveraged Buyouts verloren gehen. Da ein zunehmender Fremdkapitaleinsatz in den einzelnen Entwicklungspfaden, in welchen keine Insolvenz eintritt, zudem kaum mehr eine Erhöhung der Steuervorteile mit sich bringt, reduziert sich der gesamte Wertbeitrag der Steuervorteile aus Fremdfinanzierung ab einem Überschreiten dieses Grenzwertes für den anfänglichen Fremdkapitaleinsatz.

6.3.5.2. Risikoadäquate Kapitalkosten der Steuervorteile

Neben dem in Abbildung 15 aufgezeigten, absoluten Wertbeitrag der Steuervorteile aus Fremdfinanzierung ist insbesondere das mit diesen Steuervorteilen verbundene Risiko von Interesse. Das Konzept des stochastischen Diskontierungsfaktors ermöglicht hier erneut eine Beurteilung der risikoadäquaten Kapitalkosten, ohne spezifische Annahmen bezüglich der Unsicherheit der Steuervorteile treffen zu müssen.

Wie bereits in Abschnitt 2.3.2 beschrieben, muss bei gängigen, zahlungsstrombasierten Bewertungsmodellen hingegen bereits ein Diskontierungssatz für die Steuervorteile aus Fremdfinanzierung festgelegt werden, bevor diese bewertet werden können. Dies ist jedoch mit einschränkenden Voraussetzungen sowie Annahmen bezüglich der künftigen Kapitalstruktur verbunden. Wird eine autonome Finanzierung in einem Bewertungsmodell unterstellt und sei die zukünftige Entwicklung des Fremdkapitals unter Ausschluss von Insolvenzrisiken bekannt, so wird zur Diskontierung der Steuervorteile der risikofreie Zinssatz herangezogen, da diese keiner Unsicherheit unterliegen.[661] Besteht hingegen ein funktionaler Zusammenhang zwischen der zukünftigen Entwicklung des Fremdkapitals eines Unternehmens und dessen Zahlungsströmen, so überträgt sich das operative Risiko des Unternehmens auf den zukünftigen Fremdkapitalbestand sowie die hieraus resultierenden Steuervorteile. So wird im Falle einer wertorientierten Finanzierung, unter welcher sich der Fremdkapitalbestand am Unternehmenswert orientiert, der gewichtete Kapitalkostensatz des Gesamtunternehmens zur Bewertung der Steuervorteile aus Fremdfinanzierung herangezogen.[662]

Bei zahlungsstrombasierter Entschuldung – welche im Falle eines Leveraged Buyouts vorliegt – kann hingegen vermutet werden, dass Kapitalkosten zur Bewertung der Steuervorteile unterhalb des risikofreien Zinssatzes zu wählen sind, da unter einer schlechten Entwicklung des Unternehmens eine langsamere Tilgung des Fremdkapitals stattfindet und demzufolge nach zukünftig höhere Steuervorteile realisiert würden. Die Steuervorteile aus Fremdfinanzierung würden somit als eine Art Hedging-Instrument zu einer Senkung des Risikos des Gesamtunternehmens beitragen.[663] Allerdings gilt diese Vermutung nur unter einschränkenden Annahmen bezüglich der sicheren Fortführung des Unternehmens. Wird ein Insolvenzrisiko unterstellt, so kann es hingegen möglich sein, dass die Steuervorteile auch hier mit einem höheren Risiko verbunden sind.

Lodowicks berechnet in diesem Zusammenhang den Wert von Steuervorteilen aus Fremdfinanzierung bei zahlungsstrombasierter Entschuldung im Rahmen eines optionsbasierten Simulationsmodells. Lodowicks kommt hierbei zu dem Schluss, dass unter den von ihm getroffenen Insolvenzannahmen aus einer positiven Unternehmensentwicklung zwar eine schnellere Tilgung des Fremdkapitals folgt, jedoch zugleich der Verlust zukünftiger Steuervorteile deutlich geringer ist als unter einer schlechteren Unternehmensentwicklung. Auf Grund dieser positiven Korrelation der Steuervortei-

661 Vgl. Richter (2005), S. 163-166.

662 Vgl. Richter (2002a), S. 138 und Richter (1998), S. 380.

663 Vgl. Rosarius (2007), S. 105 und Grinblatt & Titman (2002), S. 471.

le aus Fremdfinanzierung mit dem operativen Risiko des Unternehmens können bei Vorliegen eines Insolvenzrisikos wiederum Kapitalkosten zur Bewertung von Steuervorteilen vermutet werden, welche über dem risikofreien Zinssatz liegen.[664]

Eine Antwort auf die Fragestellung, welcher Zinssatz das mit den Steuervorteilen aus Fremdfinanzierung verbundene Risiko adäquat abbildet, kann im Rahmen des vorliegenden Simulationsmodells mit stochastischem Diskontierungsfaktor unter Berücksichtigung der verschiedenen Bewertungsprämissen gelöst werden. Abbildung 16 zeigt hierzu die risikoadäquaten Kapitalkosten zur Diskontierung der Steuervorteile über die Haltedauer des Bewertungsbeispiels bei einem Fremdkapitalmultiplikator von 6,0x:[665]

Abbildung 16: Kapitalkosten der Steuervorteile (FK-Multiplikator 6,0x)

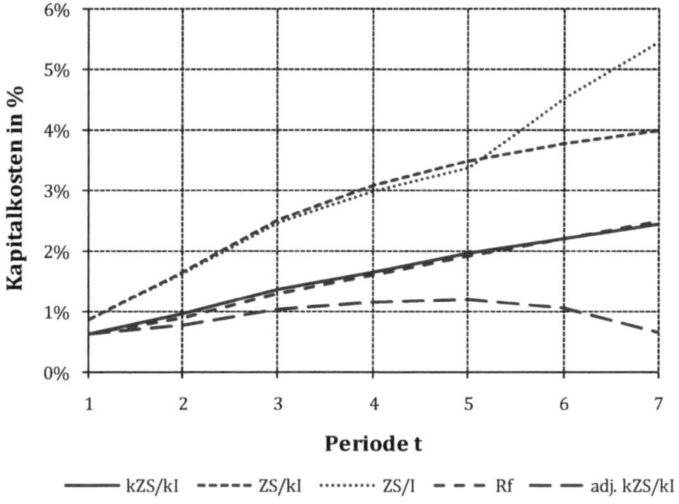

Quelle: Eigene Darstellung.[666]

Erwartungsgemäß sollte sich bei einem Ausschluss von Insolvenzrisiken sowie uneingeschränkter Nutzbarkeit der Steuervorteile bei den Be-

664 Vgl. LODOWICKS (2008), S. 124f.

665 Die in Abbildung 16 gezeigten Effekte bezüglich der Kapitalkosten lassen sich prinzipiell auch bereits bei geringerem Fremdkapitaleinsatz beobachten, jedoch zeigen sich diese bei einem Fremdkapitalmultiplikator von 6,0x besonders anschaulich, da hier sowohl die Zinsschranke als auch die Insolvenzrisiken einen deutlichen Einfluss haben.

666 Vgl. Tabelle 35, Tabelle 36 und Tabelle 37 in Anhang 6.5.

wertungsprämissen (kZS/kI) im Simulationsmodell bei zahlungsstrombasierter Tilgung des Fremdkapitals ein risikoadäquater Kapitalkostensatz für die Steuervorteile einstellen, welcher unterhalb des risikofreien Zinssatzes liegt. In Abbildung 16 zeigt sich für diesen Fall hingegen ein risikoadäquater Kapitalkostensatz der Steuervorteile aus Fremdfinanzierung, welcher über den Zeitverlauf nahe am risikofreien Zinssatz liegt. Erneut beeinflussen an dieser Stelle die Planungsannahmen bezüglich des Sachanlage- und Nettoumlaufvermögens die Beobachtungen. Eine positive Unternehmensentwicklung führt zwar einerseits zu einem höheren Niveau des Jahresüberschusses, andererseits verringern die zusätzlichen Investitionen die verfügbaren Zahlungsströme zur Tilgung des Fremdkapitals. Diese Effekte kompensieren sich teilweise, wodurch kein klares Bild bezüglich des Risikos der Steuervorteile entsteht. Aus diesem Grund wird ergänzend noch eine Adjustierung des Planungsmodells vorgenommen. Unter den ergänzenden Bewertungsprämissen „adj. kZS/kI" werden die Effekte einer Veränderung des Sachanlage- und Nettoumlaufvermögens entfernt.[667] Nach dieser Adjustierung des Bewertungsbeispiels lässt sich beobachten, dass die risikoadäquaten Kapitalkosten der Steuervorteile nun unterhalb des risikofreien Zinssatzes liegen. Die Differenz zwischen diesen risikoadäquaten Kapitalkosten und dem risikofreien Zinssatz nimmt hierbei über die Perioden der Haltedauer zu, da bei zahlungsstrombasierter Entschuldung insbesondere in den späteren Perioden ein deutlicher Unterschied des Fremdkapitalbestands bei positiver oder negativer Unternehmensentwicklung besteht. Die Kovarianz zwischen den Steuervorteilen und dem stochastischen Diskontierungsfaktor nimmt folglich über den Zeitverlauf im Verhältnis zum Erwartungswert der Steuervorteile zu und die Differenz der risikoadäquaten Kapitalkosten zum risikofreien Zins steigt an.

Verwendet man erneut die ursprünglichen Annahmen bezüglich der Entwicklung des Sachanlage- und Umlaufvermögens und bezieht die Zinsschranke in die Bewertungsprämissen (ZS/kI) mit ein, so liegen in Abbildung 16 die risikoadäquaten Kapitalkosten der Steuervorteile bereits deutlich über dem risikofreien Zinssatz. Ursächlich ist hierfür, dass die Höhe der realisierbaren Steuervorteile unter den Einschränkungen der Zinsschranke an den operativen Erfolg des Leveraged Buyout geknüpft ist. Demnach führt zwar eine positive Unternehmensentwicklung zu einer schnelleren Tilgung des Fremdkapitalbestands, andererseits führt ein zugleich gestiegenes

---

667 Es wird angenommen, dass das Nettoumlaufvermögen konstant bleibt und sich die Investitionen und Abschreibungen des Sachanlagevermögens in jeder Periode ausgleichen.

EBITDA-Niveau dazu, dass in jeder Periode höhere nutzbare Steuervorteile aus der Fremdfinanzierung realisiert werden können. Diese positive Korrelation zwischen Realisierbarkeit der Steuervorteile und Unternehmensentwicklung hat zur Folge, dass sich ein Teil des operativen Risikos des Leveraged Buyouts auf die Steuervorteile überträgt. Die risikoadäquaten Kapitalkosten liegen in diesem Fall jedoch nach wie vor unterhalb den Eigenkapitalkosten.[668]

Werden ergänzend noch Insolvenzrisiken in die Bewertungsprämissen mit einbezogen (ZS/I), so steigen die risikoadäquaten Kapitalkosten der Steuervorteile aus Fremdfinanzierung in den späteren Perioden der Haltedauer nochmals deutlich an. Aus einer anhaltend negativen Entwicklung des Leveraged Buyouts resultiert hierbei nicht nur eine niedrigere Nutzbarkeit der Steuervorteile durch die Zinsschrankenregelung, sondern im Falle einer Insolvenz droht zudem der Verlust der Steuervorteile in allen darauffolgenden Perioden. Die negative Kovarianz der Steuervorteile zum stochastischen Diskontierungsfaktor erhöht sich daher in den späteren Perioden des Planungsmodells deutlich.

Bezüglich des Risikos sowie der risikoadäquaten Kapitalkosten zur Diskontierung von Steuervorteilen aus Fremdfinanzierung lässt sich daher für Leveraged Buyouts zusammenfassen, dass diese nicht nur von der grundlegenden Annahme hinsichtlich der Entwicklung des Fremdkapitalbestands abhängen, sondern vielmehr durch eine ganze Reihe von Faktoren beeinflusst werden, welche sich aus den gesetzten Bewertungsprämissen sowie dem verwendeten Planungsmodell ergeben. Eine vollständige Abschätzung der risikoadäquaten Kapitalkosten zur Diskontierung von Steuervorteilen vor der Durchführung einer Bewertung erscheint daher kritisch, insbesondere wenn – wie in Abbildung 16 ersichtlich – ein sich periodenspezifisch ändernder Risikozu- oder abschlag auf den risikofreien Zinssatz zu erwarten ist. Ein Simulationsmodell auf Basis des Konzepts des stochastischen Diskontierungsfaktors ermöglicht hingegen stets eine periodenspezifische Erfassung des Risikos der Steuervorteile aus Fremdfinanzierung.

6.3.6. Operative Effizienzsteigerungen

Nachdem bei allen voranstehenden Analysen der Werteffekte einer Fremdfinanzierung bei Leveraged Buyouts von einer konstanten operativen Leis-

668 In Periode 7 ergeben sich risikoadäquate Kapitalkosten der Steuervorteile in Höhe von ca. 4,0% und risikoadäquate Eigenkapitalkosten in Höhe von ca. 7,5%. Vgl. Tabelle 36 und Tabelle 33.

tungsfähigkeit des Beteiligungsunternehmens ausgegangen wurde, wird im Folgenden betrachtet, welchen Einfluss eine Verbesserung der EBITDA-Marge auf den Unternehmenswert sowie das Risiko der Zahlungsströme haben kann.

Um die Auswirkungen einer Steigerung der operativen Leistungsfähigkeit in Folge von effizienzsteigernden Maßnahmen beurteilen zu können, wird anstelle einer konstanten Entwicklung nun eine Zielmarge in Höhe von 16,0% für den Prozess der EBITDA-Marge aus Formel (5.14) des Planungsmodells angenommen. Die Konvergenzgeschwindigkeit η wird alternativ auf 0 – welches der bisherigen, konstanten EBITDA-Marge entspricht – 0,25 sowie 0,5 gesetzt, um zusätzlich einen Aufschluss darüber zu erhalten, wie signifikant sich ein schnelleres Erreichen der EBITDA-Zielmarge auf die Bewertungsergebnisse auswirkt. Um die Unternehmenswerte und Kapitalkosten unter den unterschiedlichen Annahmen bezüglich der Margenentwicklung voneinander unterscheiden zu können, werden diese in den folgenden Darstellungen jeweils durch den entsprechenden Parameter der Konvergenzgeschwindigkeit gekennzeichnet.

6.3.6.1. Einfluss auf den Unternehmenswert und Fremdkapitaleinsatz

Zur Beurteilung des Einflusses effizienzsteigernder Maßnahmen wird zunächst die Wertschaffung des gesamten Leveraged Buyouts unter den Bewertungsprämissen (kZS/kI) betrachtet. Hierzu erfolgt ein Vergleich zu dem in Abbildung 7 gezeigten Nettokapitalwert unter einem konstanten Niveau der EBITDA-Marge (mit $\eta = 0$):

Abbildung 17: Effizienzsteigerung und Gesamtunternehmenswert (kZS/kI)

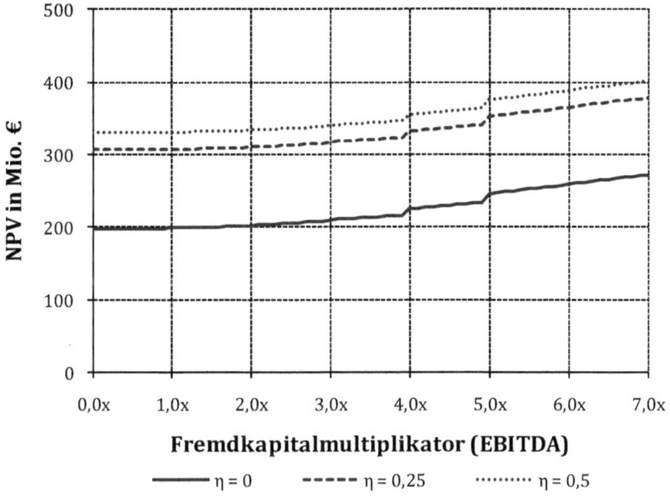

Quelle: Eigene Darstellung.[669]

Erwartungsgemäß führt die Steigerung der operativen Leistungsfähigkeit zu einem höheren Gesamtunternehmenswert des Leveraged Buyouts. Hierbei zeigt sich in Abbildung 17, dass unter den gewählten Bewertungsprämissen (kZS/kI) eine Verbesserung der EBITDA-Marge zu einer annähernden Parallelverschiebung der Kurven des Nettokapitalwertes des Gesamtunternehmens führt. Mit einem Anstieg der operativen Leistungsfähigkeit resultieren aus dem verwendeten Planungsmodell sowohl höhere Zahlungsströme während der Haltedauer des Beteiligungsunternehmens als auch ein höherer Veräußerungswert, welcher sich aus dem Veräußerungsmultiplikator und dem in der letzten Periode vorliegenden EBITDA ergibt. Eine höhere Konvergenzgeschwindigkeit der EBITDA-Marge gegen die Zielmarge hat zwar einen positiven Werteffekt, jedoch ist dieser vergleichsweise gering, da sich die Differenz der Margen in späteren Perioden zwischen den unterschiedlichen Konvergenzgeschwindigkeiten zusehends verringert. Unter den vereinfachenden Bewertungsprämissen (kZS/kI) führt nach wie vor ein maximaler Fremdkapitaleinsatz zu einer Maximierung des Gesamtunternehmenswertes.

Unter Berücksichtigung von Zinsschranke und Insolvenzrisiken in den Bewertungsprämissen (ZS/I) zeichnet sich für den Gesamtunternehmens-

669 Vgl. Tabelle 38 in Anhang 6.6.

wert des Leveraged Buyouts in Abhängigkeit vom anfänglichen Fremdkapitaleinsatz für die verschiedenen EBITDA-Prozesse folgendes Bild ab:

Abbildung 18: Effizienzsteigerung und Gesamtunternehmenswert (ZS/I)

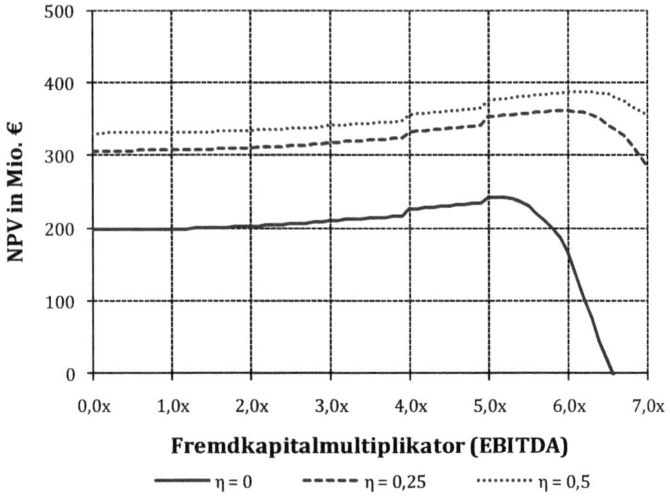

Quelle: Eigene Darstellung.[670]

Abbildung 18 zeigt, dass die Effizienzsteigerung über die Haltedauer neben einer Erhöhung des Unternehmenswertes auch einen deutlichen Einfluss auf die Wahl der optimalen Verschuldung des typisierten Leveraged Buyouts aus Gesamtunternehmenssicht hat. Eine Effizienzsteigerung trägt in Ergänzung zu den bereits unter einfachen Bewertungsprämissen (kZS/kI) aufgeführten Wertsteigerungseffekten nochmals in zwei weiteren Aspekten zu einer Steigerung des Gesamtunternehmenswertes bei zunehmendem Fremdkapitaleinsatz bei. Zum einen führt eine Erhöhung des E-BITDA in Folge einer Effizienzsteigerung dazu, dass höhere Zinsaufwendungen von der steuerlichen Bemessungsgrundlage abzugsfähig sind und die einschränkenden Bedingungen der Zinsschranke weniger stark zum Tragen kommen. Zum anderen führt eine Erhöhung der verfügbaren Zahlungsströme in Folge einer Effizienzsteigerung zu einer deutlichen Reduzierung des Insolvenzrisikos bei steigendem Fremdkapitaleinsatz im Vergleich zur Entwicklung unter einer konstanten EBITDA-Marge. Hierdurch lässt sich der anfängliche Fremdkapitaleinsatz weiter steigern, bevor die Insol-

670 Vgl. Tabelle 39 in Anhang 6.6.

venzrisiken den positiven Wertzuwachs aus einer Fremdfinanzierung überkompensieren. Die Konvergenzgeschwindigkeit, welche die Umsetzungsdauer der effizienzsteigernden Maßnahmen widerspiegelt, hat ebenfalls eine Auswirkung auf den optimalen Fremdkapitaleinsatz, da eine schnellere Konvergenz gegen die Zielmarge insbesondere in den anfänglichen Perioden zu einer Reduzierung des Insolvenzrisikos sowie einer höheren Nutzbarkeit der Steuervorteile beiträgt. Während bei einer konstanten EBITDA-Marge der optimale Fremdkapitaleinsatz aus der Perspektive des Gesamtunternehmens im Bewertungsbeispiel bereits bei einem Fremdkapitalmultiplikator von 5,0x erreicht ist, führt bei einer Steigerung der EBITDA-Marge ein Fremdkapitalmultiplikator in Höhe von ca. 5,9x ($\eta = 0{,}25$) bzw. ca. 6,1x ($\eta = 0{,}5$) zum maximalen Gesamtunternehmenswert.

Kann folglich bereits zum Transaktionszeitpunkt von einer erfolgreichen Steigerung der EBITDA-Marge über die Haltedauer eines Leveraged Buyouts ausgegangen werden, so lässt sich eine weitere Erhöhung des Fremdkapitaleinsatzes auch aus Sicht der Eigenkapitalgeber rechtfertigen:

Abbildung 19: Effizienzsteigerung und relativer Wertzuwachs des Eigenkapitals (ZS/I)

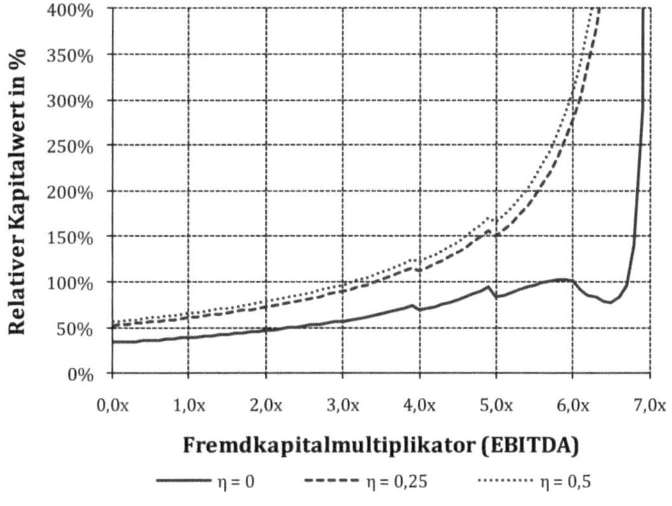

Quelle: Eigene Darstellung.[671]

671 Vgl. Tabelle 40 in Anhang 6.6.

Wie in Abbildung 19 deutlich wird, trägt die Effizienzsteigerung des Leveraged Buyouts zu einem deutlichen Rückgang des Insolvenzrisikos im Bewertungsbeispiel bei. Der hiermit verbundene Wertsteigerungseffekt des Eigenkapitals führt dazu, dass unter den neuen Prämissen der Margenentwicklung nun eine maximale Ausnutzung des verfügbaren Fremdkapitalvolumens – wie schon analog bei den Bewertungsprämissen ohne Insolvenzrisiken in Abbildung 10 – die höchste relative Wertschaffung für die Private Equity Investoren verspricht. Wird allerdings bei der zum Transaktionszeitpunkt festgelegten, optimalen Kapitalstruktur des Leveraged Buyouts von einer Steigerung der EBITDA-Marge ausgegangen, diese über die Haltedauer hingegen nicht realisiert, so kann sich der gewählte Fremdkapitaleinsatz zugleich als wertvernichtend für die Kapitalgeber herausstellen.

6.3.6.2. Einfluss auf die risikoadäquaten Kapitalkosten

Neben einer Erhöhung des Wertbeitrags aus Fremdfinanzierung für die Private Equity Investoren kann die Effizienzsteigerung des Leveraged Buyouts ebenfalls zu einer Reduzierung des mit den Zahlungsströmen verbundenen Risikos führen. Unter den Bewertungsprämissen mit Zinsschranke und Insolvenzrisiko (ZS/I) zeigt sich für die risikoadäquaten Eigenkapitalkosten in der letzten Periode der Haltedauer folgendes Bild:

Abbildung 20: Effizienzsteigerung und Kapitalkosten des Eigenkapitals (t = 7 und ZS/I)

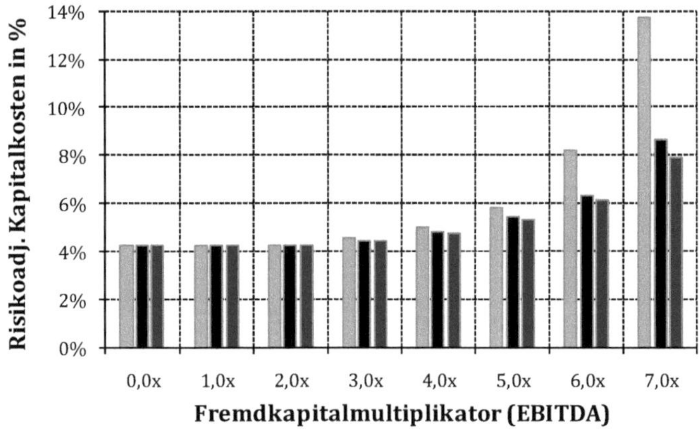

Quelle: Eigene Darstellung.[672]

672 Vgl. Tabelle 34 in Anhang 6.4 sowie Tabelle 41 und Tabelle 42 in Anhang 6.7.

Auch wenn eine Margensteigerung generell einen positiven Effekt auf den Wert des Eigenkapitals hat, so hat bei moderater Verschuldung eine Performancesteigerung keinen signifikanten Effekt auf die Höhe der risikoadäquaten Eigenkapitalkosten. Da für den deterministischen EBITDA-Prozess keine Abhängigkeit von der Marktentwicklung unterstellt wurde, steigt bei einer Verbesserung der Marge zwar das allgemeine Niveau der verfügbaren Zahlungsströme an, bezüglich deren Korrelation zum stochastischen Diskontierungsfaktor ändert sich jedoch zunächst nichts. Unter einem höheren Fremdkapitaleinsatz zeigt sich in Abbildung 20 hingegen, dass ein mittels Effizienzsteigerungen angehobenes Niveau der Zahlungsströme zu einer deutlichen Verringerung des Insolvenzrisikos beiträgt und die erfolgreiche Durchführung von operativen und organisatorischen Maßnahmen zur Effizienzsteigerung des Leveraged Buyouts folglich zu einer Reduzierung der risikoadäquaten Eigenkapitalkosten führt.

Dieser positive Effekt bezüglich der Risikoreduzierung der Zahlungsströme bei einer Effizienzsteigerung lässt sich ebenfalls bezüglich der risikoadäquaten Kapitalkosten der Steuervorteile aus Fremdfinanzierung verzeichnen:

Abbildung 21: Effizienzsteigerung und Kapitalkosten der Steuervorteile (FK-Multiplikator 6,0x und ZS/I)

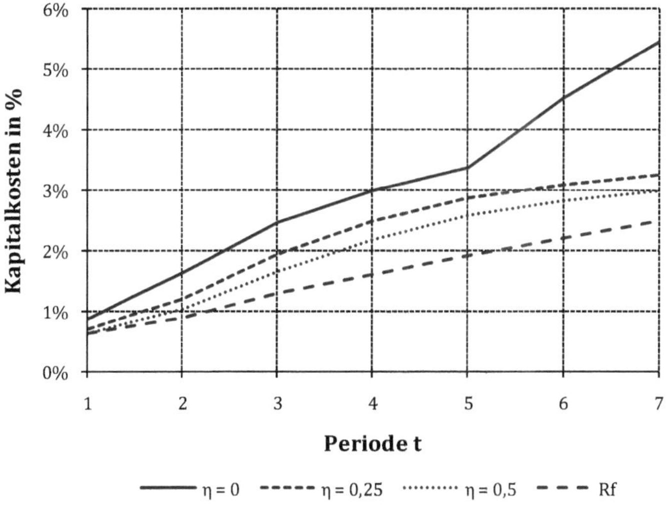

Quelle: Eigene Darstellung.[673]

673 Vgl. Tabelle 37 in Anhang 6.5 sowie Tabelle 43 und Tabelle 44 in Anhang 6.7.

Im Vergleich zu der in Abbildung 16 betrachteten Ausgangssituation der risikoadäquaten Kapitalkosten der Steuervorteile aus Fremdfinanzierung unter Berücksichtigung von Zinsschranke und Insolvenzrisiken bei den Bewertungsprämissen (ZS/I) zeigt sich eine deutliche Reduzierung des Risikos der Steuervorteile bei einer Steigerung der Leistungsfähigkeit des Leveraged Buyouts. Die gestiegene EBITDA-Marge hat hierbei nicht nur durch ein deutlich reduziertes Insolvenzrisiko einen Einfluss auf das Risiko der Steuervorteile, sondern ermöglicht zugleich eine höhere Nutzbarkeit der Steuervorteile unter Berücksichtigung der Zinsschranke, wodurch auch bei schlechter Umsatzentwicklung höhere Steuervorteile aus Fremdfinanzierung realisiert werden können und die Kovarianz der Steuervorteile zum stochastischen Diskontierungsfaktor hierdurch abnimmt.

6.4. Beurteilung der Simulationsergebnisse

Durch die Verwendung eines Simulationsmodells mit stochastischem Diskontierungsfaktor konnte der Einfluss unterschiedlicher Bewertungsprämissen und Einflussfaktoren auf den Unternehmenswert eines typisierten Leveraged Buyouts anhand eines Bewertungsbeispiels untersucht werden. Hierbei konnte gezeigt werden, dass die Bestimmung des optimalen Fremdkapitaleinsatzes eines Leveraged Buyouts aus der Perspektive unterschiedlicher Anspruchsgruppen durchaus variieren kann. Ebenfalls konnte der Zusammenhang zwischen einer steigenden Verschuldung und den damit verbundenen, risikoadäquaten Kapitalkosten der Eigen- und Fremdkapitalgeber unter unterschiedlichen Bewertungsprämissen dargestellt werden.

Die Verwendung eines stochastischen Diskontierungsfaktors lieferte ebenfalls einen Aufschluss über das mit den Steuervorteilen aus Fremdfinanzierung verbundene Risiko. Hierbei zeigte sich, dass die risikoadäquaten Kapitalkosten der Steuervorteile nicht nur von der getroffenen Annahme bezüglich der Finanzierungspolitik abhängen, sondern vielmehr durch eine Reihe weitere Elemente des verwendeten Planungsmodells beeinflusst werden und daher eine allgemeingültige Bestimmung des Risikos der Steuervorteile bei Leveraged Buyouts ausgeschlossen ist.

Ebenfalls konnte durch das Simulationsmodell gezeigt werden, dass die häufig im Rahmen von Leveraged Buyouts beobachteten Maßnahmen zur Leistungssteigerung des Unternehmens maßgeblich zu einer Steigerung der Wertschaffung sowie einer gleichzeitigen Reduzierung der risikoadäquaten Kapitalkosten beitragen können. Entsprechend der zum Transaktionszeitpunkt getroffenen Annahmen bezüglich der Erreichung bestimmter operativer Margen über die Haltedauer kann hierdurch ebenfalls die anfänglich optimale Kapitalstruktur eines Leveraged Buyouts beeinflusst werden.

Die Simulation zeigte auch, dass die aus den stochastischen Diskontierungsfaktoren abgeleiteten, risikoadäquaten Kapitalkosten durch eine Vielzahl von Effekten beeinflusst werden, welche sich aus dem verwendeten Planungsmodell ergeben. Unter bestimmten Konstellationen führt dies zu Kapitalkosten, welche zwar konsistent mit dem Konzept des stochastischen Diskontierungsfaktors sind, jedoch zunächst ungewohnt erscheinen. Insbesondere risikoadäquate Kapitalkosten, welche unterhalb des risikofreien Zinssatzes liegen, negative Werte annehmen oder über die Haltedauer stark variieren, können zunächst kontraintuitiv wirken. Zugleich zeigt sich hierdurch jedoch, dass unter bestimmten Unternehmens- und Planungskonstellationen einer Bewertung mit risikoadjustierten Kapitalkosten Grenzen gesetzt sein können. Insbesondere Bewertungsansätze, welche sich auf konstante Kapitalkosten stützen, sowie deren Prämissen sollten daher vor einer Anwendung auf ein bestimmtes Bewertungsobjekt kritisch hinterfragt werden.

7. Zusammenfassung und Ausblick

Mit der vorliegenden Arbeit konnte gezeigt werden, wie sich das Konzept des stochastischen Diskontierungsfaktors einsetzen lässt, um spezielle Fragestellungen aus dem Bereich der Unternehmensbewertung interpretieren und lösen zu können. Dies wurde genutzt, um eine Bewertung von Leveraged Buyouts durchzuführen, welche auf Grund der charakteristischen Finanzierungsart sowie einer veränderlichen Risikostruktur durch zahlungsstrombasierte Bewertungsverfahren auf Basis risikoadjustierter Diskontierungssätze nur unter sehr einschränkenden Annahmen vollzogen werden kann.

Hierzu erfolgte zunächst eine Einführung in das Konzept des stochastischen Diskontierungsfaktors sowie dessen Funktionsweise. Es wurden hierbei die grundlegenden Möglichkeiten zur Beschreibung des stochastischen Diskontierungsfaktors sowie empirische Ansätze zu dessen Spezifizierung vorgestellt. Aufbauend auf diesen Grundlagen und unter Annahme einer logarithmischen Nutzenpräferenz der Investoren wurde eine Struktur für den stochastischen Diskontierungsfaktor zur Bewertung zukünftiger Zahlungsströme aus einem Renditeprozess des Kapitalmarktes abgeleitet. Zugleich erfolgte eine Kalibrierung des stochastischen Diskontierungsfaktors auf die zum Bewertungszeitpunkt vorliegende Zinsstrukturkurve. Die vorgestellte Ableitung des stochastischen Diskontierungsfaktors aus einem Marktrenditeprozess besitzt den Vorteil, dass eine Verbindung zur zukünftigen Unternehmensentwicklung des Bewertungsobjekts hergestellt werden kann, worin es sich um eine zentrale Herausforderung bei Anwendung des Konzepts des stochastischen Diskontierungsfaktors handelt, welche durch eine Vielzahl alternativer Spezifizierungsansätze nicht geleistet werden kann.

Zur Beschreibung der zukünftigen Entwicklung des Bewertungsobjekts und der Ableitung der bewertungsrelevanten Zahlungsströme wurde ein Planungsmodell entwickelt, welches die speziellen Eigenschaften eines typischen Leveraged Buyouts abbilden kann. Hierbei wurde die für Leveraged Buyouts charakteristische Finanzierungspolitik berücksichtigt, welche auf einer zahlungsstromabhängigen Entschuldung basiert und sich unter gängigen Bewertungsverfahren mit risikoadjustierten Kapitalkosten nur unzureichend erfassen lässt. Darüber hinaus erfolgte eine Berücksichtigung der Zinsschrankenregelung bei der Unternehmenssteuerberechnung, welche auf Leveraged Buyouts in Folge einer Begrenzung der Nutzbarkeit von Steuervorteilen aus Fremdfinanzierung einen maßgeblichen Einfluss besitzt. Ebenfalls wurde ein explizites Insolvenzrisiko im Planungsmodell berücksichtigt, welches mit dem anfänglich hohen Verschuldungsgrad von Leveraged Buyouts verbunden ist.

Zusammen mit dem Planungsmodell für Leveraged Buyouts wurde gezeigt, wie sich das Konzept des stochastischen Diskontierungsfaktors in einen Simulationsansatz einbetten lässt, welches in dieser Form bislang noch nicht vorgestellt wurde. Der hierbei verwendete Simulationsansatz zeigt sich für die Anwendung des Konzepts des stochastischen Diskontierungsfaktors als hilfreich, da hierdurch ermöglicht wird, die für eine Bewertung erforderlichen Kovarianzen zwischen den einzelnen stochastischen Diskontierungsfaktoren und den bewertungsrelevanten Zahlungsströmen direkt zu bestimmen.

Im Kontext der Bewertung von Leveraged Buyouts konnte das Konzept des stochastischen Diskontierungsfaktors somit genutzt werden, um einen Aufschluss über das mit den Zahlungsströmen dieses Investitionstyps verbundene Risiko zu erhalten und dieses durch die Bestimmung der risikoadäquaten Kapitalkosten – im Sinne einer Bewertung mittels der verbreiteten Risikozuschlagsmethode – zu verdeutlichen. Da der stochastische Diskontierungsfaktor einheitlich für alle Zahlungsströme gilt, konnte neben den für die Eigen- und Fremdkapitalgeber bewertungsrelevanten Zahlungsströme zugleich eine Beurteilung des bei Leveraged Buyouts mit den Steuervorteilen aus Fremdfinanzierung verbundenen Risikos erfolgen. Hierbei wurde gezeigt, dass die risikoadäquaten Diskontierungssätze der Steuervorteile aus Fremdfinanzierung wesentlich von den Prämissen einer Bewertung abhängen. Die teilweise in der Literatur vermutete, negative Korrelation der Höhe der Steuervorteile aus Fremdfinanzierung mit der operativen Entwicklung eines Leveraged Buyouts und den damit verbundenen Diskontierungssätzen unterhalb des risikofreien Zinssatzes lässt sich nur unter sehr vereinfachten und einschränkenden Bewertungsprämissen bestätigen. Unter einer realitätsnahen Steuerberechnung und einer Berücksichtigung expliziter Insolvenzrisiken zeigt sich hingegen, dass die risikoadäquaten Diskontierungssätze für die Steuervorteile aus Fremdfinanzierung bei typischen Leveraged Buyouts über dem risikofreien Zinssatz anzusetzen sind, jedoch noch unterhalb den Kapitalkosten des Eigen- sowie Gesamtkapitals liegen.

Die Bewertung eines Leveraged Buyouts zeigte zudem, dass unterschiedliche Faktoren, wie beispielsweise die Entwicklung des Sachanlage- oder Umlaufvermögens, einen Einfluss auf das Risiko der bewertungsrelevanten Zahlungsströme haben können und die hiermit verbundenen Effekte nicht unmittelbar der intuitiven Einschätzung entsprechen müssen. Da sich diese Effekte zudem über den Zeitverlauf verändern können, erscheint es gerade bei komplexeren Planungsmodellen – wie im Falle von Leveraged Buyouts – nicht sinnvoll, das mit den Zahlungsströmen verbundene Risiko sowie die Diskontierungssätze auf Basis historischer Beobachtungen zu schätzen und für die Zukunft als konstant anzunehmen.

Die Betrachtung des Bewertungsbeispiels eines typisierten Leveraged Buyouts zeigte außerdem, dass die Wahl der optimalen Kapitalstruktur bei Übernahme eines Beteiligungsunternehmens sowie der damit verbundene anfängliche Fremdkapitaleinsatz stark von den vorausgesetzten Bewertungsprämissen abhängen. Bei der Berücksichtigung von Insolvenzrisiken und dem Einfluss der Zinsschranke zeigt sich, dass eine Maximierung des Fremdkapitaleinsatzes – welcher Private Equity Investoren in Verbindung mit Leveraged Buyouts regelmäßig zugeschrieben wird – gerade kein Optimum darstellt und vielmehr die Wahl eines moderateren Verschuldungsgrades aus der Perspektive der Private Equity Investoren sinnvoll sein kann.

Das Bewertungsbeispiel eines typisierten Leveraged Buyouts verdeutlicht ebenfalls, dass eine unter der Prämisse einer Renditemaximierung des Eigenkapitals der Private Equity Investoren optimale Kapitalstruktur nicht zugleich mit einer Maximierung des Gesamtunternehmenswertes verbunden sein muss. Darüber hinaus wurde gezeigt, dass die häufig bei Leveraged Buyouts über die Haltedauer beobachteten Effizienzsteigerungen in diesem Zusammenhang nicht nur zu einer Steigerung der Wertschaffung eines Leveraged Buyouts für die Private Equity Investoren beitragen, sondern ebenfalls die anfänglich optimale Kapitalstruktur mit beeinflussen können, falls diese im Bewertungskalkül berücksichtigt werden. Dies impliziert auch, dass die Wahl einer solchen Kapitalstruktur zu einer Wertvernichtung für die Private Equity Investoren führen kann, falls die ursprünglich geplanten operativen und organisatorischen Maßnahmen zur Effizienzsteigerung nicht erfolgreich umgesetzt werden.

Zur Anwendung des vorgestellten Bewertungsansatzes auf Basis des Konzepts des stochastischen Diskontierungsfaktors war es erforderlich, eine Struktur für dessen Modellierung zu entwickeln, da in der Literatur bis dato keine allgemeingültige und einheitliche Beschreibungsform des stochastischen Diskontierungsfaktors existiert. Die in dieser Arbeit gewählte Struktur des stochastischen Diskontierungsfaktors ist folglich an die hiermit verbundenen Annahmen und Voraussetzungen geknüpft. Unter diesem stochastischen Diskontierungsfaktor müssen Bewertungsergebnisse daher nicht zwangsläufig mit beobachtbaren Marktpreisen übereinstimmen. Zugleich ermöglichte die gewählte Struktur des stochastischen Diskontierungsfaktors jedoch eine Analyse und Interpretation von Werteffekten und Risikofaktoren von Leveraged Buyouts, welche in dieser Form durch gängige zahlungsstrombasierte Bewertungsverfahren nicht geleistet werden kann.

Für ein umfassendes Verständnis der Entwicklung des realen stochastischen Diskontierungsfaktors werden noch weitere, vertiefende Forschungsarbeiten zu leisten sein. Die vorgestellte Methodik zur Anwendung des stochastischen Diskontierungsfaktors auf Fragestellungen der Unternehmensbewertung ist jedoch nicht an die in dieser Arbeit verwendete Struktur des stochastischen Diskontierungsfaktors gebunden. Gelingt es in der Zukunft, eine allgemeingültige und einheitliche Formulierung für die Struktur und Entwicklung des stochastischen Diskontierungsfaktors zu finden, so kann die vorliegende Arbeit als Grundlage für die Anwendung des Konzepts des stochastischen Diskontierungsfaktors auf Bewertungsfragestellungen dienen.

Anhang

Anhang 1: Beispiel zur risikoneutralen Bewertung mittels Driftverschiebung

Im Folgenden wird die Problematik einer Driftverschiebung zur Bildung von Erwartungswerten unter dem risikoneutralen Wahrscheinlichkeitsmaß Q verdeutlicht. Betrachtet wird hierzu ein einperiodiges Binomialmodell.

Auf einem arbitragefreien Kapitalmarkt soll die Marktrendite in der folgenden Periode mit derselben empirischen Eintrittswahrscheinlichkeit $(p = 1 - p = 0{,}5)$ entweder 10% oder −5% betragen. Der Verlauf des Marktindexes sowie die hiermit verbundenen Zustandspreise der Elementaranlagen stellen sich wie folgt dar:

Abbildung 22: Marktindex und Zustandspreise im Binomialmodell

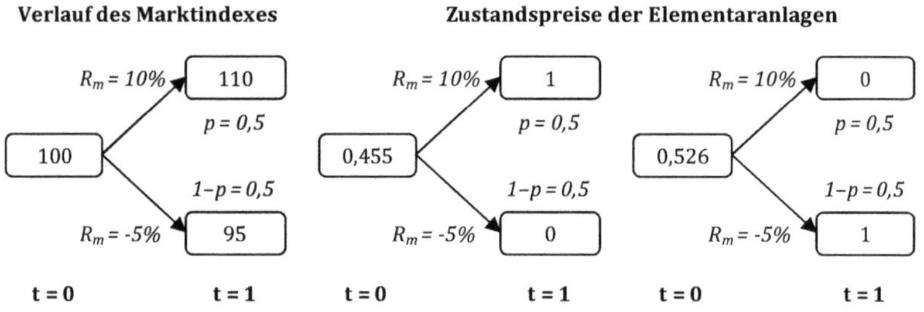

Quelle: Eigene Darstellung.

Die Zustandspreise der beiden zukünftig möglichen Zustände ergeben sich hierbei durch Diskontierung der Elementaranlagen mit der entsprechenden Rendite des Kapitalmarktes und Gewichtung mit der empirischen Eintrittswahrscheinlichkeit der Zustände. Aus den Zustandspreisen erfolgt zugleich ein risikofreier Zinssatz in Höhe von ca. 2,0%.[674]

In diesem Marktumfeld soll ein unverschuldetes Unternehmen vorliegen, welches in $t = 1$ einen unsicheren Zahlungsstrom CF_1 generiert. Dieser soll abhängig von der Umsatzentwicklung, den fixen Kosten sowie den Steuerzahlungen des Unternehmens sein. Ausgehend von einem Umsatz in Höhe von 100 in $t = 0$ soll hierbei in den beiden Zuständen in $t = 1$ ein

674 Der Kaufpreis beider Elementaranlagen in $t = 0$ beträgt ca. 0,981. Aus der sicheren Auszahlung in Höhe von 1 in $t = 1$ folgt eine Rendite von ca. 2,0%, welche dem risikofreien Zinssatz entspricht.

Umsatzwachstum in Höhe der Rendite des Kapitalmarktes vorliegen. Abzüglich fixer Kosten in Höhe von 97,5 ergibt sich der Vorsteuergewinn des Unternehmens, welcher mit einem Unternehmenssteuersatz von 30% belastet wird. Da im Zustand mit der schlechteren Marktentwicklung ein Vorsteuerverlust vorliegt, erfolgt hierbei zunächst eine sofortige Steuererstattung. Es liegt somit ein linearer Zusammenhang zwischen der Entwicklung des Kapitalmarktes und dem Zahlungsstrom des Unternehmens vor und dieser lässt sich entsprechend für die beiden zukünftigen Zustände folgendermaßen berechnen:

$$CF_1 = (100 \cdot (1 + R_m) - 97{,}5) \cdot (1 - 30\%)$$

Unter Verwendung des empirischen Wahrscheinlichkeitsmaßes P stellt sich der Zahlungsstrom des Unternehmens folgendermaßen dar:

Abbildung 23: Binomialmodell des Zahlungsstroms unter P

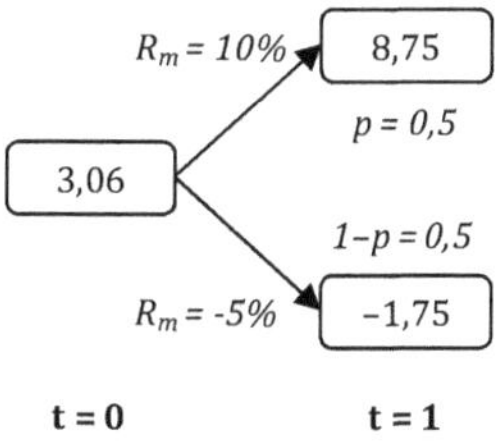

Quelle: Eigene Darstellung.

Durch Verwendung der Zustandspreise ergibt sich ein Barwert des Zahlungsstroms des Unternehmens in Höhe von ca. 3,06. Da der Erwartungswert des Zahlungsstroms in $t = 1$ unter P gerade 3,5 beträgt, erhält man denselben Barwert des Zahlungsstroms, indem dieser Erwartungswert mittels risikoadjustierter Kapitalkosten in Höhe von ca. 14,5% diskontiert wird.

Unter dem risikofreien Wahrscheinlichkeitsmaß Q lässt sich dieser Barwert des Zahlungsstroms replizieren, indem die risikoneutralen Eintrittswahrscheinlichkeiten berechnet werden:

Abbildung 24: Binomialmodell des Zahlungsstroms unter Q

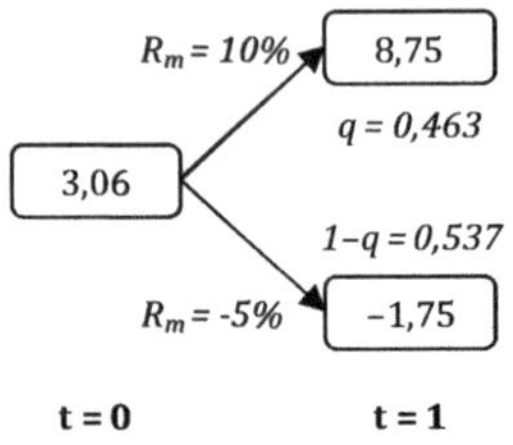

Quelle: Eigene Darstellung.

Bei Verwendung der risikoneutralen Eintrittswahrscheinlichkeiten q und $1-q$ ergibt sich ein risikoneutraler Erwartungswert des Zahlungsstroms in Höhe von ca. 3,12, welcher das Sicherheitsäquivalent des Zahlungsstroms darstellt und mittels des risikofreien Zinssatzes diskontiert wird. Hierdurch ergibt sich ebenfalls ein Barwert des Zahlungsstroms von ca. 3,06, wodurch die Bewertungsergebnisse unter P und Q identisch sind.

Lassen sich die risikoneutralen Eintrittswahrscheinlichkeiten nicht durch einen Rückgriff auf das Bewertungsergebnis unter P bestimmen, so kann der Zahlungsstrom unter einem risikoneutralen Bewertungsansatz ebenfalls unter Verwendung einer Driftverschiebung berechnet werden. Hierbei wird die empirische Drift des Zahlungsstromprozesses durch eine risikoneutrale Drift ersetzt. Im vorliegenden Beispiel wird hiermit anstelle der unsicheren Marktrendite der risikofreie Zinssatz in den Zahlungsstromprozess eingesetzt um diesen in das risikoneutrale Wahrscheinlichkeitsmaß Q zu transformieren:

$$CF_1^* = \left(100 \cdot \left(1 + R_f\right) - 97{,}5\right) \cdot (1 - 30\%)$$

Hierdurch ist der risikoneutrale Zahlungsstrom in beiden Zuständen in $t = 1$ identisch und auch unter Verwendung der empirischen Eintrittswahrscheinlichkeiten lässt sich das Sicherheitsäquivalent in Höhe von ca. 3,12 ermitteln:

Abbildung 25: Binomialmodell des Zahlungsstroms unter Driftverschiebung

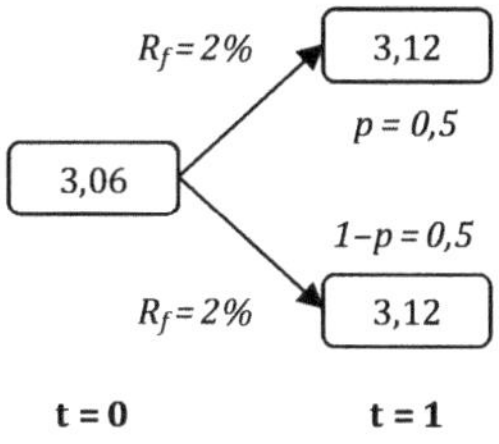

Quelle: Eigene Darstellung.

Der bislang unterstellte Zahlungsstromprozess verhält sich linear zur Marktentwicklung. Im Folgenden wird nun ein Steuersystem eingeführt, bei welchem nur bei Vorliegen eines Vorsteuergewinns eine positive Unternehmenssteuer erhoben wird, unter einem Vorsteuerverlust hingegen keine sofortige Steuererstattung erfolgt. Der empirische Zahlungsstromprozess enthält demnach eine Nicht-Linearität und lässt sich folgendermaßen berechnen:

$$CF_1 = (100 \cdot (1 + R_m) - 97{,}5) - max(30\% \cdot (100 \cdot (1 + R_m) - 97{,}5), 0)$$

Der Zahlungsstrom in den zukünftig möglichen Zuständen stellt sich hierdurch folgendermaßen dar:

Abbildung 26: Binomialmodell des Zahlungsstroms mit Nicht-Linearität unter P

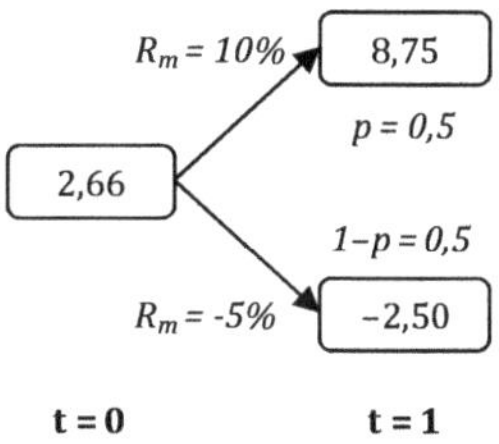

Quelle: Eigene Darstellung.

Der Erwartungswert des Zahlungsstroms in $t = 1$ entspricht unter dem empirischen Wahrscheinlichkeitsmaß P nur noch ca. 3,13 und es ergeben sich bei einem Barwert von ca. 2,66 risikoadjustierte Kapitalkosten in Höhe von ca. 17,4%.

Ein identisches Bewertungsergebnis unter dem risikoneutralen Wahrscheinlichkeitsmaß Q lässt sich erneut bestimmen, indem auf die risikoneutralen Eintrittswahrscheinlichkeiten zurückgegriffen wird:

Abbildung 27: Binomialmodell des Zahlungsstroms mit Nicht-Linearität unter Q

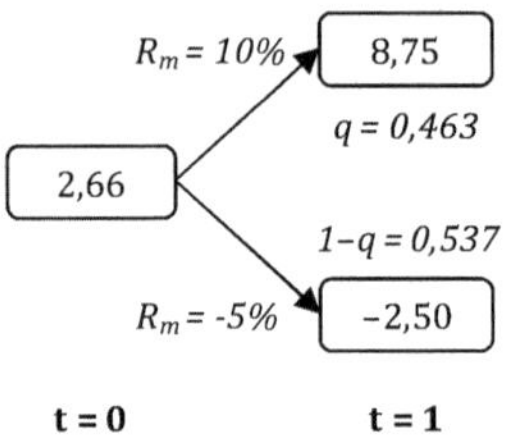

Quelle: Eigene Darstellung.

Der Erwartungswert des Zahlungsstroms in $t = 1$ unter Q bei Verwendung der risikoneutralen Eintrittswahrscheinlichkeiten entspricht ca. 2,71 und eine Diskontierung mit dem risikofreien Zinssatz ergibt den Barwert des Zahlungsstroms in Höhe von ca. 2,66.

Sind die risikoneutralen Eintrittswahrscheinlichkeiten hingegen unbekannt, so liegt es nahe, hier erneut auf die bereits vorgestellte Driftverschiebung zurückzugreifen:

$$CF_1^* = \left(100 \cdot (1 + R_f) - 97{,}5\right) - max\left(30\% \cdot \left(100 \cdot (1 + R_f) - 97{,}5\right), 0\right)$$

Trotz der im empirischen Zahlungsstromprozess enthaltenen Nicht-Linearität in Form der Steuerberechnung liefert der risikoneutrale Zahlungsstromprozess durch eine Driftverschiebung im vorliegenden Beispiel weiterhin einen Erwartungswert in Höhe von ca. 3,12, wodurch der Barwert des Zahlungsstroms mit ca. 3,06 gegenüber ca. 2,66 überschätzt wird.

Ohne die Existenz einer allgemeingültigen Transformationsfunktion zur Überleitung von Zahlungsstromprozessen von P in Q ist eine Anwendung der Driftverschiebung bei diskreten Prozessen unter Auftreten von Nicht-Linearitäten folglich mit Inkonsistenzen verbunden.

Anhang 2: Überleitung der gewählten SDF-Struktur in das CAPM

Zwischen der Rendite einer riskanten Anlage i und der Rendite des Marktportfolios besteht nach der Theorie des CAPM ein linearer Zusammenhang:[675]

$$R_{i,t+1} = \alpha + \beta_{i,m} \cdot R_{m,t+1}$$

Der stochastische Diskontierungsfaktor unter Verwendung der Marktrendite, hier in der Darstellung mit diskreten Renditen nach (4.1), ist im Einperiodenfall definiert als:

$$M_{t+1} = \frac{1}{1 + R_{m,t+1}}$$

Durch Einsetzen dieser Rendite in die Standardformulierung des Konzepts des stochastischen Diskontierungsfaktors für Renditen in (3.3) folgt:

$$1 = E_t\left[\frac{1}{1 + R_{m,t+1}} \cdot \left(1 + \alpha + \beta_{i,m} \cdot R_{m,t+1}\right)\right]$$

Aus der Darstellung der Renditeformel nach (3.10) und unter Verwendung der Definition des Schattenzinses in (3.5) folgt:

$$\begin{aligned} 1 = &\frac{1}{1 + R_{f,t+1}} \cdot E_t\left[1 + R_{i,t+1}\right] \\ &+\beta_{i,m} \cdot Cov_t\left[\left(\frac{1}{1 + R_{m,t+1}}\right), \left(1 + R_{m,t+1}\right)\right] \end{aligned}$$

Die Konstante α hat auf die Berechnung der Kovarianz keinen Einfluss und entfällt. $\beta_{i,m}$ kann als konstanter Faktor aus der Kovarianz ausgeklammert werden.

675 Der nachfolgende Beweis erfolgt in Anlehnung an RICHTER (2010), S. 7f, 24f.

Mit $Cov[X,Y] = E[X \cdot Y] - E[X] \cdot E[Y]$ und $E_t\left[\frac{1}{1+R_{m,t+1}} \cdot (1 + R_{m,t+1})\right] = 1$ ergibt sich:

$$1 = \frac{1}{1 + R_{f,t+1}} \cdot E_t[1 + R_{i,t+1}] + \beta_{i,m} \cdot \left(1 - \frac{1}{1 + R_{f,t+1}} \cdot E_t[1 + R_{m,t+1}]\right)$$

Durch Substitution von $\Upsilon := \frac{E_t[1+R_{m,t+1}]}{1+R_{f,t+1}} - 1$ folgt:

$$1 = \frac{1}{1 + R_{f,t+1}} \cdot E_t[1 + R_{i,t+1}] - \beta_{i,m} \cdot \Upsilon$$

Mittels einfacher Umformung erhält man:

$$E_t[1 + R_{i,t+1}] = (1 + R_{f,t+1}) + (1 + R_{f,t+1}) \cdot (\beta_{i,m} \cdot \Upsilon)$$

Durch weitere Umformung und Resubstitution von Υ ergibt sich:

$$E_t[R_{i,t+1}] = R_{f,t+1} + (1 + R_{f,t+1}) \cdot (\beta_{i,m} \cdot \Upsilon)$$

$$= R_{f,t+1} + (1 + R_{f,t+1}) \cdot \beta_{i,m} \cdot \left(\frac{E_t[1 + R_{m,t+1}]}{1 + R_{f,t+1}} - 1\right)$$

$$= R_{f,t+1} + (1 + R_{f,t+1}) \cdot \beta_{i,m} \cdot \left(\frac{E_t[R_{m,t+1}] - R_{f,t+1}}{1 + R_{f,t+1}}\right)$$

Hieraus folgt:

$$E_t[R_{i,t+1}] = R_{f,t+1} + \beta_{i,m} \cdot (E_t[R_{m,t+1}] - R_{f,t+1})$$

Diese Darstellung entspricht exakt der Renditegleichung des CAPM.[676]

676 Vgl. z.B. CAMPBELL, LO & MACKINLAY (1997), S. 182.

Anhang 3: Verlauf des CDAX Total Return Index

Tabelle 19: CDAX Indexstände 1970-2011

Jahr	Indexstand zum Ende des Jahres	Stetige Rendite	Jahr	Indexstand zum Ende des Jahres	Stetige Rendite
1970	26,1	-26,6%	**1991**	163,8	7,6%
1971	28,6	9,3%	**1992**	151,3	-8,0%
1972	33,4	15,5%	**1993**	219,4	37,2%
1973	27,3	-20,1%	**1994**	204,0	-7,3%
1974	28,2	3,1%	**1995**	217,6	6,4%
1975	38,3	30,7%	**1996**	260,9	18,2%
1976	36,5	-4,9%	**1997**	376,3	36,6%
1977	41,0	11,7%	**1998**	428,7	13,0%
1978	45,3	9,8%	**1999**	553,1	25,5%
1979	41,0	-9,8%	**2000**	498,5	-10,4%
1980	43,1	5,0%	**2001**	418,5	-17,5%
1981	44,7	3,7%	**2002**	267,5	-44,8%
1982	54,4	19,6%	**2003**	349,7	26,8%
1983	76,1	33,5%	**2004**	377,2	7,6%
1984	83,8	9,7%	**2005**	483,5	24,8%
1985	145,7	55,3%	**2006**	602,6	22,0%
1986	154,5	5,9%	**2007**	707,0	16,0%
1987	100,0	-43,5%	**2008**	424,9	-50,9%
1988	131,9	27,7%	**2009**	516,1	19,4%
1989	181,3	31,8%	**2010**	618,6	18,1%
1990	151,9	-17,7%			

Quelle: Eigene Darstellung. Daten von THOMSON FINANCIAL DATASTREAM.

Anhang 4: Beispielsimulation mit $N = 5$ Simulationsdurchläufen

Tabelle 20: Bewertungsbeispiel mit SDF

Periode t	**0**	**1**	**2**	**3**	**4**	**5**	**6**	**7**
Simulationslauf n=1								
$M_{t-1 \to t}$		0,958	0,680	0,996	0,834	1,031	0,709	0,983
$M_{0 \to t}$	1,000	0,958	0,651	0,649	0,541	0,558	0,396	0,389
X_t		10,2	15,3	8,5	11,3	9,2	14,1	10,2
$M_{0 \to t} \cdot X_t$		**9,8**	**10,0**	**5,5**	**6,1**	**5,1**	**5,6**	**3,9**
Simulationslauf n=2								
$M_{t-1 \to t}$		0,800	1,197	0,734	0,824	0,917	1,211	0,756
$M_{0 \to t}$	1,000	0,800	0,958	0,703	0,579	0,531	0,643	0,486
X_t		12,8	10,0	13,8	10,5	9,2	7,8	16,0
$M_{0 \to t} \cdot X_t$		**10,3**	**9,6**	**9,7**	**6,1**	**4,9**	**5,0**	**7,8**
Simulationslauf n=3								
$M_{t-1 \to t}$		1,424	0,676	0,975	0,882	0,876	0,746	1,009
$M_{0 \to t}$	1,000	1,424	0,963	0,939	0,828	0,725	0,541	0,546
X_t		7,2	14,5	8,8	12,1	11,0	11,2	12,1
$M_{0 \to t} \cdot X_t$		**10,3**	**14,0**	**8,2**	**10,1**	**8,0**	**6,1**	**6,6**
Simulationslauf n=4								
$M_{t-1 \to t}$		0,599	0,937	0,802	1,291	0,842	0,913	0,809
$M_{0 \to t}$	1,000	0,599	0,561	0,450	0,581	0,489	0,447	0,361
X_t		14,6	12,7	14,3	6,4	12,6	10,9	10,9
$M_{0 \to t} \cdot X_t$		**8,7**	**7,1**	**6,4**	**3,7**	**6,2**	**4,8**	**3,9**
Simulationslauf n=5								
$M_{t-1 \to t}$		0,755	1,001	1,351	1,154	0,965	1,322	1,198
$M_{0 \to t}$	1,000	0,755	0,756	1,022	1,179	1,138	1,505	1,802
X_t		12,3	12,1	5,7	7,7	8,4	7,3	9,2
$M_{0 \to t} \cdot X_t$		**9,3**	**9,2**	**5,8**	**9,0**	**9,6**	**11,1**	**16,6**
Bewertungsergebnis								
$E[M_{t-1 \to t}]$		0,907	0,898	0,972	0,997	0,926	0,980	0,951
$E[M_{0 \to t}]$	1,000	0,907	0,778	0,752	0,742	0,688	0,706	0,717
$E[X_t]$		11,4	12,9	10,2	9,6	10,1	10,3	11,7
$Cov[M_{0 \to t}, X_t]$		-0,696	-0,091	-0,542	-0,123	-0,194	-0,735	-0,595
$E[M_{0 \to t}] \cdot E[X_t] + Cov[M_{0 \to t}, X_t]$		**9,7**	**10,0**	**7,1**	**7,0**	**6,7**	**6,5**	**7,8**
$E[M_{0 \to t} \cdot X_t]$		**9,7**	**10,0**	**7,1**	**7,0**	**6,7**	**6,5**	**7,8**

Quelle: Eigene Berechnungen.

Anhang 5: Parameterübersicht des Bewertungsbeispiels

Die folgende Tabelle zeigt eine Übersicht der in Kapitel 6.3.1. getroffenen Annahmen bezüglich der Ausgangsparameter für das Bewertungsbeispiel des typisierten Leveraged Buyouts.

Tabelle 21: Parameter des typisierten Leveraged Buyouts

Beschreibung	Parameter	Wert
Haltedauer	T	7
EBITDA-Transaktionsmultiplikator bei Übernahme	$Kaufpreismultiplikator_{EBITDA,0}$	7,0x
EBITDA-Transaktionsmultiplikator bei Veräußerung	$Veräußerungsmultiplikator_{EBITDA,T}$	7,0x
Bei Transaktion eingesetztes FK-Volumen als Vielfaches des EBITDA	$Fremdkapitalmultiplikator_{EBITDA,0}$	5,0x
Umsatzvolumen bei Transaktion	$Umsatz_0$	600 Mio. €
EBITDA-Marge bei Transaktion	$c_{EBITDA,0}$	14,0%
Ziel-EBITDA-Marge	$\bar{c}_{EBITDA}$	14,0% (16,0%)[677]
Konvergenzgeschwindigkeit des EBIT-DA-Margenprozesses	η	0,25 / 0,5
Anlagevermögen bei Transaktion	$Anlagevermögen_0$	300 Mio. €
Investitionsquote	$c_{Investitionen}$	6,5%
Abschreibungsquote	$c_{Abschreibungen}$	12,5%
Nettoumlaufvermögen bei Transaktion	NWC_0	60 Mio. €
Quote des Nettoumlaufvermögens	c_{NWC}	10,0%
Unternehmenssteuersatz	s_U	30,0%
Verlustvortrag zum Transaktionszeitpunkt	$Verlustvortrag_0$	0 Mio. €
Zinsvortrag zum Transaktionszeitpunkt	$Zinsvortrag_0$	0 Mio. €
EBITDA-Vortrag zum Transaktionszeitpunkt	$EBITDA\text{-}Vortrag_0$	0 Mio. €

Quelle: Eigene Darstellung.

677 Zunächst wird von einer gleichbleibenden EBITDA-Margenentwicklung ausgegangen, in der die Zielmarge gleich der Marge zum Transaktionszeitpunkt ist. Eine Zielmarge von 16,0% wird in Abschnitt 6.3.5. zur Analyse des Einflusses einer Effizienzsteigerung auf das Bewertungsergebnis verwendet.

Anhang 6.1: Kapitalwerte in Abhängigkeit des Fremdkapitalmultiplikators

Tabelle 22: Nettokapitalwert des Gesamtunternehmens in Abhängigkeit des Fremdkapitalmultiplikators

FK-	$NPV_{U,0}$			FK-	$NPV_{U,0}$		
multipl.	**kZS/kI**	**ZS/kI**	**ZS/I**	**multipl.**	**kZS/kI**	**ZS/kI**	**ZS/I**
0,0x	197,9	197,9	197,9	**3,6x**	214,4	214,4	214,4
0,1x	197,9	197,9	197,9	**3,7x**	215,1	215,1	215,1
0,2x	198,0	198,0	198,0	**3,8x**	215,8	215,8	215,8
0,3x	198,0	198,0	198,0	**3,9x**	216,5	216,5	216,5
0,4x	198,1	198,1	198,1	**4,0x**	225,6	225,6	225,6
0,5x	198,2	198,2	198,2	**4,1x**	226,6	226,6	226,6
0,6x	198,3	198,3	198,3	**4,2x**	227,6	227,6	227,6
0,7x	198,4	198,4	198,4	**4,3x**	228,6	228,6	228,6
0,8x	198,6	198,6	198,6	**4,4x**	229,6	229,6	229,6
0,9x	198,8	198,8	198,8	**4,5x**	230,6	230,6	230,6
1,0x	198,9	198,9	198,9	**4,6x**	231,6	231,6	231,6
1,1x	199,1	199,1	199,1	**4,7x**	232,6	232,6	232,6
1,2x	199,4	199,4	199,4	**4,8x**	233,6	233,6	233,6
1,3x	199,7	199,7	199,7	**4,9x**	234,5	234,5	234,4
1,4x	200,0	200,0	200,0	**5,0x**	246,2	245,5	242,6
1,5x	200,3	200,3	200,3	**5,1x**	247,5	246,5	242,5
1,6x	200,7	200,7	200,7	**5,2x**	248,7	247,3	241,9
1,7x	201,1	201,1	201,1	**5,3x**	250,0	248,1	240,2
1,8x	201,5	201,5	201,5	**5,4x**	251,3	248,7	237,2
1,9x	202,0	202,0	202,0	**5,5x**	252,5	249,3	231,1
2,0x	202,6	202,6	202,6	**5,6x**	253,8	249,8	221,1
2,1x	203,1	203,1	203,1	**5,7x**	255,0	250,1	211,2
2,2x	203,8	203,8	203,8	**5,8x**	256,3	250,4	200,1
2,3x	204,4	204,4	204,4	**5,9x**	257,6	250,7	186,4
2,4x	205,0	205,0	205,0	**6,0x**	258,8	250,9	166,3
2,5x	205,7	205,7	205,7	**6,1x**	260,9	251,1	133,1
2,6x	206,4	206,4	206,4	**6,2x**	262,1	251,2	105,1
2,7x	207,0	207,0	207,0	**6,3x**	263,4	251,3	76,1
2,8x	207,7	207,7	207,7	**6,4x**	264,7	251,3	44,1
2,9x	208,3	208,3	208,3	**6,5x**	266,0	251,4	15,4
3,0x	210,1	210,1	210,1	**6,6x**	267,2	251,4	-8,3
3,1x	210,8	210,8	210,8	**6,7x**	268,5	251,4	-35,0
3,2x	211,5	211,5	211,5	**6,8x**	269,8	251,4	-53,0
3,3x	212,2	212,2	212,2	**6,9x**	271,0	251,5	-72,6
3,4x	213,0	213,0	213,0	**7,0x**	272,3	251,5	-92,2
3,5x	213,7	213,7	213,7				

Quelle: Eigene Berechnungen.

Anhang 6.1: Kapitalwerte in Abhängigkeit des Fremdkapitalmultiplikators

Tabelle 23: Nettokapitalwert des Fremdkapitals in Abhängigkeit des Fremdkapitalmultiplikators

FK-	$NPV_{FK,0}$		
multipl.	kZS/kI	ZS/kI	ZS/I
0,0x	0,0	0,0	0,0
0,1x	0,1	0,1	0,1
0,2x	0,2	0,2	0,2
0,3x	0,3	0,3	0,3
0,4x	0,4	0,4	0,4
0,5x	0,6	0,6	0,6
0,6x	0,8	0,8	0,8
0,7x	1,0	1,0	1,0
0,8x	1,3	1,3	1,3
0,9x	1,6	1,6	1,6
1,0x	1,9	1,9	1,9
1,1x	2,2	2,2	2,2
1,2x	2,5	2,5	2,5
1,3x	2,9	2,9	2,9
1,4x	3,3	3,3	3,3
1,5x	3,8	3,8	3,8
1,6x	4,3	4,3	4,3
1,7x	4,8	4,8	4,8
1,8x	5,3	5,3	5,3
1,9x	5,9	5,9	5,9
2,0x	6,8	6,8	6,8
2,1x	7,4	7,4	7,4
2,2x	8,2	8,2	8,2
2,3x	8,9	8,9	8,9
2,4x	9,7	9,7	9,7
2,5x	10,4	10,4	10,4
2,6x	11,1	11,1	11,1
2,7x	11,9	11,9	11,9
2,8x	12,6	12,6	12,6
2,9x	13,4	13,4	13,4
3,0x	17,6	17,6	17,6
3,1x	18,5	18,5	18,5
3,2x	19,5	19,5	19,5
3,3x	20,4	20,4	20,4
3,4x	21,3	21,3	21,3
3,5x	22,2	22,2	22,2
3,6x	23,2	23,2	23,2
3,7x	24,1	24,1	24,1
3,8x	25,0	25,0	25,0
3,9x	25,9	25,9	25,9
4,0x	52,8	52,8	52,8
4,1x	54,6	54,6	54,6
4,2x	56,4	56,4	56,4
4,3x	58,2	58,2	58,2
4,4x	60,0	60,0	60,0
4,5x	61,9	61,9	61,9
4,6x	63,7	63,7	63,7
4,7x	65,5	65,5	65,5
4,8x	67,3	67,3	67,3
4,9x	69,1	69,1	69,1
5,0x	104,2	104,2	103,6
5,1x	106,8	106,9	106,0
5,2x	109,4	109,5	108,3
5,3x	112,1	112,2	110,0
5,4x	114,7	114,9	111,0
5,5x	117,4	117,6	109,4
5,6x	120,0	120,3	105,0
5,7x	122,6	122,9	101,7
5,8x	125,3	125,6	97,2
5,9x	127,9	128,2	91,1
6,0x	130,4	130,7	81,1
6,1x	135,3	135,6	64,2
6,2x	137,8	138,0	47,6
6,3x	140,1	140,2	27,5
6,4x	142,4	142,3	4,6
6,5x	144,5	144,2	-17,2
6,6x	146,5	146,0	-36,4
6,7x	148,4	147,5	-59,3
6,8x	150,0	148,8	-76,5
6,9x	151,4	149,9	-96,9
7,0x	152,6	150,9	-117,0

Quelle: Eigene Berechnungen.

Anhang 6.1: Kapitalwerte in Abhängigkeit des Fremdkapitalmultiplikators

Tabelle 24: Nettokapitalwert des Eigenkapitals in Abhängigkeit des Fremdkapitalmultiplikators

FK-	$NPV_{EK,0}$		
multipl.	kZS/kI	ZS/kI	ZS/I
0,0x	197,9	197,9	197,9
0,1x	197,9	197,9	197,9
0,2x	197,8	197,8	197,8
0,3x	197,7	197,7	197,7
0,4x	197,7	197,7	197,7
0,5x	197,6	197,6	197,6
0,6x	197,5	197,5	197,5
0,7x	197,4	197,4	197,4
0,8x	197,3	197,3	197,3
0,9x	197,2	197,2	197,2
1,0x	197,1	197,1	197,1
1,1x	197,0	197,0	197,0
1,2x	196,9	196,9	196,9
1,3x	196,8	196,8	196,8
1,4x	196,6	196,6	196,6
1,5x	196,5	196,5	196,5
1,6x	196,4	196,4	196,4
1,7x	196,3	196,3	196,3
1,8x	196,2	196,2	196,2
1,9x	196,1	196,1	196,1
2,0x	195,8	195,8	195,8
2,1x	195,7	195,7	195,7
2,2x	195,6	195,6	195,6
2,3x	195,5	195,5	195,5
2,4x	195,4	195,4	195,4
2,5x	195,3	195,3	195,3
2,6x	195,2	195,2	195,2
2,7x	195,1	195,1	195,1
2,8x	195,0	195,0	195,0
2,9x	194,9	194,9	194,9
3,0x	192,5	192,5	192,5
3,1x	192,3	192,3	192,3
3,2x	192,1	192,1	192,1
3,3x	191,9	191,9	191,9
3,4x	191,6	191,6	191,6
3,5x	191,4	191,4	191,4
3,6x	191,2	191,2	191,2
3,7x	191,0	191,0	191,0
3,8x	190,8	190,8	190,8
3,9x	190,6	190,6	190,6
4,0x	172,8	172,8	172,8
4,1x	172,0	172,0	172,0
4,2x	171,1	171,1	171,1
4,3x	170,3	170,3	170,3
4,4x	169,5	169,5	169,5
4,5x	168,7	168,7	168,7
4,6x	167,9	167,9	167,9
4,7x	167,1	167,1	167,1
4,8x	166,3	166,3	166,3
4,9x	165,5	165,5	165,3
5,0x	142,1	141,3	139,1
5,1x	140,7	139,6	136,5
5,2x	139,3	137,8	133,6
5,3x	137,9	135,9	130,2
5,4x	136,5	133,9	126,1
5,5x	135,2	131,7	121,6
5,6x	133,8	129,5	116,1
5,7x	132,4	127,2	109,5
5,8x	131,0	124,9	102,9
5,9x	129,7	122,5	95,2
6,0x	128,4	120,2	85,3
6,1x	125,5	115,5	68,9
6,2x	124,4	113,2	57,5
6,3x	123,3	111,1	48,6
6,4x	122,3	109,0	39,5
6,5x	121,4	107,1	32,6
6,6x	120,7	105,4	28,1
6,7x	120,1	104,0	24,4
6,8x	119,8	102,6	23,5
6,9x	119,7	101,5	24,3
7,0x	119,7	100,6	24,8

Quelle: Eigene Berechnungen.

Anhang 6.1: Kapitalwerte in Abhängigkeit des Fremdkapitalmultiplikators

Tabelle 25: Nettokapitalwert der Steuervorteile aus Fremdfinanzierung in Abhängigkeit des Fremdkapitalmultiplikators

FK-	$NPV_{TS,0}$		
multipl.	**kZS/kI**	**ZS/kI**	**ZS/I**
0,0x	0,0	0,0	0,0
0,1x	0,0	0,0	0,0
0,2x	0,1	0,1	0,1
0,3x	0,1	0,1	0,1
0,4x	0,2	0,2	0,2
0,5x	0,3	0,3	0,3
0,6x	0,4	0,4	0,4
0,7x	0,5	0,5	0,5
0,8x	0,7	0,7	0,7
0,9x	0,9	0,9	0,9
1,0x	1,0	1,0	1,0
1,1x	1,2	1,2	1,2
1,2x	1,5	1,5	1,5
1,3x	1,8	1,8	1,8
1,4x	2,1	2,1	2,1
1,5x	2,4	2,4	2,4
1,6x	2,8	2,8	2,8
1,7x	3,2	3,2	3,2
1,8x	3,6	3,6	3,6
1,9x	4,1	4,1	4,1
2,0x	4,7	4,7	4,7
2,1x	5,2	5,2	5,2
2,2x	5,8	5,8	5,8
2,3x	6,5	6,5	6,5
2,4x	7,1	7,1	7,1
2,5x	7,8	7,8	7,8
2,6x	8,5	8,5	8,5
2,7x	9,1	9,1	9,1
2,8x	9,8	9,8	9,8
2,9x	10,4	10,4	10,4
3,0x	12,2	12,2	12,2
3,1x	12,9	12,9	12,9
3,2x	13,6	13,6	13,6
3,3x	14,3	14,3	14,3
3,4x	15,1	15,1	15,1
3,5x	15,8	15,8	15,8
3,6x	16,5	16,5	16,5
3,7x	17,2	17,2	17,2
3,8x	17,9	17,9	17,9
3,9x	18,6	18,6	18,6
4,0x	27,7	27,7	27,7
4,1x	28,7	28,7	28,7
4,2x	29,7	29,7	29,7
4,3x	30,7	30,7	30,7
4,4x	31,7	31,7	31,7
4,5x	32,7	32,7	32,7
4,6x	33,7	33,7	33,7
4,7x	34,7	34,7	34,7
4,8x	35,6	35,6	35,6
4,9x	36,6	36,6	36,6
5,0x	48,3	47,6	47,5
5,1x	49,6	48,6	48,5
5,2x	50,8	49,4	49,3
5,3x	52,1	50,2	49,9
5,4x	53,4	50,8	50,5
5,5x	54,6	51,4	50,8
5,6x	55,9	51,8	50,9
5,7x	57,1	52,2	51,0
5,8x	58,4	52,5	50,9
5,9x	59,7	52,8	50,6
6,0x	60,9	53,0	50,0
6,1x	63,0	53,2	48,9
6,2x	64,2	53,3	47,8
6,3x	65,5	53,4	46,6
6,4x	66,8	53,4	45,1
6,5x	68,1	53,5	43,8
6,6x	69,3	53,5	42,3
6,7x	70,6	53,5	40,6
6,8x	71,9	53,5	39,2
6,9x	73,1	53,6	37,7
7,0x	74,4	53,6	36,2

Quelle: Eigene Berechnungen.

Anhang 6.2: Barwerte und Kapitalkosten des Gesamtunternehmens

Tabelle 26: Gesamtunternehmen (kZS/kl)

Periode t	**0**	**1**	**2**	**3**	**4**	**5**	**6**	**7**
$E[M_{0\to t}]$	1,000	0,994	0,982	0,962	0,939	0,909	0,878	0,842
$(R_{f,0\to t})^{1/t}$		0,6%	0,9%	1,3%	1,6%	1,9%	2,2%	2,5%

Erwartungswert der Zahlungsströme an Eigen- und Fremdkapitalgeber

$E[X_{U,t}]$

Fremdkapital-multiplikator	0	1	2	3	4	5	6	7
0x	-588,0	30,2	31,0	31,9	32,8	33,8	34,9	809,4
1x	-588,0	30,6	31,4	32,1	32,8	33,8	34,9	809,4
2x	-588,0	31,1	32,0	32,9	33,8	34,5	35,2	809,4
3x	-588,0	31,8	32,8	34,0	35,0	35,9	36,7	810,9
4x	-588,0	33,7	34,9	36,2	37,4	38,5	39,5	813,7
5x	-588,0	36,2	37,5	39,1	40,6	42,0	43,2	817,7
6x	-588,0	37,5	39,0	40,9	42,6	44,3	45,8	820,6
7x	-588,0	38,7	40,5	42,6	44,6	46,6	48,3	823,3

Kovarianz der Zahlungsströme zum stochastischen Diskontierungsfaktor

$Cov[M_{0\to t}, X_{U,t}]$

Fremdkapital-multiplikator	0	1	2	3	4	5	6	7
0x		0,7	0,3	0,0	-0,4	-0,8	-1,3	-77,5
1x		0,7	0,3	-0,1	-0,4	-0,8	-1,3	-77,5
2x		0,7	0,3	-0,1	-0,4	-0,8	-1,3	-77,5
3x		0,7	0,3	-0,1	-0,4	-0,8	-1,3	-77,4
4x		0,7	0,3	-0,1	-0,4	-0,8	-1,3	-77,4
5x		0,7	0,3	-0,1	-0,4	-0,9	-1,3	-77,4
6x		0,7	0,3	-0,1	-0,4	-0,9	-1,3	-77,4
7x		0,7	0,3	-0,1	-0,4	-0,9	-1,3	-77,4

Barwert der Zahlungsströme

$PV_0[X_{U,t}] = E[M_{0\to t}] \cdot E[X_{U,t}] + Cov[M_{0\to t}, X_{U,t}]$

Fremdkapital-multiplikator	0	1	2	3	4	5	6	7
0x	-588,0	30,7	30,8	30,6	30,4	29,9	29,4	604,2
1x	-588,0	31,1	31,2	30,8	30,4	29,9	29,4	604,2
2x	-588,0	31,6	31,8	31,6	31,3	30,5	29,6	604,2
3x	-588,0	32,3	32,6	32,6	32,4	31,8	31,0	605,4
4x	-588,0	34,2	34,6	34,8	34,7	34,2	33,4	607,8
5x	-588,0	36,7	37,2	37,6	37,7	37,3	36,7	611,2
6x	-588,0	38,0	38,7	39,3	39,6	39,5	39,0	613,6
7x	-588,0	39,2	40,1	40,9	41,5	41,5	41,2	615,9

Risikoadäquate Kapitalkosten (annualisiert)

$(K_{U,0\to t})^{1/t}$

Fremdkapital-multiplikator	0	1	2	3	4	5	6	7
0x		-1,7%	0,3%	1,4%	1,9%	2,5%	2,9%	4,3%
1x		-1,7%	0,3%	1,4%	1,9%	2,5%	2,9%	4,3%
2x		-1,6%	0,4%	1,4%	1,9%	2,5%	2,9%	4,3%
3x		-1,6%	0,4%	1,4%	1,9%	2,5%	2,9%	4,3%
4x		-1,5%	0,4%	1,4%	1,9%	2,4%	2,8%	4,3%
5x		-1,3%	0,4%	1,4%	1,9%	2,4%	2,8%	4,2%
6x		-1,2%	0,5%	1,4%	1,9%	2,4%	2,7%	4,2%
7x		-1,2%	0,5%	1,4%	1,8%	2,3%	2,7%	4,2%

Quelle: Eigene Berechnungen.

Anhang 6.2: Barwerte und Kapitalkosten des Gesamtunternehmens

Tabelle 27: Gesamtunternehmen (ZS/kI)

Periode t	**0**	**1**	**2**	**3**	**4**	**5**	**6**	**7**
$E[M_{0\rightarrow t}]$	1,000	0,994	0,982	0,962	0,939	0,909	0,878	0,842
$(R_{f,0\rightarrow t})^{1/t}$		0,6%	0,9%	1,3%	1,6%	1,9%	2,2%	2,5%

Erwartungswert der Zahlungsströme an Eigen- und Fremdkapitalgeber

$E[X_{U,t}]$

Fremdkapital-multiplikator	0	1	2	3	4	5	6	7
0x	-588,0	30,2	31,0	31,9	32,8	33,8	34,9	809,4
1x	-588,0	30,6	31,4	32,1	32,8	33,8	34,9	809,4
2x	-588,0	31,1	32,0	32,9	33,8	34,5	35,2	809,4
3x	-588,0	31,8	32,8	34,0	35,0	35,9	36,7	810,9
4x	-588,0	33,7	34,9	36,2	37,4	38,5	39,5	813,7
5x	-588,0	36,2	37,5	39,1	40,6	41,9	43,1	817,6
6x	-588,0	37,5	38,9	40,3	41,6	42,9	44,3	819,1
7x	-588,0	38,0	39,2	40,4	41,6	43,0	44,4	819,3

Kovarianz der Zahlungsströme zum stochastischen Diskontierungsfaktor

$Cov[M_{0\rightarrow t}, X_{U,t}]$

Fremdkapital-multiplikator	0	1	2	3	4	5	6	7
0x		0,7	0,3	0,0	-0,4	-0,8	-1,3	-77,5
1x		0,7	0,3	-0,1	-0,4	-0,8	-1,3	-77,5
2x		0,7	0,3	-0,1	-0,4	-0,8	-1,3	-77,5
3x		0,7	0,3	-0,1	-0,4	-0,8	-1,3	-77,4
4x		0,7	0,3	-0,1	-0,4	-0,8	-1,3	-77,4
5x		0,7	0,3	-0,1	-0,4	-0,9	-1,4	-77,6
6x		0,7	0,2	-0,3	-0,9	-1,4	-2,0	-78,2
7x		0,6	0,1	-0,5	-1,0	-1,5	-2,1	-78,4

Barwert der Zahlungsströme

$PV_0[X_{U,t}] = E[M_{0\rightarrow t}] \cdot E[X_{U,t}] + Cov[M_{0\rightarrow t}, X_{U,t}]$

Fremdkapital-multiplikator	0	1	2	3	4	5	6	7
0x	-588,0	30,7	30,8	30,6	30,4	29,9	29,4	604,2
1x	-588,0	31,1	31,2	30,8	30,4	29,9	29,4	604,2
2x	-588,0	31,6	31,8	31,6	31,3	30,5	29,6	604,2
3x	-588,0	32,3	32,6	32,6	32,4	31,8	31,0	605,4
4x	-588,0	34,2	34,6	34,8	34,7	34,2	33,4	607,8
5x	-588,0	36,7	37,2	37,6	37,6	37,2	36,4	610,9
6x	-588,0	37,9	38,4	38,5	38,2	37,6	36,9	611,5
7x	-588,0	38,4	38,6	38,4	38,1	37,6	36,9	611,6

Risikoadäquate Kapitalkosten (annualisiert)

$(K_{U,0\rightarrow t})^{1/t}$

Fremdkapital-multiplikator	0	1	2	3	4	5	6	7
0x		-1,7%	0,3%	1,4%	1,9%	2,5%	2,9%	4,3%
1x		-1,7%	0,3%	1,4%	1,9%	2,5%	2,9%	4,3%
2x		-1,6%	0,4%	1,4%	1,9%	2,5%	2,9%	4,3%
3x		-1,6%	0,4%	1,4%	1,9%	2,5%	2,9%	4,3%
4x		-1,5%	0,4%	1,4%	1,9%	2,4%	2,8%	4,3%
5x		-1,3%	0,4%	1,4%	1,9%	2,4%	2,8%	4,3%
6x		-1,2%	0,6%	1,6%	2,2%	2,7%	3,1%	4,3%
7x		-0,9%	0,8%	1,7%	2,2%	2,7%	3,1%	4,3%

Quelle: Eigene Berechnungen.

Anhang 6.2: Barwerte und Kapitalkosten des Gesamtunternehmens

Tabelle 28: Gesamtunternehmen (ZS/I)

Periode t	**0**	**1**	**2**	**3**	**4**	**5**	**6**	**7**
$E[M_{0\rightarrow t}]$	1,000	0,994	0,982	0,962	0,939	0,909	0,878	0,842
$(R_{f,0\rightarrow t})^{1/t}$		0,6%	0,9%	1,3%	1,6%	1,9%	2,2%	2,5%

Erwartungswert der Zahlungsströme an Eigen- und Fremdkapitalgeber

$E[X_{U,t}]$

Fremdkapitalmultiplikator	0	1	2	3	4	5	6	7
0x	-588,0	30,2	31,0	31,9	32,8	33,8	34,9	809,4
1x	-588,0	30,6	31,4	32,1	32,8	33,8	34,9	809,4
2x	-588,0	31,1	32,0	32,9	33,8	34,5	35,2	809,4
3x	-588,0	31,8	32,8	34,0	35,0	35,9	36,7	810,9
4x	-588,0	33,7	34,9	36,2	37,4	38,5	39,5	813,7
5x	-588,0	36,4	37,7	39,4	40,9	42,4	43,6	809,8
6x	-588,0	37,6	39,5	42,3	52,3	63,7	63,8	659,7
7x	-588,0	38,8	42,9	77,3	131,3	96,8	48,2	171,5

Kovarianz der Zahlungsströme zum stochastischen Diskontierungsfaktor

$Cov[M_{0\rightarrow t}, X_{U,t}]$

Fremdkapitalmultiplikator	0	1	2	3	4	5	6	7
0x		0,7	0,3	0,0	-0,4	-0,8	-1,3	-77,5
1x		0,7	0,3	-0,1	-0,4	-0,8	-1,3	-77,5
2x		0,7	0,3	-0,1	-0,4	-0,8	-1,3	-77,5
3x		0,7	0,3	-0,1	-0,4	-0,8	-1,3	-77,4
4x		0,7	0,3	-0,1	-0,4	-0,8	-1,3	-77,4
5x		0,6	0,2	-0,1	-0,6	-1,1	-1,4	-75,2
6x		0,6	-0,1	-1,0	-1,5	10,9	5,5	-108,8
7x		0,2	-1,1	1,4	12,7	-0,1	-7,1	-63,2

Barwert der Zahlungsströme

$PV_0[X_{U,t}] = E[M_{0\rightarrow t}]\cdot E[X_{U,t}] + Cov[M_{0\rightarrow t}, X_{U,t}]$

Fremdkapitalmultiplikator	0	1	2	3	4	5	6	7
0x	-588,0	30,7	30,8	30,6	30,4	29,9	29,4	604,2
1x	-588,0	31,1	31,2	30,8	30,4	29,9	29,4	604,2
2x	-588,0	31,6	31,8	31,6	31,3	30,5	29,6	604,2
3x	-588,0	32,3	32,6	32,6	32,4	31,8	31,0	605,4
4x	-588,0	34,2	34,6	34,8	34,7	34,2	33,4	607,8
5x	-588,0	36,7	37,2	37,7	37,8	37,4	36,9	606,8
6x	-588,0	38,0	38,7	39,6	47,6	68,8	61,5	446,7
7x	-588,0	38,7	41,0	75,8	135,9	87,9	35,2	81,2

Risikoadäquate Kapitalkosten (annualisiert)

$(K_{U,0\rightarrow t})^{1/t}$

Fremdkapitalmultiplikator	0	1	2	3	4	5	6	7
0x		-1,7%	0,3%	1,4%	1,9%	2,5%	2,9%	4,3%
1x		-1,7%	0,3%	1,4%	1,9%	2,5%	2,9%	4,3%
2x		-1,6%	0,4%	1,4%	1,9%	2,5%	2,9%	4,3%
3x		-1,6%	0,4%	1,4%	1,9%	2,5%	2,9%	4,3%
4x		-1,5%	0,4%	1,4%	1,9%	2,4%	2,8%	4,3%
5x		-1,0%	0,6%	1,4%	2,0%	2,5%	2,8%	4,2%
6x		-0,9%	1,0%	2,1%	2,4%	-1,5%	0,6%	5,7%
7x		0,1%	2,3%	0,7%	-0,9%	1,9%	5,4%	11,3%

Quelle: Eigene Berechnungen.

Anhang 6.3: Barwerte und Kapitalkosten des Fremdkapitals

Tabelle 29: Fremdkapital (kZS/kI)

Periode t		**0**	**1**	**2**	**3**	**4**	**5**	**6**	**7**
$E[M_{0\to t}]$		1,000	0,994	0,982	0,962	0,939	0,909	0,878	0,842
$(R_{f,0\to t})^{1/t}$			0,6%	0,9%	1,3%	1,6%	1,9%	2,2%	2,5%
Erwartungswert der Zahlungsströme an Fremdkapitalgeber									
					$E[X_{FK,t}]$				
Fremdkapital-multiplikator	0x	0,0	0,0	0,0	0,0	0,0	0,0	0,0	0,0
	1x	-84,0	30,6	31,4	25,4	0,1	0,0	0,0	0,0
	2x	-168,0	31,1	32,0	32,9	33,8	34,5	20,1	0,1
	3x	-252,0	31,8	32,8	34,0	35,0	35,9	36,7	89,6
	4x	-336,0	33,7	34,9	36,2	37,4	38,5	39,5	215,6
	5x	-420,0	36,2	37,5	39,1	40,6	42,0	43,2	355,8
	6x	-504,0	37,5	39,0	40,9	42,7	44,4	45,9	476,6
	7x	-588,0	38,7	40,5	42,7	44,9	47,2	49,2	591,8
Kovarianz der Zahlungsströme zum stochastischen Diskontierungsfaktor									
					$Cov[M_{0\to t}, X_{FK,t}]$				
Fremdkapital-multiplikator	0x		0,0	0,0	0,0	0,0	0,0	0,0	0,0
	1x		0,7	0,3	-1,0	-0,1	0,0	0,0	0,0
	2x		0,7	0,3	-0,1	-0,4	-0,8	0,2	0,0
	3x		0,7	0,3	-0,1	-0,4	-0,8	-1,3	1,5
	4x		0,7	0,3	-0,1	-0,4	-0,8	-1,3	1,5
	5x		0,7	0,3	-0,1	-0,4	-0,9	-1,3	1,5
	6x		0,7	0,3	-0,1	-0,4	-0,9	-1,3	1,3
	7x		0,7	0,3	-0,1	-0,5	-0,8	-1,0	-4,1
Barwert der Zahlungsströme									
					$PV_0[X_{FK,t}] = E[M_{0\to t}] \cdot E[X_{FK,t}] + Cov[M_{0\to t}, X_{FK,t}]$				
Fremdkapital-multiplikator	0x	0,0	0,0	0,0	0,0	0,0	0,0	0,0	0,0
	1x	-84,0	31,1	31,2	23,5	0,0	0,0	0,0	0,0
	2x	-168,0	31,6	31,8	31,6	31,3	30,5	17,9	0,1
	3x	-252,0	32,3	32,6	32,6	32,4	31,8	31,0	76,9
	4x	-336,0	34,2	34,6	34,8	34,7	34,2	33,4	183,0
	5x	-420,0	36,7	37,2	37,6	37,7	37,3	36,7	301,1
	6x	-504,0	38,0	38,7	39,3	39,6	39,5	39,1	402,7
	7x	-588,0	39,2	40,1	41,0	41,7	42,1	42,2	494,3
Risikoadäquate Kapitalkosten (annualisiert)									
					$(K_{FK,0\to t})^{1/t}$				
Fremdkapital-multiplikator	0x		n/a	n/a	n/a	n/a	n/a	n/a	n/a
	1x		-1,7%	0,3%	2,7%	24,7%	n/a	n/a	n/a
	2x		-1,6%	0,4%	1,4%	1,9%	2,5%	2,0%	3,4%
	3x		-1,6%	0,4%	1,4%	1,9%	2,5%	2,9%	2,2%
	4x		-1,5%	0,4%	1,4%	1,9%	2,4%	2,8%	2,4%
	5x		-1,3%	0,4%	1,4%	1,9%	2,4%	2,8%	2,4%
	6x		-1,2%	0,5%	1,4%	1,9%	2,4%	2,7%	2,4%
	7x		-1,2%	0,5%	1,4%	1,9%	2,3%	2,6%	2,6%

Quelle: Eigene Berechnungen.

Anhang 6.3: Barwerte und Kapitalkosten des Fremdkapitals

Tabelle 30: Fremdkapital (ZS/kI)

Periode t	**0**	**1**	**2**	**3**	**4**	**5**	**6**	**7**
$E[M_{0\to t}]$	1,000	0,994	0,982	0,962	0,939	0,909	0,878	0,842
$(R_{f,0\to t})^{1/t}$		0,6%	0,9%	1,3%	1,6%	1,9%	2,2%	2,5%

Erwartungswert der Zahlungsströme an Fremdkapitalgeber

$E[X_{FK,t}]$

Fremdkapital-multiplikator	0	1	2	3	4	5	6	7
0x	0,0	0,0	0,0	0,0	0,0	0,0	0,0	0,0
1x	-84,0	30,6	31,4	25,4	0,1	0,0	0,0	0,0
2x	-168,0	31,1	32,0	32,9	33,8	34,5	20,1	0,1
3x	-252,0	31,8	32,8	34,0	35,0	35,9	36,7	89,6
4x	-336,0	33,7	34,9	36,2	37,4	38,5	39,5	215,6
5x	-420,0	36,2	37,5	39,1	40,6	41,9	43,1	356,0
6x	-504,0	37,5	38,9	40,3	41,7	43,1	44,6	481,8
7x	-588,0	38,0	39,2	40,6	42,8	45,4	47,9	602,6

Kovarianz der Zahlungsströme zum stochastischen Diskontierungsfaktor

$Cov[M_{0\to t}, X_{FK,t}]$

Fremdkapital-multiplikator	0	1	2	3	4	5	6	7
0x		0,0	0,0	0,0	0,0	0,0	0,0	0,0
1x		0,7	0,3	-1,0	-0,1	0,0	0,0	0,0
2x		0,7	0,3	-0,1	-0,4	-0,8	0,2	0,0
3x		0,7	0,3	-0,1	-0,4	-0,8	-1,3	1,5
4x		0,7	0,3	-0,1	-0,4	-0,8	-1,3	1,5
5x		0,7	0,3	-0,1	-0,4	-0,9	-1,4	1,8
6x		0,7	0,2	-0,3	-0,9	-1,3	-1,7	3,1
7x		0,6	0,1	-0,5	-0,7	-0,7	-0,8	-5,4

Barwert der Zahlungsströme

$PV_0[X_{FK,t}] = E[M_{0\to t}] \cdot E[X_{FK,t}] + Cov[M_{0\to t}, X_{FK,t}]$

Fremdkapital-multiplikator	0	1	2	3	4	5	6	7
0x	0,0	0,0	0,0	0,0	0,0	0,0	0,0	0,0
1x	-84,0	31,1	31,2	23,5	0,0	0,0	0,0	0,0
2x	-168,0	31,6	31,8	31,6	31,3	30,5	17,9	0,1
3x	-252,0	32,3	32,6	32,6	32,4	31,8	31,0	76,9
4x	-336,0	34,2	34,6	34,8	34,7	34,2	33,4	183,0
5x	-420,0	36,7	37,2	37,6	37,6	37,2	36,4	301,5
6x	-504,0	37,9	38,4	38,5	38,3	37,9	37,4	408,8
7x	-588,0	38,4	38,6	38,6	39,5	40,6	41,2	502,1

Risikoadäquate Kapitalkosten (annualisiert)

$(K_{FK,0\to t})^{1/t}$

Fremdkapital-multiplikator	0	1	2	3	4	5	6	7
0x		n/a	n/a	n/a	n/a	n/a	n/a	n/a
1x		-1,7%	0,3%	2,7%	24,7%	n/a	n/a	n/a
2x		-1,6%	0,4%	1,4%	1,9%	2,5%	2,0%	3,4%
3x		-1,6%	0,4%	1,4%	1,9%	2,5%	2,9%	2,2%
4x		-1,5%	0,4%	1,4%	1,9%	2,4%	2,8%	2,4%
5x		-1,3%	0,4%	1,4%	1,9%	2,4%	2,8%	2,4%
6x		-1,2%	0,6%	1,6%	2,2%	2,6%	3,0%	2,4%
7x		-0,9%	0,8%	1,7%	2,1%	2,3%	2,5%	2,6%

Quelle: Eigene Berechnungen.

Anhang 6.3: Barwerte und Kapitalkosten des Fremdkapitals

Tabelle 31: Fremdkapital (ZS/I)

Periode t	**0**	**1**	**2**	**3**	**4**	**5**	**6**	**7**
$E[M_{0\rightarrow t}]$	1,000	0,994	0,982	0,962	0,939	0,909	0,878	0,842
$(R_{f,0\rightarrow t})^{1/t}$		0,6%	0,9%	1,3%	1,6%	1,9%	2,2%	2,5%

Erwartungswert der Zahlungsströme an Fremdkapitalgeber

$E[X_{FK,t}]$

Fremdkapital-multiplikator	0	1	2	3	4	5	6	7
0x	0,0	0,0	0,0	0,0	0,0	0,0	0,0	0,0
1x	-84,0	30,6	31,4	25,4	0,1	0,0	0,0	0,0
2x	-168,0	31,1	32,0	32,9	33,8	34,5	20,1	0,1
3x	-252,0	31,8	32,8	34,0	35,0	35,9	36,7	89,6
4x	-336,0	33,7	34,9	36,2	37,4	38,5	39,5	215,6
5x	-420,0	36,4	37,7	39,4	40,9	42,4	43,6	353,1
6x	-504,0	37,6	39,5	42,3	52,3	63,7	63,8	378,7
7x	-588,0	38,8	42,9	77,3	131,3	96,8	48,2	110,5

Kovarianz der Zahlungsströme zum stochastischen Diskontierungsfaktor

$Cov[M_{0\rightarrow t}, X_{FK,t}]$

Fremdkapital-multiplikator	0	1	2	3	4	5	6	7
0x		0,0	0,0	0,0	0,0	0,0	0,0	0,0
1x		0,7	0,3	-1,0	-0,1	0,0	0,0	0,0
2x		0,7	0,3	-0,1	-0,4	-0,8	0,2	0,0
3x		0,7	0,3	-0,1	-0,4	-0,8	-1,3	1,5
4x		0,7	0,3	-0,1	-0,4	-0,8	-1,3	1,5
5x		0,6	0,2	-0,1	-0,6	-1,1	-1,4	2,3
6x		0,6	-0,1	-1,0	-1,5	10,9	5,5	-34,3
7x		0,2	-1,1	1,4	12,7	-0,1	-7,1	-36,6

Barwert der Zahlungsströme

$PV_0[X_{FK,t}] = E[M_{0\rightarrow t}] \cdot E[X_{FK,t}] + Cov[M_{0\rightarrow t}, X_{FK,t}]$

Fremdkapital-multiplikator	0	1	2	3	4	5	6	7
0x	0,0	0,0	0,0	0,0	0,0	0,0	0,0	0,0
1x	-84,0	31,1	31,2	23,5	0,0	0,0	0,0	0,0
2x	-168,0	31,6	31,8	31,6	31,3	30,5	17,9	0,1
3x	-252,0	32,3	32,6	32,6	32,4	31,8	31,0	76,9
4x	-336,0	34,2	34,6	34,8	34,7	34,2	33,4	183,0
5x	-420,0	36,7	37,2	37,7	37,8	37,4	36,9	299,7
6x	-504,0	38,0	38,7	39,6	47,6	68,8	61,5	284,7
7x	-588,0	38,7	41,0	75,8	135,9	87,9	35,2	56,5

Risikoadäquate Kapitalkosten (annualisiert)

$(K_{FK,0\rightarrow t})^{1/t}$

Fremdkapital-multiplikator	0	1	2	3	4	5	6	7
0x		n/a	n/a	n/a	n/a	n/a	n/a	n/a
1x		-1,7%	0,3%	2,7%	24,7%	n/a	n/a	n/a
2x		-1,6%	0,4%	1,4%	1,9%	2,5%	2,0%	3,4%
3x		-1,6%	0,4%	1,4%	1,9%	2,5%	2,9%	2,2%
4x		-1,5%	0,4%	1,4%	1,9%	2,4%	2,8%	2,4%
5x		-1,0%	0,6%	1,4%	2,0%	2,5%	2,8%	2,4%
6x		-0,9%	1,0%	2,1%	2,4%	-1,5%	0,6%	4,2%
7x		0,1%	2,3%	0,7%	-0,9%	1,9%	5,4%	10,1%

Quelle: Eigene Berechnungen.

Anhang 6.4: Barwerte und Kapitalkosten des Eigenkapitals

Tabelle 32: Eigenkapital (kZS/kl)

Periode t	0	1	2	3	4	5	6	7
$E[M_{0\rightarrow t}]$	1,000	0,994	0,982	0,962	0,939	0,909	0,878	0,842
$(R_{f,0\rightarrow t})^{1/t}$		0,6%	0,9%	1,3%	1,6%	1,9%	2,2%	2,5%

Erwartungswert der Zahlungsströme an Eigenkapitalgeber

$E[X_{EK,t}]$

Fremdkapital-multiplikator	0	1	2	3	4	5	6	7
0x	-588,0	30,2	31,0	31,9	32,8	33,8	34,9	809,4
1x	-504,0	0,0	0,0	6,7	32,7	33,8	34,9	809,4
2x	-420,0	0,0	0,0	0,0	0,0	0,0	15,0	809,3
3x	-336,0	0,0	0,0	0,0	0,0	0,0	0,0	721,3
4x	-252,0	0,0	0,0	0,0	0,0	0,0	0,0	598,1
5x	-168,0	0,0	0,0	0,0	0,0	0,0	0,0	461,9
6x	-84,0	0,0	0,0	0,0	0,0	0,0	-0,1	344,0
7x	0,0	0,0	0,0	-0,1	-0,3	-0,6	-0,9	231,5

Kovarianz der Zahlungsströme zum stochastischen Diskontierungsfaktor

$Cov[M_{0\rightarrow t}, X_{EK,t}]$

Fremdkapital-multiplikator	0	1	2	3	4	5	6	7
0x		0,7	0,3	0,0	-0,4	-0,8	-1,3	-77,5
1x		0,0	0,0	0,9	-0,3	-0,8	-1,3	-77,5
2x		0,0	0,0	0,0	0,0	0,0	-1,4	-77,5
3x		0,0	0,0	0,0	0,0	0,0	0,0	-78,9
4x		0,0	0,0	0,0	0,0	0,0	0,0	-78,9
5x		0,0	0,0	0,0	0,0	0,0	0,0	-78,9
6x		0,0	0,0	0,0	0,0	0,0	0,0	-78,8
7x		0,0	0,0	0,0	0,1	-0,1	-0,2	-73,4

Barwert der Zahlungsströme

$PV_0[X_{EK,t}] = E[M_{0\rightarrow t}]\cdot E[X_{EK,t}] + Cov[M_{0\rightarrow t}, X_{EK,t}]$

Fremdkapital-multiplikator	0	1	2	3	4	5	6	7
0x	-588,0	30,7	30,8	30,6	30,4	29,9	29,4	604,2
1x	-504,0	0,0	0,0	7,3	30,3	29,9	29,4	604,2
2x	-420,0	0,0	0,0	0,0	0,0	0,0	11,8	604,1
3x	-336,0	0,0	0,0	0,0	0,0	0,0	0,0	528,5
4x	-252,0	0,0	0,0	0,0	0,0	0,0	0,0	424,8
5x	-168,0	0,0	0,0	0,0	0,0	0,0	0,0	310,1
6x	-84,0	0,0	0,0	0,0	0,0	0,0	-0,1	210,9
7x	0,0	0,0	0,0	-0,1	-0,2	-0,6	-1,0	121,6

Risikoadäquate Kapitalkosten (annualisiert)

$(K_{EK,0\rightarrow t})^{1/t}$

Fremdkapital-multiplikator	0	1	2	3	4	5	6	7
0x		-1,7%	0,3%	1,4%	1,9%	2,5%	2,9%	4,3%
1x		n/a	n/a	-3,1%	1,9%	2,5%	2,9%	4,3%
2x		n/a	n/a	n/a	n/a	12,1%	4,2%	4,3%
3x		n/a	n/a	n/a	n/a	n/a	n/a	4,5%
4x		n/a	n/a	n/a	n/a	n/a	n/a	5,0%
5x		157,0%	84,1%	25,6%	18,4%	13,6%	7,4%	5,9%
6x		157,0%	62,5%	27,3%	14,3%	7,0%	1,2%	7,2%
7x		147,7%	38,6%	14,3%	7,4%	-0,9%	-2,2%	9,6%

Quelle: Eigene Berechnungen.

Anhang 6.4: Barwerte und Kapitalkosten des Eigenkapitals

Tabelle 33: Eigenkapital (ZS/kl)

Periode t		**0**	**1**	**2**	**3**	**4**	**5**	**6**	**7**
$E[M_{0\to t}]$		1,000	0,994	0,982	0,962	0,939	0,909	0,878	0,842
$(R_{f,0\to t})^{1/t}$			0,6%	0,9%	1,3%	1,6%	1,9%	2,2%	2,5%
Erwartungswert der Zahlungsströme an Eigenkapitalgeber									
					$E[X_{EK,t}]$				
Fremdkapital-multiplikator	0x	-588,0	30,2	31,0	31,9	32,8	33,8	34,9	809,4
	1x	-504,0	0,0	0,0	6,7	32,7	33,8	34,9	809,4
	2x	-420,0	0,0	0,0	0,0	0,0	0,0	15,0	809,3
	3x	-336,0	0,0	0,0	0,0	0,0	0,0	0,0	721,3
	4x	-252,0	0,0	0,0	0,0	0,0	0,0	0,0	598,1
	5x	-168,0	0,0	0,0	0,0	0,0	0,0	0,0	461,6
	6x	-84,0	0,0	0,0	0,0	-0,1	-0,2	-0,3	337,3
	7x	0,0	0,0	0,0	-0,3	-1,2	-2,4	-3,4	216,8
Kovarianz der Zahlungsströme zum stochastischen Diskontierungsfaktor									
					$Cov[M_{0\to t}, X_{EK,t}]$				
Fremdkapital-multiplikator	0x		0,7	0,3	0,0	-0,4	-0,8	-1,3	-77,5
	1x		0,0	0,0	0,9	-0,3	-0,8	-1,3	-77,5
	2x		0,0	0,0	0,0	0,0	0,0	-1,4	-77,5
	3x		0,0	0,0	0,0	0,0	0,0	0,0	-78,9
	4x		0,0	0,0	0,0	0,0	0,0	0,0	-78,9
	5x		0,0	0,0	0,0	0,0	0,0	0,0	-79,4
	6x		0,0	0,0	0,0	0,0	-0,1	-0,3	-81,3
	7x		0,0	0,0	0,0	-0,2	-0,8	-1,3	-73,1
Barwert der Zahlungsströme									
					$PV_0[X_{EK,t}] = E[M_{0\to t}]\cdot E[X_{EK,t}] + Cov[M_{0\to t}, X_{EK,t}]$				
Fremdkapital-multiplikator	0x	-588,0	30,7	30,8	30,6	30,4	29,9	29,4	604,2
	1x	-504,0	0,0	0,0	7,3	30,3	29,9	29,4	604,2
	2x	-420,0	0,0	0,0	0,0	0,0	0,0	11,8	604,1
	3x	-336,0	0,0	0,0	0,0	0,0	0,0	0,0	528,5
	4x	-252,0	0,0	0,0	0,0	0,0	0,0	0,0	424,8
	5x	-168,0	0,0	0,0	0,0	0,0	0,0	0,0	309,3
	6x	-84,0	0,0	0,0	0,0	0,0	-0,3	-0,5	202,7
	7x	0,0	0,0	0,0	-0,2	-1,3	-3,0	-4,3	109,5
Risikoadäquate Kapitalkosten (annualisiert)									
					$(K_{EK,0\to t})^{1/t}$				
Fremdkapital-multiplikator	0x		-1,7%	0,3%	1,4%	1,9%	2,5%	2,9%	4,3%
	1x		n/a	n/a	-3,1%	1,9%	2,5%	2,9%	4,3%
	2x		n/a	n/a	n/a	n/a	12,1%	4,2%	4,3%
	3x		n/a	n/a	n/a	n/a	n/a	n/a	4,5%
	4x		n/a	n/a	n/a	n/a	n/a	n/a	5,0%
	5x		157,0%	84,1%	25,6%	18,4%	13,6%	4,8%	5,9%
	6x		157,0%	62,5%	25,6%	6,6%	-7,9%	-8,0%	7,5%
	7x		147,7%	33,3%	2,2%	-3,2%	-4,2%	-3,6%	10,2%

Quelle: Eigene Berechnungen.

Anhang 6.4: Barwerte und Kapitalkosten des Eigenkapitals

Tabelle 34: Eigenkapital (ZS/I)

Periode t	0	1	2	3	4	5	6	7
$E[M_{0\to t}]$	1,000	0,994	0,982	0,962	0,939	0,909	0,878	0,842
$(R_{f,0\to t})^{1/t}$		0,6%	0,9%	1,3%	1,6%	1,9%	2,2%	2,5%

Erwartungswert der Zahlungsströme an Eigenkapitalgeber

$E[X_{EK,t}]$

Fremdkapital-multiplikator	0	1	2	3	4	5	6	7
0x	-588,0	30,2	31,0	31,9	32,8	33,8	34,9	809,4
1x	-504,0	0,0	0,0	6,7	32,7	33,8	34,9	809,4
2x	-420,0	0,0	0,0	0,0	0,0	0,0	15,0	809,3
3x	-336,0	0,0	0,0	0,0	0,0	0,0	0,0	721,3
4x	-252,0	0,0	0,0	0,0	0,0	0,0	0,0	598,1
5x	-168,0	0,0	0,0	0,0	0,0	0,0	0,0	456,7
6x	-84,0	0,0	0,0	0,0	0,0	0,0	0,0	280,9
7x	0,0	0,0	0,0	0,0	0,0	0,0	0,0	61,0

Kovarianz der Zahlungsströme zum stochastischen Diskontierungsfaktor

$Cov[M_{0\to t}, X_{EK,t}]$

Fremdkapital-multiplikator	0	1	2	3	4	5	6	7
0x		0,7	0,3	0,0	-0,4	-0,8	-1,3	-77,5
1x		0,0	0,0	0,9	-0,3	-0,8	-1,3	-77,5
2x		0,0	0,0	0,0	0,0	0,0	-1,4	-77,5
3x		0,0	0,0	0,0	0,0	0,0	0,0	-78,9
4x		0,0	0,0	0,0	0,0	0,0	0,0	-78,9
5x		0,0	0,0	0,0	0,0	0,0	0,0	-77,5
6x		0,0	0,0	0,0	0,0	0,0	0,0	-74,5
7x		0,0	0,0	0,0	0,0	0,0	0,0	-26,6

Barwert der Zahlungsströme

$PV_0[X_{EK,t}] = E[M_{0\to t}] \cdot E[X_{EK,t}] + Cov[M_{0\to t}, X_{EK,t}]$

Fremdkapital-multiplikator	0	1	2	3	4	5	6	7
0x	-588,0	30,7	30,8	30,6	30,4	29,9	29,4	604,2
1x	-504,0	0,0	0,0	7,3	30,3	29,9	29,4	604,2
2x	-420,0	0,0	0,0	0,0	0,0	0,0	11,8	604,1
3x	-336,0	0,0	0,0	0,0	0,0	0,0	0,0	528,5
4x	-252,0	0,0	0,0	0,0	0,0	0,0	0,0	424,8
5x	-168,0	0,0	0,0	0,0	0,0	0,0	0,0	307,1
6x	-84,0	0,0	0,0	0,0	0,0	0,0	0,0	162,0
7x	0,0	0,0	0,0	0,0	0,0	0,0	0,0	24,8

Risikoadäquate Kapitalkosten (annualisiert)

$(K_{EK,0\to t})^{1/t}$

Fremdkapital-multiplikator	0	1	2	3	4	5	6	7
0x		-1,7%	0,3%	1,4%	1,9%	2,5%	2,9%	4,3%
1x		n/a	n/a	-3,1%	1,9%	2,5%	2,9%	4,3%
2x		n/a	n/a	n/a	n/a	12,1%	4,2%	4,3%
3x		n/a	n/a	n/a	n/a	n/a	n/a	4,5%
4x		n/a	n/a	n/a	n/a	n/a	n/a	5,0%
5x		n/a	n/a	n/a	n/a	n/a	43,0%	5,8%
6x		n/a	n/a	n/a	n/a	n/a	n/a	8,2%
7x		n/a	n/a	n/a	n/a	n/a	n/a	13,7%

Quelle: Eigene Berechnungen.

Anhang 6.5: Barwerte und Kapitalkosten der Steuervorteile

Tabelle 35: Steuervorteile (kZS/kl)

Periode t	**0**	**1**	**2**	**3**	**4**	**5**	**6**	**7**
$E[M_{0\rightarrow t}]$	1,000	0,994	0,982	0,962	0,939	0,909	0,878	0,842
$(R_{f,0\rightarrow t})^{1/t}$		0,6%	0,9%	1,3%	1,6%	1,9%	2,2%	2,5%
Erwartungswert der Steuervorteile aus Fremdfinanzierung								
				$E[X_{TS,t}]$				
Fremdkapital-multiplikator								
0x	0,0	0,0	0,0	0,0	0,0	0,0	0,0	0,0
1x	0,0	0,4	0,4	0,2	0,0	0,0	0,0	0,0
2x	0,0	0,9	1,0	1,1	1,0	0,7	0,3	0,0
3x	0,0	1,6	1,8	2,1	2,2	2,1	1,9	1,5
4x	0,0	3,5	3,9	4,3	4,6	4,7	4,6	4,3
5x	0,0	6,0	6,5	7,2	7,8	8,2	8,3	8,3
6x	0,0	7,3	8,0	9,0	9,9	10,5	11,0	11,2
7x	0,0	8,5	9,5	10,7	11,8	12,8	13,5	13,9
Kovarianz der Steuervorteile aus Fremdfinanzierung zum SDF								
				$Cov[M_{0\rightarrow t}, X_{TS,t}]$				
Fremdkapital-multiplikator								
0x		0,0	0,0	0,0	0,0	0,0	0,0	0,0
1x		0,0	0,0	0,0	0,0	0,0	0,0	0,0
2x		0,0	0,0	0,0	0,0	0,0	0,0	0,0
3x		0,0	0,0	0,0	0,0	0,0	0,0	0,0
4x		0,0	0,0	0,0	0,0	0,0	0,0	0,0
5x		0,0	0,0	0,0	0,0	0,0	0,0	0,0
6x		0,0	0,0	0,0	0,0	0,0	0,0	0,0
7x		0,0	0,0	0,0	0,0	0,0	0,0	0,0
Barwert der Steuervorteile aus Fremdfinanzierung								
				$PV_0[X_{TS,t}] = E[M_{0\rightarrow t}] \cdot E[X_{TS,t}] + Cov[M_{0\rightarrow t}, X_{TS,t}]$				
Fremdkapital-multiplikator								
0x	0,0	0,0	0,0	0,0	0,0	0,0	0,0	0,0
1x	0,0	0,4	0,4	0,2	0,0	0,0	0,0	0,0
2x	0,0	0,9	1,0	1,0	0,9	0,6	0,3	0,0
3x	0,0	1,6	1,8	2,0	2,0	1,9	1,6	1,2
4x	0,0	3,5	3,8	4,1	4,3	4,3	4,0	3,7
5x	0,0	6,0	6,4	6,9	7,3	7,4	7,3	7,0
6x	0,0	7,3	7,9	8,7	9,2	9,6	9,6	9,4
7x	0,0	8,5	9,3	10,3	11,1	11,6	11,8	11,8
Risikoadäquate Kapitalkosten (annualisiert)								
				$(K_{TS,0\rightarrow t})^{1/t}$				
Fremdkapital-multiplikator								
0x		n/a	n/a	n/a	n/a	n/a	n/a	n/a
1x		0,6%	1,5%	2,8%	24,7%	n/a	n/a	n/a
2x		0,6%	1,1%	1,6%	1,9%	2,2%	2,0%	3,4%
3x		0,6%	1,0%	1,5%	1,7%	2,0%	2,2%	2,2%
4x		0,6%	1,0%	1,4%	1,7%	2,0%	2,2%	2,4%
5x		0,6%	1,0%	1,4%	1,7%	2,0%	2,2%	2,4%
6x		0,6%	1,0%	1,4%	1,7%	1,9%	2,2%	2,4%
7x		0,6%	1,0%	1,4%	1,6%	1,9%	2,2%	2,4%

Quelle: Eigene Berechnungen.

Anhang 6.5: Barwerte und Kapitalkosten der Steuervorteile

Tabelle 36: Steuervorteile (ZS/kl)

Periode t	**0**	**1**	**2**	**3**	**4**	**5**	**6**	**7**
$E[M_{0\rightarrow t}]$	1,000	0,994	0,982	0,962	0,939	0,909	0,878	0,842
$(R_{f,0\rightarrow t})^{1/t}$		0,6%	0,9%	1,3%	1,6%	1,9%	2,2%	2,5%

Erwartungswert der Steuervorteile aus Fremdfinanzierung

$E[X_{TS,t}]$

Fremdkapital-multiplikator	0	1	2	3	4	5	6	7
0x	0,0	0,0	0,0	0,0	0,0	0,0	0,0	0,0
1x	0,0	0,4	0,4	0,2	0,0	0,0	0,0	0,0
2x	0,0	0,9	1,0	1,1	1,0	0,7	0,3	0,0
3x	0,0	1,6	1,8	2,1	2,2	2,1	1,9	1,5
4x	0,0	3,5	3,9	4,3	4,6	4,7	4,6	4,3
5x	0,0	6,0	6,5	7,2	7,8	8,1	8,2	8,2
6x	0,0	7,3	7,9	8,5	8,8	9,1	9,4	9,6
7x	0,0	7,8	8,2	8,5	8,8	9,2	9,6	9,9

Kovarianz der Steuervorteile aus Fremdfinanzierung zum SDF

$Cov[M_{0\rightarrow t}, X_{TS,t}]$

Fremdkapital-multiplikator	0	1	2	3	4	5	6	7
0x		0,0	0,0	0,0	0,0	0,0	0,0	0,0
1x		0,0	0,0	0,0	0,0	0,0	0,0	0,0
2x		0,0	0,0	0,0	0,0	0,0	0,0	0,0
3x		0,0	0,0	0,0	0,0	0,0	0,0	0,0
4x		0,0	0,0	0,0	0,0	0,0	0,0	0,0
5x		0,0	0,0	0,0	0,0	-0,1	-0,1	-0,2
6x		0,0	-0,1	-0,3	-0,5	-0,6	-0,7	-0,8
7x		-0,1	-0,3	-0,4	-0,6	-0,7	-0,8	-1,0

Barwert der Steuervorteile aus Fremdfinanzierung

$PV_0[X_{TS,t}] = E[M_{0\rightarrow t}] \cdot E[X_{TS,t}] + Cov[M_{0\rightarrow t}, X_{TS,t}]$

Fremdkapital-multiplikator	0	1	2	3	4	5	6	7
0x	0,0	0,0	0,0	0,0	0,0	0,0	0,0	0,0
1x	0,0	0,4	0,4	0,2	0,0	0,0	0,0	0,0
2x	0,0	0,9	1,0	1,0	0,9	0,6	0,3	0,0
3x	0,0	1,6	1,8	2,0	2,0	1,9	1,6	1,2
4x	0,0	3,5	3,8	4,1	4,3	4,3	4,0	3,7
5x	0,0	6,0	6,4	6,9	7,2	7,3	7,1	6,7
6x	0,0	7,2	7,6	7,9	7,8	7,7	7,5	7,3
7x	0,0	7,7	7,8	7,8	7,8	7,7	7,5	7,4

Risikoadäquate Kapitalkosten (annualisiert)

$(K_{TS,0\rightarrow t})^{1/t}$

Fremdkapital-multiplikator	0	1	2	3	4	5	6	7
0x		n/a	n/a	n/a	n/a	n/a	n/a	n/a
1x		0,6%	1,5%	2,8%	24,7%	n/a	n/a	n/a
2x		0,6%	1,1%	1,6%	1,9%	2,2%	2,0%	3,4%
3x		0,6%	1,0%	1,5%	1,7%	2,0%	2,2%	2,2%
4x		0,6%	1,0%	1,4%	1,7%	2,0%	2,2%	2,4%
5x		0,6%	1,0%	1,4%	1,8%	2,2%	2,5%	2,8%
6x		0,9%	1,6%	2,5%	3,1%	3,5%	3,8%	4,0%
7x		2,1%	2,6%	3,0%	3,4%	3,7%	4,0%	4,3%

Quelle: Eigene Berechnungen.

Anhang 6.5: Barwerte und Kapitalkosten der Steuervorteile

Tabelle 37: Steuervorteile (ZS/I)

Periode t	0	1	2	3	4	5	6	7
$E[M_{0\to t}]$	1,000	0,994	0,982	0,962	0,939	0,909	0,878	0,842
$(R_{f,0\to t})^{1/t}$		0,6%	0,9%	1,3%	1,6%	1,9%	2,2%	2,5%

Erwartungswert der Steuervorteile aus Fremdfinanzierung

$E[X_{TS,t}]$

Fremdkapital-multiplikator	0	1	2	3	4	5	6	7
0x	0,0	0,0	0,0	0,0	0,0	0,0	0,0	0,0
1x	0,0	0,4	0,4	0,2	0,0	0,0	0,0	0,0
2x	0,0	0,9	1,0	1,1	1,0	0,7	0,3	0,0
3x	0,0	1,6	1,8	2,1	2,2	2,1	1,9	1,5
4x	0,0	3,5	3,9	4,3	4,6	4,7	4,6	4,3
5x	0,0	6,0	6,5	7,2	7,8	8,1	8,2	8,1
6x	0,0	7,3	7,9	8,4	8,8	8,7	8,3	7,8
7x	0,0	7,8	8,1	8,4	7,6	5,0	3,0	2,1

Kovarianz der Steuervorteile aus Fremdfinanzierung zum SDF

$Cov[M_{0\to t}, X_{TS,t}]$

Fremdkapital-multiplikator	0	1	2	3	4	5	6	7
0x		0,0	0,0	0,0	0,0	0,0	0,0	0,0
1x		0,0	0,0	0,0	0,0	0,0	0,0	0,0
2x		0,0	0,0	0,0	0,0	0,0	0,0	0,0
3x		0,0	0,0	0,0	0,0	0,0	0,0	0,0
4x		0,0	0,0	0,0	0,0	0,0	0,0	0,0
5x		0,0	0,0	0,0	0,0	-0,1	-0,1	-0,1
6x		0,0	-0,1	-0,3	-0,4	-0,5	-0,9	-1,2
7x		-0,1	-0,2	-0,3	-0,5	-0,8	-0,9	-0,8

Barwert der Steuervorteile aus Fremdfinanzierung

$PV_0[X_{TS,t}] = E[M_{0\to t}] \cdot E[X_{TS,t}] + Cov[M_{0\to t}, X_{TS,t}]$

Fremdkapital-multiplikator	0	1	2	3	4	5	6	7
0x	0,0	0,0	0,0	0,0	0,0	0,0	0,0	0,0
1x	0,0	0,4	0,4	0,2	0,0	0,0	0,0	0,0
2x	0,0	0,9	1,0	1,0	0,9	0,6	0,3	0,0
3x	0,0	1,6	1,8	2,0	2,0	1,9	1,6	1,2
4x	0,0	3,5	3,8	4,1	4,3	4,3	4,0	3,7
5x	0,0	6,0	6,4	6,9	7,2	7,3	7,0	6,7
6x	0,0	7,2	7,6	7,8	7,8	7,4	6,4	5,4
7x	0,0	7,7	7,8	7,7	6,6	3,7	1,8	1,0

Risikoadäquate Kapitalkosten (annualisiert)

$(K_{TS,0\to t})^{1/t}$

Fremdkapital-multiplikator	0	1	2	3	4	5	6	7
0x		n/a	n/a	n/a	n/a	n/a	n/a	n/a
1x		0,6%	1,5%	2,8%	24,7%	n/a	n/a	n/a
2x		0,6%	1,1%	1,6%	1,9%	2,2%	2,0%	3,4%
3x		0,6%	1,0%	1,5%	1,7%	2,0%	2,2%	2,2%
4x		0,6%	1,0%	1,4%	1,7%	2,0%	2,2%	2,4%
5x		0,6%	1,0%	1,4%	1,7%	2,2%	2,5%	2,8%
6x		0,9%	1,6%	2,5%	3,0%	3,4%	4,5%	5,4%
7x		2,1%	2,5%	2,8%	3,5%	6,2%	9,4%	11,3%

Quelle: Eigene Berechnungen.

Anhang 6.6: Kapitalwerte bei Effizienzsteigerung

Tabelle 38: Nettokapitalwert des Gesamtunternehmens in Abhängigkeit des Fremdkapitalmultiplikators (kZS/kl)

FK-	***NPV*** $_{U,0}$ ***(kZS/kl)***		
multipl.	**η = 0**	**η = 0,25**	**η = 0,5**
0,0x	197,9	306,5	330,5
0,1x	197,9	306,5	330,6
0,2x	198,0	306,5	330,6
0,3x	198,0	306,6	330,6
0,4x	198,1	306,6	330,7
0,5x	198,2	306,7	330,8
0,6x	198,3	306,8	330,9
0,7x	198,4	306,9	331,0
0,8x	198,6	307,1	331,1
0,9x	198,8	307,2	331,2
1,0x	198,9	307,4	331,4
1,1x	199,1	307,6	331,6
1,2x	199,4	307,8	331,8
1,3x	199,7	308,0	332,0
1,4x	200,0	308,3	332,2
1,5x	200,3	308,6	332,5
1,6x	200,7	308,9	332,8
1,7x	201,1	309,2	333,1
1,8x	201,5	309,6	333,4
1,9x	202,0	310,0	333,8
2,0x	202,6	310,5	334,3
2,1x	203,1	310,9	334,7
2,2x	203,8	311,4	335,1
2,3x	204,4	312,0	335,6
2,4x	205,0	312,5	336,1
2,5x	205,7	313,1	336,6
2,6x	206,4	313,7	337,2
2,7x	207,0	314,3	337,8
2,8x	207,7	315,0	338,4
2,9x	208,3	315,6	339,1
3,0x	210,1	317,3	340,7
3,1x	210,8	318,1	341,4
3,2x	211,5	318,8	342,1
3,3x	212,2	319,5	342,9
3,4x	213,0	320,2	343,6
3,5x	213,7	320,9	344,3
3,6x	214,4	321,6	345,0
3,7x	215,1	322,3	345,7
3,8x	215,8	323,0	346,4
3,9x	216,5	323,8	347,1
4,0x	225,6	332,4	355,6
4,1x	226,6	333,4	356,6
4,2x	227,6	334,4	357,6
4,3x	228,6	335,4	358,6
4,4x	229,6	336,4	359,6
4,5x	230,6	337,4	360,6
4,6x	231,6	338,4	361,6
4,7x	232,6	339,4	362,6
4,8x	233,6	340,4	363,6
4,9x	234,5	341,4	364,5
5,0x	246,2	352,7	375,7
5,1x	247,5	354,0	376,9
5,2x	248,7	355,2	378,2
5,3x	250,0	356,5	379,4
5,4x	251,3	357,7	380,7
5,5x	252,5	359,0	382,0
5,6x	253,8	360,3	383,2
5,7x	255,0	361,5	384,5
5,8x	256,3	362,8	385,7
5,9x	257,6	364,0	387,0
6,0x	258,8	365,3	388,3
6,1x	260,9	367,3	390,3
6,2x	262,1	368,6	391,6
6,3x	263,4	369,9	392,8
6,4x	264,7	371,2	394,1
6,5x	266,0	372,4	395,4
6,6x	267,2	373,7	396,7
6,7x	268,5	375,0	397,9
6,8x	269,8	376,3	399,2
6,9x	271,0	377,5	400,5
7,0x	272,3	378,8	401,8

Quelle: Eigene Berechnungen.

Anhang 6.6: Kapitalwerte bei Effizienzsteigerung

Tabelle 39: Nettokapitalwert des Gesamtunternehmens in Abhängigkeit des Fremdkapitalmultiplikators (ZS/I)

FK-multipl.	$NPV_{U,0}$ (ZS/I)			FK-multipl.	$NPV_{U,0}$ (ZS/I)		
	η = 0	η = 0,25	η = 0,5		η = 0	η = 0,25	η = 0,5
0,0x	197,9	306,5	330,5	**3,6x**	214,4	321,6	345,0
0,1x	197,9	306,5	330,6	**3,7x**	215,1	322,3	345,7
0,2x	198,0	306,5	330,6	**3,8x**	215,8	323,0	346,4
0,3x	198,0	306,6	330,6	**3,9x**	216,5	323,8	347,1
0,4x	198,1	306,6	330,7	**4,0x**	225,6	332,4	355,6
0,5x	198,2	306,7	330,8	**4,1x**	226,6	333,4	356,6
0,6x	198,3	306,8	330,9	**4,2x**	227,6	334,4	357,6
0,7x	198,4	306,9	331,0	**4,3x**	228,6	335,4	358,6
0,8x	198,6	307,1	331,1	**4,4x**	229,6	336,4	359,6
0,9x	198,8	307,2	331,2	**4,5x**	230,6	337,4	360,6
1,0x	198,9	307,4	331,4	**4,6x**	231,6	338,4	361,6
1,1x	199,1	307,6	331,6	**4,7x**	232,6	339,4	362,6
1,2x	199,4	307,8	331,8	**4,8x**	233,6	340,4	363,6
1,3x	199,7	308,0	332,0	**4,9x**	234,4	341,4	364,5
1,4x	200,0	308,3	332,2	**5,0x**	242,6	352,6	375,7
1,5x	200,3	308,6	332,5	**5,1x**	242,5	353,8	376,9
1,6x	200,7	308,9	332,8	**5,2x**	241,9	355,0	378,1
1,7x	201,1	309,2	333,1	**5,3x**	240,2	356,1	379,3
1,8x	201,5	309,6	333,4	**5,4x**	237,2	357,2	380,5
1,9x	202,0	310,0	333,8	**5,5x**	231,1	358,2	381,6
2,0x	202,6	310,5	334,3	**5,6x**	221,1	359,0	382,7
2,1x	203,1	310,9	334,7	**5,7x**	211,2	359,9	383,7
2,2x	203,8	311,4	335,1	**5,8x**	200,1	360,6	384,6
2,3x	204,4	312,0	335,6	**5,9x**	186,4	361,3	385,5
2,4x	205,0	312,5	336,1	**6,0x**	166,3	361,2	386,3
2,5x	205,7	313,1	336,6	**6,1x**	133,1	359,9	387,4
2,6x	206,4	313,7	337,2	**6,2x**	105,1	359,1	387,4
2,7x	207,0	314,3	337,8	**6,3x**	76,1	354,9	386,5
2,8x	207,7	315,0	338,4	**6,4x**	44,1	350,7	385,5
2,9x	208,3	315,6	339,1	**6,5x**	15,4	342,0	384,6
3,0x	210,1	317,3	340,7	**6,6x**	-8,3	336,4	379,7
3,1x	210,8	318,1	341,4	**6,7x**	-35,0	328,5	375,5
3,2x	211,5	318,8	342,1	**6,8x**	-53,0	315,3	367,4
3,3x	212,2	319,5	342,9	**6,9x**	-72,6	300,5	361,2
3,4x	213,0	320,2	343,6	**7,0x**	-92,2	286,2	354,8
3,5x	213,7	320,9	344,3				

Quelle: Eigene Berechnungen.

Anhang 6.6: Kapitalwerte bei Effizienzsteigerung

Tabelle 40: Nettokapitalwert des Eigenkapitals in Abhängigkeit des Fremdkapitalmultiplikators (ZS/I)

FK-	$NPV_{EK,0}$ (ZS/I)			FK-	$NPV_{EK,0}$ (ZS/I)		
multipl.	η = 0	η = 0,25	η = 0,5	multipl.	η = 0	η = 0,25	η = 0,5
0,0x	197,9	306,5	330,5	**3,6x**	191,2	299,8	324,0
0,1x	197,9	306,4	330,5	**3,7x**	191,0	299,6	323,7
0,2x	197,8	306,3	330,4	**3,8x**	190,8	299,4	323,5
0,3x	197,7	306,3	330,4	**3,9x**	190,6	299,2	323,3
0,4x	197,7	306,2	330,3	**4,0x**	172,8	282,2	306,8
0,5x	197,6	306,1	330,2	**4,1x**	172,0	281,4	306,0
0,6x	197,5	306,1	330,1	**4,2x**	171,1	280,6	305,2
0,7x	197,4	306,0	330,0	**4,3x**	170,3	279,8	304,4
0,8x	197,3	305,9	329,9	**4,4x**	169,5	279,0	303,6
0,9x	197,2	305,8	329,8	**4,5x**	168,7	278,2	302,8
1,0x	197,1	305,6	329,7	**4,6x**	167,9	277,4	302,0
1,1x	197,0	305,5	329,6	**4,7x**	167,1	276,6	301,2
1,2x	196,9	305,4	329,5	**4,8x**	166,3	275,8	300,4
1,3x	196,8	305,3	329,4	**4,9x**	165,3	275,0	299,6
1,4x	196,6	305,2	329,3	**5,0x**	139,1	252,3	277,4
1,5x	196,5	305,1	329,2	**5,1x**	136,5	250,8	276,0
1,6x	196,4	305,0	329,1	**5,2x**	133,6	249,3	274,5
1,7x	196,3	304,9	329,0	**5,3x**	130,2	247,8	273,1
1,8x	196,2	304,7	328,8	**5,4x**	126,1	246,2	271,6
1,9x	196,1	304,6	328,7	**5,5x**	121,6	244,6	270,1
2,0x	195,8	304,4	328,5	**5,6x**	116,1	242,7	268,5
2,1x	195,7	304,3	328,4	**5,7x**	109,5	240,9	266,9
2,2x	195,6	304,2	328,2	**5,8x**	102,9	239,0	265,2
2,3x	195,5	304,0	328,1	**5,9x**	95,2	237,0	263,4
2,4x	195,4	303,9	328,0	**6,0x**	85,3	234,5	261,5
2,5x	195,3	303,8	327,9	**6,1x**	68,9	229,4	257,5
2,6x	195,2	303,6	327,7	**6,2x**	57,5	226,8	255,1
2,7x	195,1	303,6	327,6	**6,3x**	48,6	223,1	252,2
2,8x	195,0	303,5	327,5	**6,4x**	39,5	219,6	249,6
2,9x	194,9	303,4	327,4	**6,5x**	32,6	215,1	246,9
3,0x	192,5	301,1	325,2	**6,6x**	28,1	211,6	243,6
3,1x	192,3	300,9	325,0	**6,7x**	24,4	207,1	240,2
3,2x	192,1	300,7	324,8	**6,8x**	23,5	200,8	236,2
3,3x	191,9	300,5	324,6	**6,9x**	24,3	195,4	232,8
3,4x	191,6	300,3	324,4	**7,0x**	24,8	189,9	229,2
3,5x	191,4	300,0	324,2				

Quelle: Eigene Berechnungen.

Anhang 6.7: Barwerte und Kapitalkosten bei Effizienzsteigerung

Tabelle 41: Eigenkapital bei Effizienzsteigerung (η=0,25 und ZS/I)

Periode t	**0**	**1**	**2**	**3**	**4**	**5**	**6**	**7**
$E[M_{0\to t}]$	1,000	0,994	0,982	0,962	0,939	0,909	0,878	0,842
$(R_{f,0\to t})^{1/t}$		0,6%	0,9%	1,3%	1,6%	1,9%	2,2%	2,5%

Erwartungswert der Zahlungsströme an Eigenkapitalgeber

$E[X_{EK,t}]$

Fremdkapital-multiplikator	0	1	2	3	4	5	6	7
0x	-588,0	32,4	35,0	37,3	39,5	41,6	43,6	914,7
1x	-504,0	0,0	0,0	18,4	39,5	41,6	43,6	914,7
2x	-420,0	0,0	0,0	0,0	0,0	8,5	43,1	914,7
3x	-336,0	0,0	0,0	0,0	0,0	0,0	0,0	865,2
4x	-252,0	0,0	0,0	0,0	0,0	0,0	0,0	743,1
5x	-168,0	0,0	0,0	0,0	0,0	0,0	0,0	607,8
6x	-84,0	0,0	0,0	0,0	0,0	0,0	0,0	486,6
7x	0,0	0,0	0,0	0,0	0,0	0,0	0,0	339,6

Kovarianz der Zahlungsströme zum stochastischen Diskontierungsfaktor

$Cov[M_{0\to t}, X_{EK,t}]$

Fremdkapital-multiplikator	0	1	2	3	4	5	6	7
0x		0,7	0,2	-0,3	-0,8	-1,4	-2,0	-87,8
1x		0,0	0,0	0,5	-0,8	-1,4	-2,0	-87,8
2x		0,0	0,0	0,0	0,0	-1,5	-2,2	-87,8
3x		0,0	0,0	0,0	0,0	0,0	0,0	-91,5
4x		0,0	0,0	0,0	0,0	0,0	0,0	-91,5
5x		0,0	0,0	0,0	0,0	0,0	0,0	-91,6
6x		0,0	0,0	0,0	0,0	0,0	0,0	-93,5
7x		0,0	0,0	0,0	0,0	0,0	0,0	-96,1

Barwert der Zahlungsströme

$PV_0[X_{EK,t}] = E[M_{0\to t}]\cdot E[X_{EK,t}] + Cov[M_{0\to t}, X_{EK,t}]$

Fremdkapital-multiplikator	0	1	2	3	4	5	6	7
0x	-588,0	32,8	34,6	35,6	36,3	36,4	36,3	682,5
1x	-504,0	0,0	0,0	18,2	36,3	36,4	36,3	682,5
2x	-420,0	0,0	0,0	0,0	0,0	6,3	35,6	682,5
3x	-336,0	0,0	0,0	0,0	0,0	0,0	0,0	637,1
4x	-252,0	0,0	0,0	0,0	0,0	0,0	0,0	534,2
5x	-168,0	0,0	0,0	0,0	0,0	0,0	0,0	420,3
6x	-84,0	0,0	0,0	0,0	0,0	0,0	0,0	316,3
7x	0,0	0,0	0,0	0,0	0,0	0,0	0,0	189,9

Risikoadäquate Kapitalkosten (annualisiert)

$(K_{EK,0\to t})^{1/t}$

Fremdkapital-multiplikator	0	1	2	3	4	5	6	7
0x		-1,4%	0,6%	1,6%	2,2%	2,7%	3,1%	4,3%
1x		n/a	n/a	0,3%	2,2%	2,7%	3,1%	4,3%
2x		n/a	n/a	n/a	n/a	6,3%	3,2%	4,3%
3x		n/a	n/a	n/a	n/a	n/a	25,1%	4,5%
4x		n/a	n/a	n/a	n/a	n/a	n/a	4,8%
5x		n/a	n/a	n/a	n/a	n/a	n/a	5,4%
6x		n/a	n/a	n/a	n/a	n/a	n/a	6,3%
7x		n/a	n/a	n/a	n/a	n/a	n/a	8,7%

Quelle: Eigene Berechnungen.

Anhang 6.7: Barwerte und Kapitalkosten bei Effizienzsteigerung

Tabelle 42: Eigenkapital bei Effizienzsteigerung (η=0,5 und ZS/I)

Periode t	**0**	**1**	**2**	**3**	**4**	**5**	**6**	**7**
$E[M_{0\to t}]$	1,000	0,994	0,982	0,962	0,939	0,909	0,878	0,842
$(R_{f,0\to t})^{1/t}$		0,6%	0,9%	1,3%	1,6%	1,9%	2,2%	2,5%

Erwartungswert der Zahlungsströme an Eigenkapitalgeber

$E[X_{EK,t}]$

Fremdkapital-multiplikator	0	1	2	3	4	5	6	7
0x	-588,0	34,6	37,8	40,1	42,0	43,7	45,3	930,0
1x	-504,0	0,0	0,0	26,3	42,0	43,7	45,3	930,0
2x	-420,0	0,0	0,0	0,0	0,0	21,1	45,3	930,0
3x	-336,0	0,0	0,0	0,0	0,0	0,0	0,2	896,3
4x	-252,0	0,0	0,0	0,0	0,0	0,0	0,0	775,0
5x	-168,0	0,0	0,0	0,0	0,0	0,0	0,0	640,3
6x	-84,0	0,0	0,0	0,0	0,0	0,0	0,0	521,0
7x	0,0	0,0	0,0	0,0	0,0	0,0	0,0	390,0

Kovarianz der Zahlungsströme zum stochastischen Diskontierungsfaktor

$Cov[M_{0\to t}, X_{EK,t}]$

Fremdkapital-multiplikator	0	1	2	3	4	5	6	7
0x		0,6	0,1	-0,4	-1,0	-1,6	-2,2	-89,3
1x		0,0	0,0	0,3	-1,0	-1,6	-2,2	-89,3
2x		0,0	0,0	0,0	0,0	-2,2	-2,2	-89,3
3x		0,0	0,0	0,0	0,0	0,0	-0,1	-93,6
4x		0,0	0,0	0,0	0,0	0,0	0,0	-93,8
5x		0,0	0,0	0,0	0,0	0,0	0,0	-93,8
6x		0,0	0,0	0,0	0,0	0,0	0,0	-95,2
7x		0,0	0,0	0,0	0,0	0,0	0,0	-99,2

Barwert der Zahlungsströme

$PV_0[X_{EK,t}] = E[M_{0\to t}]\cdot E[X_{EK,t}] + Cov[M_{0\to t}, X_{EK,t}]$

Fremdkapital-multiplikator	0	1	2	3	4	5	6	7
0x	-588,0	35,0	37,3	38,2	38,4	38,1	37,6	693,9
1x	-504,0	0,0	0,0	25,6	38,4	38,1	37,6	693,9
2x	-420,0	0,0	0,0	0,0	0,0	17,0	37,6	693,9
3x	-336,0	0,0	0,0	0,0	0,0	0,0	0,1	661,2
4x	-252,0	0,0	0,0	0,0	0,0	0,0	0,0	558,8
5x	-168,0	0,0	0,0	0,0	0,0	0,0	0,0	445,4
6x	-84,0	0,0	0,0	0,0	0,0	0,0	0,0	343,6
7x	0,0	0,0	0,0	0,0	0,0	0,0	0,0	229,2

Risikoadäquate Kapitalkosten (annualisiert)

$(K_{EK,0\to t})^{1/t}$

Fremdkapital-multiplikator	0	1	2	3	4	5	6	7
0x		-1,2%	0,7%	1,7%	2,2%	2,8%	3,2%	4,3%
1x		n/a	n/a	0,9%	2,2%	2,8%	3,2%	4,3%
2x		n/a	n/a	n/a	36,8%	4,5%	3,2%	4,3%
3x		n/a	n/a	n/a	n/a	n/a	20,7%	4,4%
4x		n/a	n/a	n/a	n/a	n/a	n/a	4,8%
5x		n/a	n/a	n/a	n/a	n/a	n/a	5,3%
6x		n/a	n/a	n/a	n/a	n/a	n/a	6,1%
7x		n/a	n/a	n/a	n/a	n/a	n/a	7,9%

Quelle: Eigene Berechnungen.

Anhang 6.7: Barwerte und Kapitalkosten bei Effizienzsteigerung

Tabelle 43: Steuervorteile bei Effizienzsteigerung (η=0,25 und ZS/I)

Periode t	**0**	**1**	**2**	**3**	**4**	**5**	**6**	**7**
$E[M_{0\to t}]$	1,000	0,994	0,982	0,962	0,939	0,909	0,878	0,842
$(R_{f,0\to t})^{1/t}$		0,6%	0,9%	1,3%	1,6%	1,9%	2,2%	2,5%

Erwartungswert der Steuervorteile aus Fremdfinanzierung

$E[X_{TS,t}]$

Fremdkapital-multiplikator	0	1	2	3	4	5	6	7
0x	0,0	0,0	0,0	0,0	0,0	0,0	0,0	0,0
1x	0,0	0,4	0,4	0,2	0,0	0,0	0,0	0,0
2x	0,0	0,9	1,0	1,0	0,8	0,4	0,0	0,0
3x	0,0	1,6	1,8	2,0	2,0	1,8	1,4	0,8
4x	0,0	3,5	3,8	4,2	4,4	4,3	4,0	3,5
5x	0,0	6,0	6,5	7,1	7,5	7,7	7,6	7,3
6x	0,0	7,3	8,0	8,7	9,2	9,6	9,7	9,8
7x	0,0	8,0	8,6	9,2	9,6	9,9	9,9	9,9

Kovarianz der Steuervorteile aus Fremdfinanzierung zum SDF

$Cov[M_{0\to t}, X_{TS,t}]$

Fremdkapital-multiplikator	0	1	2	3	4	5	6	7
0x		0,0	0,0	0,0	0,0	0,0	0,0	0,0
1x		0,0	0,0	0,0	0,0	0,0	0,0	0,0
2x		0,0	0,0	0,0	0,0	0,0	0,0	0,0
3x		0,0	0,0	0,0	0,0	0,0	0,0	0,1
4x		0,0	0,0	0,0	0,0	0,0	0,0	0,1
5x		0,0	0,0	0,0	0,0	0,0	0,0	0,1
6x		0,0	0,0	-0,2	-0,3	-0,4	-0,4	-0,4
7x		-0,1	-0,2	-0,4	-0,6	-0,7	-1,2	-1,6

Barwert der Steuervorteile aus Fremdfinanzierung

$PV_0[X_{TS,t}] = E[M_{0\to t}]\cdot E[X_{TS,t}] + Cov[M_{0\to t}, X_{TS,t}]$

Fremdkapital-multiplikator	0	1	2	3	4	5	6	7
0x	0,0	0,0	0,0	0,0	0,0	0,0	0,0	0,0
1x	0,0	0,4	0,4	0,2	0,0	0,0	0,0	0,0
2x	0,0	0,9	1,0	1,0	0,8	0,4	0,0	0,0
3x	0,0	1,6	1,8	1,9	1,9	1,7	1,3	0,7
4x	0,0	3,5	3,8	4,1	4,1	4,0	3,6	3,0
5x	0,0	6,0	6,4	6,8	7,1	7,0	6,7	6,2
6x	0,0	7,3	7,8	8,2	8,4	8,3	8,1	7,8
7x	0,0	7,9	8,2	8,4	8,5	8,3	7,5	6,8

Risikoadäquate Kapitalkosten (annualisiert)

$(K_{TS,0\to t})^{1/t}$

Fremdkapital-multiplikator	0	1	2	3	4	5	6	7
0x		n/a	n/a	n/a	n/a	n/a	n/a	n/a
1x		0,6%	1,5%	2,9%	n/a	n/a	n/a	n/a
2x		0,6%	1,1%	1,6%	1,8%	1,8%	-3,5%	n/a
3x		0,6%	1,0%	1,4%	1,7%	1,9%	1,8%	1,2%
4x		0,6%	1,0%	1,4%	1,7%	1,9%	2,0%	2,1%
5x		0,6%	1,0%	1,4%	1,6%	1,9%	2,2%	2,3%
6x		0,7%	1,2%	1,9%	2,5%	2,9%	3,1%	3,2%
7x		1,9%	2,4%	2,9%	3,2%	3,7%	4,8%	5,6%

Quelle: Eigene Berechnungen.

Anhang 6.7: Barwerte und Kapitalkosten bei Effizienzsteigerung

Tabelle 44: Steuervorteile bei Effizienzsteigerung (η=0,5 und ZS/I)

Periode t	**0**	**1**	**2**	**3**	**4**	**5**	**6**	**7**
$E[M_{0\to t}]$	1,000	0,994	0,982	0,962	0,939	0,909	0,878	0,842
$(R_{f,0\to t})^{1/t}$		0,6%	0,9%	1,3%	1,6%	1,9%	2,2%	2,5%

Erwartungswert der Steuervorteile aus Fremdfinanzierung

$E[X_{TS,t}]$

Fremdkapital-multiplikator	0	1	2	3	4	5	6	7
0x	0,0	0,0	0,0	0,0	0,0	0,0	0,0	0,0
1x	0,0	0,4	0,4	0,1	0,0	0,0	0,0	0,0
2x	0,0	0,9	1,0	1,0	0,7	0,3	0,0	0,0
3x	0,0	1,6	1,8	2,0	1,9	1,7	1,2	0,6
4x	0,0	3,5	3,8	4,2	4,3	4,1	3,8	3,2
5x	0,0	6,0	6,5	7,0	7,4	7,5	7,3	6,9
6x	0,0	7,3	8,0	8,7	9,3	9,6	9,6	9,5
7x	0,0	8,2	8,9	9,5	9,9	10,3	10,5	10,6

Kovarianz der Steuervorteile aus Fremdfinanzierung zum SDF

$Cov[M_{0\to t}, X_{TS,t}]$

Fremdkapital-multiplikator	0	1	2	3	4	5	6	7
0x		0,0	0,0	0,0	0,0	0,0	0,0	0,0
1x		0,0	0,0	0,0	0,0	0,0	0,0	0,0
2x		0,0	0,0	0,0	0,0	0,0	0,0	0,0
3x		0,0	0,0	0,0	0,0	0,0	0,0	0,1
4x		0,0	0,0	0,0	0,0	0,0	0,0	0,1
5x		0,0	0,0	0,0	0,0	0,0	0,0	0,1
6x		0,0	0,0	-0,1	-0,2	-0,3	-0,3	-0,3
7x		-0,1	-0,2	-0,4	-0,5	-0,7	-1,0	-1,3

Barwert der Steuervorteile aus Fremdfinanzierung

$PV_0[X_{TS,t}] = E[M_{0\to t}]\cdot E[X_{TS,t}] + Cov[M_{0\to t}, X_{TS,t}]$

Fremdkapital-multiplikator	0	1	2	3	4	5	6	7
0x	0,0	0,0	0,0	0,0	0,0	0,0	0,0	0,0
1x	0,0	0,4	0,3	0,1	0,0	0,0	0,0	0,0
2x	0,0	0,9	1,0	0,9	0,7	0,3	0,0	0,0
3x	0,0	1,6	1,8	1,9	1,8	1,5	1,1	0,5
4x	0,0	3,5	3,7	4,0	4,0	3,8	3,3	2,8
5x	0,0	6,0	6,3	6,7	6,9	6,8	6,5	5,9
6x	0,0	7,3	7,8	8,3	8,5	8,4	8,1	7,8
7x	0,0	8,1	8,5	8,7	8,8	8,7	8,3	7,7

Risikoadäquate Kapitalkosten (annualisiert)

$(K_{TS,0\to t})^{1/t}$

Fremdkapital-multiplikator	0	1	2	3	4	5	6	7
0x		n/a	n/a	n/a	n/a	n/a	n/a	n/a
1x		0,6%	1,5%	3,2%	n/a	n/a	n/a	n/a
2x		0,6%	1,1%	1,5%	1,7%	1,3%	-1,2%	n/a
3x		0,6%	1,0%	1,4%	1,6%	1,8%	1,6%	0,4%
4x		0,6%	1,0%	1,4%	1,6%	1,9%	2,0%	2,0%
5x		0,6%	1,0%	1,4%	1,6%	1,9%	2,1%	2,2%
6x		0,6%	1,0%	1,6%	2,2%	2,6%	2,8%	3,0%
7x		1,6%	2,1%	2,7%	3,1%	3,5%	4,1%	4,7%

Quelle: Eigene Berechnungen.

Literaturverzeichnis

ALBERS, W. (1978). *Handwörterbuch der Wirtschaftswissenschaft* (Bd. 4). Göttingen: Vandenhoeck & Ruprecht.

ANDRADE, G. & KAPLAN, S. N. (1998). *How Costly is Financial (Not Economic) Distress? Evidence from Highly Leveraged Transactions that Became Distressed.* Journal of Finance, 53 (5), 1443-1493.

ANG, A. & LIU, J. (1998). *A Generalized Earnings Model of Stock Valuation.* Working Paper, verfügbar unter http://ssrn.com/abstract=94028.

ANG, A. & LIU, J. (2001). *A General Affine Earnings Valuation Model.* Review of Accounting Studies, 6 (4), 397-425.

ARZAC, E. R. (1996). *Valuation of Highly Leveraged Firms.* Financial Analysts Journal, 52 (4), 42-50.

ARZAC, E. R. (2005). *Valuation for Mergers, Buyouts and Restructuring.* Hoboken: Wiley.

ASKAR, A. (2008). *Performance-Messung bei Venture Capital-Fonds.* Marburg: Tectum-Verlag.

AUER, L. v. (2007). *Ökonometrie: Eine Einführung.* Berlin: Springer.

AXELSON, U., JENKINSON, T., STRÖMBERG, P. & WEISBACH, M. (2007). *Leverage and Pricing in Buyouts: An Empirical Analysis.* Working Paper, verfügbar unter http://www.sifr.org/PDFs/AJSWAugust242007.pdf.

BACHMANN, C. & SCHULTZE, W. (2008). *Unternehmensteuerreform 2008 und Unternehmensbewertung - Auswirkungen auf den Steuervorteil der Fremdfinanzierung von Kapitalgesellschaften.* Die Betriebswirtschaft, 68 (1), 9-34.

BACK, K. & PLISKA, S. (1991). *On the Fundamental Theorem of Asset Pricing with an Infinite State Space.* Journal of Mathematical Economics, 20 (1), 1-18.

BAECKER, P. N. (2008). *Dynamische LBO-Bewertung bei stochastischen Exit Multiples: Ein Realoptionsansatz.* In W. GLEIßNER & A. SCHALLER, *Private Equity: Beurteilungs- und Bewertungsverfahren von Kapitalbeteiligungsgesellschaften* (S. 87-94). Weinheim: WILEY-VCH.

BAJAJ, M., DENIS, D. & SARIN, A. (2004). *Mean Reversion in Earnings and the Use of E/P Multiples in Corporate Valuation.* Journal of Applied Finance, 4-10.

BAKER, G. P. & WRUCK, K. H. (1989). *Organizational Changes and Value Creation in Leveraged Buyouts: The Case of the O.M. Scott and Sons Company.* Journal of Financial Economics, 25 (2), 163-190.

BALLWIESER, W. (2004). *Unternehmensbewertung: Prozeß, Methoden und Probleme.* Stuttgart: Schäffer-Poeschel.

BAXTER, N. D. (1967). *Leverage, Risk of Ruin and the Cost of Capital.* Journal of Finance, 22 (3), 395-403.

BÄZNER, B. & TIMMRECK, C. (2004). *Die DCF-Methode im Überblick.* In F. RICHTER & C. TIMMRECK, *Unternehmensbewertung: Moderne Instrumente und Lösungsansätze* (S. 3-19). Stuttgart: Schäffer-Poeschel.

BECKER, T. (2000). *Historische versus fundamentale Betafaktoren: Theoretische Grundlagen und empirische Ermittlungsverfahren.* Stuttgart: Ibidem-Verlag.

BERG, A. & GOTTSCHALG, O. (2003). *Understanding Value Generation in Buyouts.* INSEAD Working Paper, verfügbar unter https://studies2.hec.fr/jahia/webdav/site/hec/shared/sites/buyoutresearch/acces_eleves/2003-42.pdf.

BLACK, F. (1988). *A Simple Discounting Rule.* The Journal of the Financial Management Association, 17 (2), 7-11.

BLACK, F. (1993). *Estimating Expected Retum.* Financial Analysts Journal, 49 (5), 36-38.

BREALEY, R. A. & MYERS, S. C. (2003). *Principles of Corporate Finance.* Boston: McGraw-Hill.

BRENNAN, M. (1973). *A New Look at the Weighted Average Cost of Capital.* Journal of Business Finance, 5 (1), 24-30.

BRIS, A., WELCH, I. & ZHU, N. (2004). *The Costs of Bankruptcy Chapter 7 Cash Auctions vs. Chapter 11 Bargaining.* Working Paper, verfügbar unter http://ssrn.com/abstract=556930.

BROWN, D. P. & GIBBONS, M. R. (1985). *A Simple Econometric Approach for Utility-Based Asset Pricing Models.* Journal of Finance, 40 (2), 359-381.

BRÜCKMANN, B. (2008). *Der stochastische Diskontfaktor: Eine neuartige Spezifikation im Rahmen eines konsumbasierten Modells zur Preisbildung von Kapitalanlagen.* Berlin: Duncker & Humblot.

BUNDESVERBAND DEUTSCHER KAPITALBETEILIGUNGSGESELLSCHAFTEN (2009). *BVK-Jahresstatistik: Das Jahr 2009 in Zahlen.* Verfügbar unter http://www.bvkap.de/media/file/300.20090308_BVK_Jahresstatistik_2009_final.pdf.

CAMPBELL, J. Y. (2000). *Asset Pricing at the Millenium.* Journal of Finance, 55 (4), 1515-1567.

CAMPBELL, J. Y. (2002). *Consumption-Based Asset Pricing.* Working Paper, verfügbar unter http://ssrn.com/abstract=343784.

CAMPBELL, J. Y. & COCHRANE, J. H. (2000). *Explaining the Poor Performance of Consumption-based Asset Pricing Models.* Journal of Finance, 55 (6), 2863-2878.

CAMPBELL, J. Y., LO, A. W. & MACKINLAY, A. C. (1997). *The Econometrics of Financial Markets.* Princeton: Princeton Univ. Press.

CAMPBELL, J. Y. & THOMPSON, S. B. (2008). *Predicting Excess Stock Returns Out of Sample: Can Anything Beat the Historical Average?* Review of Financial Studies, 21 (4), 1509-1531.

CENDROWSKI, H., MARTIN, J. P., PETRO, L. W. & WADECKI, A. A. (2008). *Private Equity: History, Governance, and Operations.* Hoboken: Wiley.

COCHRANE, J. H. (1991). *Production-Based Asset Pricing and the Link Between Stock Returns and Economic Fluctuations.* Journal of Finance, 46 (1), 209-237.

COCHRANE, J. H. (1996). *A Cross-Sectional Test of an Investment-Based Asset Pricing Model.* Journal of Political Economy, 104 (3), 572-621.

COCHRANE, J. H. (2001). *Asset Pricing.* Princeton: Princeton Univ. Press.

COCHRANE, J. H. (2008). *Financial Markets and the Real Economy.* In R. MEHRA, *Handbook of the Equity Risk Premium* (S. 237-326). Amsterdam: Elsevier.

CONSTANTINIDES, G. M. (1990). *Habit Formation: A Resolution of the Equity Premium Puzzle.* Journal of Political Economy, 98 (3), 519-543.

COX, J. C., INGERSOLL, J. E. & ROSS, S. A. (1985). *A Theory of the Term Structure of Interest Rates.* Econometrica, 53 (2), 385-408.

DAMODARAN, A. (2006). *The Cost of Distress: Survival, Truncation Risk and Valuation.* Working Paper, verfügbar unter http://ssrn.com/abstract=887129.

DAMODARAN, A. (2008). *The Anatomy of an LBO: Leverage, Control and Value.* Working Paper, verfügbar unter http://ssrn.com/abstract=1162862.

DANIELSSON, J. & ZIGRAND, J.-P. (2005). *On Time-scaling of Risk and the Square-root-of-time Rule.* Working Paper, verfügbar unter http://ssrn.com/abstract=567123.

DÄNZER, C. (2009). *Performanceanalyse von Leveraged Buyout-Investments: Eine empirische Untersuchung anhand europäischer Leveraged Buyouts.* Dissertation Universität Ulm.

DEUTSCHE BÖRSE (2010). *Leitfaden zu den Aktienindizes der Deutschen Börse.* Verfügbar unter http://deutsche-boerse.com/dbag/dispatch/de/kir/gdb_navigation/lc/100_Market_Structure/50_all_share_indizes/600_CDAX.

DEUTSCHE BUNDESBANK (2011). *Beiheft 2 Kapitalmarktstatisik.* Verfügbar unter http://www.bundesbank.de/statistik/statistik_veroeffentlichungen_beiheft2.php.

DILLER, C. (2007). *Private Equity: Rendite, Risiko und Markteinflussfaktoren - Eine empirische Analyse europäischer Private-Equity-Fonds.* Bad Soden: Uhlenbruch.

DIXIT, A. K. & PINDYCK, R. S. (1994). *Investment under Uncertainty.* Princeton: Princeton Univ. Press.

DRUKARCZYK, J. (2003). *Unternehmensbewertung* (4. Ausg.). München: Vahlen.

DRUKARCZYK, J. & SCHÜLER, A. (2007). *Unternehmensbewertung* (5 Ausg.). München: Vahlen.

DUFFIE, D. (2001). *Dynamic Asset Pricing Theory* (3. Ausg.). Princeton: Princeton Univ. Press.

DUFFIE, D. & KAN, R. (1996). *A Yield-factor Model of Interest Rates.* Mathematical Finance, 6 (4), 379-406.

EICHENBAUM, M., HANSEN, L. P. & SINGLETON, K. J. (1988). *A Time Series Analysis of Representative Agent Models of Consumption and Leisure Choice under Uncertainty.* Quarterly Journal of Economics, 103 (1), 51-78.

EPSTEIN, L. G. & ZIN, S. E. (1989). *Substitution, Risk Aversion, and the Temporal Behavior of Consumption and Asset Returns: A Theoretical Framework.* Econometrica, 57 (4), 937-969.

EPSTEIN, L. G. & ZIN, S. E. (1991). *Substitution, Risk Aversion, and the Temporal Behavior of Consumption and Asset Returns: An Empirical Analysis.* The Journal of Political Economy, 99 (2), 263-286.

ERNST, D. (2008). *Der Einsatz von Realoptionen in der Bewertungspraxis.* In W. GLEIßNER & A. SCHALLER, *Private Equity: Beurteilungs- und Bewertungsverfahren von Kapitalbeteiligungsgesellschaften* (S. 95-127). Weinheim: WILEY-VCH.

ESSLER, W., KRUSCHWITZ, L. & LÖFFLER, A. (2005). *Wie sind Unternehmen zu bewerten, wenn ihr Verschuldungsgrad nicht in Markt-, sondern in Buchwerten gemessen wird?* Der Betriebsberater, 60 (11), 595-600.

FAMA, E. F. (1970). *Efficient Capital Markets: A Review of Theory and Empirical Work.* Journal of Finance, 25 (2), 383-417.

FAMA, E. F. (1977). *Risk-adjusted Discount Rates and Capital Budgeting under Uncertainty.* Journal of Financial Economics, 5 (1), 3-24.

FAMA, E. F. & FRENCH, K. R. (1988). *Permanent and Temporary Components of Stock Prices.* Journal of Political Economy, 96 (2), 246-273.

FAMA, E. F. & FRENCH, K. R. (1989). *Business Conditions and Expected Returns on Stocks and Bonds.* Journal of Financial Economics, 25 (1), 23-49.

FAMA, E. F. & FRENCH, K. R. (1993). *Common Risk Factors in the Returns on Stocks and Bonds.* Journal of Financial Economics, 33 (1), 3-56.

FARNSWORTH, H. K. (2009). *Evaluating Stochastic Discount Factors from Term Structure Models.* Journal of Empirical Finance, 16 (5), 852-861.

FÖRSTER, H. H., STÖCKL, S. & BRENKEN, H. (2009). *Die Bedeutung der Zinsschranke für die Bewertung von Tax Shields in einem modifizierten APV-Ansatz unter Verwendung einer entsprechend angepassten Eigenkapitalkosten-Reaktionshypothese.* Zeitschrift für Betriebswirtschaft, 79 (9), 985-1018.

FRASER-SAMPSON, G. (2007). *Private Equity as an Asset Class.* Hoboken: Wiley.

GARRISON, R. H., NOREEN, E. W. & BREWER, P. C. (2006). *Managerial Accounting* (11. Ausg.). Boston: McGraw-Hill/Irwin.

GLASSERMAN, P. (2008). *Monte Carlo Methods in Financial Engineering.* New York: Springer.

GLEIßNER, W., KAMARAS, E. & WOLFRUM, M. (2008). *Simulationsbasierte Bewertung von Akquisitionszielen und Beteiligungen.* In W. GLEIßNER & A. SCHALLER, *Private Equity: Beurteilungs- und Bewertungsverfahren von Kapitalbeteiligungsgesellschaften* (S. 129-193). Weinheim: WILEY-VCH.

GLEIßNER, W. & WOLFRUM, M. (2008). *Simulationsbasierte Bewertung und Exit Preis-Schätzung bei PE-Gesellschaften.* M&A Review, (07/2008), 343-350.

GOLDENBERG, D. H. & SCHMIDT, R. J. (1996). *On Estimating the Expected Rate of Return in Diffusion Price Models with Application to Estimating the Expected Return on the Market.* Journal of Financial & Quantitative Analysis, 31 (4), 605-631.

GOMPERS, P. & LERNER, J. (2000). *Money Chasing Deals? The Impact of Fund Inflows on Private Equity Valuation.* Journal of Financial Economics, 55 (2), 281-325.

GORDON, M. J. (1959). *Dividends, Earnings and Stock Prices.* Review of Economics & Statistics, 41 (2), 99-105.

GORDON, M. J. (1962). *The Investment, Financing, and Valuation of the Corporation.* Homewood: Irwin.

GOTTSCHALG, O. (2009). *Private Equity Mathematics.* London: PEI Media Ltd.

GOYAL, A. & WELCH, I. (2008). *A Comprehensive Look at The Empirical Performance of Equity Premium Prediction.* Review of Financial Studies, 21 (4), 1455-1508.

GRINBLATT, M. & TITMAN, S. (2002). *Financial Markets and Corporate Strategy* (2. Ausg.). Boston: McGraw-Hill/Irwin.

GROH, A. (2004). *Risikoadjustierte Performance von Private Equity-Investitionen.* Wiesbaden: Dt. Univ.-Verlag.

GROSSMAN, S. J. & SHILLER, R. J. (1981). *The Determinants of the Variability of Stock Market Prices.* American Economic Review, 222-227.

GUO, S., HOTCHKISS, E. S. & SONG, W. (2009). *Do Buyouts (Still) Create Value?* Working Paper, verfügbar unter http://ssrn.com/abstract=1108808.

GUP, B. & LEE, J. (2008). *An Empirical Analysis of Mean Reversion of the S&P 500's P/E Ratios.* Working Paper, verfügbar unter http://www.fma.org/Prague/Papers/MicrosoftWord-PriceEarnings-Ratios.pdf.

GÜTTLER, A. & WAHRENBURG, M. (2005). *The Adjustment of Credit Ratings of Defaulted Issuers.* Working Paper, verfügbar unter http://www.econstor.eu/dspace/bitstream/10419/23420/1/923.pdf.

GUVENEN, F. & LUSTIG, H. N. (2007). *Consumption Based Asset Pricing Models: Theory.* Working Paper, verfügbar unter http://ssrn.com/abstract=968061.

HÄBERLE, S. G. (2008). *Das neue Lexikon der Betriebswirtschaftslehre.* München: Oldenbourg.

HANSEN, L. P. & SINGLETON, K. J. (1982). *Generalized Instrumental Variables Estimation of Nonlinear Rational Expectations Models.* Econometrica, 50 (5), 1269-1286.

HARRIS, R. S. (1985). *Risk-adjusted Discount Rates - Extensions from the Average-risk Case.* The Journal of Financial Research, 8 (3), 237-244.

HARRISON, J. M. & KREPS, D. M. (1979). *Martingales and Arbitrage in Multiperiod Securities Markets.* Journal of Economic Theory, 381-408.

HERING, T. (2006). *Unternehmensbewertung* (2. Ausg.). München: Oldenbourg.

HOMBURG, C., STEPHAN, J. & WEIß, M. (2004). *Unternehmensbewertung bei atmender Finanzierung und Insolvenzrisiko.* Die Betriebswirtschaft, 64 (3), 276-295.

HUBBARD, D. W. (2010). *How to Measure Anything: Finding the Value of Intangibles in Business* (Bd. 2). Hoboken: John Wiley & Sons.

INGERSOLL, J. E. (1987). *Theory of Financial Decision Making.* Oxford: Rowman & Littlefield.

INSELBAG, I. & KAUFOLD, H. (1989). *How to Value Recapitalizations and Leveraged Buyouts.* Journal of Applied Corporate Finance, 2 (2), 87-96.

INSELBAG, I. & KAUFOLD, H. (1997). *Two DCF Approaches For Valuing Companies Under Alternative Financing Strategies (And How To Choose Between Them).* Journal of Applied Corporate Finance, 10 (1), 114-122.

INSTITUT DER WIRTSCHAFTSPRÜFER IN DEUTSCHLAND E.V. (2008). *Grundsätze zur Durchführung von Unternehmensbewertungen (IDW S1 i.d.F. 2008).* IDW-Fachnachrichten, (7/2008), 271-292.

IRMLER, D. (2005). *Bewertung von Wachstumsunternehmen auf der Basis des Modells von Schwartz und Moon.* Erlangen: Dissertation Friedrich-Alexander-Universität Erlangen-Nürnberg.

JERMANN, U. J. (1998). *Asset Pricing in Production Economies.* Journal of Monetary Economics, 41 (2), 257-275.

JOHNEN, R. & SCHACHT, U. (2009). *Bewertung eines Leveraged-Buy-out.* In U. SCHACHT & M. FACKLER, *Praxishandbuch Unternehmensbewertung: Grundlagen, Methoden, Fallbeispiele* (2. Ausg., S. 281-311). Wiesbaden: Gabler.

KAPLAN, S. N. (1989). *The Effects of Management Buyouts on Operating Performance and Value.* Journal of Financial Economics, 24 (2), 217-254.

KAPLAN, S. N. & STRÖMBERG, P. (2009). *Leveraged Buyouts and Private Equity.* Journal of Economic Perspectives, 23 (1), 121-146.

KELLENERS, A. (2004). *Risikoneutrale Unternehmensbewertung und Multiplikatoren.* Wiesbaden: Deutscher Universitätsverlag.

KNAUER, T. & SOMMER, F. (2010). *Die operative Entwicklung deutscher Leveraged Buyouts - Wertsteigerung durch Effizienzsteigerung?* Die Betriebswirtschaft, 70 (5), 389-404.

KOLLER, T., GOEDHART, M. & WESSELS, D. (2005). *Valuation: Measuring and Managing the Value of Companies* (4. Ausg.). Hoboken: Wiley.

KPMG (2010). *2010 Corporate and Indirect Tax Survey.* Verfügbar unter http://www.kpmg.com/Global/en/IssuesAndInsights/ArticlesPublications/Documents/Corp-and-Indirect-Tax-Oct12-2010.pdf.

KREPS, D. M. & PORTEUS, E. L. (1978). *Temporal Resolution of Uncertainty and Dynamic Choice Theory.* Econometrica, 46 (1), 185-200.

KRUSCHWITZ, L., LODOWICKS, A. & LÖFFLER, A. (2005). *Zur Bewertung insolvenzbedrohter Unternehmen.* Die Betriebswirtschaft, 65 (3), 221-236.

KRUSCHWITZ, L. & LÖFFLER, A. (2001). *DCF-Verfahren, Finanzierungspolitik und Steuern.* In G. SEICHT, *Jahrbuch für Controlling und Rechnungswesen 2001* (S. 101-116). Wien: Orac.

KRUSCHWITZ, L. & LÖFFLER, A. (2003). *DCF = APV + (FTE & TCF & WACC)?* In F. RICHTER & J. DRUKARCZYK, *Kapitalgeberansprüche, Marktwertorientierung und Unternehmenswert: Festschrift für Prof. Dr. Dr. h.c. Jochen Drukarczyk zum 65. Geburtstag* (S. 235-254). München: Vahlen.

KRUSCHWITZ, L. & LÖFFLER, A. (2005). *Ein neuer Zugang zum Konzept des Discounted Cashflow.* Journal für Betriebswirtschaft, 55, 21-36.

KRUSCHWITZ, L. & LÖFFLER, A. (2007). *Discounted Cash Flow: A Theory of the Valuation of Firms.* Chichester: Wiley.

LAITENBERGER, J. & LODOWICKS, A. (2005). *Das Modigliani-Miller-Theorem mit ausfallgefährdetem Fremdkapital.* WiSt, 34 (3), 145-148.

LAITENBERGER, J. & LÖFFLER, A. (2006). *The Structure of the Distributions of Cash Flows and Discount Rates in Multiperiod Valuation Problems.* OR Spectrum, 28 (2), 289-299.

LAKE, R. & LAKE, R. A. (2000). *Private Equity and Venture Capital: a Practical Guide for Investors and Practitioners.* London: Euromoney Books.

LEROY, S. F. & PORTER, R. D. (1981). *The Present-Value Relation: Tests Based on Implied Variance Bounds.* Econometrica, 49 (3), 555-574.

LICHTENBERG, F. R. & SIEGEL, D. (1990). *The Effects of Leveraged Buyouts on Productivity and Related Aspects of Firm Behavior.* Journal of Financial Economics, 27 (1), 165-194.

LINTNER, J. (1965). *The Valuation of Risk Assets and the Selection of Risky Investments in Stock Portfolio and Capital Budgets.* Review of Economics & Statistics, 47 (1), 13-37.

LO, A. W. & MACKINLAY, A. C. (2002). *A Non-Random Walk Down Wall Street.* Princeton: Princeton Univ. Press.

LODOWICKS, A. (2008). *Riskantes Fremdkapital in der Unternehmensbewertung: Bewertung von Insolvenzkosten auf Basis der Discounted-Cashflow-Theorie.* Wiesbaden: Deutscher Universitäts-Verlag.

LÖFFLER, A. (2000). *Tax Shields in an LBO.* Working Paper, verfügbar unter http://ssrn.com/abstract=217148.

LOOS, N. (2006). *Value Creation in Leveraged Buyouts: Analysis of Factors Driving Private Equity Investment Performance.* Wiesbaden: Deutscher Universitäts-Verlag.

LUCAS, R. E. (1978). *Asset Prices in an Exchange Economy.* Econometrica, 46 (6), 1429-1445.

MAI, J. M. (2008). *Die Bewertung verschuldeter Unternehmen unter Berücksichtigung von Zinsabzugsbeschränkungen.* Die Betriebswirtschaft, 68 (1), 35-51.

MANKIW, N. G. & SHAPIRO, M. D. (1986). *Risk and Return: Consumption Beta versus Market Beta.* Review of Economics & Statistics, 68 (3), 452-459.

MEHRA, R. & PRESCOTT, E. C. (1985). *The Equity Premium: A Puzzle.* Journal of Monetary Economics, 15, 145-161.

MERTON, R. C. (1980). *On Estimating the Expected Return on the Market: An Exploratory Investigation.* Journal of Financial Economics, 8 (4), 323-361.

METROPOLIS, N. (1987). *The Beginning of the Monte Carlo Method.* Los Alamos Science, Special Issue, 125-130.

MEYER, B. H. (2006). *Stochastische Unternehmensbewertung: Der Wertbeitrag von Realoptionen.* Wiesbaden: Springer.

MILES, J. A. & EZZELL, J. R. (1980). *The Weighted Average Cost of Capital, Perfect Capital Markets, and Project Life: a Clarification.* Journal of Financial & Quantitative Analysis, 15 (3), 719-730.

MILLS, K. G. (2000). *LBO Returns in the United States: What Will it Take to Succeed in the New Era of LBOs?* In R. LAKE & R. A. LAKE, *Private Equity and Venture Capital: A Practical Guide for Investors and Practitioners* (S. 261-273). London: Euromoney Books.

MILLS, T. C. & MARKELLOS, R. N. (2008). *The Econometric Modelling of Financial Time Series* (3. Ausg.). Cambridge: Cambridge University Press.

MITTENDORFER, R. & FOTTELER, T. (2004). *Die Kunst der Akquisitionsfinanzierung.* In W. STADLER, *Die neue Unternehmensfinanzierung: Strategisch Finanzieren mit bank- und kapitalmarktorientierten Instrumenten* (S. 236-262). Frankfurt am Main: Redline Wirtschaft.

MODIGLIANI, F. & MILLER, M. H. (1958). *The Cost of Capital, Corporation Finance and the Theory of Investment.* The American Economic Review, 48 (3), 261-297.

MODIGLIANI, F. & MILLER, M. H. (1963). *Corporate Income Taxes and the Cost of Capital: A Correction.* The American Economic Review, 53 (3), 433-443.

MOSSIN, J. (1966). *Equilibrium in a Capital Asset Market.* Econometrica, 34 (4), 768-783.

MÜLLER, K. (2008). *Investing in Private Equity Partnerships: The Role of Monitoring and Reporting.* Wiesbaden: Gabler.

MUSCARELLA, C. J. & VETSUYPENS, M. R. (1990). *Efficiency and Organizational Structure: a Study of Reverse LBOs.* Journal of Finance, 45 (5), 1389-1413.

MYERS, S. C. (1974). *Interactions of Corporate Financing and Investment Decisions-Implications for Capital Budgeting.* Journal of Finance, 29 (1), 1-25.

NEFTCI, S. (2000). *An Introduction to the Mathematics of Financial Derivatives* (2. Ausg.). San Diego: Acad. Press.

NEUMANN, J. V. & MORGENSTERN, O. (1944). *Theory of Games and Economic Behavior.* Princeton: Princeton University Press.

NIETERT, B. (2001). *Arbitrage, Pseudowahrscheinlichkeiten und Martingale.* WiSt, 30 (4), 202-207.

NOWAK, K. (2003). *Marktorientierte Unternehmensbewertung: Discounted Cash Flow, Realoption, Economic Value Added und der Direct Comparison Approach* (2 Ausg.). Wiesbaden: Dt. Univ.-Verlag.

OPLER, T. C. (1992). *Operating Performance in Leveraged Buyouts: Evidence from 1985-1989.* FM: The Journal of the Financial Management Association, 21 (1), 27-34.

OPLER, T. C. & TITMAN, S. (1993). *The Determinants of Leveraged Buyout Activity: Free Cash Flow vs. Financial Distress Costs.* Journal of Finance, 48 (5), 1985-1999.

PALEPU, K. G. (1990). *Consequences of Leveraged Buyouts.* Journal of Financial Economics, 27 (1), 247-262.

PANKOKE, T. & PETERSMEIER, K. (2009). *Der Zinssatz in der Unternehmensbewertung.* In U. SCHACHT & M. FACKLER, *Praxishandbuch Unternehmensbewertung: Grundlagen, Methoden, Fallbeispiele* (S. 107-137). Wiesbaden: Gabler.

PINDUR, D. (2006). *Value Creation in Successful LBOs.* Dissertation Universität Ulm.

POTERBA, J. M. & SUMMERS, L. H. (1988). *Mean Reversion In Stock Prices: Evidence and Implications.* Journal of Financial Economics, 22 (1), 27-59.

PRATT, S. P. & GRABOWSKI, R. J. (2010). *Cost of Capital: Application and Examples* (4 Ausg.). Hoboken: Wiley.

PRATT, S. P., REILLY, R. F. & SCHWEIHS, R. P. (2000). *Valuing a Business: The Analysis and Appraisal of Closely Held Companies* (4. Ausg.). New York: McGraw-Hill.

PÜTTER, T. (2008). *Private Equity in Deutschland und Europa - Rückblick und Ausblick.* In W. BALLWIESER & W. GREWE, *Wirtschaftsprüfung im Wandel: Herausforderungen an Wirtschaftsprüfung, Steuerberatung, Consulting und Corporate Finance* (S. 673-696). München: Beck.

RAPP, M. S. (2006). *Die arbitragefreie Adjustierung von Diskontierungssätzen bei einfacher Gewinnsteuer.* Schmalenbachs Zeitschrift für betriebswirtschaftliche Forschung, 58 (6), 771-806.

RICHTER, F. (1998). *Unternehmensbewertung bei variablem Verschuldungsgrad.* Zeitschrift für Bankrecht und Bankwirtschaft, 10 (6), 379-389.

RICHTER, F. (2001). *Simplified Discounting Rules in Binomial Models.* Schmalenbach Business Review, 53 (3), 175-196.

RICHTER, F. (2002a). *Kapitalmarktorientierte Unternehmensbewertung - Konzeption, finanzwirtschaftliche Bewertungsprämissen und Anwendungsbeispiel.* Frankfurt am Main: Lang.

RICHTER, F. (2002b). *Simplified Discounting Rules, Variable Growth, and Leverage.* Schmalenbach Business Review, 54 (2), 136-147.

RICHTER, F. (2003). *Logische Wertgrenzen und subjektive Punktschätzungen.* In M. HEINTZEN & L. KRUSCHWITZ, *Unternehmen bewerten: Ringvorlesung der Fachbereiche Rechts- und Wirtschaftswissenschaft der Freien Universität Berlin im Sommersemester 2002* (S. 59-73). Berlin: Duncker & Humblot.

RICHTER, F. (2004). *Valuation with or without Personal Income Taxes?* Schmalenbach Business Review, 56 (1), 20-45.

RICHTER, F. (2005). *Mergers & Acquisitions: Investmentanalyse, Finanzierung und Prozessmanagement.* München: Vahlen.

RICHTER, F. (2009). *Business Valuation with Constant Discount Rates also in the Case of Default Risk?* Working Paper, Universität Ulm.

RICHTER, F. (2010). *Cashflow-Bewertung mit ungenauen Diskontierungsraten.* Working Paper, Universität Ulm.

RICHTER, F. & KRUMHOLZ, H.-C. (2010). *Der Schattenzins im Konzept des stochastischen Diskontierungsfaktors: ein nützliches Konstrukt für die Unternehmensbewertung.* In H. KÖNIGSMAIER & G. MANDL, *Unternehmensbewertung: Theoretische Grundlagen - praktische Anwendung* (S. 525-544). Wien: Linde.

RICHTER, F., KRUMHOLZ, H.-C. & ELSNER, S. (2010). *Bewertung von unsicheren Cash-flows mit einem SDF: Ein praktisches Beispiel.* Working Paper, Universität Ulm.

RINNE, H. (2008). *Taschenbuch der Statistik* (4. Ausg.). Frankfurt am Main: Harri Deutsch Verlag.

ROSARIUS, S. (2007). *Bewertung von Leveraged Buyouts.* Frankfurt am Main: Peter Lang.

ROSS, S. A. (1976). *The Arbitrage Theory of Capital Asset Pricing.* Journal of Economic Theory, 13 (3), 341-360.

ROSS, S. A. (1978). *A Simple Approach to the Valuation of Risky Streams.* Journal of Business, 51 (3), 453-475.

RUBACK, R. S. (2002). *Capital Cash Flows: A Simple Approach to Valuing Risky Assets.* Financial Management, 31 (2), 85-104.

RUBINSTEIN, M. (1976). *The Valuation of Uncertain Income Streams and the Pricing of Options.* Bell Journal of Economics, 7 (2), 407-425.

RUDOLF, M. (2000). *Zinsstrukturmodelle.* Heidelberg: Physica-Verlag.

RUDOLPH, B. (2008). *Möglichkeiten der Wertgenerierung durch Private Equity.* In W. BALLWIESER & W. GREWE, *Wirtschaftsprüfung im Wandel: Herausforderungen an Wirtschaftsprüfung, Steuerberatung, Consulting und Corporate Finance* (S. 659-671). München: Beck.

SAMUELSON, P. A. (1965). *Proof That Properly Anticipated Prices Fluctuate Randomly.* Industrial Management Review, 6 (2), 41-49.

SCHEUNEMANN, M. P. & SOCHER, O. (2007). *Zinsschranke beim Leveraged Buyout.* Betriebsberater, 62 (21), 1144-1150.

SCHOSSER, J. (2009). *Bewertung ohne "Kapitalkosten": Ein arbitragetheoretischer Ansatz zu Unternehmenswert, Kapitalstruktur und persönlicher Besteuerung.* Frankfurt am Main: Lang.

SCHWARTZ, E. S. & MOON, M. (2000). *Rational Pricing of Internet Companies.* Financial Analysts Journal, 56 (3), 62-75.

SCHWETZLER, B. (2000). *Unternehmensbewertung unter Unsicherheit - Sicherheitsäquivalent- oder Risikozuschlagsmethode?* Schmalenbachs Zeitschrift für betriebswirtschaftliche Forschung, 52, 469-486.

SEILER, K. & LARSON, S. M. (2004). *Unternehmensbewertung: Wertermittlung bei Kauf, Verkauf und Fusion von kleinen und mittleren Unternehmen.* Berlin: Springer.

SEMENOV, A. (2008). *Historical Simulation Approach to the Estimation of Stochastic Discount Factor Models.* Quantitative Finance, 8 (4), 391-404.

SHARPE, W. F. (1965). *Capital Asset Prices: A Theory of Market Equilibrium under Conditions of Risk.* Journal of Finance, 19 (3), 425-442.

SHILLER, R. J. (1981). Do *Stock Prices Move Too Much to be Justified by Subsequent Changes in Dividends?* American Economic Review, 71 (3), 421-436.

SMITH, P. & WICKENS, M. (2002). *Asset Pricing with Observable Stochastic Discount Factors.* Journal of Economic Surveys, 16 (3), 397-446.

SPREMANN, K. (2004a). *Diskontierung durch Replikation: Richtiges und Falsches bei der Unternehmensbewertung.* In U. SCHNEIDER & P. STEINER, *Betriebswirtschaftslehre und gesellschaftliche Verantwortung: Mit Corporate Social Responsibility zu mehr Engagement* (S. 105-130). Wiesbaden: Gabler.

SPREMANN, K. (2004b). *Valuation: Grundlagen moderner Unternehmensbewertung.* München: Oldenbourg.

STANDARD & POOR'S (2009). *Criteria Methodology: Business Risk/Financial Risk Matrix Expanded.* Verfügbar unter http://www.standardandpoors.com/prot/ratings/articles/en/us/?assetID=1245199778453.

STIGLITZ, J. E. (1969). *A Re-Examination of the Modigliani-Miller Theorem.* The American Economic Review, 59 (5), 784-793.

STRÖMBERG, P. (2008). *The New Demography of Private Equity.* Working Paper, verfügbar unter http://www.sifr.org/PDFs/stromberg(demography2008).pdf.

SVENSSON, L. E. (1994). *Estimating and Interpreting Forward Interest Rates: Sweden 1992-1994.* IMF Working Paper No. 94/114, verfügbar unter http://ssrn.com/abstract=883856.

TALLAU, C. (2007). *Bewertung von Venture-Capital-Investitionen: Verfahren der Unternehmensbewertung und Beteiligungsquotenbestimmung unter Berücksichtigung der Finanzierungsstrukturierung.* Norderstedt: Books on Demand.

TIMMRECK, C. (2006). *Kapitalmarktorientierte Sicherheitsäquivalente: Konzeption und Anwendung bei der Unternehmensbewertung.* Wiesbaden: Deutscher Universitäts-Verlag.

VARIAN, H. R. (2001). *Grundzüge der Mikroökonomik* (5. Ausg.). München: Oldenbourg.

VASICEK, O. (1977). *An Equilibrium Characterization of the Term Structure.* Journal of Financial Economics, 5 (2), 177-188.

VORFELD, M. (2009). *Asset Pricing: Zur Bewertung von unsicheren Cashflows mit zeitvariablen Diskontraten.* Wiesbaden: Gabler.

WALLMEIER, M. (1999). *Kapitalkosten und Finanzierungsprämissen.* Zeitschrift für Betriebswirtschaft, 69 (12), 1473-1490.

WEBER, T. & HOHAUS, B. (2010). *Buy-outs: Funktionsweise, Strukturierung, Bewertung und Umsetzung von Unternehmenstransaktionen.* Stuttgart: Schäffer-Poeschel.

WEGNER, C. (2004). *Buyout-Wertsteigerungstypen - Eine empirische Untersuchung der Growth-Buyouts in Deutschland.* Dissertation Universität Witten/Herdecke.

WEIL, P. (1989). *The Equity Premium Puzzle and the Risk-free Rate Puzzle.* Journal of Monetary Economics, 24 (3), 401-421.

WEINBERGER, N. (2006). *Determinanten der Finanzierung von Leveraged Buyouts: Eine empirische Analyse anhand von Leveraged Buyouts in Europa.* Dissertation Universität Ulm.

WICHMANN, B. A. & HILL, I. D. (1982). *Algorithm AS 183: An Efficient and Portable Pseudo-Random Number Generator.* Journal of the Royal Statistical Society. Series C (Applied Statistics), 31 (2), 188-190.

WIESE, J. & GAMPENRIEDER, P. (2007). *Kapitalmarktorientierte Bestimmung des Basiszinses.* Der Schweizer Treuhänder (6-7), 442-448.

WILHELM, J. (1983). *Finanztitelmärkte und Unternehmensfinanzierung.* Berlin: Springer.

WILHELM, J. (2005). *Unternehmensbewertung - Eine finanzmarkttheoretische Untersuchung.* Zeitschrift für Betriebswirtschaft, 75 (6), 631-665.

WILHELM, J. & SCHOSSER, J. (2007). *A Note on Arbitrage-free Asset Prices with and without Personal Income Taxes.* Review of Managerial Science, 1 (2), 133-149.

ZAHRA, S. A. & FESCINA, M. (1991). *Will Leveraged Buyouts Kill U.S. Corporate Research & Development?* Academy of Management Executive, 5 (4), 7-21.

ZIMMERMANN, H. (1998). *State-Preference Theorie und Asset Pricing: Eine Einführung.* Heidelberg: Physica-Verlag.

ZWERENZ, K. (2009). *Statistik: Einführung in die computergestützte Datenanalyse* (4. Ausg.). München: Oldenbourg.

Schriften zur quantitativen Wirtschaftswissenschaft

Herausgegeben von Gunter Löffler, Frank Richter und Paul Wentges

Band 1 Tobias Eichner: Restructuring and Turnaround of Distressed Manusfacturing Firms. An International Empirical Study. 2010.

Band 2 Christina Wargitsch: Management Control in Familienunternehmen. 2010.

Band 3 Fabian Stich: Listed Private Equity: Performance, Einflussfaktoren und Portfolioeffekte. Eine empirische Analyse. 2011.

Band 4 Hannes Gsell: Estimation of the Expected Market Risk Premium for Corporate Valuations. Methodologies and Empirical Evidence for Equity Markets in Key Countries. 2011.

Band 5 Martin Russ: Bewertung von Leveraged Buyouts mit einem stochastischen Diskontierungsfaktor. Ein Simulationsansatz auf Basis empirischer Wahrscheinlichkeiten. 2013.

www.peterlang.de